IBM教育学院教育培养计划指定教材
英特尔软件学院教育培养计划指定教材

Java软件开发

Java Software Development

张义 等 编著

科学出版社
www.sciencep.com
·北京·

内 容 简 介

本书探讨运用 Java 进行应用程序开发，详尽地讲解了当前流行的应用程序开发工具——Java 语言的核心技术。

全书共分 23 章。内容主要包括 4 个部分，分别介绍了 Java 语言及其面向对象特性，Java 基础应用程序开发，Java 高级应用及网络应用开发，以及跨平台应用程序开发及 Eclipse 开发工具的使用等内容。

本书是广大 Java 软件设计、嵌入式及网络应用开发行业程序员的必备工具书，亦可作为高校、社会培训班教师教材。由于本书的专业性、实用性与易读性，现已被选为"IBM 教育学院"、"英特尔软件学院"教育培养计划指定教材。

需要本书或技术支持的读者，请与北京清河 6 号信箱（邮编：100085）发行部联系，电话：010-62978181（总机）转发行部、010-82702675（邮购），传真：010-82702698，E-mail：tbd@bhp.com.cn。

图书在版编目（CIP）数据

Java 软件开发 / 张义等编著. —北京：科学出版社，2009.
IBM 教育学院教育培养计划指定教材. 英特尔软件学院教育培养计划指定教材
ISBN 978-7-03-025495-5

Ⅰ. J… Ⅱ. ①张… Ⅲ. Java 语言—程序设计—职业教育—教材 Ⅳ. TP312

中国版本图书馆 CIP 数据核字（2009）第 157917 号

责任编辑：刘 芯 / 责任校对：周 玉
责任印刷：密 东 / 封面设计：青青果园

科学出版社 出版
北京东黄城根北街 16 号
邮政编码：100717
http://www.sciencep.com

北京市密东印刷有限公司
科学出版社发行 各地新华书店经销

*

2009 年 11 月第 1 版 开本：787mm×1092mm 1/16
2009 年 11 月第 1 次印刷 印张：23.25
印数：1-2 000 册 字数：535 千字

定价：39.00 元

“IBM 教育学院教育培养计划指定教材”

“英特尔软件学院教育培养计划指定教材”

编　委　会

主　任： 吕　莉　竺　明

副主任： 徐建华　朗　朗　王燕青

委　员：（按姓氏拼音排序）

白　冰　白　云　白晓峰　陈　春　陈柏润　陈运来　初　平　崔元胜

代术成　戴朝晖　邓　伟　丁国栋　甘登岱　高艳铭　郭　燕　郭慧梅

郭玲文　郭普宇　韩　冰　韩晓东　侯晓华　胡昌军　黄　雷　黄瑞友

贾敬瑶　姜中华　康怡暖　李　弘　李　鹏　李　咏　李金龙　李宗花

梁海涛　林　桢　林军会　刘　晶　刘　芯　刘春瑞　刘鹏冲　刘在强

柳　丽　马　喜　马传连　马义词　彭　倞　普　宁　荣建民　邵金燕

师鸣若　史惠卿　孙红芳　谭　建　王　飞　王　帅　王　翌　王立民

吴永辉　肖慧俊　邢燕鹏　杨晴红　杨如林　杨至超　于汇媛　袁　涛

张　义　张安鹏　张红艳　张彦丽　章银武　周凤明　朱成军　左晓宁

IBM 教育学院认证体系

IBM 教育学院认证体系是顺应 IT 认证市场规律，推陈出新的一项 IT 专业技能认证，拥有 IBM 教育学院认证资格的专业人士具有相应认证实际工作的基本能力和基本技能。

IBM 教育学院认证体系包括电子商务、Java 软件开发、软件测试、数据库管理、数据分析及数据建模、网络管理、IT 销售、IT 技术支持方向。

一、认证体系概述

IBM 教育学院认证体系提供了 8 个认证方向，它们所代表的专业水平相当于 IBM 认证电子商务师、IBM 认证软件开发员、IBM 认证数据库管理员、IBM 认证网络管理员、IBM 认证软件测试员、IBM 认证数据建模员、IBM 认证销售工程师、IBM 认证技术支持工程师。

- ❑ **IBM 认证电子商务师：**了解电子商务和信息技术的基础知识，掌握本专业知识的体系结构和整体概貌。主要内容包括：电子商务的基本概念和原理，电子商务的现状和发展，电子商务的特点、电子商务的类型、电子商务模型、计算机技术、程序设计、操作系统、编译系统、数据库系统、通信技术、网络技术、Internet、EDI 技术、电子支付技术、安全等技术的概述，电子商务系统的构成及其开发工具、电子商务整体解决方案与案例介绍。可从事网上信息交换与业务交流、网络营销、电子订单处理、网上采购、网页制作、网站后台管理等工作。
- ❑ **IBM 认证 Java 软件开发员：**具有 Java 软件开发的基本能力、掌握 Java 核心技术概念、掌握 Java 编码规则、掌握 JDBC 操作基础、熟悉理解 Java 远程方法调用、掌握 Java 网络编程基础。可从事中低端软件开发类工作。
- ❑ **IBM 认证数据库管理员：**具有数据库开发及管理的基本技能，熟悉并理解数据基本对象概念及操作，掌握数据库设计的基本原则。可从事数据库开发、数据库维护及管理工作。
- ❑ **IBM 认证网络管理员：**掌握负责规划、监督、控制网络资源的使用和网络的各种活动，以使网络的性能达到最优的技能。可以从事计算机网络运行、维护类工作。
- ❑ **IBM 认证软件测试员：**掌握软件测试的基本技能、熟悉并理解软件测试基本概念和测试的必要性、熟悉掌握测试用例的做成、熟悉掌握相关测试工具的使用。可从事软件测试类工作。
- ❑ **IBM 认证数据建模员：**掌握需求开发与需求管理的理念，建立正确的需求观，掌握需求工程总体框架；需求开发和需求管理的方法与使用原则；需求的业务需求、用户需求和功能需求三个层次之间的关系、作用、权利与责任；需求获取、分析、编写和确认的方法与手段；需求原型的管理和实现；建模技术和需求规格说明书的编写方法；变更控制、版本控制、需求状态跟踪和需求跟踪的技术和方法。可从事数据库需求分析、架构分析及数据库模型设计工作。
- ❑ **IBM 认证销售工程师：**掌握基本的销售技巧，提高学员对市场的敏感性和对市场的观察与分析力，具有独立管理和策划商品销售的能力。可从事和 IT 相关的各类销售工作。

- **技术支持工程师：**掌握 IT 技术，为企业计算机办公提供完整的解决方案和维护策略，并具有对新技术的敏感触觉，及时把握技术发展。可从事和 IT 相关的各类技术服务工作。

二、IBM 教育学院认证和途径

IBM 教育学院认证面向的是各大院校学生与 IBM 教育学院授权培训中心学员。要获得职业认证体系中的不同认证证书，都必须通过认证考试。

注：IBM 教育学院的技术认证，不需要考生预先具有任何认证证书，只需要通过相应的专项技术考试即可。

IBM 教育学院

前 言

Java的升级从来都不是对旧版本的彻底淘汰，而是在原有基础上进行“扬弃”的改进，并保持对旧版的兼容，让用户可以迅速适应新的特性。

自1995年以来，Java的芯片技术、数据库连接、Jini（基于Java的信息家电联网）和Enterprise JavaBeans都已经逐渐和现代生活息息相关。它的安全、跨平台和高性能都是其他语言所无法比拟的，相信将来Java还会给我们带来越来越多的惊喜，在Java的推动下，我们的生活会更加便捷，更加丰富多彩！

本书由浅入深地对Java编程规则及其应用进行了详细的讲解，全书由如下几个部分组成。

（1）Java及其面向对象特性。第1章介绍了什么是Java和Java的由来；第2章介绍Java的基本语法知识；第3章介绍面向对象思想——继承、封装和多态；第4章介绍Java面向对象的设计；第5章介绍Java中类的高级特性。

（2）Java标准应用。第6章介绍Java中的数据结构，首先使用伪码讲解，最后给出了Java的实现；第7章介绍了Java的异常处理机制；第8章介绍了输入输出系统；第9章介绍了小应用程序——Applet；第10章介绍了多线程机制；第11章介绍了基本的图形用户界面；第12章介绍了AWT的组件和事件处理机制；第13章介绍了Swing图形用户界面。

（3）Java高级应用。第14章介绍了网络编程原理；第15章介绍了JDBC编程；第16章介绍了服务器小应用程序——servlet；第17章介绍了Struts和Hibernate；第18章简单地介绍了J2EE的概念；第19章简单地介绍了J2ME的概念。

（4）其他。第20章介绍了Java的跨平台特性；第21章介绍了泛型程序设计；第22章介绍了Java编程规范。第23章介绍了使用Eclipse开发工具进行Java开发的详细步骤。

本书可供刚刚接触Java的读者作为Java的初级教材（详细阅读前13章），而对具有一定Java编程经验的程序员来说，如果要提高自己的编程水平，在Java的道路上走得更远，也可以参阅本书。

在写本书与改版过程中，北航软件学院杨晴红老师和计算机学院的朱成军博士付出了大量的心血，史惠卿、邢燕鹏、张义、柳丽、韩晓东、胡昌军、吴永辉、王翌、袁涛、初平、刘晶、白晓峰、黄雷、杨至超、刘鹏冲、康怡暖、高艳铭、张红艳、李宗花、戴朝晖、林桢、梁海涛、左晓宁等同志为本书提供了大量的例程和帮助，另外来自清华大学、北京大学、哈尔滨工程大学的三位博士孙红芳、邵金燕和彭倞也对本书提出了许多宝贵的意见，在此一并表示感谢。

由于时间匆忙，而且编者水平有限，书中的疏漏和不足之处，还望读者不吝指正。关于本书的技术问题，请E-mail至henshui228@hotmail.com，在此深深感谢。

编 者

目　录

第 1 章　Java 及 Java 开发环境概述 1
1.1　Java 的诞生及其影响 1
1.2　Java 的特征 1
1.2.1　简单 2
1.2.2　面向对象 2
1.2.3　分布式 2
1.2.4　健壮 2
1.2.5　体系结构中立 3
1.2.6　可移植 3
1.2.7　解释执行 3
1.2.8　高性能 3
1.2.9　多线程 4
1.2.10　动态 4
1.3　Java 5.0 新特性 4
1.4　安装 Java 开发工具 5
1.4.1　JDK 的取得 5
1.4.2　安装并测试 5
1.5　JDK 开发工具包 9
1.5.1　Javac 9
1.5.2　Java 10
1.5.3　Javadoc 10
1.5.4　jar 13
1.5.5　Javah 14
1.5.6　Javap 15
1.5.7　appletviewer 15
1.5.8　jdb 16
1.5.9　native2ascii 17
1.5.10　extcheck 17
1.6　Java 集成开发环境简介 18
1.6.1　Eclipse 发展背景 18
1.6.2　Eclipse 工作台简介 18
第 2 章　Java 语言基础 23
2.1　Java 关键字和标识符 23
2.1.1　标识符 23
2.1.2　关键字 23
2.2　Java 数据类型、常量和变量 24
2.2.1　Java 数据类型 24
2.2.2　常量 24
2.2.3　变量 25
2.3　简单数据类型 26
2.3.1　整数类型 26
2.3.2　浮点类型 27
2.3.3　字符类型 28
2.3.4　布尔类型 29
2.3.5　枚举类型 29
2.3.6　综合举例 29
2.3.7　自动类型转换与强制类型转换 30
2.4　Java 运算符及表达式 31
2.4.1　Java 运算符简介 31
2.4.2　算术运算符 32
2.4.3　关系运算符 33
2.4.4　布尔逻辑运算符 33
2.4.5　按位运算符 34
2.4.6　赋值运算符 35
2.4.7　条件运算符 36
2.4.8　表达式及运算符优先级 36
2.5　数组 37
2.6　字符串 39
2.6.1　字符串的初始化 39
2.6.2　String 和 StringBuffer 类 40
2.6.3　StringBuilder 类 40
2.6.4　字符串的访问 40
2.6.5　修改字符串 41
2.7　Java 流程控制 41
2.7.1　条件语句 41
2.7.2　循环语句 42
2.7.3　转移语句 43
第 3 章　面向对象思想 45
3.1　结构化程序设计的方法 45
3.2　面向对象的编程思想 45
3.2.1　什么是对象 45
3.2.2　什么是面向对象 46

3.2.3 什么是类 46
3.2.4 学会抽象整个世界——实体、对象和类 46
3.2.5 面向对象方法——抽象的进步 47
3.3 面向对象的特点 48
3.3.1 继承 48
3.3.2 封装 49
3.3.3 多态性 49
第 4 章 Java 面向对象设计 50
4.1 类和类的实例化 50
4.1.1 定义类的结构 50
4.1.2 类的实例化 52
4.2 Java 内存使用机制 57
4.3 抽象类和接口 59
4.3.1 抽象类 59
4.3.2 接口 59
4.4 命名空间与包 61
4.4.1 包的基本概念 61
4.4.2 自定义一个包 61
4.4.3 源文件与类文件的管理 62
4.5 现有类的使用 62
4.5.1 访问权限 62
4.5.2 使用 import 导入已有类 64
4.5.3 静态导入 65
4.5.4 类的继承和多态 65
第 5 章 类的高级特性 68
5.1 静态变量和方法 68
5.1.1 静态变量 68
5.1.2 静态方法 69
5.2 常量、最终方法和最终类 70
5.2.1 常量 70
5.2.2 最终方法 70
5.2.3 最终类 70
5.3 抽象类和抽象方法的使用 70
5.4 接口的使用 71
5.4.1 接口的概念 71
5.4.2 定义接口 72
5.4.3 执行接口 73
5.4.4 使用接口 73
5.5 内部类的使用 74
5.5.1 使用内部类的共同方法 74
5.5.2 内部类 75
5.5.3 内部类属性 76
第 6 章 数据结构 77
6.1 抽象数据类型 77
6.2 基本数据结构 77
6.2.1 向量 77
6.2.2 线性表 78
6.2.3 堆栈 86
6.2.4 队列 89
6.2.5 树 90
6.2.6 图 93
第 7 章 Java 异常处理 96
7.1 异常机制简述 96
7.1.1 异常的概念 96
7.1.2 异常的分类 97
7.2 Java 异常体系 98
7.2.1 捕获异常 98
7.2.2 声明异常 100
7.2.3 抛出异常 100
7.2.4 自定义异常 101
第 8 章 Java 输入/输出系统 103
8.1 Java 输入/输出体系 103
8.2 字节流 105
8.2.1 InputStream 类 105
8.2.2 OutputStream 类 106
8.2.3 FileInputStream 类 106
8.2.4 FileOutputStream 类 108
8.2.5 ByteArrayInputStream 类 109
8.2.6 ByteArrayOutputStream 类 110
8.2.7 管道流 PipedInputStream 和 PipedOutputStream 类 111
8.2.8 过滤流 FilterInputStream 和 FilterOutputStream 类 112
8.3 字符流 112
8.3.1 Reader 类 113
8.3.2 Writer 类 113
8.3.3 FileReader 类 114
8.3.4 FileWriter 类 115
8.3.5 CharArrayReader 类 116
8.3.6 CharArrayWriter 类 116
8.3.7 PushbackReader 类 117

8.4 文件的读写操作 119
8.5 对象序列化及其恢复 122
8.5.1 Serializable 接口 122
8.5.2 ObjectOutputStream 类 122
8.5.3 ObjectInputStream 类 123
第 9 章 创建 Java Applet 126
9.1 Applet 类 126
9.2 Applet 概述 126
9.3 Applet 的使用技巧 127
9.3.1 波浪形文字..127
9.3.2 大小变化的文字..129
9.3.3 星空动画..137
9.3.4 时钟..141
第 10 章 多线程 143
10.1 多线程的概念 143
10.1.1 多线程..143
10.1.2 Java 中的多线程 144
10.1.3 线程组..144
10.2 线程的创建 144
10.2.1 通过实现 Runnable 接口创建线程..145
10.2.2 通过继承 Thread 类创建线程 145
10.2.3 两种线程创建方法的比较........... 146
10.3 线程的调度与控制 146
10.3.1 线程的调度与优先级..146
10.3.2 线程的控制..147
10.4 线程的状态与生命周期 148
10.5 线程的同步 149
10.6 线程的通信 151
10.7 线程池 154
第 11 章 图形用户界面 158
11.1 AWT 及其根组件..158
11.1.1 java.awt 包..158
11.1.2 根组件（Component） 158
11.2 容器（Container）和组件..159
11.3 布局管理器（Layout Manager） 160
11.3.1 FlowLayout 布局管理器 161
11.3.2 BorderLayout 布局管理器 161
11.3.3 GridLayout 布局管理器 164
11.3.4 CardLayout 布局管理器 165
11.3.5 GridBagLayout 布局管理器 167
11.3.6 null 布局管理器..169
第 12 章 AWT 基本组件及事件处理机制..170
12.1 AWT 基本组件 170
12.1.1 Component 类 170
12.1.2 AWT 事件模型..173
12.2 GUI 事件的处理 174
12.2.1 AWT 事件继承层次..174
12.2.2 AWTEvent 子类事件 175
12.2.3 监听器接口..176
12.3 几个简单组件..180
12.3.1 按钮（Button 类） 180
12.3.2 标签（Label 类） 180
12.3.3 文本组件（TextField 和 TextArea 类） 180
12.4 使用类适配器（Adapter）进行事件处理..181
12.5 使用匿名类进行事件处理..184
第 13 章 Swing 用户界面组件 186
13.1 Swing 组件库简介 186
13.1.1 JFC 和 Swing 186
13.1.2 Swing 包概览..187
13.1.3 Swing 和 AWT 的区别..187
13.1.4 示例程序 SwingApplication........ 188
13.2 Swing 组件及其容器 192
13.2.1 JComponent 类..192
13.2.2 AbstractButton 及其子类 195
13.3 JComboBox 和 JList 组件..206
13.4 JSlider 类——滑杆 213
13.5 JInternalFrame 类 215
第 14 章 网络通信程序设计..217
14.1 java.net 包 217
14.2 socket 编程 217
14.2.1 socket 基础知识..217
14.2.2 socket 机制分析..218
14.2.3 客户端编程..220
14.2.4 服务器端编程..222
14.2.5 服务器/客户端通信实例..223
14.2.6 Datagram Sockets 编程..226
第 15 章 Java 数据库访问机制——JDBC..232
15.1 JDBC 介绍..232
15.1.1 JDBC 的概述 232

15.1.2 JDBC——底层 API 232
15.1.3 JDBC 的设计过程 233
15.1.4 JDBC 和 ODBC 的比较 233
15.2 关系数据库和 SQL 234
15.2.1 关系数据库 234
15.2.2 关系数据库的应用模型 235
15.2.3 结构化查询语言 236
15.3 JDBC 应用程序编程接口 239
15.3.1 JDBC 的类 239
15.3.2 DriverManager 239
15.3.3 JDBC 驱动程序的类型 240
15.4 JDBC 编程基础 241
15.4.1 JDBC 访问数据库 241
15.4.2 创建一个数据源 241
15.4.3 数据库 URL 243
15.4.4 建立与数据源的连接 244
15.4.5 发送 SQL 语句 245
15.4.6 处理查询结果 245
15.5 基本 JDBC 应用程序 246
15.5.1 JDBC 在应用程序中的应用 246
15.5.2 JDBC 在 Applet 中的使用 247
15.6 JDBC API 的主要界面 250
15.6.1 Statement 250
15.6.2 ResultSet 251
15.6.3 PreparedStatement 252
15.6.4 CallableStatement 254
15.7 事务管理 255
15.7.1 保存点 256
15.7.2 批量更新 256
15.8 高级连接管理 257
第 16 章 servlet 259
16.1 servlet 综述 259
16.1.1 什么是 servlet 259
16.1.2 servlet 的生命周期 260
16.1.3 servlet 与其他开发技术的比较 261
16.1.4 servlet 的应用范围 263
16.1.5 配置 servlet 的开发的环境 264
16.2 servlet 编程 265
16.2.1 HTTP 协议介绍 265
16.2.2 简单程序 servlet 267
16.2.3 会话跟踪 270
16.2.4 Servlet 协作 273
第 17 章 Struts 与 Hibernate 入门 275
17.1 MVC 框架 275
17.1.1 MVC 模式 275
17.1.2 基于 Web 应用的 MVC 模式 276
17.2 Struts 结构和处理流程 276
17.3 Struts 组件 277
17.3.1 Web 应用程序的配置 277
17.3.2 控制器 278
17.3.3 struts-config.xml 文件 279
17.3.4 Action 类 279
17.3.5 视图资源 279
17.3.6 ActionForm 279
17.3.7 模型组件 280
17.4 Hibernate 简介 280
17.4.1 第一个 Hibernate 程序 280
17.4.2 关联映射 289
第 18 章 J2EE 基础 295
18.1 J2EE 综述 295
18.1.1 J2EE 的主要特征 295
18.1.2 J2EE 的架构 296
18.1.3 J2EE 应用场景描述 297
18.2 客户端层技术 298
18.2.1 客户端层的问题 298
18.2.2 客户端层的解决方案 299
18.3 Web 层技术 300
18.3.1 Web 层的目的 300
18.3.2 Web 层的解决方案 301
18.4 EJB 层技术 304
18.4.1 EJB 组件结构 304
18.4.2 EJB 层的目的 306
18.4.3 EJB 层的解决方案 306
第 19 章 J2ME 概述 309
19.1 J2ME 综述 309
19.2 CLDC 介绍 310
19.2.1 CLDC 类库介绍 311
19.2.2 MIDLET 介绍 312
19.2.3 MIDlet 界面 313
19.3 CDC 概述 314
第 20 章 Java 跨平台特性 315
20.1 可移植性 315

20.1.1 源代码可移植性 315
20.1.2 CPU 可移植性 315
20.1.3 操作系统可移植性 316
20.2 解决国际化问题 316
20.2.1 Java 类包 317
20.2.2 参数化解决方法 318
20.2.3 处理提示和帮助 318
20.3 编写跨平台 Java 程序的注意事项 320
第 21 章 Java 泛型程序设计 322
21.1 简单泛型类的定义 322
21.2 泛型方法 323
21.3 类型变量的限定 324
21.4 泛型代码和虚拟机 325
21.4.1 翻译泛型表达式 326
21.4.2 翻译泛型方法 327
21.4.3 遗留代码调用 328
21.5 约束与限定 329
21.5.1 基本类型 329
21.5.2 运行时类型查询 329
21.5.3 异常 329
21.5.4 数组 330
21.5.5 泛型类型的实例化 330
21.5.6 静态上下文 331
21.5.7 擦除后的冲突 331
21.6 泛型类型的继承规则 332
21.7 通配符类型 333
21.7.1 通配符的超类型限定 333
21.7.2 无限定通配符 335
21.7.3 通配符抓取 335
21.8 反射和泛型 338
21.8.1 使用 Class<T>参数进行类型匹配 339
21.8.2 虚拟机中的泛型类型信息 339
第 22 章 Java 编码规范 342
22.1 概述 342
22.2 基本原则 342
22.2.1 取个好名字 342
22.2.2 三种 Java 注释 343
22.3 成员方法 343
22.3.1 方法命名 343
22.3.2 注释 344
22.3.3 编写清晰、易懂的代码 345
22.3.4 小技巧 345
22.4 成员变量 346
22.4.1 普通变量的命名 346
22.4.2 窗口组件的命名 346
22.4.3 常量的命名 346
22.4.4 注释 346
22.5 类和接口 346
22.5.1 类和接口的命名 346
22.5.2 注释 347
22.6 Java 源文件范例 347
第 23 章 使用 Eclipse 进行 Java 程序开发 349
23.1 建立 Java 项目 349
23.2 建立 Java 类别 350
23.3 代码功能 350
23.3.1 Code Completion 350
23.3.2 Code Assist 351
23.4 执行 Java 程序 352
23.5 Java 实时运算簿页面（Java Scrapbook Page） 353
23.6 自定义开发环境 355
23.6.1 程序代码格式 355
23.6.2 程序代码产生模板 356
23.6.3 Javadoc 批注 357
附录 A Java 关键字 359
附录 B Java 站点资源 361

第 1 章　Java 及 Java 开发环境概述

同其他成功的计算机语言一样，Java 在继承了其他语言先进特性的基础上，又提出了一些创新性的概念。在本书中，将详细地为读者介绍 Java 各方面的内容。

本章主要介绍什么是 Java 语言，它的产生背景、发展历程与影响，以及它的一些基本特性与 Java 技术的应用。

1.1　Java 的诞生及其影响

1994 年，当 Web 如火如荼发展的时候，随着 Internet 的发展，以网络为中心的计算机普及，客观上需要一种独立于平台、代码的可移动的计算技术，Java 恰恰填补了这一空白，这把 Intel 垄断的软硬件市场打开了一个巨大的缺口，引发了一场软件开发的革命。

Java 连同 Internet、WWW 改变着应用软件的开发和使用方式，一切都围绕着网络，围绕着跨平台进行。Word、Excel 等传统的信息处理工具都必然走向萎缩，因为它们是单机时代的产物。信息的价值在于使用和共享，Internet 和 Web 是信息使用和共享最快捷、最便宜的方式，Word 将演化成为 Web 写作工具，Excel 则将演化成 Web 上的电子表格。

1996 年初 Sun 正式发布了 Java 的第 1 版。但是人们很快意识到 Java1.0 不能用来进行真正的应用开发。尽管 Java1.0 提供了 applet 技术来实现 Web 架构下的信息实时更新，但它却没有提供打印功能。后来的 1.1 版弥补了其中大部分明显的缺陷，大大改进了反应能力。1998 年的 JavaOne 会议发布了 Java1.2，该版本取代了早期过于简单的 GUI，使它的图形工具箱更加精细且具有可伸缩性，更加接近“一次编写，随处运行”的承诺。

除了“标准版”之外，还推出了两个其他的版本：用于进行嵌入式编程 J2ME 与进行服务器端处理的“企业版”。本书对这两个版本都进行了说明，但重点是讲述标准版。

标准版的 1.3 与 1.4 版本对最初的 Java2 进行了某些改进，并扩展了标准类库，提高了系统性能。关于 5.0 版的特性，将在后面进行详细说明。

1.2　Java 的特征

总的来说，Java 具有以下特点：

- 简单（Simple）。
- 面向对象（Object-oriented）。
- 分布式（Distributed）。
- 健壮（Robust）。
- 安全（Secure）。
- 体系结构中立（Architecture-neutral）。
- 可移植（Portable）。

■ 解释执行（Interpreted）。

■ 高性能（High performance）。

■ 多线程（Multi-threaded）。

■ 动态（Dynamic）。

提示：Java 白皮书可在地址 Http://java.sun.com/doc/language_environment 中找到。

1.2.1 简单

Java 语言是一种面向对象的语言，它通过提供最基本的方法完成指定的任务，只需理解一些基本的概念，就可以用它编写出适合于各种情况的应用程序。程序小也是简单的一种特性，使得代码能够在小型机器上执行。

Java 删除了许多极少被使用、不容易理解和令人混淆的 C++功能，这些功能在我们的使用经验中只能带来麻烦。删除的功能主要包括运算符重载（operator overloading）、多重继承（inheritance）以及广泛的自动强迫同型（automatic coercions）。重载是指以一个辨识元参照多重项目，Java 语言也提供重载函数，不过它重载的对象是方法（method）而非变量或运算符。甚至可以说，Java 的语法就是 C++的清错版本。

在 Java 中增加了自动内存垃圾收集（auto garbage collection）功能，用于简化 Java 程序工作，但同时也让系统变得稍为复杂了一些。储存管理（storage management）是使 C/C++应用程序变得复杂的常见原因，即关于内存的分配与释放。Java 语言的自动垃圾收集功能（周期性地释放未被使用的内存）不仅简化了程序设计工作，而且能大幅度地减少小错误（bugs）数量。

1.2.2 面向对象

"面向对象"程序设计方法充分地证明了自己的价值。作为新一代的编程语言，Java 继承了这一宝贵特性，并将其做了扩充与发展。

Java 语言的设计集中于对象及其接口，它提供了简单的类机制以及动态的接口模型。对象中封装了它的状态变量以及相应的方法，实现了模块化和信息隐藏；而类则提供了一类对象的原型，并且通过继承机制，子类可以使用父类所提供的方法，实现了代码的复用。

1.2.3 分布式

Java 是面向网络的语言。它能轻易地处理 TCP/IP 协议，这使得在 Java 中比在 C/C++中更容易创建网络连接，用户可以通过 URL 地址在网络上方便地访问其他对象。Java 应用程序可以借由 URL 再通过网络开启和存取对象，就如同存取一个本地（local）文件系统一样简单。

1.2.4 健壮

Java 在编译和运行程序时，都要对可能出现的问题进行检查，以消除错误的产生。它提供自动垃圾收集器进行内存管理，防止程序员在管理内存时容易产生的错误。通过集成的面向对象的例外处理机制，在编译时，Java 提示出可能出现但未被处理的例外，帮助程序员正确地进行选择以防止系统的崩溃。另外，Java 在编译时还可捕获类型声明中的许多常见错误，防止动态运行时不匹配问题的出现。

许多病毒程序常使用的一个技巧就是通过巧妙地运用地址变量(如指针)获取计算机的资源，这就是为什么 Java 语言设计者决定放弃指针的重要原因之一，这也消除了安全方面的一个重要隐患。

类的内存分配和布局由 Java 环境透明地完成。因为程序员不访问内存布局，不能确切地知道内存的实际布局，这也使得病毒很难入侵 Java 程序的内部数据结构。

1.2.5　体系结构中立

Java 解释器生成与体系结构无关的字节码指令，只要安装了 Java 运行时系统，Java 程序就可在任意的处理器上运行。这些字节码指令对应于 Java 虚拟机中的表示，Java 解释器得到字节码后，对它进行转换，使之能够在不同的平台上运行。

1.2.6　可移植

许多类型的计算机和操作系统都是连接到 Internet 上的。要使运行于各种各样的平台上的计算机都能动态下载同一个程序，就需要有能够生成可移植性代码的方法。与平台无关的特性，使 Java 程序可以方便地被移植到网络上的不同机器。同时，Java 的类库中也实现了与不同平台的接口，使这些类库可以移植。另外，Java 编译器是由 Java 语言实现的，Java 运行时系统由标准 C 实现，这使得 Java 系统本身也具有可移植性。

Java 的可移植性取决于其中立的代码结构。代码只需编写一次，字节码可以发布给不同的平台，不需要任何修改就可以运行。其他语言中常见的一个移植问题就是基本数据类型（如整数、字符和浮点数）所占比特数不同。

例如，在 C++中，int 可以是一个 16 位整数，也可以是一个 32 位整数。而在 Java 中的 int，无一例外地都是 32 位的整数，不管它是在 UNIX、OS/2、Macintosh 或者 Windows 上运行。使用标准的整数定义可以避免类似上溢或下溢之类的错误，而这些错误对于基本数据类型大小（假定不一致时）是经常出现的。

1.2.7　解释执行

Java 编译器并不生成可执行程序的机器语言指令。相反，它生成一种中间代码，成为字节码。Java 解释器直接对 Java 字节码进行解释执行。字节码本身携带了许多编译时信息，使得连接过程更加简单。再者，由于其链结比较倾向于逐步增量与减量过程，因此发展程序更快、更精密。由于编译期间的信息属于字节代码资料流的一部分，因此可以在运行期间携带更多的信息。这正是链结器类型检查的基础，它也让程序更容易执行除错。Java 解释器和这种抽象机模型就称为 Java 虚拟机（Java Virtual Machine，JVM）。

1.2.8　高性能

和其他解释执行的语言（如 BASIC、TCL）不同，Java 字节码的设计使之能够容易地直接转换成对应于特定 CPU 的机器码，从而得到较高的性能。虽然解释过的字节代码性能已相当不错，不过有些情形下还是要求程序达到更高执行效能。字节代码可以动态地（runtime）为执行应用程序的特定 CPU 解释成机器码。这对习惯使用一般编译器与动态载入器（loader）的设计者而言，有点类似于将最终的机器码产生器放到动态载入器之内。字节代码格式在设计上顾及了机器码的产生，因此实际的机器码产生程序相当简单。产出的机器码是有效的，编译器自动分配寄存器，而在产出字节代码时也会进行一些优化。

然而，Java 仍比 C 语言慢 20 倍，但对大多数交互式应用程序来说，Java 的速度已经足够了。如果想要 Java 的速度与 C 相当，必须使用 JIT（Just In Time）编译器。翻译为机器指令的字节码后，其性能与 C/C++程序就相差无几了。

1.2.9 多线程

多线程（multithreading）是一种应用程序设计方法。不幸的是，要设计一个一次同时处理许多事件的程序，比设计传统的单一线程的 C/C++程序要复杂得多。Java 是仅有的几种语言本身就以多线程的形式支持多任务的语言之一（另外有 Ada 语言）。多线程机制使应用程序能够并行执行，而且同步机制保证了对共享数据的正确操作。通过使用多线程，程序设计者可以分别用不同的线程完成特定的行为，而不需要采用全局的事件循环机制，这样很容易实现网络上的实时交互行为。

1.2.10 动态

Java 是一种动态的语言，就是说它在需要时才加载相应的类。程序运行时，通过检查与类相关的运行类型信息，可以确定一个对象属于哪个类。Java 的这一特性使它适合于一个不断发展的环境。在类库中，可以自由地加入新的方法和实例变量而不会影响用户程序的执行。并且 Java 通过接口支持多重继承，使之比严格的类继承具有更灵活的方式和扩展性。此外，Java 的这一特点对于小应用程序的健壮性也十分重要，因为在实时系统中，字节码内的小段程序可以动态地被更新。

1.3 Java 5.0 新特性

5.0 版是自 1.1 版以来第一个对 Java 语言作出重大改进的版本（这一版本最初被命名为 1.5 版，在 2004 年 JavaOne 会议之后，版本数字升至 5.0）。经历多年的研究，这个版本添加了泛型类型（generic type，类似于 C++模板），其挑战性在于，添加这一特性无需对虚拟机做任何修改。

另外，还有几个来源于 C#的很有用的语言特性：for each 循环、自动打包和元数据。语言的修改总会引起兼容性问题，然而由于这几个新特性的诱人优点，程序员应该很快会接受这些变化。表 1-1 展示了 5.0 版本相对于以前版本的新增特性。

表 1-1 Java 语言发展过程

版 本	语言新特性	类和接口数目
1.0	语言本身	211
1.1	内部类	477
1.2	无	1524
1.3	无	1840
1.4	断言	2723
1.5	泛型类、for each 循环、可变元参数、自动打包、元数据、枚举、静态导入	3270

1.4 安装 Java 开发工具

如果你使用的是一台 PC 机的话，那么最好安装 Windows 98/2000/NT/XP 操作系统，因为本书所介绍的内容也是在这些环境下运行的。在不同的操作系统下，Java 开发环境的安装也有区别。

另外，在实际应用中，推荐的最低系统配置是 Intel Pentium 处理器，至少 128Mbyte 内存以及至少 50Mbyte 的剩余硬盘空间。目前最常用的 Java 开发包是 JDK（Java Development Kit，Java 开发包）5.0，本书介绍的实例开发都是基于这个版本。

1.4.1 JDK 的取得

如果你的系统已经安装了最新版本的 Java 开发环境，可跳过这一部分。

现在常用的 Java 开发环境是 JDK5.0 版本，并且一般应用基于 Java2 SDK 的标准版（J2SE），所以只需下载 J2SE 的版本即可。可以在 Sun 公司的网站上（http://java.sun.com）找到。

1.4.2 安装并测试

下面让我们测试一下安装后的运行环境，同时也可以让大家了解一下 Java 程序。先来看一个最简单的例子：

```
public class HelloWorldApp {
 public static void main (String args[]) {
  System.out.println("Hello World!");
 }
}
```

本程序执行后输出下面一行信息：

```
Hello World!
```

在程序中，首先用保留字 class 来声明一个新的类，其类名为 HelloWorldApp，它是一个公共类（public）。整个类定义由大括号{}括起来。

在该类中定义了一个 main()方法，其中 public 表示访问权限，指明所有的类都可以使用这一方法；static 指明该方法是一个类方法，它可以通过类名直接调用；void 则指明 main()方法不返回任何值。

对于一个应用程序来说，main()方法是必需的，而且必须按照如上格式定义。Java 解释器在没有生成任何实例的情况下，以 main()作为入口执行程序。

在 Java 程序中可以定义多个类，每个类中又可以定义多个方法，但是最多只能有一个公共类，main()方法也只能有一个，作为程序的入口。main()方法定义中，括号()中的 Stringargs[]是传递给 main()方法的参数，参数名为 args，它是类 String 的一个实例，参数可以为 0 个或多个，每个参数用“类名参数名”指定，多个参数间用逗号分隔。

main()方法的实现（大括号中），只有一条语句：

```
System.out.println ("Hello World!");
```

它用来实现字符串的输出，这条语句与 C 语言中的 printf 语句和 C++中 cout<<语句具有相同的功能。现在让我们运行一下该程序。首先把它放到一个名为 HelloWorldApp.Java 的文件中。

注意：文件名应和类名相同，因为 Java 解释器要求公共类必须放在与其同名的文件中。

然后对它进行编译：

```
C:\>Javac HelloWorldApp.Java
```

编译的结果是生成字节码文件HelloWorldApp.class。最后用Java解释器来运行该字节码文件：

```
C:\>Java HelloWorldApp
```

此时，往往会发现这样一个问题，就是顺利地通过编译了，但是到了第2步，将要执行时，就会出现这样一条信息：

```
Exception in thread "main" java.lang.No Class Def Found Error: HelloWorld
```

对于以上问题，一般的解决方法为：把HelloWorld.Java文件所在目录路径加入到参数classpath中，例如：set classpath=%classpath%;.;……但是这样有时仍然会存在问题。假如下载的是JDK5.0版本，并且安装到默认的目录c:\j2sdk5.0下，则在不同的系统下的设置方法也不同。

1）在Windows 95/98上安装。

如果正在运行Windows 95/98，可以按以下方式修改autoexec.bat文件中的PATH。

```
SET CLASS PATH=.;C:\J2SDK5.0\LIB\TOOLS.JAR;C:\J2SDK5.0\LIB\DT.JAR
PATH=%PATH%;C:\J2SDK5.0\BIN
```

需重新启动Windows，以便使修改生效。

2）Windows NT用户可以在“系统属性”的“环境”中进行修改。

Windows 2000/XP用户可以在“我的电脑/属性”系统特性的“高级/环境变量”中修改。

为了检查PATH是否修改成功，可在MS-DOS命令窗口中输入命令PATH。如果被修改成功，则应看到安装JDK的BIN子目录。

3）Linux操作系统下的安装注意事项。

首先，需要在Sun的网站上下载JDK的Linux版本。在安装JDK或JRE时，这个Redhat package文件的默认安装路径是/usr/Java。如果要安装在其他路径下，例如要放到/usr/local/home目录下，安装时要键入的指令是：

```
rpm-i--badreloc--relocate/usr/Java                                    =
/usr/local/homej2sdkj2sdk-5_0-linux-i386.rpm
```

如果安装在默认路径下，要键入的指令是：

```
rpm-ivhj2sdk-5_0- linux-i386.rpm
```

然后设置/etc/profile:

```
# /etc/profile
# System wide environment and startup programs, for login setup
# Functions and aliases go in /etc/bashrc
# Path manipulation
Java_HOME=/usr/Java/j2sdk5.0
CLASSPATH=/usr/Java/j2sdk5.0/lib/tools.jar:/usr/Java/j2sdk5.0
/lib/dt.jar:.:/root/myJava:/home/captain/myJava:/home/ocean/myJava
PATH=$PATH:$HOME/bin:.:/usr/Java/j2sdk5.0/bin
if [ `id -u` = 0 ] && ! echo $PATH | /bin/grep -q "/sbin" ;
then
   PATH=/sbin:$PATH
fi

if [ `id -u` = 0 ] && ! echo $PATH | /bin/grep -q "/usr/sbin" ;
then
PATH=/usr/sbin:$PATH
```

```
fi

if [ `id -u` = 0 ] && ! echo $PATH | /bin/grep -q "/usr/local/sbin" ;
then
PATH=/usr/local/sbin:$PATH
fi

if ! echo $PATH | /bin/grep -q "/usr/X11R6/bin" ;
then
PATH="$PATH:/usr/X11R6/bin"
fi

# No core files by default
ulimit -S -c 0 > /dev/null 2>&1
USER=`id -un`
LOGNAME=$USER
MAIL="/var/spool/mail/$USER"
HOSTNAME=`/bin/hostname`
HISTSIZE=1000
if [ -z "$INPUTRC" -a ! -f "$HOME/.inputrc" ]; then
  INPUTRC=/etc/inputrc
fi

export PATH USER LOGNAME MAIL HOSTNAME HISTSIZE INPUTRC
export Java_HOME CLASSPATH

for i in /etc/profile.d/*.sh ; do
  if [ -r $i ]; then
  . $i
  fi
done

unset i
Export QT_XFT=1
```

可以看出，Linux 下的 JDK 安装是相当复杂的。

在设置完路径以后，程序就可以正常运行了。在 Windows 2000 下，该程序输出结果是在屏幕上显示：

```
Hello World!
```

此时屏幕显示，如图 1-1 所示。

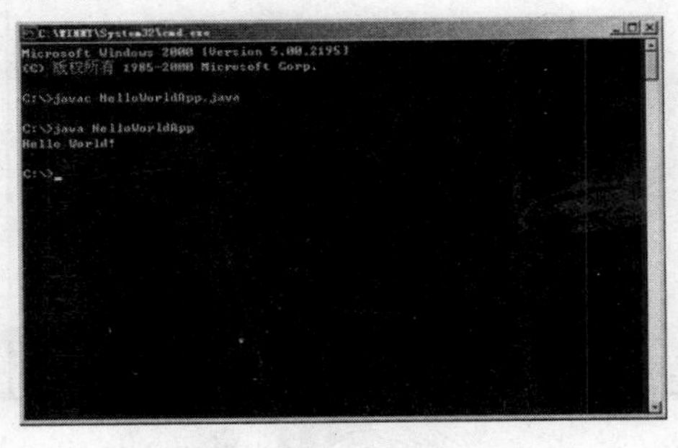

图 1-1 HelloWorld 显示结果

我们再来看下面这个例子：

```
import java.awt.*;
import java.applet.*;

public class HelloWorldApplet extends Applet {
  public void paint(Graphics g) {
    g.drawString ("Hello World!",20,20);
  }
}
```

这是一个简单的 Java Applet（小应用程序）。在程序中，首先用 import 语句导入 java.awt 和 java.applet 下所有的包，使得该程序可以使用这些包中所定义的类，它类似于 C 中的#include 语句。然后声明一个公共类 HelloWorld Applet，用 extends 指明它在 Applet 的子类中，我们重写父类 Applet 的 paint()方法，其中参数 g 为 Graphics 类，它表明当前作画的上下文。在 paint()方法中，调用 g 的方法 drawString()，在坐标(20, 20)处输出字符串 Hello World!，其中坐标是用像素点表示的。

这个程序中没有实现 main()方法，这是 Applet 与应用程序（Application）的区别之一。为了运行该程序，首先要把它放在文件 HelloWorld Applet.Java 中，然后对它进行编译：

```
C:\>Javac HelloWorldApplet.Java
```

得到字节码文件 HelloWorldApplet.class。由于 Applet 中没有 main()方法作为 Java 解释器的入口，我们必须编写 HTML 文件，把该 Applet 嵌入其中，然后用 applet Viewer 运行或在支持 Java 的浏览器上运行。相应的 HTML 文件如下：

```
<HTML>
<HEAD>
<TITLE> An Applet </TITLE>
</HEAD>
<BODY>
  <applet code="HelloWorldApplet.class" width=400 height=80>
  </applet>
</BODY>
</HTML>
```

其中用<applet>标记启动 HelloWorldApplet，code 指明字节码所在的文件，width 和 height 指明 Applet 所占的大小，我们把这个 HTML 文件存入 Example.html，然后运行：

```
C:\>appletviewer Example.html
```

这时屏幕上弹出一个窗口，其中显示 Hello World!，显示结果如图 1-2 所示。

图 1-2 Applet 运行结果

从上述例子中可以看出，Java 程序是由类构成的，对于一个应用程序，必须有一个类中定义

main()方法，而对 applet 来说，它必须作为 Applet 的一个子类。在类的定义中，应包含类变量的声明和类中方法的实现。

Java 在基本数据类型、运算符、表达式、控制语句等方面与 C/C++基本上相同，但它同时也增加了一些新的内容，在以后的各章中，我们会详细介绍。本节中，只是使大家对 Java 程序有一个初步的了解。

这样既了解了一些程序，同时也可以测试编程环境。在以下几章里，将进入真正的 Java 编程学习中。

1.5 JDK 开发工具包

使用 JDK 可以非常方便地开发和调试 Java 应用程序。下面就详细介绍这些工具的使用。

1.5.1 Javac

功能说明

Java 编译器，将 Java 源文件（.Java）编译成为字节码文件（.class）。

语法

Javac [options] source_files

补充说明

Java 编译器可一次编译多个源程序，输出结构为类文件（字节码）。对于源文件中的每个类定义，它都会生成一个单独的类定义。因此，Java 源文件和编译后的类文件之间并不存在一一对应的关系。

命令选项

- -classpath [path]。这个选项用于为编译器指定其搜索被引用类的用户文件系统路径。若指定一个值，则这个选项将覆盖环境变量 CLASSPATH 所设的值。[path]参数可指定多个目录，之间用分号隔开。
- -d [directory]。此选项的作用是定义类层次的根目录。默认情况下，编译后的类文件存放于源文件所在目录，如果想更改其路径，就必须指定这个参数。
- -g。该选项与 CC 编译器（UNIX 操作系统）中的-g 功能完全相同。设置该选项后，编译器将生成其他一些调试信息表，从而使编译后的二进制代码可为外部的调试软件所用。
- -ng。该选项与-g 的作用正好相反。编译后的 Java 类文件将是一个经过优化的代码，其中不含任何为外部调试工具所需的信息。
- -nowarn。用于关闭编译器的警告信息，设置这一选项后，Java 将不再给出编译时遇到的警告性错误。
- -o。使用这一选项后，Java 编译器将生成一个优化后的类文件，将会使其有更高地执行速度。
- -verbose。设置该选项，Java 编译器和链接程序将在屏幕上显示全部编译及链接信息，包括所编译及链接的所有源文件及所装载的类。

1.5.2 Java

功能说明

Java 解释器。

语法

Java [options] ClassName [program arguments]

补充说明

这里的 ClassName 表示要执行的程序。类名可以为不带任何类库前缀修饰的类名，也可以不用带.class 后缀。但是，如果要运行的类被归属到某一类库，则必须加上完整的类库修饰。类库之间、以及类库和类之间用小圆点.隔开。

命令选项

- -classpath [path]。指明如何查找用户自定义的类文件的位置。
- -D [Name]=[value]。设置属性值。
- -version。打印 JDK 产品的版本号。
- -help。打印本命令的使用帮助。

1.5.3 Javadoc

功能说明

Java API 文档生成器，从 Java 源文件生成 API 文档 HTML 页。

语法

Javadoc [命令选项] [包名] [源文件名] [@files]

其中[包名]为用空格分隔的一系列包的名字，包名不允许使用通配符，如*。[源文件名]为用空格分隔的一系列的源文件名，源文件名可包括路径和通配符，如*。[@files]是以任何次序包含包名和源文件的一个或多个文件。

补充说明

Javadoc 解析 Java 源文件中的声明和文档注释，并产生相应的 HTML 页（默认），描述公有类、保护类、内部类、接口、构造函数、方法和域。

在实现时，Javadoc 要求且依赖于 Java 编译器完成其工作。Javadoc 调用 Javac 编译声明部分，忽略成员实现。它建立类的内容丰富的内部表示，包括类层次和“使用”关系，然后从中生成 HTML。Javadoc 还从源代码的文档注释中获得用户提供的文档。

当 Javadoc 建立其内部文档结构时，它将加载所有引用的类。由于这一点，Javadoc 必须能查找到所有引用的类，包括引导类、扩展类和用户类。

命令选项

- -overview i>path/filename。指定 Javadoc 应该从 path/filename 所指定的“源”文件中获取概述文档，并将它放到概述页中（overview-summary.html）。其中 path/filename 是相

对于-sourcepath 的相对路径名。

- -public。只显示公有类及成员。
- -protected。只显示受保护的和公有的类及成员。这是默认状态。
- -package。只显示包、受保护的和公有的类及成员。
- -private。显示所有类和成员。
- -help。显示联机帮助，它将列出这些 Javadoc 和 doclet 命令行选项。
- -doclet class。指定启动用于生成文档的 docle 的类文件。该 doclet 定义了输出的内容和格式。如果未使用-doclet 选项，则 Javadoc 使用标准 doclet 生成默认 HTML 格式。该类必须包含 start(Root)法。该启动类的路径由-docletpath 选项定义。
- -docletpath classpathlist。指定 doclet 类文件的路径，该类文件用-doclet 选项指定。如果 doclet 已位于搜索路径中，则没有必要使用该选项。
- -sourcepath sourcepathlist。当将包名传递到 Javadoc 命令中时，指定定位源文件（.java）的搜索路径。注意只有当用 Javadoc 命令指定包名时才能使用 sourcepath 选项——它将不会查找传递到 Javadoc 命令中的.Java 文件。如果省略-sourcepath，则 Javadoc 使用类路径查找源文件。
- -classpath classpathlist。指定 Javadoc 将在其中查找引用类的路径——引用类是指带文档的类加上它们引用的任何类。Javadoc 将搜索指定路径的所有子目录。classpathlist 可以包括多个路径，彼此用逗号分隔。
- -bootclasspath classpathlist。指定自举类所在路径。它们名义上是 Java 平台类。这个 bootclasspath 是 Javadoc 将用来查找源文件和类文件的搜索路径的一部分。在 classpathlist 中用冒号分隔目录。
- -extdirs dirlist。指定扩展类所在的目录，它们是任何使用 Java 扩展机制的类。这个 extdirs 是 Javadoc 将用来查找源文件和在文件的搜索路径的一部分。在 dirlist 中用冒号分隔目录。
- -verbose。在 Javadoc 运行时提供更详细的信息，不使用 verbose 选项时，将显示加载源文件、生成文档（每个源文件一条信息）和排序的信息。verbose 选项导致打印额外的信息，指定解析每个 Java 源文件的毫秒数。
- -locale language_country_variant。指定 Javadoc 在生成文档时使用的环境。
- -encoding name。指定源文件编码名，例如 EUCJIS/SJIS。如果未指定该选项，则使用平台默认转换器。
- -J[flag]。将 flag 直接传递给运行 Javadoc 的运行时系统 Java。注意在 J 和 flag 之间不能有空格。它是标准 Doclet 提供的选项
- -d directory。指定 Javadoc 保存生成的 HTML 件的目的目录，省略该选项将导致把文件保存到当前目录中。其中 directory 可以是绝对路径或相对当前工作目录的相对路径。
- -use。对每个带文档类和包包括一个“用法”页，该页描述使用给定类或包的任何 API 的包、类、方法、构造函数和域。对于给定类 C，使用类 C 的任何东西将包括 C 的子类、声明为 C 的域、返回 C 的方法以及具有 C 类型参数的方法和构造函数。
- -version。在生成文档中包括@version 文本，默认将省略该文本。
- -author。在生成文档中包括@author 文本。
- -splitindex。将索引文件按字母分割成多个文件，每个字母一个文件，再加上一个包含所有以非字母字符开头的索引项的文件。
- -windowtitle[title]。指定放入 HTML<title>标记中的标题，它将出现在窗口标题栏中和

为该页创建的任何浏览器书签（最喜爱的位置）中。该标题不应该包含任何 HTML 标记，因为浏览器将不能正确解释它们。在 title 中的任何内部引号必须转义。如果省略-windowtitle，则 Javadoc 对该选项使用-doctitle 的值。

- -doctitle[title]。指定放置在靠近概述概览文件顶部的标题，该标题将作为一级标题，直接放在导航栏下面。title 可包含 html 标记和空格，但是必须用引号将它括起。在 title 中的任何内部引号必须转义。
- -title[title]。该选项不再存在，它仅存在于 Javadoc 1.2 的 Beta 版中。它已重命名为-doctitle。重命名该选项是为了更清楚地表示它定义文档标题而不是窗口标题。
- -header[header]。指定放置在每个输出文件顶部的页眉文本，该页眉将放在上部导航栏的右边。header 可包含 HTML 标记和空格，但是必须用引号将它括起。在 header 中的任何内部引号必须转义。
- -footer[footer]。指定放置在每个输出文件底部的脚注文本，脚本将放置在下部导航栏的右边。footer 可包含 html 标记和空格，但是必须用引号将它括起。在 footer 中的任何内部引号必须转义。
- -bottom[text]。指定放置在每个输出文件底部的文本，该文本将放置在页底，位于下部导航栏的下面。其中 text 可包含 HTML 标记和空格，但是必须用引号将它括起。在 text 中的任何内部引号必须转义。
- -link[docURL]。创建链接指向已用 Javadoc-生成的外部引用类的文档。参数 docURL 是想要链接到的 Javadoc-生成的外部文档的 URL，该位置可以是相对的或绝对的 URL。
- -linkoffline[docURL][packagelistURL]。该选项为外部引用类名字创建指向文档的链接。
- -group[groupheading]packagepattern:packagepattern:...。将概述页上的包分成指定的组，每组一个表格。用不同的-group 选项指定每个组。各组按命令行中指定的次序出现在页面上。组内的包按字母排序。对于给定-group 选项，与 packagepattern 表达式列表匹配的包出现在标题为 groupheading 的表格中。
- -nodeprecated。防止在文档中生成任何不鼓励使用的 API。它执行-nodeprecatedlist 所做的事情，并且它不在文档其余部分生成任何不鼓励使用的 API。当编写代码并不想被不鼓励使用的代码分心时，这是非常有用的。
- -nodeprecatedlist。防止在生成文件中包含不鼓励使用的 API 列表（deprecated- list.html）并防止在导航栏中包含该页的链接。但是，Javadoc 继续在文档其余部分生成不鼓励使用的 API。如果源代码未包含不鼓励使用的 API，并且想要导航栏更干净，则它是非常有用的。
- -notree。在生成文档中忽略类/接口层次。默认，将产生该层次。
- -noindex。在生成文档中忽略索引。默认，将产生索引。
- -nohelp。在输出的每页顶部和底部的导航栏中忽略“帮助”链接。
- -nonavbar。防止产生导航栏、页眉和脚注，否则它们将出现在生成页的顶部和底部。它对 bottom 选项没有影响。当只对内容感兴趣并且没有必要导航时，例如仅将文件转换成 PostScript 或 PDF 以进行打印时，-nonavbar 选项是非常有用的。
- -helpfile[path/filename]。指定顶部和底部导航栏中“帮助”链接所链接到的替代帮助文件 path/filename 的路径。不使用该选项时，Javadoc 自动创建帮助文件 help-doc.html，它在 Javadoc 中硬编码。该选项使得可覆盖这种默认情况。其中 filename 可以是任何名字，不局限于 help-doc.html -- Javadoc 将相应调整导航栏中的链接。

- -stylesheetfile[path/filename]。指定替代 HTML 样式表单文件的路径。不使用该选项时，Javadoc 将自动创建样式表单文件 stylesheet.css，它在 Javadoc 中硬编码。该选项使得可覆盖这种默认情况。其中 filename 可以是任何名字，不局限于 stylesheet.css。
- -docencoding[name]。指定输出 HTML 文件的编码方式。

1.5.4 jar

功能说明

Java 归档工具。

语法

jar [命令选项] [manifest] destination input-file [input-files]

补充说明

jar 工具是个 Java 应用程序，可将多个文件合并为单个 JAR 归档文件。jar 是个多用途的存档及压缩工具，它基于 ZIP 和 ZLIB 压缩格式。然而，设计 jar 的主要目的是便于将 Java applet 或应用程序打包成单个归档文件。

将 applet 或应用程序的组件（.class 文件、图像和声音）合并成单个归档文件时，可以用 Java 代理（如浏览器）在一次 HTTP 事务处理过程中对它们进行下载，而不是对每个组件都要求一个新连接。这大大缩短了下载时间。jar 还能压缩文件，从而进一步提高了下载速度。

此外，它允许 applet 的作者对文件中的各个项进行签名，因而可认证其来源。jar 工具的语法基本上与 tar 命令的语法相同。

命令选项

- -c。在标准输出上创建新归档或空归档。
- -t。在标准输出上列出内容表。
- -x [file]。从标准输入提取所有文件，或只提取指定的文件。如果省略了 file，则提取所有文件；否则只提取指定文件。
- -f。第 2 个参数指定要处理的 jar 文件。在-c（创建）情形中，第 2 个参数指的是要创建的 jar 文件的名称（不是在标准输出上）。在-t（表）或-x（抽取）这两种情形中，第 2 个参数指定要列出或抽取的 jar 文件。
- -v。在标准错误输出设备上生成长格式的输出结果。
- -m。包括指定的现有清单文件中的清单信息。如 jar cmf myManifestFile myJarFile *.class。
- -0。只储存，不进行 ZIP 压缩。
- -M。不创建项目清单文件。
- -u。通过添加文件或更改清单来更新现有的 JAR 文件。例如，jar -uf foo.jar foo.class 将文件 foo.class 添加到现有的 JAR 文件 foo.jar 中，而 jar umf manifest foo.jar 则用 manifest 中的信息更新 foo.jar 中的清单。
- -C。在执行 jar 命令期间更改目录。例如，jar -uf foo.jar -C classes *将 classes 目录内的所有文件添加到 foo.jar 中，但不添加类目录本身。

程序示例

1）将当前目录下所有 class 文件打包成新的 jar 文件。

```
jar cf file.jar *.class
```

2）显示一个 JAR 文件中的文件列表。

```
jar tf file.jar
```

3）将当前目录下的所有文件增加到一个已经存在的 JAR 文件中。

```
jar cvf file.jar *.
```

1.5.5 Javah

功能说明

C 头文件和 Stub 文件生成器。Javah 从 Java 类生成 C 头文件和 C 源文件。这些文件提供了连接胶合，使 Java 和 C 代码可进行交互。

语法

Javah [命令选项] fully-qualified-classname…
Javah_g [命令选项] fully-qualified-classname…

补充说明

Javah 生成实现本地方法所需的 C 头文件和源文件。C 程序用生成的头文件和源文件在本地源代码中引用某一对象的实例变量。.h 文件含有一个 struct 定义，该定义的布局与相应类的布局平行。该 struct 中的域对应于类中的实例变量。

头文件名以及在头文件中所声明的结构名都来源于类名。如果传给 Javah 的类是在某个包中，则头文件名和结构名前都要冠以该包名。下划线_用作名称分隔符。

默认情况下，Javah 为每个在命令行中列出的类都创建一个头文件，且将该文件放在当前目录中。用-stubs 选项创建源文件。用-o 选项将所有列出类的结果串接成一个单一文件。

命令选项

- -o[输出文件]。将命令行中列出的所有类的头文件或源文件串接到输出文件中。-o 或-d 两个选项只能选择一个。
- -d[目录]。设置 Javah 保存头文件或 stub 文件的目录。-d 或-o 两个选项只能选择一个。
- -stubs。使 Javah 从 Java 对象文件生成 C 声明。
- -verbose。指明长格式输出，并使 Javah 将所生成文件的有关状态的信息输出到标准输出设备中。
- -help。输出 Javah 用法的帮助信息。
- -version。输出 Javah 的版本信息。
- -jni。使 Javah 创建一输出文件，该文件包含 JNI 风格的本地方法函数原型。这是默认输出，所以-jni 的使用是可选的。
- -classpath[路径]。指定 Javah 用来查询类的路径。如果设置了该选项，它将覆盖默认值或 CLASSPATH 环境变量。目录用冒号分隔。
- -bootclasspath[路径]。指定加载自举类所用的路径。默认情况下，自举类是实现核心 Java 平台的类，位于 jrelibt.jar 和 jrelibi18n.jar 中。
- -old。指定应当生成旧 JDK1.0 风格的头文件。
- -force。指定始终写输出文件。

1.5.6 Javap

功能说明

Java 类文件解析器。

语法

Javap [命令选项] class…

补充说明

Javap 命令用于解析类文件。其输出取决于所用的选项。如果没有使用选项，Javap 将输出传递给它的类的 public 域及方法。Javap 将其输出到标准输出设备上。

命令选项

- -help。输出 Javap 的帮助信息。
- -l。输出行及局部变量表。
- -b。确保与 JDK 1.1 Javap 的向后兼容性。
- -public。只显示 public 类及成员。
- -protected。只显示 protected 和 public 类及成员。
- -package。只显示包、protected 和 public 类及成员。这是默认设置。
- -private。显示所有类和成员。
- -J[flag]。直接将 flag 传给运行时系统。
- -s。输出内部类型签名。
- -c。输出类中各方法的未解析的代码，即构成 Java 字节码的指令。
- -verbose。输出堆栈大小、各方法的 locals 及 args 数。
- -classpath[路径]。指定 Javap 用来查找类的路径。如果设置了该选项，则它将覆盖默认值或 classpath 环境变量。目录用冒号分隔。
- -bootclasspath[路径]。指定加载自举类所用的路径。默认情况下，自举类是实现核心 Java 平台的类，位于 jrelibt.jar 和 jrelibi18n.jar 中。
- -extdirs[dirs]。覆盖搜索安装方式扩展的位置。扩展的默认位置是 jrelibext。

1.5.7 appletviewer

功能说明

Java Applet 浏览器。appletviewer 命令可在脱离万维网浏览器环境的情况下运行 Applet。

语法

appletviewer [threads flag] [命令选项] urls…

补充说明

appletviewer 命令连接到 url 所指向的文档或资源上，并在其自身的窗口中显示文档引用的每个 applet。

注意： 如果 url 所指向的文档不引用任何带有 OBJECT、EMBED 或 APPLET 标记的 applet，那么 appletviewer 就不做任何事情。

命令选项

- -debug。在 Java 调试器 jdb 中启动 appletviewer，可以调试文档中的 applet。
- -encoding[编码名称]。指定输入 HTML 文件的编码名称。
- -J[Javaoption]。将 Javaoption 字符串作为单个参数传给运行 appletviewer 的 Java 解释器。参数不能含有空格。由多重参数组成的字符串，其中每个参数都必须以前缀-J 开头，该前缀以后将被除去。这在调整编译器的执行环境或内存使用时将很有用。

1.5.8 jdb

功能说明

Java 调试器是一个基于命令行的调试工具，它可以逐行检查程序，设置断点和检查变量的值等。

语法

jdb [options] class

补充说明

类调试器将装载所指定的类，并启动自己内嵌的一个 Java 解释器，然后暂停，等待用户发出 jdb 命令。

命令选项

- -!!。重复执行上一个指令。
- -?。求助命令。
- -catch [exception_class]。出现指定异常情况时暂停。如果不带参数运行此命令，将列出当前所有已经捕获到的异常。
- -classes。列举出已装载的所有类。
- -clear [class:line]。清除设置在指定行、指定类的断点。
- -cont。恢复执行，直至下一个断点。
- -down [n]。对当前线程的调用栈，栈指针下移 n 次。
- -dump id(s)。显示指定对象中所有域的当前值。
- -exit。退出 jdb。
- -gc。强制运行垃圾回收器程序。
- -help。求助，等价于?指令。
- -list [line_number]。显示指定行的源代码。
- -load classname。装载指定的类。
- -locals。显示当前线程的局部变量。
- -memory。显示内存使用情况。
- -quit。退出 jdb。
- -resume [threads]。恢复指定线程的执行。如果不指定参数，则将恢复所有被挂起的线程。
- -run [class_name] [args]。运行指定类的 main()方法。
- -step。单步执行当前线程的当前行，然后暂停。
- -stop [at class:line]。在指定类的给定行设置断点。

1.5.9 native2ascii

功能说明

将含有本地编码字符（既非 Latin1 又非 Unicode 字符）的文件转换为 Unicode 编码字符的文件。

语法

native2ascii [options] [inputfile [outputfile]]

补充说明

Java 编译器和其他 Java 工具只能处理含有 Latin-1 和/或 Unicode 编码（udddd 记号）字符的文件。native2ascii 将含有其他字符编码的文件转换成含 Latin-1 和/或 Unicode 编码字符的文件。若省略 outputfile，则使用标准输出设备输出。此外，如果也省略 inputfile，则使用标准输入设备输入。

命令选项

- -reverse。执行相反的操作：将含 Latin-1 和/或 Unicode 编码字符的文件转换成含本地编码字符的文件。
- -encoding[encoding_name]。指定转换过程中使用的编码名称。默认的编码从系统属性 file.encoding 中得到。

1.5.10 extcheck

功能说明

extcheck 检测目标 jar 文件与当前安装方式扩展 jar 文件间的版本冲突。

语法

extcheck [-verbose] targetfile.jar

补充说明

extcheck 实用程序检查指定 Jar 文件的标题和版本与 JDK TM 软件中所安装的扩展是否有冲突。在安装某个扩展前，可以用该实用程序查看是否已安装了该扩展的相同版本或更高版本。

extcheck 实用程序将 targetfile.jar 文件清单的 specification-title 和 specification-version 头，与当前安装在扩展目录下所有 Jar 文件的相对应的头进行比较（默认扩展目录为 jre/ lib/ext）。extcheck 实用程序比较版本号的方式与 java.lang.Package.isCompatibleWith 方法相同。若未检测到冲突，则返回代码为 0。

如果扩展目录中任何一个 jar 文件的清单有相同的 specification-title 及相同的或更新的 specification-version 号，则返回非零错误代码。如果 targetfile.jar 的清单中没有 specification-title 或 specification-version 属性，则同样返回非零错误代码。

命令选项

-verbose。对扩展目录中的 Jar 文件进行检查时，列出文件。此外，还报告目标 jar 文件的清单属性及所有冲突的 jar 文件。

1.6 Java 集成开发环境简介

随着时间的推移，使用 Java 语言开发程序的人越来越多，为了让程序员能够更轻松地工作，许多第三方公司开发了 Java 语言的集成开发环境（IDE），其中尤其 Eclipse 以其良好的可扩展性与其开源的特性获得了多数 Java 程序员的青睐。

本节将对 Eclipse 开发环境进行简单介绍，作为后面应用 Eclipse 进行 Java 程序开发部分的基础知识。

1.6.1 Eclipse 发展背景

Eclipse 是由 IBM 发起研发的，第一版 1.0 在 2001 年 11 月发布，随后逐渐受到 Java 程序员的欢迎。目前 Eclipse 已经成为开放原始码计划（Open Source Project），大部分的开发仍然掌握在 IBM 手中，但有一部份由 eclipse.org 的软件联盟主导。

Eclipse 项目分成 3 个子项目：

- 平台-Platform
- 开发工具箱-Java Development Toolkit（JDT）
- 外挂开发环境-Plug-in Development Environment（PDE）

这些子项目又细分成更多子项目。例如 Platform 子项目包含数各组件，如 Compare、Help 与 Search。JDT 子项目包括 3 个组件：User Interface（UI）、核心（Core）及除错（Debug）。PDE 子项目包含 2 个组件：UI 与 Core。

1.6.2 Eclipse 工作台简介

Eclipse 平台的目的，是提供多种软件开发工具的整合机制，这些工具会作成 Eclipse 外挂程序，平台必须用外挂程序加以扩充才有用处。Eclipse 设计美妙之处在于所有东西都是外挂，除了底层的核心以外。这种外挂设计让 Eclipse 具备强大扩充性，但更重要的是，此平台提供一个定义明确的机制，让各种外挂程序共同合作（透过延伸点 extension points）与贡献（ontributions），因此新功能可以轻易且无缝地加入平台。

第一次执行 Eclipse 时，会在 Eclipse 目录下建一个 workspace 的目录，根据预设，所有的工作都会存在此目录中。若要备份工作目录，只要备份这个目录就行了。若要升级至新版的 Eclipse，只要将这个目录复制过去即可。

用新版时得看看 release notes，确保它支持前一版的 workspace；若不支持，只要将旧的 workspace 子目录复制到新的 Eclipse 目录下即可。所有的喜好设定都会保留。

Eclipse 工作台（workbench）如图 1-3所示，这是操作 Eclipse 时会碰到的基本图型接口，工作台是程序员开发工作所需的最基本的组件，启动 Eclipse 后出现的主要窗口就是这个，workbench 的工作很简单：让操作专案。它不懂得如何编辑、执行、除错，它只懂得如何找到项目与资源（如档案与数据夹）。若有它不能做的工作，它就丢给其他组件，例如 JDT。

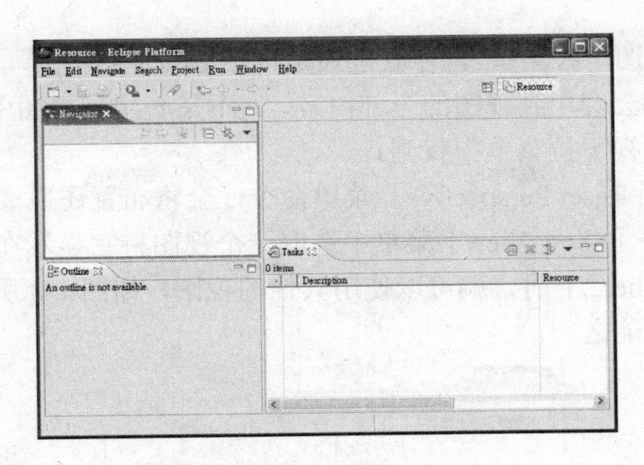

图 1-3　Eclipse 工作台

工作台看起来像是操作系统内建的应用程序，可以说是 Eclipse 的特点，同时也是争议点。工作台本身可以说是 Eclipse 的图形操作接口，它是用 Eclipse 自己的标准图形工具箱（Standard Widget Toolkit-SWT）和 JFace（建立在 SWT 之上）的架构。SWT 会使用操作系统的图形支持技术，使得程序的外观感觉（look-and-feel）随操作系统而定。这一点和过去多数 Java 程序的做法很不同，即使是用 Swing，也没有这样过。

1. 视图（View）

工作台会有许多不同种类的内部窗口，称之为视图（View），以及一个特别的窗口——编辑器（Editor）。之所以称为视图，是因为这些是窗口以不同的视角看整各项目，例如图 1-4 所示，Outline 的视图可以看项目中 Java 类别的概略状况，而 Navigator 的视图可以导览整各项目。

视图支持编辑器，且可提供工作台中之信息的替代呈现或导览方式。比方说：书签视图会显示工作台中的所有书签且会附带书签所关联的文件名称。导航视图（Navigator）会显示项目和其他资源。

如果要启动相应的视图，只要按一下标签就行了。工作台会提供了许多又快又简单的方式供配置环境。

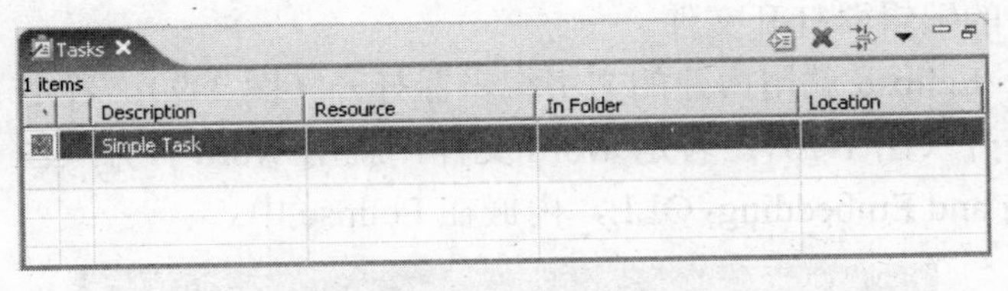

图 1-4　任务视图

视图有两个菜单，第一个是用鼠标右键按一下视图卷标来存取的菜单，它可以利用类似工作台窗口相关菜单的相同方式操作视图，如图 1-5 和图 1-6 所示。

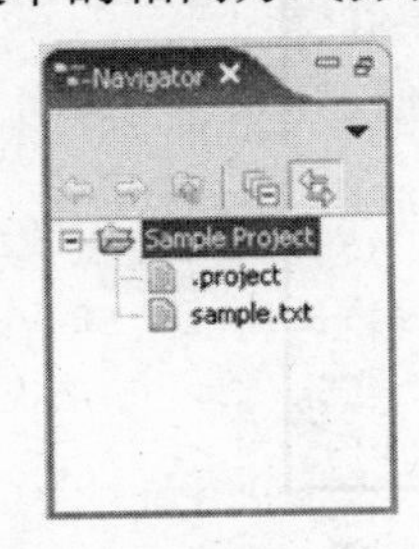

图 1-5　导航视图

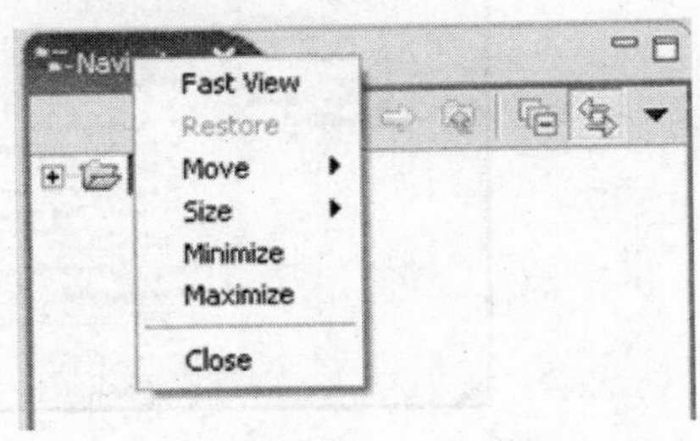

图 1-6　视图右键菜单

第二个菜单称为“视图下拉菜单”，存取方式是按一下向下箭头，如图 1-7 所示。视图下拉菜单所包含的作业通常会套用到视图的全部内容，而不是套用到视图中所显示的特定项目。排序和过滤作业通常可在检视下拉菜单中找到。

使用「Window」→「Reset Perspective」菜单命令，会将布置还原成程序状态。

可以从「Window」→「Show View」菜单中选取一个视图将它显示在工作台上。选择「Show View」子菜单底端的「Other...」时，就可以使用其他的视图，如图 1-8 所示。这只是可用来建立自定义工作环境的许多功能之一。

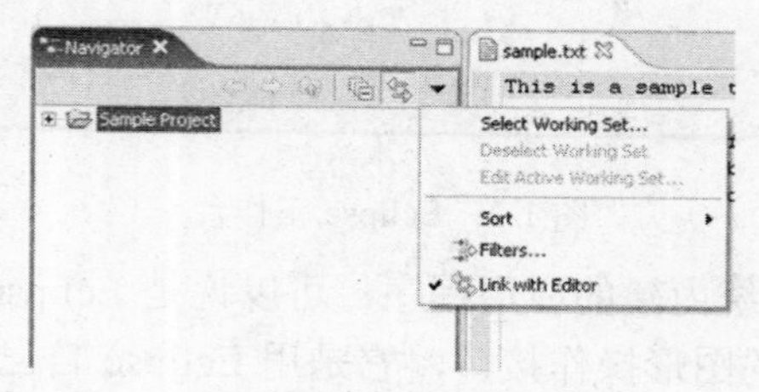

图 1-7　视图下拉菜单

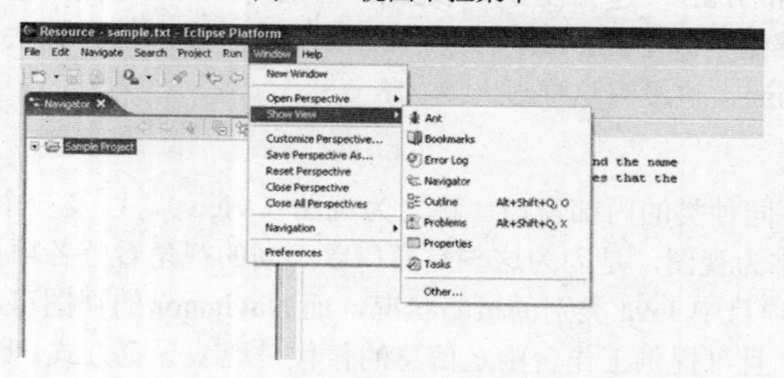

图 1-8　自定义工作台

2. 编辑器（Editor）

编辑器是很特殊的窗口，会出现在工作台的中央。当打开文件、程序代码或其他资源时，Eclipse 会选择最适当的编辑器打开文件。

若是纯文字文件，Eclipse 就用内建的文字编辑器打开（图 1-9）；若是 Java 程序代码，就用 JDT 的 Java 编辑器打开（图 1-10）；若是 Word 文件，就用 Word 打开（图 1-11）。此 Word 窗口会利用 Object Linking and Embedding- OLE，内嵌在 Eclipse 中。

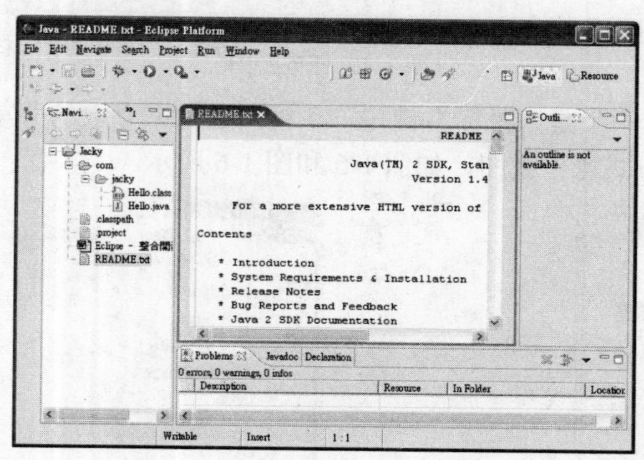

图 1-9　文字编辑器

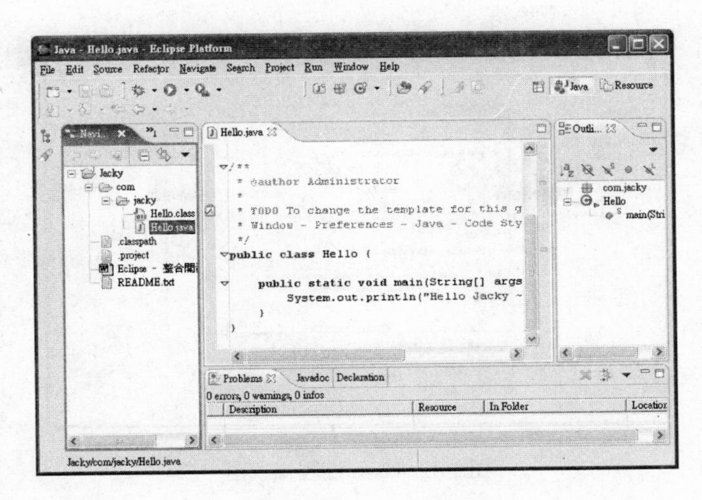

图 1-10　Java 编辑器

在 Windows 中，工作台会试图启动现有的编辑器，如 OLE（Object Linking and Embedding）文件编辑器。比方说，如果机器中安装了 Microsoft Word，编辑 DOC 档案会直接在工作台内开启 Microsoft Word（图 1-11）。如果没有安装 Microsoft Word，就会开启 Word Pad。

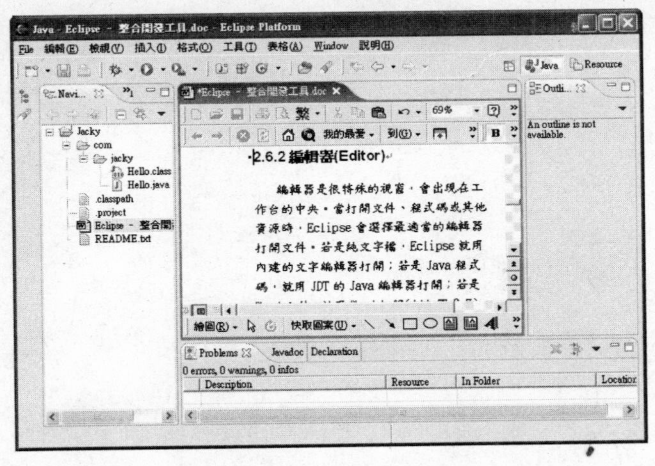

图 1-11　使用 Eclipse 编辑 Word 文档

如果标签左侧出现星号（图 1-11），就表示编辑器有未储存的变更。如果试图关闭编辑器或结束工作台，但没有储存变更，就会出现储存编辑器变更的提示。

工具列中的向后和向前箭头按钮或利用 Ctrl+F6 快捷键切换编辑器。箭头按钮会移动通过先前的鼠标选取点，可以先通过档案中的多个点，之后才移到另一个点。Ctrl+F6 会蹦现目前所选取的编辑器清单，依预设，会选取在现行编辑器之前所用的编辑器。

3. 视景（Perspective）

Eclipse 可以预先选定所需要显示的视图，并按照事先定义好的方式排列，称之为视景（Perspective）。所有视景的主要组件是编辑器。

每个视景的目的是执行某特定的工作，如编写 Java 程序，在每个视图以各种不同的视角处理工作，如图 1-12所示。

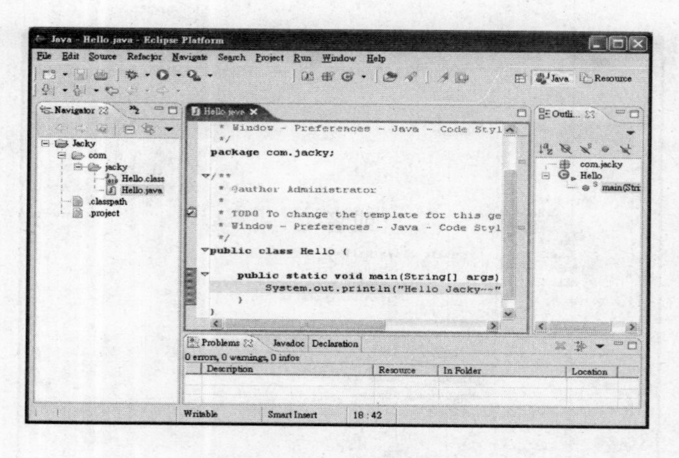

图 1-12　Java 编程视景图

关于使用 Eclipse 开发环境进行 Java 程序开发的具体细节，本书将在后面章节进行详细介绍。

第 2 章　Java 语言基础

Java 的语法规则十分简单，学过 C 语言或者 C++语言的读者一般都能迅速掌握，可以简单翻阅一下本章，跳到后面的章节详细阅读，而没有编程经验的读者，也可以通过本章的学习，对 Java 的语法有一个全面的认识。

2.1　Java 关键字和标识符

2.1.1　标识符

在程序设计中，程序员用来标识程序中各个元素的标记即为标识符。Java 语言可以用标识符标识类名、变量名、方法名、类型名、数组名和文件名等。

Java 语言规定标识符由字母、下划线、美元符号和数字组成，而且只能以字母、下划线或美元符号开头，标识符是区分大小的，没有最大长度的限制。

由于 Java 语言使用 Unicode 字符集，含有 65535 个字符，所以 Java 语言中字母和数字定义的范围要比现有的其他程序设计语言中定义的范围广泛得多。在 Java 语言中，标识符可以使用的字母包括下面几种：

（1）A~Z；a~z。

（2）Unicode 字符集中序号大于 0xC0 的所有符号。

下面列出的都是合法的标识符：

```
user_$        Boy_12$        $name        _sys_val
```

下面列出的都是非法的标识符：

```
4hot        #student        byte        girl@
```

注意：在标识符中可以包含保留字，但不能与保留字重名。例如 byte 是 Java 语言中的保留字，不能作为 Java 标识符使用。

2.1.2　关键字

Java 语言的关键字是不能作为一般的标识符使用的，它们已经被 Java 语言赋予特定的含义。表 2-1 列出了 Java 语言的关键字。

表 2-1　Java 关键字

abstract	default	if	private	this
boolean	do	implements	protected	throw
break	double	import	public	throws
byte	else	instanceof	return	transient
case	extends	int	short	try

（续表）

catch	final	interface	static	void
char	finally	long	strictfp	volatile
class	float	native	super	while
const	for	new	switch	
continue	goto	package	synchronized	

除了关键字外，Java 语言还保留了 true、false 和 null。它们可以作为标识符的一部分，但是不能单独使用 true、false 和 null。在 Java2 中增加了关键字 strictfp。

2.2 Java 数据类型、常量和变量

2.2.1 Java 数据类型

Java 是一种强类型语言，它的数据类型和其他高级语言很相似，但又有很大的区别。Java 数据类型分为简单数据类型和复合数据类型两类。简单数据类型是 Java 定义的基本数据类型，是创建其他数据类型的基础，用户无法对它们进行修改。复合数据类型由简单数据类型组合而形成，是用户根据自己的需要定义并实现其运算的类型。

Java 语言的数据类型如图 2-1 所示。

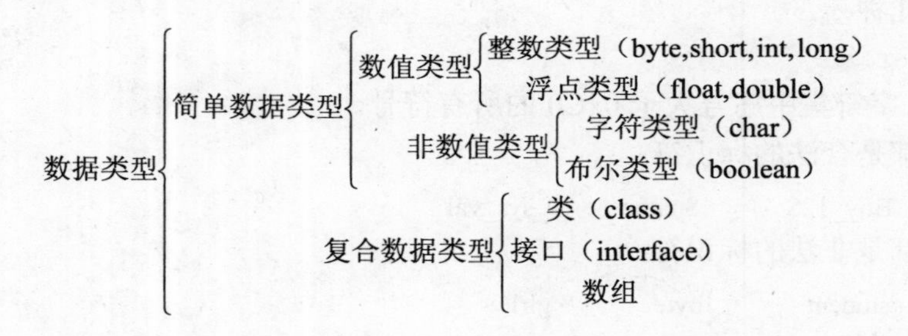

图 2-1　Java 语言的数据类型

Java 语言中数据有常量和变量之分，它们分别属于以上这些类型。

注意：Java 语言不支持在 C/C++语言中使用灵活的指针类型、结构类型、联合类型和枚举类型。

2.2.2 常量

在程序运行过程中，其值不能被改变的量称为常量。Java 中的常量值是用字符串表示的，常量区分为不同的数据类型，如 12、0、-3 为整型常量，4.6、-1.23 为实型（浮点型）常量，'a'、'A'、'1'为字符常量，true 和 false 为布尔常量，"I am a boy"、"this is a Java program"为字符串常量。常量一般从其字面形式即可判别。

注意：在 C/C++语言中，可以通过＃define 命令给一个标识符赋一个常量，但在 Java 语言

中不能用这种方式实现，而是用保留字 final 实现。

其定义格式如下：

```
final typeSpecifier varName=value [,varName [=value]...];
```

其中，typeSpecifier 为 Java 中合法的数据类型，如 int、double 等；varName 为常量名，可以是 Java 中合法的标识符，通常常量名用大写字母表示；value 为该数据类型中合法的值。例如：

```
final double MAX=20.02;
```

2.2.3 变量

在程序运行过程中，其值可以改变的量称为变量。一个变量应该有一个名字，在内存中占据一定的存储单元。在 Java 程序运行过程中存储在变量中的值是可以随时改变的。

Java 变量的定义包括变量名、变量类型和作用域几个部分，在使用变量之前必须先声明变量，变量定义的基本格式为：

```
typeSpecifier varName [=value] [,varName [=value]...];
```

其中，typeSpecifier 为 Java 中合法的数据类型，如 int，double 等；varName 为变量名，变量名必须是以字母、下划线或美元符号开始的 Java 合法的标识符；value 为该数据类型中合法的值，可以通过等于符号和一个变量来初始化一个变量；如果声明同一类型的多个变量，变量之间应该用逗号隔开。例如：

```
int a,b,c=4;
```

其中 a 和 b 是变量的声明，c=4 是变量的初始化或称变量的赋值。

Java 语言也允许变量的动态初始化。例如：

```
public class Test {
  public static void main(String args[]) {
    double a=3.0, b=4.0;              //变量的初始化
    double c=Math.sqrt(a*a+b*b);      //c 是变量的动态初始化
    System.out.println("三角形的斜边＝"+c);
    }
}
```

在这个程序中声明了 3 个变量 a、b 和 c，其中 a 和 b 用常数初始化直角三角形的两个直角边，而 c 被动态初始化为直角三角形的斜边。在此调用了 Math 类的 sqrt()方法，关于类和方法在后面的章节中将有详细地讲解。

Java 语言可以声明的变量还有实例变量和类变量，在声明变量的类型前面加上 static，表示声明的是一个静态变量也就是类变量，否则为实例变量。例如：

```
static int val;//声明一个类变量
```

类变量可以通过类名直接访问，也可以通过实例对象来访问，这两种方法的结果是相同的。

在这里还要说明的一个概念就是变量的作用域，变量的作用域指明可以访问该变量的一段代码。声明一个变量的同时也就指明了变量的作用域。变量按作用域可以分为局部变量、类变量、方法参数和例外处理参数。在程序中声明一个类变量，它的作用域就是整个类。在一个确定的域中，变量名应该是唯一的。作用域通常用一对大括号{}限定。

2.3 简单数据类型

Java 语言有 8 种简单数据类型：byte、short、int、long、char、float、double 和 boolean。表 2-2 列出了简单数据类型所占内存的位数及其取值范围。

表 2-2 简单数据类型

数据类型	所占位数	值范围
byte（字节型）	8 位	-128～127
short（短整型）	16 位	-32768～32767
int（整数型）	32 位	-2147483648~2147483647
long（长整型）	64 位	-9.2×10^{15}～9.2×10^{15}
float（浮点型）	32 位	-3.4×10^{38}～3.4×10^{38}
double（双精度型）	64 位	-1.8×10^{308}～1.8×10^{308}
char（字符型）	16 位	0～65535
boolean（布尔型）	1 位	false 或 true

表中前 6 种数据类型是数值型数据类型，后两种是非数值型数据类型。

2.3.1 整数类型

1. 整型常量

整型常量即整数。与 C/C++相同，Java 的整数可用以下 3 种形式表示：

1）十进制整数，如 34、-23、0。

2）八进制整数，以 0 开头的数是八进制数。如 0123 表示八进制 123，即十进制数 83。-011 表示八进制数-11，即十进制数-9。

3）十六进制整数。以 0x 开头的数是十六进制数，如 0x123 表示十六进制数 123，即十进制数 291。-0x12 表示十六进制 12，即十进制数-18。

与 C/C++不同，Java 的整型常量具有整数型（int）的值，无论机器是什么平台，在机器中总占 32 位。这使得在不移值的情况下就可以运行于所有平台。对于长整型（long）数值，则要在数字后加 L 或 l，如 123L 表示一个长整数，它在机器中占 64 位。

2. 整型变量

Java 定义了 4 种整数类型：byte、short、int 和 long，它们都是有符号数。C/C++语言支持有符号数和无符号数两种，但 Java 语言不支持仅为正整数的无符号数。

表 2-3 列出了整数类型所在内存的位数及其取值范围。

表 2-3 整数类型的位数和范围

名称	位数	取值范围
long	64	-2^{63}～$2^{63}-1$
int	32	-2^{31}～$2^{31}-1$
short	16	-2^{15}～$2^{15}-1$
byte	8	-2^{7}～$2^{7}-1$

整型变量的基本类型符为 int，它所表示的数据范围相当大，需要 32 位或 4 个字节的存储空间。如果在大型的数据计算中，数据超出了 int 型所能表示的数据最大范围，就需要使用 long 类型。由于不同的机器对于字节数据的存储方式不同，有的可能是从低字节向高字节存储，有的可能是从高字节向低字节存储。在分析网络协议或文件格式时，适合用 byte 类型来表示数据。而 short 类型限制数据的存储方式是从高字节向低字节存储，所以很少使用 short 类型。

Java 同 C/C++一样规定在程序中要对所使用的变量进行定义。例如：

```
byte i;    //定义变量 I 为 byte 型数据
short a;   //定义变量 a 为 short 型数据
int i;     //定义变量 I 为 int 型数据
long s;  //定义变量 s 为 long 型数据
```

2.3.2 浮点类型

1. 浮点型常量

浮点型常量由十进制数值与一个小数部分表示。与 C/C++相同，Java 的浮点型常量可用以下两种形式表示：

1）标准形式，也称十进制形式。由一个整数部分后跟一个小数点，后面再跟一个小数部分组成。例如：2.0、3.14159、0.667。

2）科学计数法形式。科学计数法由一个采用标准计数法的浮点数加上要被乘到这个数上的一个以 10 为底幂做后缀组成。指数用一个 E 或者 e 后面紧跟一个正或负十进制数表示。例如：123e3、6.022E23。

Java 中的浮点型常量的默认精度为 double 型。要指定一个 float 常量必须在常量的后面加一个 F 或 f。默认的 double 型数据需要 64 位的存储空间，而精度稍低的 float 型只需要 32 位。

2. 浮点型变量

浮点类型的数据是用来表示需要精确到小数的表达式，例如在计算平方根或验算正弦和余弦时都需要用到浮点类型。Java 定义了两种浮点类型：float 型和 double 型，分别表示单精度数和双精度数。

表 2-4 列出了浮点类型所在内存的位数及其取值范围。

表 2-4 浮点类型的位数和范围

名称	位数	取值范围
float	32	$3.4e^{-038}$~$3.4e^{+0.38}$
double	64	$1.7e^{-308}$~$1.7e^{+308}$

一个 double 型常量即使其值在 float 的有效范围之内，也不能将其直接赋给一个 float 型变量。同时，一个 float 型常量也只能给一个 float 型变量或域赋值。如果要用 double 常量给一个 float 型变量赋值，就必须先将其转换为 float 型。双精度类型 double 比单精度类型 float 具有更高的精度和更大的表示范围，使用的频率较高

Java 同 C/C++一样规定在程序中要对所使用的浮点型变量进行定义。例如：

```
float i;          //定义变量 i 为 float 型数据
double a;         //定义变量 a 为 double 型数据
```

但是 Java 中没有无符号型整数，而且明确规定了整型和浮点型数据所占的内存字节数，这

样就保证了安全性，鲁棒性和平台无关性。

在 JDK5.0 中，可以使用十六进制表示浮点数值。例如，0.125 可以表示成 0x1.0p-3。在十六进制表示法中，使用 p 表示指数，而不是 e。

所有的浮点数值计算都遵循 IEEE 754 规范。下面是 3 个特殊的浮点数值：

- 正无穷大（positive infinity）。
- 负无穷大（negative infinity）。
- NaN。

上面这 3 个数值用于表示溢出和出错情况。例如，一个正整数除以 0 的结果为正无穷大。计算 0/0 或者负数的平方根为 NaN。

2.3.3 字符类型

1. 字符型常量

字符型常量由一对单引号括起来的字符，所有可见的 ASCII 字符都可以直接用单引号括起来，如'A'、'Q'。与 C/C++相同，Java 也提供了转义字符，以反斜杠开头，如'\''表示单引号，'\n'为换行。还可以用八进制或十六进制数指定一个字符。反斜杠后跟着三位数字表示八进制计数法，例如'\141'表示字母'a'。十六进制计数法用一个反斜杠和 u（\u）后面跟着 4 位十六进制数字表示。

表 2-5 列出了 Java 中的转义字符。

表 2-5 Java 中的转义字符

转义字符	描述
\ddd	八进制字符（ddd）
\uxxxx	十六进制 Unicode 字符（xxxx）
\'	单引号字符（\u0027）
\"	双引号字符（\u0022）
\\	反斜杠（\u005C）
\r	回车（\u000D）
\n	换行（\u000A）
\f	走纸换页（\u000C）
\t	横向跳格（\u0009）
\b	退格（\u0008）

其中八进制字符常量不多于 3 个数字，并且其值不能超过\377（\u00ff）。十六进制字符常量必须有四位数字。与 C/C++不同，Java 中的字符型数据是 16 位无符号型数据，它表示 Unicode 字符集，而不仅仅是 ASCII 集，例如\u0061 表示 ISO 拉丁码的'a'。

2. 字符型变量

字符型变量用来存放字符常量，只能放一个字符。字符型变量的数据类型为 char，它在机器中占 16 位，其范围为 0～65535。

字符型变量的定义如下：

```
char i='a';            //指定变量 i 为字符型变量，且赋初值为'a'
char j='b';            //指定变量 j 为字符型变量，且赋初值为'b'
```

与 C/C++不同，Java 中的字符型数据不能用作整数，在 Java 中不提供无符号整数类型，但也可以把它当作整数数据操作。例如：

```
int I=1;                          //定义 I 为整型，并赋初值为 1
char s='3';                       //定义 s 为字符型，并赋初值为'3'
char j=(char)(I+s);               //计算 I+s 并赋给 j='4'
```

上例中，在计算加法时，字符型变量 s 被转化为整数，进行相加，最后把结果又转化为字符型。

2.3.4 布尔类型

布尔类是 Java 为逻辑值设置的一个简单的类型，布尔型数据只有两个关键字的值 true 和 false。true 和 false 这两个值不能转换成任何用数字表示的值。与 C/C++不同，Java 中的 true 不等于 1，而关键字 false 也不等于 0，而且 true 和 false 只能赋值给声明为 boolean 类型的变量或用于布尔运算的表达式中。布尔类型是所有关系运算的返回类型，例如：a<b。布尔类型也是控制语句中所必需的类型，如在 if 和 for 控制语句中。

布尔变量的定义如下：

```
boolean i=true;  //定义 i 为布尔型变量，且初始值为 true
```

例如：

```
class Example1{
  public static void main (String args[]){
    boolean married=true;     //定义 married 为布尔型变量，且赋值为 true
    boolean retired=false; //定义 retired 为布尔型变量，且赋值为 false
    System.out.println("The value of married is "+married);
    //在屏幕上输出结果
    System.out.println("The value of retired is "+retired);
  }
}
```

在 Java 中编译该程序并执行，运行结果为：

```
The value of married is true
The value of retired is false
```

2.3.5 枚举类型

有些时候，变量的取值仅在一个有限的集合内。例如：销售的服装只有小、中、大及超大四种尺寸。当然，可以将这些尺寸编码为 1、2、3、4 或者 S、M、L、X。但这样做存在着一定的隐患。在变量中很可能保存的是一个错误的值（如 0 或 m）。

从 JDK5.0 开始，针对这种情况，可以自定义枚举类型。枚举类型包括有限个命名的值。例如，enum Student{张三、李四、王五}；

现在可以声明这样一种类型的变量：

```
Student s=Student.张三;
```

Student 类型的变量只能存储该类型声明中给定的某个枚举值或者 null 值。

2.3.6 综合举例

在记事本或其他文本编辑器中编写下面一段代码。

```
public class Example2{
  public static void main (String args[]){
    int a=10;                    //定义 a 为整数型变量，且赋值为 10
    char c='f';           //定义 c 为字符型变量，且赋值为 f
    float f=0.23f;    //定义 f 为浮点型变量，且赋值为 0.23
    boolean bool=false;   //定义 bool 为布尔型变量，且赋值为 false
    System.out.println("a= "+a);   //在屏幕上输出结果
    System.out.println("c= "+c);
    System.out.println("f= "+f);
    System.out.println("bool= "+bool);
  }
}
```

把这段代码保存在名称为 Example2.Java 的文件中，然后编译该程序并执行之，运行结果为：

```
a=10
c=f
f=0.23
bool=false
```

2.3.7 自动类型转换与强制类型转换

程序在运行中要进行各种数据的计算，经常会遇到两种不相同类型的数据之间的计算。如果两种数据类型兼容，Java 将实现自动数据类型转换。例如，把一个 int 型数据赋值给一个 long 型变量。但是程序在运行中要参与计算的各种数据类型不一定都是相互兼容的，这样就需要进行强制类型转换。

1. 自动类型转换

在 Java 程序运行中实现不同数据类型之间相互自动转换的条件有两个：

- 两个数据类型兼容。
- 目标数据类型大于源数据类型。

例如，int 型数据取值范围大于 byte 型，Java 在处理时实现自动转换。当把一个整数常量存入 byte、short 或 long 型的变量中时，Java 也会实现自动转换。

对于数字类型，包括整数和浮点数类型，数据之间是兼容的。数字类型与字符型数据或布尔型数据是不兼容的，而且字符型数据与布尔型数据相互间也不兼容。

整数型、浮点型、字符型数据可以混合运算。Java 中定义了数据类型之间的转换规则，程序在运行中不同类型的数据之间的计算，要先将不同类型的数据转换为同一类型，然后再进行计算。

表 2-6 列出了 Java 中不同类型数据之间的转换规则。

表 2-6 Java 中不同类型数据之间的转换规则

操作数 1 类型	操作数 2 类型	转换后的类型
byte 或 short	int	int
byte 或 short 或 int	long	Long
byte 或 short 或 int 或 long	float	float
byte 或 short 或 int 或 long 或 float	double	double
char	int	int

Java 中数据之间的自动转换从低级到高级，如图 2-2 所示。

低 ——————————————————→ 高

byte、short、char ——→ int ——→ long ——→ float ——→ double

图 2-2　Java 中数据之间的自动转换

2. 强制类型转换

在 Java 程序运行中，有些数据类型之间不能实现自动转换，就需要进行强制转换。如高级数据要转换成低级数据。强制转换的一般形式为：

```
(target-type)value
```

其中，target-type 是指要将指定值转换成的目标数据类型，value 是指要转换的变量或表达式。

例如：将一个 int 型数据转换成 byte 型数据。

```
...
int i;
byte b=(byte)i;  //将 int 型变量 i 强制转换成 byte 型
...
```

这种用法可能会导致数据溢出或精度下降。换句话说，如果整数值大于 byte 型的表示范围，则数值的高位会丢失。

注意： 一个浮点型数据赋值给一个整数型变量，在进行不同类型数据转换时，浮点型数据的小数部分会丢失。例如将 1.234 赋值给一个整数变量 i 时，i 的结果是 1，而 0.234 被丢掉。如果整数部分太大而不适合赋值给目标整数类型时，它的值就会被减少到按整数类型的取值范围取模。

2.4　Java 运算符及表达式

2.4.1　Java 运算符简介

与 C/C++一样，Java 语言的运算符范围很广。运算就是对各种类型的数据进行处理的过程。其中用来表示各种不同运算的符号称为运算符，参与运算的数据称为操作数。

Java 提供的运算符大致可分为如下几部分：算术运算符、位运算符、关系运算符、逻辑运算符和其他运算符等。下面是对 Java 运算符的简单分类。

（1）算术运算符：＋、－、*、/、%、＋＋、－－

（2）关系运算符：>、<、>=、<=、==、!=

（3）布尔逻辑运算符：!、&&、||

（4）按位运算符：>>、<<、>>>、~、&、|、^

（5）赋值运算符：＝、+=、-=、*=、/=、%=、&=、|=、^=、>>=、>>>=、<<=

（6）条件运算符：?

（7）其他运算符：包括分量运算符，下标运算符[ ]，实例运算符 instanceof，内存分配运算符 new，强制类型转换运算符（类型），方法调用运算符()等。

2.4.2 算术运算符

算术运算符用于算术表达式中，它由基本算术运算符、取余运算符和递增递减运算符组成。表 2-7 列出了 Java 中的算术运算符。

表 2-7 算术运算符

类型	运算符	描述
基本运算符	+	加
	–	减
	*	乘
	/	除
取余运算符	%	取模（求余）
递增递减运算符	++	递增
	––	递减

算术运算的操作数必须是数字类型，也可以是 char 类型（Java 中的 char 类型本来就是 int 类型的一个子集），但不能用于 boolean 类型。减运算也是一个一元运算，即对单个操作数取反。如果对一个整数进行除法运算时，结果只会保留整数部分。

取余运算%返回一个除法的余数。与 C/C++不同的是，它除了适合于整数类型外，与整数类型一样适合于浮点类型。

++和--运算符是 Java 提供的递增和递减运算复符。递增运算使操作数加 1，递减运算使操作数减 1。递增运算符和递减运算符只能用于变量，而不能用于常量。递增递减运算符可以出现在操作数前面，也可以出现在操作数后面。如果运算符是前置的，运算在表达式值送回之前进行。如果运算符是后置的，运算在原先值被使用之后进行。

例如：

```
public class Example3{
  public static void main (String args[]){
    int a=10;          //定义 a 为整数型变量，且赋值为 10
    int b=20;          //定义 b 为整数型变量，且赋值为 20
    int i=16;          //定义 i 为整数型变量，且赋值为 16
    System.out.println("a+b= "+(a+b));  //在屏幕上输出 a+b 结果
    System.out.println("a×b="+(a*b));  //在屏幕上输出 a×b 结果
    System.out.println(++i +" "+ i++ + " "+i);
  }
}
```

在 Java 中编译该程序并执行，运行结果为：

```
a+b=30
a×b=200
17 17 18
```

在这个程序中，"a+b"和"a × b"的运算都比较好理解。下面对程序的最后一行语句：System.out.println(++i +" "+ i++ + " "+i)；进行说明：第 1 个输出 17 说明代码先执行 i 前面的++运算，使 i 的值增加到了 17；第 2 个输出的是执行该运算后，但在执行 i 后面的++运算之前的 i 值；最后输出的是执行了 i 后面的++运算所得到的 i 值。

2.4.3 关系运算符

关系运算符用来确定一个操作数和另一个操作数之间的关系。表 2-8 列出了 Java 中的关系运算符。

表 2-8　关系运算符

运算符	描述
==	等于
!=	不等于
>	大于
<	小于
>=	大于等于
<=	小于等于

关系运算符的结果是 boolean 值，即 true 或 false，而不是 C/C++中的 1 和 0。关系运算符一般主要运用在 if 控制语句和各种循环控制语句表达式中。

与 C/C++不同的是，在 Java 中，并不是任何数据类型都可以用等于（==）和不等于（!=）进行比较，而只有数字类型（整数、浮点和字符）才能进行大小比较。例如：

```
...
int a=5;
int b=4;
Boolean c=a<b;  //c=false
```

注意：与 C/C++不同，有些语句的用法在 Java 中是非法的。

例如，在 C/C++中有下面的语句：

```
...
int s;
//...
if (!s)  ...
if (num)  ...
...
```

在 Java 中上面的写法是错误的，而应该改为下面的代码：

```
...
int s;
//...
if(s==0)  ...
if(num !=0)  ...
...
```

出现上面区别的原因是 Java 定义 true 和 false 的方法与 C/C++不同，这在上面已经提到过了。

2.4.4 布尔逻辑运算符

布尔逻辑运算符只对 boolean 型操作数进行布尔逻辑运算。表 2-9 列出了 Java 中的布尔逻辑运算符。

表 2-9　布尔逻辑运算符

<table>
<tr><th>运算符</th><th>描述</th></tr>
<tr><td>||</td><td>逻辑或</td></tr>
<tr><td>&&</td><td>逻辑与</td></tr>
<tr><td>!</td><td>逻辑非</td></tr>
</table>

逻辑与（&&）和逻辑或（||）布尔逻辑运算符不总是对运算符右边的表达式求值。与按位运算符按位与（&）和按位或（|）不同，如果使用逻辑与（&&）和逻辑或（||），则表达式的结果可以由运算符左边的操作数单独决定时，Java 就不会对运算符右边的操作数进行运算。

表 2-10 列出了 Java 中操作数 A 和操作数 B 进行布尔逻辑运算后的结果。

表 2-10　操作数 A 与 B 布尔逻辑运算结果

<table>
<tr><th>操作数 A</th><th>操作数 B</th><th>A&&B</th><th>A||B</th><th>!A</th></tr>
<tr><td>false</td><td>false</td><td>false</td><td>false</td><td>true</td></tr>
<tr><td>false</td><td>true</td><td>false</td><td>true</td><td>true</td></tr>
<tr><td>true</td><td>false</td><td>false</td><td>true</td><td>false</td></tr>
<tr><td>true</td><td>true</td><td>true</td><td>true</td><td>false</td></tr>
</table>

2.4.5　按位运算符

按位运算符是用来对二进制位进行操作的。Java 定义了几种按位运算符，可以用于包括 long、int、short 和 byte 类型在内的整数类型。

按位运算一般分为两种：按位逻辑运算和按位移位运算。表 2-11 列出了 Java 中的按位运算符。

表 2-11　按位运算符

<table>
<tr><th>运算符</th><th>描述</th></tr>
<tr><td>~</td><td>按位取反运算</td></tr>
<tr><td>&</td><td>按位与运算</td></tr>
<tr><td>|</td><td>按位或运算</td></tr>
<tr><td>^</td><td>按位异或运算</td></tr>
<tr><td>>></td><td>右移</td></tr>
<tr><td>>>></td><td>右移并用零填充（高位填零）</td></tr>
<tr><td><<</td><td>左移</td></tr>
</table>

表 2-12 列出了 Java 中操作数 A 和操作数 B 按位逻辑运算的结果。

表 2-12　操作数 A 与 B 按位逻辑运算结果

<table>
<tr><th>操作数 A</th><th>操作数 B</th><th>A|B</th><th>A&B</th><th>A^B</th><th>~A</th></tr>
<tr><td>0</td><td>0</td><td>0</td><td>0</td><td>0</td><td>1</td></tr>
<tr><td>0</td><td>1</td><td>1</td><td>0</td><td>1</td><td>1</td></tr>
<tr><td>1</td><td>0</td><td>1</td><td>0</td><td>1</td><td>0</td></tr>
<tr><td>1</td><td>1</td><td>1</td><td>1</td><td>0</td><td>0</td></tr>
</table>

注意：按位运算应用于操作数中各个二进制位。

- 右移运算符（>>），按照指定的数向右依次按位移动。右移时，用最高位（符号位）填充左边的空位，称为符号扩展，它能保证负数在右移时仍为负数。
- 左移运算符（<<），按照指定的数向左依次按位移动。左移时，左操作数的高位会丢失，而低位用 0 补充。
- 无符号右移运算符（>>>），按照指定的数向右依次按位移动。右移时，用 0 填充高位。如 value>>>2 表示值 value 被右移 2 位，高 2 位用 0 填充，而不使用其符号位扩展。

移位运算符不同于其他大多数双目整数运算符。对于移位运算符，其运算的结果的类型是左操作数的类型，即被移位值的类型。例如，如果左操作数位 int 型，即使右操作数（移位位数）为 long 型，结果也为 int 型。

如果右操作数（移位位数）比左操作数（被移位的数）所含的位数大或右操作数（移位位数）为负数，则实际移位的位数与给定的移位位数不同。实际移位的位数是给定移位位数按移位操作数的实际范围减 1 再加以屏蔽后得到的数。例如，对一个 32 位 int 型，用 0x1f（31）进行屏蔽，所以（n<<35）和（n<<-29）都等价于（n<<3）。

按位运算符也可用于布尔逻辑运算。其不同之处是按位运算符总要计算两个操作数，而布尔逻辑运算符只在必要时才计算两个操作数。

按位运算符只能用于整数类型和布尔类型，不能用于浮点或引用值。移位运算符只能用于整数类型。

2.4.6 赋值运算符

赋值运算符是用来给一个变量赋值。单等号＝是赋值运算符的基本形式，同时，Java 还提供了许多扩展赋值运算符。扩展赋值运算符是任何算术运算符或双目按位运算符与＝组成。例如：a+=2 等价于 a=a+2。表 2-13 列出了 Java 中的赋值运算符。

表 2-13　赋值运算符

运算符		描述
基本赋值运算符	=	赋值
扩展赋值运算符	+=	加法赋值
	-=	减法赋值
	*=	乘法赋值
	/=	除法赋值
	%=	取模赋值
	&=	按位与赋值
	|=	按位或赋值
	^=	按位异或赋值
	>>=	右移赋值
	<<=	左移赋值
	>>>=	右移高位填 0 赋值

在赋值运算符两侧的数据类型不一致的情况下，如果左侧变量的数据类型的级别比右侧

的高，则右侧的数据被转化为与左侧相同的高级数据类型，然后赋给左侧的变量。否则，需要使用强制类型转换运算符。例如：

```
...
int a=20;
long b=a;          //实现自动转换
byte c=(byte)a;    //强制类型转换
...
```

2.4.7 条件运算符

条件运算符是 Java 提供的一个专门的三元运算符。这种运算符可以取代某些条件类型的控制语句。条件运算符的一般形式为：

```
expression?expression1:expression2
```

其中表达式 expression 的取值为 boolean 型值，如果该值为 true，则对表达式 expression1 求值，否则对表达式 expression2 求值。而且表达式 expression1 和 expression2 需要返回相同的数据类型，且该数据类型不能是 void。例如：

```
...
z=a==0?1 : b/a;    //如果 a 等于 0，则 z 等于 1，否则 z 等于 b/a
...
```

在程序中可以用类似的方法避免被 0 除。

如果要通过测试某个表达式的值来决定选择两个表达式中的某一个时，可以使用条件运算符，它可以实现 if-else 语句的功能。但是 if 语句和条件运算符（？：）是有区别的，主要区别是条件运算符返回一个值。

2.4.8 表达式及运算符优先级

1. 表达式

将运算符和操作数（也称运算对象）连接起来，组成一个符合 Java 语法规则的式子称为 Java 表达式。经过运算每个表达式都会产生一个值，这个值称为表达式的值。每个表达式的值都有一个数据类型，这个数据类型称为表达式的类型。表达式的类型可以是简单数据类型，也可以是复合数据类型。

一个常量或一个变量名字可以构成最简单的表达式，表达式的值就是该常量或变量的值。而且一个表达式可以当作其他运算的操作数，构成复杂的表达式。例如：

```
a
sum
18
a+b
a*(b+c)+d
x<=(y+z)
x&&y||z
```

2. 运算符优先级

Java 语言规定了运算符的优先级和结合性。在表达式求值时，先按运算符的优先级别高低次序执行，例如先乘除后加减。如表达式 a-b*c，b 的左侧为减号，右侧为乘号，而乘号优先于减号，因此相当于 a-（b*c）。如果在一个运算对象两侧的运算符的优先级别相同，如 a-b+c，则按规定的“结合方向”处理。表 2-14 列出了 Java 中运算符优先级和结合性。

表 2-14 运算符的优先级和结合性

优先级		描述	运算符	结合性
高	1	分隔符	[] () .	
↑	2	自增自减运算， 按位取反，逻辑非	++ -- ~ !	右到左
	3	算术乘除运算	* / %	左到右
	4	算术加减运算	+ -	左到右
	5	移位运算	>> << >>>	左到右
	6	大小关系运算	< <= > >=	左到右
	7	相等关系运算	== !=	左到右
	8	按位与运算	&	左到右
	9	按位异或运算	^	左到右
	10	按位或运算	|	左到右
	11	布尔逻辑与运算	&&	左到右
	12	布尔逻辑或运算	||	左到右
	13	三目条件运算	? :	左到右
低	14	赋值运算	=	右到左

Java 运算符的优先级决定了表达式中运算执行的先后顺序。例如：

x<y&&!z 相当于(x<y)&&(!z)。

Java 运算符的结合性决定了相同级别的运算符执行的先后顺序。例如：加减的结合性是从左到右，8-5+3 相当于（8-5）+3（如果结合性是右到左，8-5+3 相当于 8-（5+3））。逻辑否运算符！的结合性是右到左，!! x 相当于!(!x)。

2.5 数 组

无论在哪种编程语言中，数组都是一种非常重要的数据结构。数组是存放具有相同数据类型的数值的数据结构，它一旦创建之后，大小就固定了下来，不再发生变化。数组中的每一个值都称为一个元素，可以通过它在数组中的位置来对它进行访问。

数组的声明同其他变量的声明一样，都包括两个部分：数组类型和数组的名称。比如声明一个 int 类型的数组的格式为：

```
int[] arrayOfInt;
```

上面的[ ]表示这是一个数组，而 int 则可以用其他数据类型代替，包括简单数据类型和复杂数据类型。例如：

```
float[] arrayOfFloats;
String[] arrayOfStrings;
boolean[] arrayOfBooleans;
Object[] arrayOfObjects;
```

数组还有另外一种声明格式：int arrayOfInt[]，两种方式效果是一样的，不过由于 SUN 公司的 Java_tutorial 中使用的是第 1 种方式，所以也推荐大家都使用第 1 种声明方式。

在声明一个数组的时候，可以同时对它进行初始化，即分配数组所需的空间。这里仍然是用 new 运算符来实现：

```
int[] arrayOfInt = new int [34];
```

也可以先声明后初始化：

```
int[] arrayOfInt;
arrayOfInt = new int [34];
```

上面两种初始化的效果也是相同的。

数组中的元素是通过下标进行访问的，第 1 个元素的下标为 0，第 2 个元素的下标为 1……以此类推。在为数组分配空间之后，就可以给其中的元素赋值了。下面一条语句就完成了为一个数组中所有元素赋值的功能：

```
int[] arrayOfInt = new int [5];
for(int i=0; i<5; i++){
   arrayOfInt[i] = i;
}
```

或者是：

```
int[] arrayOfInt = new int [5];
int[0] = 0;
int[1] = 1;
int[2] = 2;
int[3] = 3;
int[4] = 4;
```

在元素个数不多的情况下，也可以为其静态赋值，比如 int[] arrayOfInt = {1,2,3,4,5};不过不推荐使用这种方式。

下面的程序对数组的创建进行了演示。

```
public class ArrayShow{
  public static void main(String[] args){
    int[] arrayOfInt = new int[9];
    for(int i=0; i<9; i++){
      arrayOfInt[i] = i;
      System.out.println(arrayOfInt[i]);
    }
  }
}
```

运行结果如图 2-2 所示。

图 2-2　运行结果

JDK5.0 增加了一种功能很强的循环结构，可以用来依次处理数组中的每个元素（其他类型的元素集合亦可）而不必为指定下标值而分心。

这种 for 循环的语句格式为：

```
for(variable : collection)  statement
```

定义一个变量用于暂存集合中的每一个元素，并执行相应的语句或语句块。集合表达式必须是一个数组或者是一个实现了 Iterable 接口的类（如 ArrayList）对象。有关数据集合的内容将在第 6 章讨论。例如：for(int element : a) System.out.println(element);

打印数组 a 的每一个元素，每个元素占一行。

这个循环应该读作“循环 a 中的每一个元素”（for each element in a）。Java 语言的设计者认为应该使用诸如 foreach、in 这样的关键字，但是这种循环语句并不是最初就包含在 Java 语言中的，而是后来添加进去的，并且没有人打算废除已经包含同名方法或变量的旧代码。当然，使用传统的 for 循环也可以获得同样的效果：

```
for(int i=0; i<a.length; i++)
  System.out.println(a[i]);
```

但是，for each 循环语句显得更加简洁、更不易出错。如果需要处理一个集合中的所有元素的话，for each 循环语句对传统循环语句的改进更是叫人称赞。然而，在很多情况下，还是需要使用传统的 for 循环。例如，如果不希望遍历整个集合，或者在循环内部需要操作下标值就需要使用传统的 for 循环。

2.6 字符串

字符串由一系列字符组成，在 Java 中被作为 String 类型的对象来处理，是组织字符的基本数据结构。在字符串中可以包含字母、数字和其他各种特殊字符，如+、-、*、/等。

2.6.1 字符串的初始化

通过 String 类提供的默认构造函数，可以生成一个空的字符串，例如：

```
String s = new String();
```

生成空串之后，就可以为它赋值了，可以将一个被双引号括起来的字符串常量赋值给它，例如：

```
s = "abcdefg";
```

当然，上面两个语句也可以合并在一起，直接写成 String s = "abcedfg"

String 类还提供了各种各样的构造方法，可用来创建含有初始值的字符串，如表 2-15 所示。

表 2-15 String 类的提供初始值的构造方法

String(byte[] bytes)
String(byte[] bytes, int offset, int length)
String(byte[] bytes, int offset, int length, String charsetName)
String(byte[] bytes, String charsetName)
String(char[] value)
String(char[] value, int offset, int count)
String(String original)
String(StringBuffer buffer)

在早先的 JDK 版本中，还提供了使用 ASCII 码来创建字符串的方法，但是在 JDK5.0 中，这些方法已经被废除，不推荐使用。在表 2-14 中的 byte[]和 char[]都是用来生成字符串的数组，例如：

```
char[] chars = {'q','w','e'};
String s = new String(chars);
```

两条语句的功能就是生成了字符串 qwe。

2.6.2 String 和 StringBuffer 类

Java 平台中提供了两个类用于字符串的操作，一个是 String，另外一个是 StringBuffer。String 类表示的是不变字符串，不能直接对其内容进行修改，而 StringBuffer 类则是用于创建可以修改的字符串对象。在这二者之间的选择要依据实际需要来判断。

StringBuffer 类多数用于动态创建字符串的场合，比如说从文件中读取数据并将其输入到字符串中。而 String 类由于是常量，所以效率要比 StringBuffer 类要高。

在创建 StringBuffer 类的时候，就不能像创建 String 类的时候使用字符串常量初始化。它必须要使用 new 运算符来创建。

2.6.3 StringBuilder 类

在处理输入时，经常需要由单个的字符或 Unicode 代码单元构造字符串。使用字符串拼接做这件事，效率太低。每次向字符串后面添加字符时，字符串对象就需要寻找新的内存空间来存储更大的字符串，这非常浪费时间。如果添加更多的字符则意味着字符串需要一次又一次的重新分配空间，而使用 StringBuilder 类可以避免出现这样的问题。

与之形成对比的是，StringBuilder 的工作过程更像一个 ArrayList。他管理着一个可以根据需求增长或缩短的字符数组 char[]。可以追加、插入或者删除代码单元，直到 StringBuilder 中含有所希望的字符串为止。然后使用 toString 方法将内容转换为一个真正的 String 对象。

作为 JDK5.0 新引入的类，功能十分类似于 StringBuffer 类，但是其效率要高于后者。另外，StringBuffer 类可以允许多线程进行增加或者移除字符操作。如果所有的字符串编辑出现在一个线程中，应该使用 StringBuilder。两个类的 API 相同，不再赘述。

2.6.4 字符串的访问

对字符串的访问主要包括返回字符串的长度，和通过索引来返回指定位置的字符。

在 String 类和 StringBuffer 类中，都提供了 length()方法，来返回字符串中所包含的字符的个数，例如下面一段程序：

```
class access{
    public static void main(String[] args){
        String s = "abcdefg";
        int i = s.length();
        System.out.println(i);
    }
}
```

返回值为 7。

而在 StringBuffer 类中，还提供了 capicity 方法，用于返回字符串的容量，它返回的值通常都要比 length 方法的返回值大。把上面的程序稍做修改：

```
class access{
    public static void main(String[] args){
        StringBuffer s = new StringBuffer("abcdefg");
        int i = s.capacity();
        System.out.println(i);
    }
}
```

返回值就变成了 27。这是因为 StringBuffer 类是可以动态增长的，而 length()方法只是返回现有字符的个数，而 capacity 方法返回的是已分配的内存空间，所以后者的返回值要大得多。

String 类和 StringBuffer 类还提供了 charAt()方法，用于访问特定位置处的字符，例如：

```
String s = "abcdefg";
char c = s.charAt(4);
```

不过这里要注意的是，charAt(4)实际上访问的是字符串中的第 5 个字符。

2.6.5 修改字符串

String 类表示不变的字符串，因此不能直接对它的内容进行修改，而是通过修改后的内容生成一个新的字符串。

StringBuffer 类表示可变的字符串，可以向其末尾添加字符或者是向其中插入字符，相应的方法为：

- append(String str)。向字符串末尾添加一个字符串。
- insert()。向字符串的指定位置插入字符、字符串等等。
- setCharAt(int index,char c)。设置指定位置处的字符值。

当 StringBuffer 的容量超过指定长度的时候，它会自动扩充到原先长度的 2 倍再加 2。

2.7 Java 流程控制

2.7.1 条件语句

1. If-else 语句

语法格式为：

```
if(boolean-expression){ //  ( )里必须是一个布尔值，不能是整型
statement1;
   }[else if(boolean expression){ // 可以有 0 个或多个 else if
        statement2;
}]*
 [else  {//可以有 0 个或 1 个 else
        statement3;
}]
```

这种结构极其简单，在此不再赘述。

2. switch 语句

语法格式为：

```
switch (expression){
   case value1 : statement1;
          break;
   case value2 : statement2;
          break;
   case valueN : statemendN;
          break;
   [default  : defaultStatement; ]
}
```

其中表达式 expression 的返回值类型必须是 byte、short、int、char 类型之一。case 子句中的值 valueN 必须是常量（是具体的值或者 final 型），而且所有 case 子句中的值应是不同的。default 子句是可选的。

break 语句用来在执行完一个 case 分支后，使程序跳出 switch 语句，即终止 switch 语句的执行。如果忽略了 break 的话，则从满足条件的语句开始，之后的所有语句都会执行，直到遇到 break 语句为止。例如下面的程序：

```
class switchDemo{
       public static void main(String[] args){
            int score=2;
            switch(score){
            case  4: System.out.println("4");
            case  3: System.out.println("3");
            case  2: System.out.println("2");
            case  1: System.out.println("1");
            break;
       default: System.out.println("faint!");
            }
       }
}
```

输出的结果为：

```
2
1
```

而不是所预想的 2。

2.7.2 循环语句

1. while 语句

语法格式为：

```
while (expression){
   statement(s);
}
```

当表达式 expression 的值为 true 的时候，循环执行大括号中的语句。

2. do-while 语句

语法格式为：

```
do {
  statement(s)
} while (expression);
```

该语句首先执行循环体中的语句，最后计算终止条件，即判断 expression 的值是否为 true。若为 true，则继续执行大括号中的语句，若值为 false，则终止执行。

使用 do-while 语句时，大括号中的语句无论如何都会执行一次，另外一点需要注意的是：千万不要忘记在表达式的结尾还有一个分号。

3. **for 语句**

语法格式为：

```
for (initialization; termination; increment){
   statement;
}
```

for 语句执行过程如下：

1）执行初始化操作 initialization。

2）判断终止条件是否满足，如果满足跳至（3），不满足则跳至（4）。

3）执行循环体中的语句，执行迭代部分。完成一次循环后，跳至（2）。

4）终止循环。

2.7.3 转移语句

1. **break 语句**

break 语句有两种格式：带标号和不带标号。其中不带标号的格式已经在 switch 语句中讲过，它是用来终止 switch 语句的执行。

而带标号的 break 语句则是用在嵌套语句中，用来跳出标号所指定的外部块，如下面的程序所示：

```
public class BreakWithLabel{
  public static void main(String[] args) {
      int[][] myArray = { { 1, 2, 3, 4 },
                          { 5, 6, 7, 8 },
                          { 67, 14, 77, 9}
                        };
      int searchfor = 77;
      int i = 0;
      int j = 0;
      boolean foundIt = false;
   search:
      for ( ; i < arrayOfInts.length; i++) {
          for (j = 0; j < arrayOfInts[i].length; j++) {
              if (myArray [i][j] == searchfor) {
                  foundIt = true;
                  break search;
              }
          }
      }
      if (foundIt) {
          System.out.println("Found " + searchfor + " at " + i + ", " + j);
```

```
        } else {
            System.out.println(searchfor + "not in the array");
        }
    }
}
```

2. continue 语句

continue 语句用来跳出循环体中尚未执行的代码，直接判断终止条件是否满足，如果满足，则回到循环开始的地方，继续新的循环。语法格式为：

```
continue;
```

3. return 语句

return 语句用来从当前的方法中退出，返回调用方法的地方。该语句有两种格式：

第 1 种是 return expression;，用来从方法中返回一个所需的值。

第 2 种是 return;，当方法的返回类型被声明为 null 时，需要使用这种格式，不返回任何值。

第3章　面向对象思想

面向对象是软件程序设计中的一种新思想，它追求的是软件系统对现实世界的直接模拟，尽量实现现实的事物直接映射到软件系统的空间中，是目前流行的软件系统设计开发技术。

3.1　结构化程序设计的方法

传统的结构化系统设计方法（Structure Programming）是将复杂的系统按功能划分为简单子系统。结构化系统设计方法主要采用功能分解的方法，利用模块分解和功能抽象，自顶向下，分而治之的手段，从而有效地将一个较复杂的程序系统的设计任务划分成许多易于控制和处理的子任务。这些子任务都是可独立编程的子程序模块。这些子程序，每一个都有一个清晰的界面，使用起来非常方便。所以结构程序设计的方法，是软件系统设计开发过程中普遍使用的一种方法。

结构化程序设计方法的特点：自顶向下，逐步求精；其程序结构按功能划分为若干个基本模块，这些模块形成一个树状结构；各模块之间的关系尽可能的简单，在功能上相对独立；每一个模块内部均是由顺序、选择和循环3种基本的结构组成；其模块化实现的具体方法是使用子程序逻辑。

结构化的功能分解的方法虽然是一种有效的系统设计方法，但也存在着严重的缺陷。

结构化程序设计从系统的功能入手，按照工程的标准和严格的规范将系统分解为若干功能模块，系统是实现模块功能的函数和过程的集合。由于用户的需求和软、硬件技术的不断发展变化，按照功能划分设计的系统模块必然是易变的和不稳定的。这样开发出来的模块可重用性不高。

过分强调实体的行为特征，会忽视实体的结构特征，甚至破坏自然存在的实体结构。破坏自然存在的实体结构对系统的使用、维护和理解都会带来困难。

3.2　面向对象的编程思想

面向对象程序设计（Object Oriented Programming, OOP）技术既吸取了结构化程序设计的一切优点，又考虑了现实世界与面向对象空间的映射关系，是目前流行的系统设计开发技术。

OOP 架构的一条基本原则是，计算机程序是由单个的能够起到子程序作用的单元或对象组合而成。OOP 达到了软件工程的3个主要目标：重用性、灵活性和可扩展性。为了实现整体运算，每个对象都能够独立次接收信息、处理数据和向其他对象发送信息。

3.2.1　什么是对象

什么是对象？在日常生活中，任何事物都可以被看做对象。树、花、人，周围可以触及到的事物，以及一些无法整体触及的抽象事件，例如一次演出、一场球赛、一次借书等都是对象。

所有这些对象，除去它们都是现实世界中所存在事物之外，它们都还具有各自不同的特征。

例如：一个西瓜是这样一个客观存在，汉语中叫“西瓜”，其次它还具有颜色、体积、重量等特性。也就是说，西瓜是具有自身状态和功能的客观存在。

一般认为，对象是包含现实世界物体特征的抽象实体，它本身具有一组属性和它可执行的一组操作，反映了系统为之保存信息和与它交互的能力。属性只能通过执行对象的操作来改变。操作又被称为方法、服务或成员函数，它描述了操作执行的功能，若通过消息传递，还可以为其他对象所使用。这里消息是一个对象与另一个对象的通信单元，是要求某个对象执行类中定义的某个操作的规格说明。

对象是一些属性及服务的一个封装体，在程序设计领域，可以用“对象=数据+作用于这些数据上的操作”这一公式来表达。对象的主要属性包括状态和行为：

- 对象的状态。又称静态属性，主要指对象内部所包含的各种信息。
- 对象的行为。又称对象的操作，主要表述对象的动态属性，这些操作用于设置或改变对象的状态。

3.2.2 什么是面向对象

什么是面向对象？Coad 和 Yourdon 为此下了一个定义：面向对象=对象+类+继承+通信。如果一个软件系统的设计和开发的过程贯穿了这一思想，则认为这一软件系统是面向对象的。面向对象方法是以对象（Object）的概念为核心，专注于对象的操纵，是软件组织与构建的一种方法。一个面向对象的程序，它每一组成部分都是对象，计算是通过建立新的对象和对象之间的通信来实现的。

3.2.3 什么是类

在现实世界中，经常会听到“类”这个术语，它是对一组客观对象的抽象，它将该组对象所具有的共同特征集中起来，以说明该组对象的能力和性质。例如，“人类”这个词，就是抽象所有人的共同之处。再如，某个人的自行车只是世界上很多自行车中的一辆。在程序设计中，也有很多共享相同特征的不同的对象：矩形、雇用记录、视频剪辑等。所以类是具有相似属性和行为的一组具体实例（客观对象）的抽象。

在程序设计过程中，一般认为：类是一组具有相同数据结构和相同操作的对象的集合。面向对象的类是面向对象方法中最重要的概念，面向对象程序设计中的所有操作都归结为类的操作。在面向对象的程序设计中引入类的概念，使得它与传统的结构化方法明显的区分开。

3.2.4 学会抽象整个世界——实体、对象和类

现实物理实体经过人的大脑抽象，形成抽象数据类型，包括数据和行为；在程序中通过对对象进行操作，就可以模拟现实世界中的实体，并针对这些实体上存在的问题提供解决方案。

在利用面向对象的方法解决实际问题时，首先要对这个问题进行分析，分析一下要解决的这个问题包含什么成分，即包含哪个对象？第 1 个对象有什么作用？对象之间有什么关系？

要设计一个面向对象的程序，对象的确定和划分是非常重要的，对象的确定与划分做得是否合适直接影响到所编程序的质量。如何能做到从系统所涉及实体中抽象出对象，如何才能合理地对对象进行划分，这既需要对问题进行全面、细致的分析，也需要平时经验的积累。

在面向对象的程序设计中，对象选择是关键的一步。如果对象选择得当，既可以便于对程序进行扩充，又可以为以后的其他应用程序提供基础。如何做好这一工作，并没有固定的方法，它

依赖于设计人员的经验和技巧，但对现实世界事物的把握有一个最基本的原则，就是寻求系统中事物的共性，将所有具有共性的系统成分确定为一种对象。

类和对象之间的差别经常是一些困惑的起源。在现实世界中很明显，类不是它描述的对象——苹果的类概念不是真正能吃到的苹果。但是在软件中就有点难区分类和对象。部分原因是由于软件对象只是现实世界的电子模型或抽象概念。

对象提供了模型化和信息隐藏的好处。类提供了可重用性的好处。自行车制造商一遍一遍地重用相同的蓝图来制造大量的自行车。同样，软件程序员用相同的类，即相同的代码一遍一遍地建立对象。

上面讲过，类是具有相似属性和行为的一组具体实例（客观对象）的抽象集合。组成类的对象均为此类的实例。类与实例之间的关系可以看成是抽象与具体的关系。例如我们看到一个苹果，就会说“这是个苹果”，把它变成面向对象程序设计方法来描述：“这是一个苹果的实例”。再如，张明是一个学生，学生是一个类，而张明作为一个具体的对象，是学生类的一个实例。

类是多个实例的综合抽象，而实例又是类的个体实例。同一个类的不同实例之间，必定具有如下特点：

- 具有相同的操作集合；
- 具有相同的属性集合；
- 具有不同的对象名。

类的确定是采用归纳的方法，对系统所涉及的所有事物进行分析，通过分析归纳出共同的特征，以此来确定一个类。归纳过程中，具有相同属性的实物就是对象。

对象、实体、与类之间的关系如图 3-1 所示。

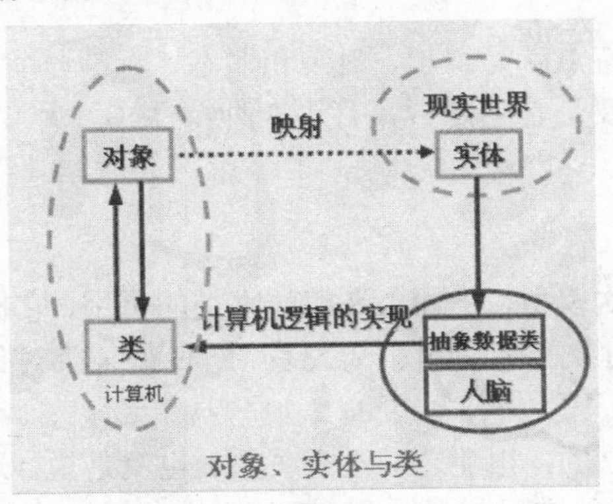

图 3-1　对象、实体与类之间的关系

3.2.5　面向对象方法——抽象的进步

抽象就是忽略一个主题中与当前目标无关的那些方面，以便更充分地注意与当前目标有关的方面。抽象并不打算了解全部问题，而只是选择其中的一部分，暂时不用部分细节。比如，我们要设计一个学生成绩管理系统，考察学生这个对象时，我们只关心他的班级、学号、成绩等，而不用去关心他的身高、体重这些信息。抽象包括两个方面，一是过程抽象，二是数据抽象。过程抽象是指任何一个明确定义功能的操作都可被使用者看做单个的实体看待，尽管这个操作实际上可能由一系列更低级的操作来完成。数据抽象定义了数据类型和施加于该类型对象上的操作，并限定了对象的值只能通过使用这些操作修改和观察。

所有编程语言的最终目的都是提供一种“抽象”方法。一种较有争议的说法是：解决问题的复杂程度直接取决于抽象的种类及质量。这儿的“种类”是指准备对什么进行“抽象”。汇编语言是对基础机器的少量抽象。后来的许多“命令式”语言（比如 FORTRAN，BASIC 和 C）是对汇编语言的一种抽象。与汇编语言相比，这些语言已有了很大的进步，但它们的抽象原理依然要求我们着重考虑计算机的结构，而非考虑问题本身的结构。在机器模型（方案空间）与实际解决的问题模型（问题空间）之间，程序员必须建立起一种联系。这个过程要求人们付出较大的精力，而且，由于它脱离了编程语言本身的范围，造成程序代码很难编写，因此要花较大的代价进行维护。由角度观察世界——“所有问题都归纳为列表”或“所有问题都归纳为算法”。对于这些语言，我们认为它们一部分是面向基于“强制”的编程，另一部分则是专为处理图形符号设计的。每种方法都有自己特殊的用途，适合解决某一类的问题。但只要超出了它们力所能及的范围，就会显得非常笨拙。

面向对象的程序设计则在此基础上跨出了一大步，程序员可以利用一些工具表达问题空间内的元素。由于这种表达非常普遍，所以不必受限于特定类型的问题。将问题空间中的元素以及它们在方案空间的表示物称作对象（Object）。当然，还有一些在问题空间没有对应体的其他对象。通过添加新的对象类型，程序可进行灵活的调整，以便与特定的问题配合。所以在阅读方案的描述代码时，会读到对问题进行表达的语句。这无疑是一种更加灵活、更加强大的语言抽象方法。总之，OOP 允许我们根据问题来描述问题，而不是根据方案。

3.3 面向对象的特点

面向对象方法最突出的特点就是继承、封装和多态。衡量一个程序设计语言，看它是否是面向对象的程序设计语言，主要是看它是否具有这 3 种特性。

3.3.1 继承

继承是一种联结类的层次模型，并且允许和鼓励类的重用，它提供了一种明确表述共性的方法。继承所表达的就是一种对象类之间的相交关系。它使得某类对象可以继承另外一类对象的特征和能力。

前面讨论的类彼此是孤立的，相互之间没有关系，也就是说，这些类都处于同一级别上，是一种并列结构。类和类之间不能实现信息共享。系统中有这样一些对象，它们之间有相同点之处，又有不确定的差别，如果不允许类之间建立联系，类之间的这种比较就体现不出来。

如果对象的一个新类可以从现有的类中派生，这个过程称为类继承。新类继承了原始类的特性，新类称为原始类的派生类（子类），而原始类称为新类的基类（父类）。派生类可以从它的基类那里继承方法和实例变量，并且类可以修改或增加新的方法使之更适合特殊的需要。继承性很好的解决了软件的可重用性问题。比如说，所有的 Windows 应用程序都有一个窗口，它们可以被看做都是从一个窗口类派生出来的。而有的应用程序用于文字处理，有的应用程序用于绘图，这是由于派生出了不同的子类，各个子类添加了不同的特性。

如果类之间具有继承关系，则它们应具有如下几个特点：

- 具有共享特征（包括数据和程序代码的共享）；
- 具有一定的差别或新增加的部分；
- 具有一定的层次结构。

如图 3-2 中所示：梯形类继承了四边形类，则梯形类中的对象便具有四边行类的一切性质（数据属性），四边形的具体四个边的性质，所以这样每个梯形也都有四个边。在这种继承关系中，四边形类称为父类或基类，而继承类梯形类被称为派生类或子类。

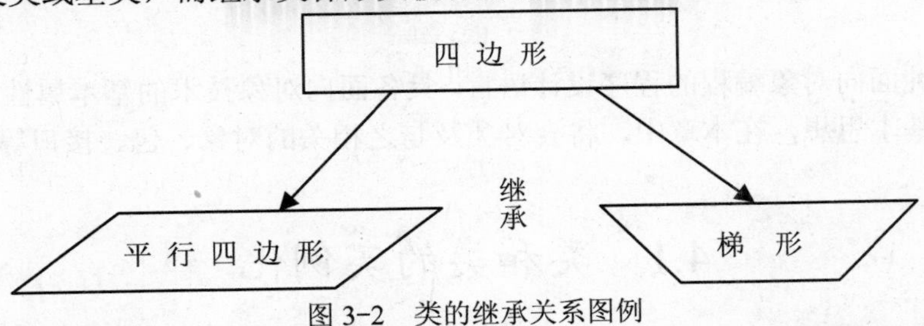

图 3-2　类的继承关系图例

面向对象的继承特性，一方面可以减少代码冗余，另一方面可以通过协调性来减少相互之间的接口和界面。

3.3.2　封装

封装，从字面上理解，就是把某事物包装起来，使人从外面看不到里面的内容。在程序设计中，封装是指将一个数据与这个数据有关的操作集合在一起，形成一个能动的实体——对象，用户不必知道对象行为的实现细节，只需根据对象提供的外部特性接口访问对象即可。

封装是面向对象的特征之一，是对象和类概念的主要特性。封装是把过程和数据包围起来，对数据的访问只能通过已定义的界面。面向对象计算始于这个基本概念，即现实世界可以被描绘成一系列完全自治、封装的对象，这些对象通过一个受保护的接口访问其他对象。

从上面的描述可以看出，封装应该具有下面的几个条件：

- 具有一个清楚的边界，对象的所有私有数据，内部程序细节都被固定在这个边界；
- 具有一个接口，它描述了对象之间的相互作用，能完成对象间的请求和响应——消息；
- 对象内部的实现和代码受到封装的保护，其他对象不能直接修改本对象所拥有的数据。

一旦定义了一个对象的特性，则要确定这些特性的可见性，即哪些特性对外部世界是可见的，哪些特性用于表示内部状态。在这个阶段定义对象的接口。通常，应禁止直接访问一个对象的实际表示，而应通过操作接口访问对象，这称为信息隐藏。事实上，信息隐藏是用户对封装性的认识，封装则为信息隐藏提供支持。

封装保证了模块具有较好的独立性，它使对程序的维护和修改变得更加容易。对应用程序的修改仅限于类的内部，因而可以将应用程序修改带来的影响减少到最低限度。

3.3.3　多态性

多态性是指允许不同类的对象对同一消息做出响应。即同一消息可以根据发送对象的不同而采用多种不同的行为方式。

例如，同样的加法，把两个时间加在一起和把两个整数加在一起肯定完全不同。再如，同样的选择“编辑”→“粘贴”操作，在字处理程序和绘图程序中有不同的效果。多态性包括参数化多态性和包含多态性。多态性语言具有灵活、抽象、行为共享和代码共享的优势，很好的解决了应用程序函数同名问题。

第 4 章　Java 面向对象设计

Java 是一种纯面向对象编程的程序设计语言，具备面向对象技术的基本属性。在第 3 章中讲到了面向对象的基本思想，在本章中，将会对类及与之相关的对象、包、接口等概念进行介绍。

4.1　类和类的实例化

4.1.1　定义类的结构

1. 类的基本概念

在现实世界中，经常有属于同一类的对象。例如，某个人的自行车只是世界上很多自行车中的一辆。在面向对象的软件中，也有很多具有相同特征的不同对象：矩形、雇用记录和视频剪辑等。可以利用这些对象的相同特征为它们建立一个蓝图。对象的软件蓝图称为类。

类是定义同一类所有对象的变量和方法的蓝图或原型。例如，可以建立一个定义包含当前挡位等实例变量的自行车类。这个类也定义和提供了实例方法（变挡、刹车）的实现。

实例变量的值由类的每个实例提供。因此，当创建自行车类以后，必须在使用之前对它进行实例化。当创建类的实例时，就建立了这种类型的一个对象，然后系统为类定义的实例变量分配内存。就可以调用对象的实例方法实现一些功能。相同类的实例具体相同的实例方法。

除了实例变量和方法，类也可以定义类变量和类方法。可以从类的实例中或者直接从类中访问类变量和方法。类方法只能操作类变量，不必访问实例变量或实例方法。

系统在程序中第一次遇到一个类时，为这个类建立它的所有类变量的复制，这个类的所有实例具有它的类变量。

Java 程序的基本单位是类，它将每一个可执行的成分都变成类。类的定义形式如下：

```
class classname extends superclassname{
  //类的执行部分
  ...
}
```

上面代码中，classname 和 superclassname 是合法的标识符。关键词 extends 用来表明 classname 是 superclassname 派生的子类。Java 中有一个类叫做 Object，它是所有 Java 类的基类。如果想定义 Object 的直接子类，可以省略 extends 子句，编译器会自动包含它。下面是一个简单的类的定义。

```
Class EmpInfo{
  String name;            //雇员姓名
  String department;          //部门
  void print(){               //打印输出
   System.out.println(name+"is at"+department);        //输出信息
  }
}
```

在类定义的开始与结束处必须使用花括号。如建立一个矩形类，可以用如下代码：

```
public class Rectangle {
  //类的实现
  ...
}
```

2. 类的基本组成

一个类中通常都包含数据与函数两种类型的元素，一般称为属性和成员函数，在很多时候也把成员函数称为方法（method）。将数据与代码通过类紧密地结合在一起，就形成了现在非常流行的封装的概念。自然，类的定义也要包括以上两部分。

```
class <classname>{
  <member data declarations>
  <member function declarations>
}
```

下面是一个类定义的例子。

在 PhoneCard 类中定义了 5 个属性和 5 个方法，其中 cardNumber 是长整型变量，代表电话卡的卡号；password 是整型变量，代表电话卡密码；balance 是双精度型变量，代表电话卡中的剩余金额；connectNumber 是字符串对象，代表电话卡的接入号码；connected 是布尔变量，代表电话是否接通。

performConnection()方法实现接入电话的操作，如果用户所拨的卡号和密码与电话卡内存的卡号和密码一致，则电话接通。getBalance()方法首先检查电话是否接通，接通则返回当前卡内剩余的金额；否则返回一个非法的数值-1。performDial()方法也将检查电话是否接通，接通则扣除一次通话费 0.5 元。toString()方法返回卡内信息。PhoneCard()方法是类的构造函数，使用与类同名的方法，它没有返回类型，完成对类的对象的初始化工作，一般不能由编程人员直接调用，创建新对象时由系统自动调用该类的构造函数为新的对象进行初始化工作。

```
/**
 类定义的例子：UsePhoneCard.Java
*/
//类定义的开始
public class UsePhoneCard {
  //主函数
  public static void main(String args[]) {
    //创建辅助类的实例
    PhoneCard myCard = new PhoneCard(12345678, 1234, 50.0, "300");
    System.out.println(myCard.toString());          //系统输出
  }
}
//辅助类的定义
class PhoneCard {
  //属性的定义
  long cardNumber;              //电话卡卡号
  private int password;              //电话卡密码
  double balance;                    //剩余金额
  String connectNumber;              //电话卡接入号码
  boolean connected;                 //是否接通
  //方法的定义
  PhoneCard(long cn, int pw, double b, String s) {      //构造函数
    cardNumber = cn;
    password = pw;
```

```
    if (b > 0)
      balance = b;
    else
      System.exit(1);
    connectNumber = s;
    connected = false;
  }
  //执行连接的方法
  boolean performConnection(long cn, int pw) {
    if (cn == cardNumber && pw == password) {
      connected = true;
      return true;
    } else {
      connected = false;
      return false;
    }
  }
  //取得剩余金额方法
  double getBalance() {
    if (connected)
      return balance;
    else
      return -1;
    }
  //执行拨号方法
  void performDial() {
    if (connected)balance -= 0.5;
  }
  //转换为字符的方法
  public String toString() {
    String s = "Connected Phone Number: " + connectNumber +
      "\n Card Number: " + cardNumber +
      "\n Card Password: " + password +
      "\n The balance: " + balance;
    if (connected)
      return (s + "\n The phone is connected");
    else
      return (s + "\n The phone is disconnected");
  }
}
```

程序运行结果如下：

```
Connected Phone Number: 300
Card Number: 12345678
Card Password: 1234
The balance: 50.0
The phone is disconnected
```

4.1.2 类的实例化

下面介绍一个关于类的实例化的例子，在程序 CreateObjectDemo 中创建了 3 个对象：一个 Point 对象和两个 Rectangle 对象。

```
/**
 类的实例化：CreateObjectDemo.Java
*/
public class CreateObjectDemo {
  public static void main(String[] args) {
    //创建一个 Point 对象和两个 Rectangle 对象
    Point origin_one = new Point(23, 94);
    Rectangle rect_one = new Rectangle(origin_one, 100, 200);
    Rectangle rect_two = new Rectangle(50, 100);
    // 显示 rect_one 的宽、高以及面积
    System.out.println("Width of rect_one: " + rect_one.width);
    System.out.println("Height of rect_one: " + rect_one.height);
    System.out.println("Area of rect_one: " + rect_one.area());
    // 设置 rect_two 的位置
    rect_two.origin = origin_one;
    // 显示 rect_two 的位置
    System.out.println("X Position of rect_two: " + rect_two.origin.x);
    System.out.println("Y Position of rect_two: " + rect_two.origin.y);
    // 移动 rect_two 并且显示它的新位置
    rect_two.move(40, 72);
    System.out.println("X Position of rect_two: " + rect_two.origin.x);
    System.out.println("Y Position of rect_two: " + rect_two.origin.y);
  }
}
```

一旦创建了对象，程序就可以操作对象并将它们有关的一些信息显示出来，程序的输出结果如下：

```
Width of rect_one: 100
Height of rect_one: 200
Area of rect_one: 20000
X Position of rect_two: 23
Y Position of rect_two: 94
X Position of rect_two: 40
Y Position of rect_two: 72
```

下面的几条语句都是用来创建对象的，它们都是来自上面的 CreateObjectDemo 程序：

```
Point origin_one = new Point(23, 94);
Rectangle rect_one = new Rectangle(origin_one, 100, 200);
Rectangle rect_two = new Rectangle(50, 100);
```

第 1 条语句从 Point 类创建了一个对象，而第 2 条和第 3 条语句是从 Rectangle 类创建了对象。但每条语句都由 3 部分组成：

- 声明，Point origin_one、Rectangle rect_one 以及 Rectangle rect_two 都是对变量的声明，它们的格式是类型后加变量名。当创建一个对象的时候，不必声明一个变量来引用它。变量声明经常出现在创建对象代码的相同行上。
- 实例化，new 是 Java 运算符，它可以创建新的对象并且为对象分配内存空间。
- 初始化，new 运算符后跟着一个构造函数的调用。如 Point(23,94)就是一个 Point 类的构造函数的调用。这个构造函数初始化了这个新对象。

下面对这几个部分逐一进行介绍。

1. 声明对象

```
type name;
```

其中 type 是数据类型，而 name 是变量名。

除了原始类型（比如 int 和 boolean），Java 平台还直接提供了类和接口，即数据类型。这样为了声明一个变量来引用对象，可以使用类或者接口的名字作为变量的类型。下面的代码使用了 Point 和 Rectangle 类作为类型来声明变量：

```
Point origin_one = new Point(23, 94);
Rectangle rect_one = new Rectangle(origin_one, 100, 200);
Rectangle rect_two = new Rectangle(50, 100);
```

声明中没有创建新对象。Point origin_one 代码没有一个新的 Point 对象，它只是声明一个变量 orgin_one，它将用来引用 Point 对象。这个引用暂时是空的，直到被赋值。一个空的引用就是一个 NULL 引用。

2. 实例化对象

要创建一个对象，必须用 new 来实例化它。new 运算符是通过为新对象分配内存来实例化一个类的。这个 new 运算符需要一个后缀参数，即构造函数的一个调用。构造函数的名字提供了要初始化类的名字。构造函数初始化了新的对象。

new 运算将返回一个新创建的对象的引用。通常，这个引用被赋值为适当类型的变量。

3. 初始化对象

下面是 Point 类的代码：

```
public class Point {
  public int x = 0;
  public int y = 0;
  //一个构造函数  .
  public Point(int x, int y) {
    this.x = x;
    this.y = y;
  }
}
```

这个类包含了一个构造函数。下面的整数 23 和 94 就是这个参数的数值：

```
Point origin_one = new Point(23, 94);
```

下面是 Rectangle 类的代码，它包含了 4 个构造函数：

```
public class Rectangle {
  public int width = 0;
  public int height = 0;
  public Point origin;
  //4 个构造函数
  public Rectangle() {
    origin = new Point(0, 0);
  }
  public Rectangle(Point p) {
    origin = p;
  }
  public Rectangle(int w, int h) {
    this(new Point(0, 0), w, h);
  }
```

```
    public Rectangle(Point p, int w, int h) {
      origin = p;
      width = w;
      height = h;
    }
    //用于移动Rectangle的方法
    public void move(int x, int y) {
      origin.x = x;
      origin.y = y;
    }
    //用于计算矩形面积的方法
    public int area() {
      return width * height;
    }
  }
```

每一个构造函数均可以为矩形的各个方法提供初始数值，可以设置矩形的原点、宽度和高度。如果一个类中有多个构造函数，它们的名字都是相同的只是它们有不同类型的参数或者不同数目的参数。Java 平台可以根据参数的不同数目和类型来区分构造函数。当 Java 平台遇到代码的时候，它就调用在 Rectangle 类中的构造函数，这个函数需要 1 个 Point 参数以及两个整型参数：

```
Rectangle rect_one = new Rectangle(origin_one, 100, 200);
```

这个调用初始化了矩形的原点（orgin_one）。代码也设置了矩形的宽度（100）和高度（200）。

下面的 Rectangle 构造函数没有任何参数：

```
Rectangle rect = new Rectangle();
```

如果一个类没有显性声明任何构造函数，Java 平台自动提供一个没有参数的构造函数，这是一个默认的构造函数，它没有完成任何事情。这样，所有的类至少有一个构造函数。

4. 使用对象

一旦创建了一个对象，就可以从它得到一些信息，或者改变它的状态或者让它来完成一些动作。对象允许执行以下两件事情：操作或者检查它的变量；调用它的方法。

下面是引用对象变量的基本形式，它是使用了有条件的名字即长名字：

```
objectReference.variableName
```

当实例变量处在作用域内的时候，可以为实例变量使用一个简单的名字，也就是说，在对象类的代码中。处在对象类外面的代码必须使用有条件的名字。比如，在 CreateObjectDemo 类中的代码处在 Rectangle 类代码的外面。所以为了引用 Rectangle 对象 rect_one 的 origin、width 和 height 变量，CreateObjectDemo 必须相应使用 rect_one.origin、rect_one.width 和 rect_one.height。这个程序使用了 rect_one 的 width 和 height：

```
System.out.println("Width of rect_one: " + rect_one.width);
System.out.println("Height of rect_one: " + rect_one.height);
```

如果直接使用在 CreateObjectDemo 类中的变量 width 和 height，那就将产生一个编译错误。在后面，程序还将使用类似的代码来显示关于 rect_two 的信息。相同类型的对象将有相同实例变量的副本。这样，每一个 Rectangle 对象就都有变量 origin、width 和 height 了。当通过对象引用来访问实例变量的时候，就引用了特定对象的变量。在 CreateObjectDemo 程序中有两个对象 rect_one 和 rect_two，它们有不同的变量：origin、width 和 height。

对象的长文件名的第 1 部分是对象引用，它必须是一个对象的引用。这里可以使用引用变量的名字，或者使用任何的表达式来返回一个对象引用。重新调用这个 new 运算符可以返回一个对象的引用。可以使用从 new 返回的数值来访问一个新的对象变量：

```
int height = new Rectangle().height;
```

这个语句创建了一个新的 Rectangle 对象，并且得到它的 height(高度)。从本质上讲，这条语句计算了 Rectangle 默认的高度。这里注意，在这条语句被执行后，程序不再因具有创建的 Rectangle 的引用，因为程序不再在变量中存储这个引用。对象就被取消引用，而它的资源可以在 Java 平台中重新使用。

5. 变量访问

利用其他对象和类对象变量直接的操作是不允许的，因为有可能为变量设置的数值没有任何的意义。例如，Rectangle 类，可以创建一个矩形，它的 width 和 height 都是负的，但是它是没有意义的。

较好的做法是：不采用直接对变量进行操作，类提供一些方法，其他的对象可以通过这些方法来检查或者改变变量。这些方法要确保变量的数值是有意义的。这样，Rectangle 类将提供 setWidth、setHeight、getWidth 以及 getHeight 方法来设置或者获得宽度和高度。这些用于设置变量的方法，将在调用者试图将 width 和 height 设置为负数的时候，汇报一个错误。使用方法而不使用直接变量访问的好处还有：类可以改变变量的类型和名字来存储 width 和 height，而不会影响它的客户程序。

但是在实际情况下，有时允许对对象变量直接访问。例如，通过为 public 定义 Point 类和 Rectangle 类，都允许对它们的成员变量自由访问。

Java 编程语言提供了一个反向控制机制，通过它，类可以决定哪些类可以直接访问它的变量。如果其他对象对类直接操作会导致无意义，类可以保护变量。改变这些变量应该利用方法调用来控制。如果类授权访问给它的变量，可以检查和改变这些变量，但不会造成不利的效果。

6. 调用对象的方法

可以使用有限制的名字（长名字）来调用对象的方法。有限制的名字的格式是：在对象引用的后面加上点（.），再跟方法的名字，即“对象引用.方法名”。同样还可以利用圆括号()来为方法提供参数。方法的参数也可以为空，此时只需加上圆括号就行。

```
objectReference.methodName(argumentList);
```

或者：

```
objectReference.methodName();
```

Rectangle 类有两个方法：area 和 move，即计算矩形的面积和改变矩形的原点。下面是 CreateObjectDemo 程序中的部分代码，它调用了这两个方法：

```
System.out.println("Area of rect_one: " + rect_one.area());
...
rect_two.move(40, 72);
```

上面的第 1 条语句调用 rect_one 的 area 方法并显示结果。第 2 条语句是移动 rect_two，因为 move 方法为对象的原点坐标 x 和 y 赋了新值。其中 objectReference 必须是一个对象的引用。可以使用一个变量名字，也可以使用任何表达式来返回对象的引用。而 new 运算符返回一个对象的引用，因此可以使用从 new 返回的数值来调用一个新的对象方法：

```
new Rectangle(100, 50).area();
```

表达式 new Rectangle(100,50)返回一个对象引用，它是引用一个 Rectangle 对象。上面已经提到，可以使用点符号（.）来调用新的 Rectangle 的面积方法以计算新矩形的面积。另外方法 area 也返回一个数值。对于这些返回数值的方法，可以使用在表达式中调用。可以指定返回的数值给变量，例如下面的例子：

```
int areaOfRectangle = new Rectangle(100, 50).area();
```

在特定对象中调用一个方法与给对象发送一个信息是相同的。

4.2 Java 内存使用机制

Java 的自动无用内存回收机制（Auto Garbage Collection）实现了内存的自动管理，因此简化了 Java 程序开发的工作，提高了程序的稳定性和可靠性。垃圾收集器是 Java 语言区别于其他程序设计语言的一大特色。它把程序员从手工回收内存空间的繁重工作中解脱了出来。

许多程序设计语言都允许在程序运行期间动态地分配内存空间。分配内存的方式多种多样，取决于该种语言的语法结构。但不论是哪一种语言的内存分配方式，最后都要返回所分配的内存块的起始地址，即返回一个指针到内存块的首地址。

当已经分配的内存空间不再需要时，换句话说，当指向该内存块的句柄超出了使用范围的时候，该程序或其运行环境就应该回收该内存空间，以节省宝贵的内存资源。

在 C/C++或其他程序设计语言中，无论是对象还是动态配置的资源或内存，都必须由程序员自行声明、产生和回收，否则其中的资源将消耗，造成资源的浪费甚至死机。但手工回收内存往往是一项复杂而艰巨的工作。因为要预先确定占用的内存空间是否应该被回收是非常困难的。如果一段程序不能回收内存空间，而且在程序运行时系统中又没有了可以分配的内存空间时，这段程序就只能崩溃。通常，把分配出去后，却无法回收的内存空间称为内存渗漏体（Memory Leaks）。

在 Java 这样以严谨、安全著称的语言中，以上这种程序设计的潜在危险性是不允许的。但是 Java 语言既不能限制程序员编写程序的自由性，又不能把声明对象的部分去除（否则就不是面向对象的程序语言了），那么最好的解决办法就是从 Java 程序语言本身的特性入手。于是，Java 技术提供了一个系统级的线程（Thread），即垃圾收集器线程（Garbage Collection Thread），来跟踪每一块分配出去的内存空间，当 Java 虚拟机（Java Virtual Machine）处于空闲循环时，垃圾收集器线程会自动检查每一块分配出去的内存空间，然后自动回收每一块可以回收的无用的内存块。

垃圾收集器线程是一种低优先级的线程，在一个 Java 程序的生命周期中，它只有在内存空闲的时候才有机会运行。它有效地防止了内存渗漏体的出现，并最大可能地节省了宝贵的内存资源。但是，通过 Java 虚拟机来执行垃圾收集器的方案可以是多种多样的。

下面介绍垃圾收集器的特点和它的执行机制。

垃圾收集器系统有自己的一套方案来判断哪个内存块是应该被回收的，哪个是不符合要求暂不回收的。垃圾收集器在一个 Java 程序中的执行是自动的，不能强制执行，即使程序员能明确地判断出有一块内存已经无用了，是应该回收的，程序员也不能强制垃圾收集器回收该内存块。程序员唯一能做的就是通过调用 System.gc()方法来建议执行垃圾收集器，但是否可以执行，什么时候执行都是不可知的。这也是垃圾收集器的主要的缺点，不过相对于它给程序员带来的巨大方便性，这是瑕不掩瑜的。

垃圾收集器的主要特点有：

1）垃圾收集器的工作目标是回收已经无用的对象内存空间，从而避免内存渗漏体的产生，节省内存资源，避免程序代码的崩溃。

2）垃圾收集器判断一个对象的内存空间是否无用的标准是：如果该对象不能再被程序中任何一个“活动的部分”所引用，此时就把该对象的内存空间视为无用。所谓“活动的部分”，是指程序中某部分参与程序的调用，正在执行过程中，尚未执行完毕。

3）垃圾收集器线程虽然是作为低优先级的线程运行，但在系统可用内存量过低的时候，它可能会突发地执行来挽救内存资源。当然其执行与否也是不可预知的。

4）垃圾收集器不能被强制执行，但程序员可以通过调用 System. gc()方法来建议执行垃圾收集器。

5）不能保证一个无用的对象一定会被垃圾收集器收集，也不能保证垃圾收集器在一段 Java 语言代码中一定会执行。因此在程序执行过程中被分配出去的内存空间可能会一直保留到该程序执行完毕，除非该空间被重新分配或被其他方法回收。由此可见，完全彻底地杜绝内存渗漏体的产生也是不可能的。但是不要忘记，Java 的垃圾收集器毕竟使程序员从手工回收内存空间的繁重工作中解脱了出来。设想一个程序员要用 C 或 C++来编写一段 10 万行的代码，那么他一定会充分体会到 Java 的垃圾收集器的优点！

6）同样没有办法预知在一组均符合垃圾收集器收集标准的对象中，哪一个会被首先收集。

7）循环引用对象不会影响被垃圾收集器收集。

8）可以通过将对象的引用变量（reference variables，即句柄 handles）初始化为 null 值，来暗示垃圾收集器收集该对象。但此时，如果该对象连接有事件监听器（典型的 AWT 组件），那它还是不可以被收集。所以在设一个引用变量为 null 值之前，应注意该引用变量指向的对象是否被监听，若有，要首先除去监听器，然后才可以赋空值。

9）每一个对象都有一个 finalize()方法，这个方法是从 Object 类继承来的。

10）finalize( )方法用来回收内存以外的系统资源，就像是文件处理器和网络连接器。该方法的调用顺序和用来调用该方法的对象的创建顺序是无关的。换句话说，书写程序时该方法的顺序和方法的实际调用顺序是不相干的。注意这只是 finalize()方法的特点。

11）每个对象只能调用 finalize()方法一次。如果在 finalize()方法执行时产生异常（Exception），则该对象仍可以被垃圾收集器收集。

12）垃圾收集器跟踪每一个对象，收集那些不可到达的对象（即该对象没有被程序的任何“活的部分”所调用），回收其占有的内存空间。但在进行垃圾收集的时候，垃圾收集器会调用 finalize()方法，通过让其他对象知道它的存在，而使不可到达的对象再次“复苏”为可到达的对象。既然每个对象只能调用一次 finalize( )方法，所以每个对象也只可能“复苏”一次。

13）finalize()方法可以明确地被调用，但它却不能进行垃圾收集。

14）finalize()方法可以被重载（Overload），但只有具备初始 finalize()方法特点的方法才可以被垃圾收集器调用。

15）子类的 finalize()方法可以明确地调用父类的 finalize()方法，作为该子类对象的最后一次适当的操作。但 Java 编译器却不认为这是一次覆盖操作（overriding），所以也不会对其调用进行检查。

16）当 finalize()方法尚未被调用时，System. runFinalization()方法可以用来调用 finalize()方法，并实现相同的效果，对无用对象进行垃圾收集。

17）当一个方法执行完毕，其中的局部变量就会超出使用范围，此时可以被当作垃圾收集，但以后每当该方法再次被调用时，其中的局部变量便会被重新创建。

18）Java 语言使用了一种“标记交换区的垃圾收集算法”。该算法会遍历程序中每一个对象的句柄，为被引用的对象做标记，然后回收尚未做标记的对象。所谓遍历可以简单地理解为“检查每一个”。

19）Java 语言允许程序员为任何方法添加 finalize()方法，该方法会在垃圾收集器交换回收对象之前被调用。但不要过分依赖该方法对系统资源进行回收和再利用，因为该方法调用后的执行结果是不可预知的。

通过以上对垃圾收集器特点的了解，可以明确垃圾收集器的作用以及垃圾收集器判断一块内存空间是否无用的标准。简单地说，当为一个对象赋值为 null，并且重新定向了该对象的引用者，此时该对象就符合垃圾收集器的收集标准。

4.3　抽象类和接口

4.3.1　抽象类

一个类如果只声明方法而没有方法的实现，则称为抽象类。抽象类在声明中必须增加 abstract 关键字，在无方法体的方法前也要加上 abstract。例如下面的例子：

```
public abstract class Drawing{
  public abstract void drawDot( int x, int y);
  public void drawLine(int x1, int y1, int x2,int y2) {
    ...
    // 调用 drawDot()方法
  }
}
```

抽象类也可以有普通的成员变量或方法，但抽象类不能直接用来生成实例，一般可通过定义子类进行实例化。可以生成抽象类的变量，该变量可以指向具体的一个子类的实例。

```
abstract class Employee{
   abstract void raiseSalary(int i);
}
//通过子类进行实例化
class Manager extends Employee{
   void raiseSalary(int i ){ …}
}
Employee e = new Manager( ) ;
```

4.3.2　接口

接口是在抽象类概念的基础上演变而来的。一个 interface 所有成员方法都是抽象的，并且只能定义 static final 成员变量，如图 4-1 所示。

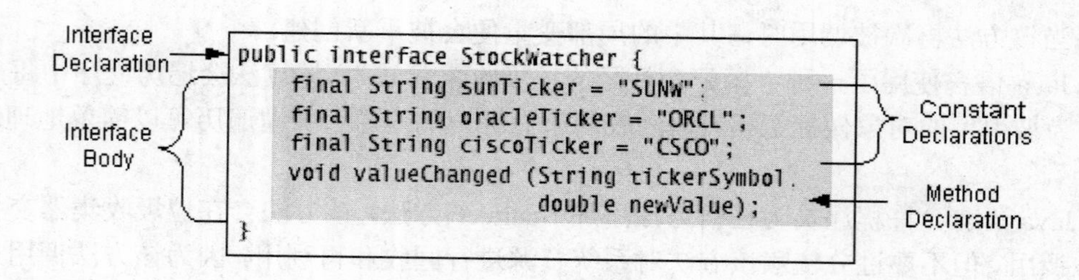

图 4-1　接口示例

interface 定义了一组行为的协议。两个对象之间通过这个协议进行通信。它不属于类层次结构，不相关的类可以实现相同的接口。

1）可以使用 implements 代替 extends 来声明子类，该子类中必须实现接口（及其超类）中的所有方法。例如：

```
interface SayHello{
   void printMessage( );
}

class SayHelloImpl implements SayHello{
  void printMessage( ){
    System.out.println("Hello");
      }
}
```

2）Interface 可以作为一种数据类型使用。例如：

```
public class StockMonitor {
  public void watchStock(StockWatcher watcher,
     String tickerSymbol, double delta) {
   ...
  }
}
```

3）不能向 interface 定义中随意增加方法。例如下面的接口 StockWathcer：

```
public interface StockWatcher {
  final String sunTicker = "SUNW";
  final String oracleTicker = "ORCL";
  final String ciscoTicker = "CSCO";
  void valueChanged(String tickerSymbol, double newValue);
}
```

如果想在此接口中添加新的方法：

```
currentValue(String tickerSymbol, double newValue);
```

不能直接将方法写入接口，而是通过定义新的接口来进行添加，如下面代码所示：

```
public interface StockTracker extends StockWatcher {
  void currentValue(String tickerSymbol, double newValue);
}
```

4）可以通过接口实现多重继承：一个类可只继承一个父类，并实现多个接口，例　如：

```
interface  I1{ … };
interface  I2{ …};
class  E{ ….} ;
class  M  extends  E  implements  I1,I2 { …}
```

5）一个 interface 可作为类名使用，实现多态，例如：

```
Interface Human{ …}
class Chinese implements Human{ …}
class Japanese implements Human{…}
...
Human e = new Chinese( ); Human e = new Japanese( );
```

4.4 命名空间与包

作为一种支撑在整个 Internet 上动态装载模块的语言，Java 特别注意避免名字空间的冲突，全局变量不再是语言级的语言的组成部分，即没有全局的方法，也没有全局的变量。

在 Java 中，所有的变量和方法都是在类中定义，并且是类的重要组成部分，而每个类又是包的一部分，因此每个 Java 变量或方法都可以用全限定的名字来表示，这种全限定的名字包括包名、类名和域名（即变量名和方法名）3 部分组成，它们之间用.隔开，包本身也可以由点分割，例如：

```
System.out.println("Hello World!");
```

4.4.1 包的基本概念

一旦创建了一个类，并想重复地使用它，那么把它放在一个包中将是非常有效的。包（package）是一组类的集合，例如 Java 本身提供了许多包，比如 java.io 和 java.lang，它们存放了一些基本的类，比如 System 和 String。也可以将几个相关的类创建一个包。把类放入一个包内后，对包的引用则可以替代对类的引用。此外，包这个概念也为使用类的数据与成员函数提供了许多方便。没有被 public 和 private 修饰的类成员也可以被同一个包中的其他类所使用。这就使得相似的类能够访问彼此的数据和成员函数，而不用专门去做一些说明。

下面是 Java 自带的一些常用包：

- 基本语言类，它为 Java 语言的基本结构（如字符串类、数组类）提供了基本的类描述。
- 实用类，提供了一些诸如编码、解码、哈希表、向量和堆栈之类的实用例程。
- I/O 类，提供了标准的输入/输出及文件例程。
- applet 类，提供了与支持 Java 的浏览器进行交互的例程。
- AWT，提供了一些诸如字体、控制、按钮和滚动条之类的图形接口。
- 网络类，为通过诸如 telnet、ftp、www 之类的协议访问网络提供了例程。

4.4.2 自定义一个包

可以用下面的成员函数定义一个包：

```
package PackageName;
```

例如，把 Rectangle 类放入一个名为 shapes 的包中：

```
package shapes
```

此后，当用 Javac 来编译这个文件时，将会在当前路径下得到一个字节代码文件 Rectangle.class。但还需要将它移至 Java 类库所在路径的 shapes 子目录下（在此之前，必须建立一个名为 shapes 的子目录），这样以后才能应用 shapes 包中的 Rectangle 类。当然可以用选项-d 来直接指定文件的目的路径，这样就无需编译后再移动。

包的名称将决定它应放的不同路径。例如用下面的方式来构造一个包：

```
package myclass.Shapes;
```

归入该包的类的字节代码文件应放在 Java 的类库所在路径的 myclass 子目录下。现在包的相对位置已经决定了，但 Java 类库的路径还是不定的。事实上，Java 可以有多个存放类库的目录，其中的默认路径为 Java 目录下的 lib 子目录，可以通过使用选项－classpath 来确定当前想选择的类库路径。除此之外，还可以在 CLASSPATH 环境变量中设置类库的路径。

4.4.3 源文件与类文件的管理

源文件可以按照包名指明的路径放置，如图 4-2 所示。

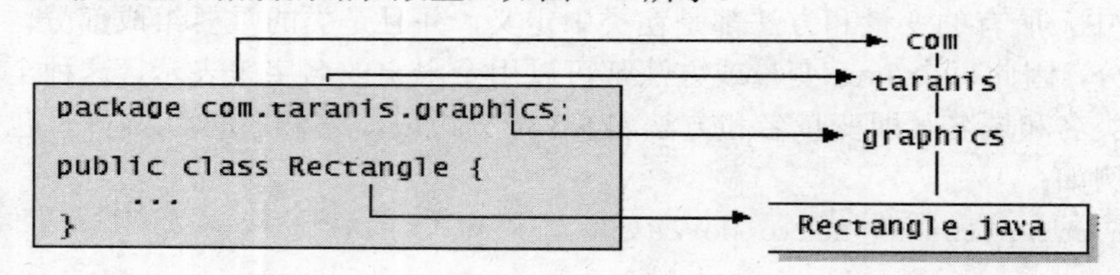

图 4-2 包的路径示例

类文件（.class）也应该放在反映包名的一系列目录下，如图 4-3 所示。

一般将源文件与类文件分别存放，可采用如图 4-4 所示的方式：

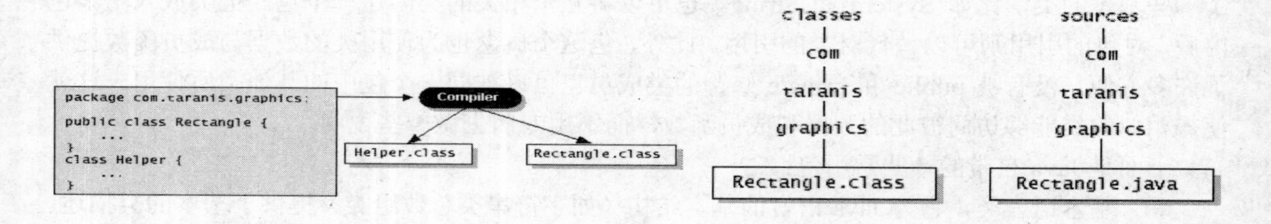

图 4-3 类文件的存放位置

图 4-4 源文件与类文件的分开放置

4.5 现有类的使用

4.5.1 访问权限

类的成员变量和方法有 4 种访问级别：public、protected、default(package)、private。

类有两种访问级别：public 和 default。

修饰符的作用范围如表 4-1 所示。

表 4-1 修饰符的作用范围

修饰符	同一个类	同一包	子类	所有
public	Yes	Yes	Yes	Yes
protected	Yes	Yes	Yes	
default	Yes	Yes		
private	Yes			

例如下面的实例：

```
/**
 类Alpha中声明了两个私有变量，在类Beta中实例化一个对象a
*/
class Alpha {
   private int iamprivate;
   private void privateMethod() {
        System.out.println("privateMethod");
   }
}

class Beta {
   void accessMethod() {
        Alpha a = new Alpha();
        a.iamprivate = 10;        //非法调用，因为成员变量iamprivate是私有变量
        a.privateMethod();        //非法调用，因为方法privateMethod是私有的
   }
}

//类调用自己的成员变量和方法
class Alpha {
   private int iamprivate;
   boolean isEqualTo(Alpha anotherAlpha) {
   if (this.iamprivate == anotherAlpha.iamprivate)
      return true;
   else
      return false;
      }
   }
}
```

需要注意的是，访问控制应用于 class 或 type 层次，而不是对象层次。

允许类本身、它的子类以及同一个包中其余的类访问这些成员。例如下面的实例：

```
/**
 下面的实例演示了子类、包的访问问题
*/
package Greek;
public class Alpha {
   protected int iamprotected;
   protected void protectedMethod() {
        System.out.println("protectedMethod");
   }
}
```

```
package Greek;
class Gamma {
   void accessMethod() {
       Alpha a = new Alpha();
//下面两行语句是合法的调用，因为Gamma和Alpha位于同一个包Greek
//且变量和方法声明为protected
       a.iamprotected = 10;
       a.protectedMethod();
       }
 }

package Latin;
import Greek.*;
class Delta extends Alpha {
   void accessMethod(Alpha a, Delta d) {
       a.iamprotected = 10;     //非法调用，因为不在同一个包内
       d.iamprotected = 10;     //合法调用，因为本身的调用
       a.protectedMethod();     //非法调用，因为不在同一个包内
       d.protectedMethod();     //合法调用，是类本身的调用
   }
}

package Greek;
class Alpha {
   int iampackage;
   void packageMethod() {
       System.out.println("packageMethod");
   }
}

package Greek;
class Beta {
   void accessMethod() {
        Alpha a = new Alpha();
       //下面两行语句是合法的调用，因为Gamma和Alpha位于同一个包Greek内
       //且变量和方法为default
        a.iampackage = 10;
        a.packageMethod();
   }
}
```

4.5.2 使用 import 导入已有类

将 package 引入源程序的格式是：

```
import  包名.*;
import  包名. 类名;
```

import 语句必须在源程序之前，package 声明之后。

```
[ package ….. ]       //默认是package
[import …. ]         //默认是import java.lang.*
[类声明… ]
...
```

可以用以下 3 种方式引用包中的一个类：

- 在每一个类名前给出包名，Shapes.Rectangle REET=new Shapes.Rectangle(10,20);
- 引用类本身，import Shapes.Reckargle;
- 引用整外包，import Shapes;

4.5.3 静态导入

从 JDK5.0 开始，import 语句不仅可以导入类，还增加了导入静态方法和静态域的功能。

例如，如果在源文件的顶部，添加一条指令：

```
import static java.lang.System.*;
```

那么就可以使用 System 类的静态方法和静态域，而不必加类名前缀：

```
out.println("Goodbye,Beijing!"); //i.e.,System.out
exit(0);//i.e.,System.exit
```

另外，还可以导入特定的方法或域：

```
import static java.lang.System.out;
```

实际上，是否有更多的程序员采用 System.out 或 System.exit 的简写形式，似乎是一件值得怀疑的事情。这种编写形式无异于代码的清晰度。不过，导入静态方法和导入静态域有两个实际的应用。

- 算术函数。如果对 Math 类使用静态导入，就可以采用更加自然的方法使用算术函数。例如，sqrt(pow(x,2)+pow(y,2))看起来比 Math.sqrt(Math.pow(x,2)+Math.pow(y,2))清晰得多。
- 笨重的常量。如果需要使用大量带有冗长名字的常量，就应该使用静态导入。例如，if(d.get(DAY_OF_WEEK)==MONDAY)看起来比 if(d.get(Calender.DAY_OF_WEEK)==Calender.MONDAY)容易得多。

关于静态变量与静态方法，将在第 5 章进行说明。

4.5.4 类的继承和多态

继承和多态是面向对象程序设计的两个重要特点。继承是面向对象程序设计方法的一个重要手段，通过继承可以更有效地组织程序结构，明确类之间的关系，充分利用已有的类来完成更复杂、更深入的开发。

多态是指在一个程序中，同名的不同方法共存的情况。面向对象程序设计中多态的情况有多种，可通过子类对父类方法的覆盖实现多态，也可以利用重载在同一个类中定义多个同名的不同方法实现多态。多态可以提高类的抽象性和封闭性，可以统一相关类对外的接口。

在 Java 中，当一个类拥有另一个类的所有数据和操作时，就称这两个类之间存在着继承关系。被继承的类称为父类或超类，继承了父类的所有数据和操作的类就称为子类。可见，类是存在于两个类之间的一种关系。

一个父类可以同时拥有多个子类，此时父类实际是所有子类的公共域和公共方法的集合，而每一个子类则是父类的特殊化，是对父类公共域和方法在功能、内涵方面的扩展和延伸。

子类表示类之间一种“属于”关系。

例如下面的两个类，Manager 是一个特殊的 Employee：

```
public class Employee {
    String  name ;
    Date hireDate ;
    Date dateofBirth ;
    String jobTitle ;
    int grade ;
    …
}

public class Manager {
    String  name ;
    Date hireDate ;
    Date dateofBirth ;
    String jobTitle ;
    int grade ;
    String department ;
    Employee [ ] subordinates;
    …
}
```

Java 中用 extends 关键字定义子类，上面的 Manager 类可以用下面的方式来实现。

```
public class Manager extends Employee {
    String department ;
    Employee [ ] subordinates;
}
```

子类的创建需要注意以下几个方面的问题：

- 子类继承父类的属性、功能（方法），子类中只需声明特有的东西。
- 父类中带 private 修饰符的属性、方法是不能被继承的。
- 父类的构造函数不能被继承。
- 在方法中调用构造方法用 this()。
- 调用父类的构造方法用 super()——super 指向该关键字所在类的父类。

Java 是单继承的，即只能从一个类继承，extends 后只能有一个类名。单继承使得代码更可靠，可以用一个类实现多个接口，达到多继承效果。同时子类可以改变从父类继承的行为。例如下面的例子，需要注意的是被重写方法的返回值、方法名和参数列表要与父类中的方法完全一样。程序在运行时确定使用父类还是子类的方法。

```
public class Stack{
private Vector items;
  // Stack 类的方法和构造方法的代码没有给出
  //程序重写 Object 类的 toString 方法

public String toString() {
  int n = items.size();
  StringBuffer result = new StringBuffer();
  result.append("[");
  for (int i = 0; i < n; i++) {
     result.append(items.elementAt(i).toString());
     if (i < n-1)
        result.append(",");
   }
   result.append("]");
```

```
        return result.toString();
    }
}
```

方法重写的规则：

- 必须返回与原来方法完全相同的返回值。
- 方法的访问权限不能缩小。
- 不能抛出新的异常（详细内容见第7章）。

调用父类的构造方法：在对对象初始化时，首先分配空间，并初始化为0值，然后按继承关系从顶向下显式初始化，最后按继承关系从顶向下调用构造函数。默认是不带参数的构造方法。

如果需要调用特殊的父类构造方法，则需在子类构造方法中第1行通过super()调用。如下面的例子，子类Manager调用父类Employee的构造方法。

```
class Manager {
    public Manager( String s,String d){
    super(s);
        ...
    }
}
```

Java语言的多态是指程序中同名的不同方法共存的情况。多态是面向对象程序设计的又一个特性。面向过程的程序设计中，过程或函数各具有一定的功能，它们之间是不允许重名的；而面向对象程序设计中，则要利用这种多态来提高程序的抽象性，突出Java语言的继承性。如前面所分析的方法的继承与重写。

Java语言可通过两种方式实现多态：通过子类对父类方法的覆盖实现多态，利用重载在同一个类中定义多个同名的不同方法来实现多态。

（1）通过子类对父类方法的覆盖实现多态

这是一种很重要的多态方式。虽然操作内容不同，但却共享相同的名字，这种子类对继承自父类的方法的重新定义就成为方法的覆盖，就是一个典型的多态例子。在覆盖多态中，由于同名的不同方法是存在于不同的子类中，所以只需要在调用方法时指明调用的是哪个类的方法，就可以很容易地区分开不同的方法。见上面提到的Manager和Employee的实例。

（2）利用重载来实现多态

利用重载来实现多态是在同一个类中定义多个同名的不同方法来实现多态。之所以同一个类中要定义多个同名的不同方法，是由于它们在完成同一个功能时，可能要遇到不同的具体情况，因此需要定义含有不同的具体操作的方法，来代表多种具体的实现形式。

例如：一个类需要具有打印的功能，而打印是一个很广泛的操作，对应具体的需要，要有不同的操作，如实数打印、整数打印、字符打印、分行打印等等。

为此，在打印这个类中，可以定义若干个名字叫print的方法，每个方法用来完成一种不同于其他方法的具体打印操作，处理一种具体的打印情况。由于重载发生在同一个类里，因此不能再用类名来区分不同的方法，而应采用不同的形式参数列表（包括形式参数个数、类型、顺序的排列）来区分重载的方法。

当其他类要调用这个类的打印功能时，它只需简单地调用print方法，并把一个参数传递给print，由系统根据这个参数的数据类型来判断应该调用哪一个print方法。

总之，多态大大提高了程序的抽象性，最大限度地降低了类和程序模块之间的耦合性，提高了类模块的封闭性。这个优点对程序的设计、开发、和维护都有很大的好处。

第 5 章　类的高级特性

在上一章中，介绍了 Java 中类的一般特性，本章将详细讲述类的高级特性。想对 Java 有更进一步了解的读者，需要熟练掌握本章的内容并灵活应用。

5.1　静态变量和方法

5.1.1　静态变量

在程序设计时，有时希望使用一个可以在类的所有实例中共享的变量。例如用做实例之间交流的基础或者追踪已经创建的实例的数量。

可以用关键字 static 来标记变量的办法获得这样的效果。这样的变量称为静态变量（Static Variable），有时也称为类变量（Class Variable），以便与不共享的成员或实例变量区分开来，例如：

```
public class Count{
  private int serialNumber;
  private static int counter = 0;
  public Count() {
      counter++;
      serialNumber = counter;
  }
}
```

在上面的例子中，被创建的每个对象被赋予一个独特的序号，从 1 开始并继续往上加。变量 counter 在所有实例中共享，当一个对象的构造函数增加 counter 的值时，被创建的下一个对象接受增加过的值。

static 变量在某种程度上与其他语言中的全局变量相似。Java 编程语言没有这样的全局语言，但 static 变量就是可以从类的任何实例访问的单个变量。

如果 static 变量没有被标记成 private，它可能会被从该类的外部进行访问。如果这样，不需要类的实例，可以通过类名指向它。例如：

```
public class StaticVar {
  public static int number;
}
public class OtherClass [
  public void method() {
      int x = StaticVar.number;
  }
}
```

在程序设计中使用静态变量可以在所有类的实例中共享，可以被标记为 public 或 private。如果被标记为 public 而没有该类的实例，可以从该类的外部访问。

5.1.2 静态方法

程序设计过程中，有时需要在没有一个特殊对象变量的实例的时候访问程序代码。用关键字 static 标记的方法可以这样使用，被称为静态方法（static method），有时也称为类方法（class method）。static 方法可以用类名而不是引用来访问，例如：

```
public class GeneralFunction {
 public static int addUp(int x, int y) {  //定义类的静态方法
     return x + y;
 }
}
public class UseGeneral {
 public void method() {
     int a = 9;
     int b = 10;
     int c = GeneralFunction.addUp(a, b); //调用类的静态方法
     System.out.println("addUp() gives " + c);
 }
}
```

因为 static 方法不需它所属的类的任何实例就会被调用，因此没有 this 值。结果是，static 方法不能访问与它本身的参数以及 static 变量分离的任何变量。访问非静态变量的尝试会引起编译错误，例如：

```
public class Wrong {
 int x;          //x 变量声明为普通变量
 public static void main(String args[]) {
     x = 9;     // 由于 x 是非静态变量，产生编译错误
 }
}
```

没有存在于任何方法体中的静态语句块，在加载该类时执行且只执行一次。

方法程序体中不存在的代码在 static block 中，类可以包含该代码，这是完全有效的。当类被装载时，静态块代码只执行一次。类中不同的静态块按它们在类中出现的顺序被执行。例如：

```
/*
 StaticInitDemo.Java
*/
public class StaticInitDemo {
 static int i = 5;
 static { //此静态语句块不存在于方法体内，加载时执行且只执行一次
 System.out.println("Static code i= "+ i++ );
 }
}
/*
 Test.Java
*/
public class Test {
 public static void main(String args[]) {
     System.out.println("Main code: i="+ StaticInitDemo.i);
 }
}
```

程序运行结果为：

```
Static code: i=5
Main code: i=6
```

5.2 常量、最终方法和最终类

5.2.1 常量

如果一个变量被标记为 final，该变量实际上是常量，一般大写，并赋值。想改变被 final 所定义的变量的值会导致一个编译错误。下面是一个正确定义 final 变量的例子：

```
final int NUMBER = 100;
```

5.2.2 最终方法

方法也可以被标记为 final。被标记为 final 的方法不能被覆盖。这是由于安全原因。如果方法具有不能被改变的实现，而且对于对象的一致状态是关键的，那么就要使方法成为 final。

被声明为 final 的方法有时被用于优化。编译器能产生直接对方法调用的代码，而不是通常的涉及运行时查找的虚拟方法调用。

被标记为 static 或 private 的方法被自动地标记为 final，因为动态联编在上述两种情况下都不能应用。

5.2.3 最终类

Java 编程语言允许关键字 final 被应用到类中。如果这样，类将不能被划分成子类。比如，类 java.lang.String 就是一个 final 类。这样做是出于安全原因，因为它保证，如果方法有字符串的引用，它肯定就是类 String 的字符串，而不是某个其他类的字符串，这个类是 String 的被修改过的子类，因为 String 可能被恶意窜改过。

5.3 抽象类和抽象方法的使用

有时在程序开发中，要创建一个体现某些基本行为的类，并为该类声明方法，但不能在该类中实现该行为。而是在子类中实现该方法。直到其行为的其他类可以在类中实现这些方法。

例如，考虑一个 Drawing 类。该类包含用于各种绘图设备的方法，但这些必须以独立平台的方法实现。它不可能去访问机器的录像硬件，而且还必须独立于平台。其意图是绘图类定义哪种方法应该存在。但实际上，由特殊的从属于平台子类去实现这个行为。

正如 Drawing 类这样的类，它声明方法的存在而不是实现，以及带有对已知行为的方法的实现，这样的类通常被称为抽象类。通过用关键字 abstract 进行标记声明一个抽象类。已经被声明但没有实现的方法（即，没有程序体或{}），也必须标记为抽象。例如：

```
public abstract class Drawing {
```

```
    public abstract void drawDot(int x, int y);
    public void drawLine(int x1, int y1,int x2, int y2) {
        // 重复的使用 drawDot()方法来实现
    }
}
```

不能创建 abstract 类的实例。然而可以创建一个变量，其类型是一个抽象类，并让它指向具体子类的一个实例。不能有抽象构造函数或抽象静态方法。

abstract 类的子类为它们父类中的所有抽象方法提供实现，否则它们也是抽象类。

```
public class MachineDrawing extends Drawing {
  public void drawDot (int mach x, intmach y) {
  …// 画点
  }
}
Drawing d = new MachineDrawing();
```

5.4 接口的使用

接口是抽象类的变体。接口中的所有方法都是抽象的，没有一个有程序体。接口只可以定义 static final 成员变量。

接口的好处是，它给出了属从于 Java 技术单继承规则的假象。当类定义只能扩展出单个类时，它能实现所需的多个接口。

接口的实现与子类相似，除了该实现类不能从接口定义中继承行为。当类实现特殊接口时，它定义所有这种接口的方法。然后，它可以在实现了该接口的类的任何对象上调用接口的方法。由于有抽象类，它允许使用接口名作为引用变量的类型。通常的动态联编将生效。引用可以转换到接口类型或从接口类型转换，instanceof 运算符可以用来决定某对象的类是否实现了接口。

接口是用关键字 interface 来定义的，如下例：

```
public interface Transparency {
  public static final int OPAQUE=1;
  public static final int BITMASK=2;
  public static final int TRANSLUCENT=3;
  public int getTransparency();
}
```

5.4.1 接口的概念

假如已经编写了一个类，这个类可以监视股票的价格。这个类允许其他的类来注册已知道哪些特定股票的价格改变了。首先，编写 StockMonitor 类，它可以执行一个方法来让其他对象的注册得到通知。

```
public class StockMonitor {
  public void watchStock(StockWatcher watcher,
      String tickerSymbol, double delta) {
      ...
  }
}
```

这个方法的第一个参数为 StockWatcher 对象。StockWatcher 是一个接口的名字，它的代码将在后面给出。这个接口声明了一个方法：valueChanged。要通知股票改变的对象必须执行接口和 valueChanged 方法的类的实例。其他两个参数提供了股票的符号以观察改变的数目。当 StockMonitor 类检测到一个感兴趣的变化时，它就会调用 watcher 的 valueChanged 方法。

WatchStock 方法要通过第 1 个参数的数据类型确保所有注册对象执行 valueChanged 方法。如果 StockMonitor 已经使用了一个类名作为数据类型，就要强制它的用户的类关系。因为类只可以有一个父类，所以这也限制了什么类型的数据可以使用这个服务。通过使用接口，注册对象类可以是 Applet 或者 Thread 等等，例如它允许类分级结构中的任何类使用这个服务。

5.4.2 定义接口

定义一个接口与创建一个新的类是相似的。接口定义需要两个组件：接口定义和接口实体。

```
interfaceDeclaration {
  interfaceBody
}
```

interfaceDeclaration 声明了各种关于接口的属性，例如它的名字和是否扩展其他的接口。interfaceBody 包含了在接口中常量和方法声明。

第 4 章中的图 4-1，给出了接口定义，有两个组件：接口声明和接口实体。接口声明定义了各种关于接口的属性，例如它的名字和是否扩展其他的属性；接口实体包含了常数和用于接口的方法声明。

StockWatcher 接口和接口定义的结构为：

```
public interface StockWatcher{
  final String sunTicker = "SUNW";
  final String oracleTicker = "ORCL";
  final String ciscoTicker = "CSCO";
  void valueChanged(String tickerSymbol, double newValue);
}
```

接口定义了 3 个常量，它们是 watchable 股票的股票行情自动收集器的符号。这个接口也定义了 valueChanged 方法，但是没有执行它。执行这个接口的类为方法提供了执行。

下面介绍接口的声明。图 5-1 给出了接口声明的所有可能组件：

public	Makes this interface public.
interface InterfaceName	This is the name of the interface.
Extends SuperInterfaces	This interface's superinterfaces.
{ InterfaceBody }	

图 5-1　接口声明

在接口定义中需要两个元素：interface 关键字和接口的名字。Public 指示了接口可以在任何的包中任何的类中使用。如果没有指定接口为 public，那么接口就只能在定义接口的包中的类中使用了。

接口定义可以有另外一个组件：superinterfaces 系列。一个接口可以扩展另外的接口，这跟类可以扩展一样。但是，类只能扩展一个另外的类，而接口可以扩展任意个接口。Superinterfaces 系列以逗号分隔的所有接口，这些接口可以由新的接口扩展。

接口实体为所有包含在接口中的方法进行了方法声明。在接口中的方法声明可以紧跟着一个逗号，因为接口不为定义在它上面的方法提供执行。所有定义在接口中的方法可以隐含地为 public 和 abstract。

接口可以包含常量声明以及方法声明。所有定义在接口中的常量可以是 public、static 和 final。定义在接口中的成员声明不允许使用一些声明修饰语，如不能在接口中的成员声明中使用 transient、volatile 或者 synchronized。同样不能在声明接口成员的时候使用 private 和 protected 修饰语。

5.4.3 执行接口

为了使用接口，就要编写执行接口的类。如果一个类可以执行一个接口，那么这个类就提供了执行定义在接口中的所有方法。

一个接口定义了行为的协议。一个类可以根据定义在接口中的协议来执行接口。为了声明一个类执行一个接口，要包括一条执行语句在类的声明中。由于类可以执行多个接口（因为 Java 平台支持接口的多个继承），因此可以在 implements 后面列出由类执行的接口系列，这些接口是以逗号分隔的。

以下是一个 applet 的部分例子，它执行 StockWatcher 接口。

```
public class StockApplet extends Applet implements StockWatcher {
  ...
  public void valueChanged(String tickerSymbol, double newValue) {
      if (tickerSymbol.equals(sunTicker)) {
          ...
      }else if(tickerSymbol.equals(oracleTicker)){
          ...
      }else if(tickerSymbol.equals(ciscoTicker)){
          ...
      }
  }
}
```

在这里，类引用了定义在 StockWatcher.sunTicker 中的常量，如 oracleTicker 等。执行接口的类继承了定义在接口中的常量。因此这些类可以使用简单的名字来引用常量。例如下面的语句，使其他任何类使用接口常量：

```
StockWatcher.sunTicker
```

从本质上讲，当类执行一个接口的时候，就签定了一个契约。所有的类必须执行所有定义在接口以及它的 superinterfaces 中的方法，以及类必须定义为 abstract。这个方法的签名（名字和在类中参数类型的数目）必须匹配方法的签名。StockApplet 执行 SockWatcher 接口，因此 applet 提供了 valueChanged 方法。这个方法公开地更新了 applets 的显示或者使用这个信息。

5.4.4 使用接口

当定义一个新的接口的时候，从本质上讲，是定义了一个新的引用数据类型。可以在使用其他类型的名字（比如变量声明、方法参数等）的地方，使用接口名字。前面在 StockMonitor 类中的 watchStock 方法中的第 1 个参数的数据类型，为 StockWatcher：

```
public class StockMonitor {
```

```
    public void watchStock(StockWatcher watcher,
        String tickerSymbol, double delta) {
        ...
    }
}
```

只有执行接口的类的实例可以赋值为一个引用变量，它的类型为接口名字。因此只有执行StockWatcher接口的类的实例可以注册以便得到股票数值改变的通知。

如果将接口传给其他的程序员，接口有个限制：接口不能扩展。下面对此进行解释：

假如想增加一个函数到 StockWatcher。例如想增加一个汇报当前股票价格的方法，而不管数值是否被改变。

```
public interface StockWatcher {
  final String sunTicker = "SUNW";
  final String oracleTicker = "ORCL";
  final String ciscoTicker = "CSCO";
  void valueChanged(String tickerSymbol, double newValue);
  void currentValue(String tickerSymbol, double newValue);
}
```

如果做了这个改变的话，执行老版本的StockWatcher接口的所有类都将被中断，因为它们不能执行这个接口了。接口不能扩展，为了达到以上增加一个方法的目的，可以创建更多的接口。例如可以创建一个StockWatcher的subinterface（子接口）StockTracker:

```
public interface StockTracker extends StockWatcher {
  void currentValue(String tickerSymbol, double newValue);
}
```

5.5 内部类的使用

内部类，有时叫做嵌套类，被附加到JDK1.1及更高版本中。内部类允许一个类定义被放到另一个类定义中。内部类是一个有用的特征，因为它们允许将逻辑上同属性的类组合到一起，并在另一个类中控制一个类的可视性。常常被用作创建事件适配器的方便特征。

5.5.1 使用内部类的共同方法

下面的例子表示使用内部类的共同方法。

```
/*
 MyFrame.Java
*/
import java.awt.*;
import java.awt.event.*;
public class MyFrame extends Frame{
  Button myButton;
  TextArea myTextArea;
  int count;
  public MyFrame(){
      super("Inner Class Frame");
      myButton = new Button("click me");
      myTextArea = new TextArea();
```

```
        add(myButton,BorderLayout.CENTER);
        add(myTextArea,BorderLayout.NORTH);
        ButtonListener bList = new ButtonListener();
        myButton.addActionListener(bList);
    }
    class ButtonListener implements ActionListener{
        public void actionPerformed(ActionEvent e){
            count ++;
            myTextArea.setText("button clicked" + count + "times");
        }
    }//内部类 ButtonListener 结束
    public static void main(String args[]){
        MyFrame f = new MyFrame();
        f.setSize(300,300);
        f.setVisible(true);
    }
} // 类 MyFrame 结束
```

前面的例子包含一个类 MyFrame，它包括一个内部类 ButtonListener。编译器生成一个类文件 MyFrame$ButtonListener.class，它包含在 MyFrame.class 中，是在类的外部创建的。

5.5.2 内部类

内部类可访问它们所嵌套的类的范围。所嵌套的类的成员的访问性很关键。对嵌套类的范围的访问是可能的，因为内部类实际上有一个隐含的引用指向外部类的上下文（如外部类 this）。例如：

```
public class MyFrame extends Frame{
  Button myButton;
  TextArea myTextarea;
  public MyFrame(){
      ......................
      MyFrame$ButtonListener bList = new
      MyFrame$ButtonListener(this);
      myButton.addActionListener(bList);
  }
  class MyFrame$ButtonListener implements
  ActionListener{
      private MyFrame outerThis;
      Myframe$ButtonListener(MyFrame outerThisArg){
      outerThis = outerThisArg;
  }
  public void actionPerformed(ActionEvent e) {
  outerThis.MyTextArea.setText("buttonclicked");
  ......................
  }
  public static void main(String args[]){
      MyFrame f = new MyFrame();
      f.setSize(300,300);
      f.setVisible(true);
  }
}
```

有时可能要从 static 方法或在没有 this 的某些其他情况下，创建一个内部类的一个实例（例如 main）。例如：

```
public static void main(String args[]){
  MyFrame f = new MyFrame();
  MyFrame.ButtonListener bList =f.new ButtonListener();
  f.setSize(50,50);
  f.setVisible(true);
}
```

5.5.3 内部类属性

内部类的属性如下：

- 类名称只能用在定义过的范围中，除非用在限定的名称中。内部类的名称不能与所嵌套的类名相同。
- 内部类可以被定义在方法中。这条规则较简单，它支配到所嵌套类方法的变量的访问。任何变量，不论是本地变量还是正式参数，如果变量被标记为 final，那么，就可以被内部类中的方法访问。
- 内部类可以使用所嵌套类的类和实例变量以及所嵌套的块中的本地变量。
- 内部类可以被定义为 abstract。
- 只有内部类可以被声明为 private 或 protected，以便防护它们不受外部类的访问。
- 一个内部类可以作为一个接口，由另一个内部类实现。
- 被自动地声明为 static 的内部类成为顶层类。这些内部类失去了在本地范围和其他内部类中使用数据或变量的能力。
- 内部类不能声明任何 static 成员，只有顶层类可以声明 static 成员。因此，一个需求 static 成员的内部类必须使用来自顶层类的成员。

第 6 章　数据结构

本章将讲述 Java 技术如何帮助你在进行重要编程时构建所需要的传统数据结构，主要涉及 Java 标准类库中提供的一些基本数据结构。希望读者研读完本章后，能够很容易地将自己的数据结构转换成 Java 编程语言的数据结构。

6.1　抽象数据类型

ADT 是面向对象编程的核心和基础，它指一组性质相同的对象和该组对象相关的一组操作的统称，对于每一个操作，均定义了它的输入和输出。抽象数据类型只是数学上的抽象，并没有具体描述其中哪些操作的实现方式，这些实现细节对用户而言是不可见的。通过抽象数据类型，可以实现信息隐蔽和数据封装，使用与实现相分离。与 ADT 相关的操作均由一个或者多个子程序完成。

例如，整数的集合以及定义在整数上的操作相结合，就形成了一个抽象数据类型。

一个整数列表所构成的抽象数据类型必须包括以下操作：

1）向列表的末尾插入一个新的整数；

2）将列表中的整数按顺序输出；

3）判断一个整数是否存在于列表中；

4）从列表中删除特定位置的元素。

6.2　基本数据结构

6.2.1　向量

向量（Vector）是一个集合对象类，实现了一个可增长的对象数组，如同数组一样，可以通过使用索引来访问其中的对象。与数组不同的是，向量的大小会随着对象的增加或者删除而发生变化。

向量通过容量（Capacity）和容量增量（CapacityIncrement）来进行容量管理，capacity()方法的返回值为向量的当前容量。capacityIncrement 是 Vector 的成员变量，它的值表示当向量的当前大小超过容量时所自动增加的数值，如果该值为负或者等于零，容量每一次增长都会翻倍。程序可以在向 Vector 中插入大数额的组件之前，先扩充 Vector 的容量，这样可以减少重分配内存空间的负担。

变量列表为空的构造函数 Vector()将会创建一个空的 Vector，其容量为 10，capacityIncrement 的值为 0，Vector(int initialCapacity)将使用给定的数值作为 Vector 的容量来创建一个空的 Vector，而 Vector(int initialCapacity, int capacityIncrement)所传进的参数将分别作为新的空 Vector 的容量

和容量增量。

下面用一个程序简单说明一下向量的基本用法。

```
import java.util.*;
class vectorTest{
   public static void main(String args[]){
       Vector vt = new Vector(3);
       System.out.println("The capacity is: "+ vt.capacity());
       vt.addElement("a");
       vt.addElement("b");
       vt.addElement("c");
       vt.addElement("d");
       System.out.println("The capacity after increment is: "
          + vt.capacity());
       System.out.println("The size is:"+vt.size());
   }
}
```

程序的运行结果如图 6-1 所示。

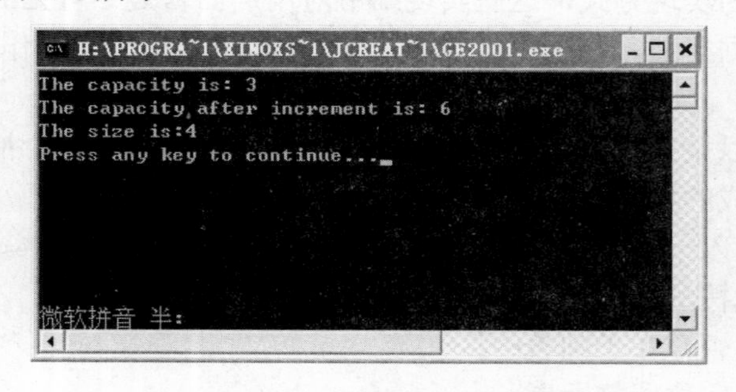

图 6-1 vector 示例程序运行结果

当在 vector 中加入的元素个数超过其容量的时候，容量将会翻倍。如果把上面代码中的构造函数 Vector vt = new Vector(3)改为 Vector vt = new Vector(3,2)，那么其运行结果将会如何呢？

很明显，运行结果中的第 1 行和第 3 行不会发生变化，如果有变化，只可能发生在第 2 行的 the capacity after increment 处，那么结果是否与我们预想的相同呢？答案是肯定的，原先未指定增量 capacityincrement 的时候，容量会翻倍，而指定了 capacityincrement 的大小的时候，后来的容量值就是先前的容量与 capacityincrement 相加之和，第 2 行冒号后面的数值是 5，而不再是 6 了。

6.2.2 线性表

1. 基本概念

线性表（List）是一个由有限长度的元素组成的有序序列，这里所说的有序是指每一个元素在表中都有一个位置，也就是说，在表中有第 1 个元素，第 2 个元素等这样的说法，而对于非空的线性表来说，第 A_i 个元素的后面一个元素是第 A_{i+1}，第 A_i 个元素的前面一个元素是 A_{i-1}。

在表中的每一个元素都有一个数据类型，而线性表这种抽象数据类型所对应的操作是与数据类型无关的，它可以用来表示整数列表、字符列表等。因此为了方便起见，本节中所讨论的线性表中的元素均具有相同的数据类型。

表中当前存储的元素个数被称作表的长度（length），表的起始元素称作表头（head），表的最后一个元素称作表尾（tail）。对于表中元素的值和其所对应的位置之间可能存在着联系，也可能没有任何关系。例如说，对于有序表（sorted lists）来说，其中的元素是按照大小顺序排列的，而对于无序表（unsorted lists）来说，元素的值和位置便没有任何关系。本节只考虑无序表的情况。

线性表中的元素使用圆括号括起来，元素之间使用逗号分割。例如（$a_0,a_1,a_2,\cdots a_{n-1}$）里面含有 n 个元素，其中下标表示的是元素在表中的位置（为了与 Java 中数组的用法相一致，在线性表中，第 1 个元素的下标为 0，而不是 1。也就是说，如果表中有 n 个元素的话，它们的下标范围就是从 0 到 n-1）。

在实现线性表之前，要先考虑它必须支持的操作：

1）它的大小必须可以改变；

2）能够从表中的任意位置插入或者删除元素；

3）能够访问表中任一元素的值，或者改变它的值；

4）能够创建和清空列表；

5）能够访问当前元素的前一个元素和后一个元素。

有了这些操作，处理数据就方便多了。如果想在最基本的线性表中完成极其复杂的操作，就容易和其他的数据结构发生混淆，反而引起不便。

下面列出了 list 接口的一部分成员方法。

```
public interface List{
   void clear();
   void insert(Object item);
   void append(Object item);
   void setFirst();
   void next();
   void prev();
   int length();
   void setPos(int pos);
   void setValue(Object val);
   Object currValue();
   boolean isEmpty();
   boolean exist();
   void print();
}
```

在上面的成员方法中，都假定存在有一个“当前”位置。例如，setFirst 这个方法的功能就是使表中的第 1 个元素的位置成为当前位置，而 next 和 prev 两个方法的功能分别是将当前位置移到前一个元素和后一个元素。

注意： 在“基本数据结构”一节中，除“向量”小节外，相应的程序均是使用伪码编写的，本章重点讲述的是这几种常用的数据结构类型，而非 Java 语言本身，就抛开了 Java 的语法规则限制，所以无法在编译器中运行通过。

上面的伪代码中，各方法的功能如下：

- clear 用于清空列表。
- insert 用于向当前位置插入元素，它可以向现有的线性表中的任意位置插入新元素，例如，当前的 List 为（11, 14, 89, 70），把当前的位置定位到第二个元素处，插入一个新元素 88 以后，线性表就变为（11, 88, 14, 89, 70）。
- append 方法用于向表的末尾添加一个新元素。
- remove 方法用于删除当前位置的元素。

- setFirst 方法使列表中第一个元素的位置成为当前位置。
- next 和 prev 两个方法的功能分别是将当前位置移到前一个元素和后一个元素。
- length 用于返回列表中元素的个数。
- setPos(i)用于将当前位置定位到 list 中的第 i 个元素处。
- setValue 用于更改当前位置处元素的值。
- currValue 用于返回当前元素的值。
- isEmpty 用于判断列表是否为空。
- exist 用于判断当前位置是否真正表示列表中的一个位置，这个方法可以用于按顺序处理表中的每一个元素。
- print 用于输出列表中的所有内容。

通过上面的方法，就可以实现比较复杂的功能了，下面以查找方法为例进行说明（这里假定所有的数据元素均实现了 Item 接口）。

```
public interface Item{
    public abstract int value();
}
```

在查找的时候，程序将从前往后逐一检索列表中的元素，一旦发现存在与传入的参数值相同的元素，便退出程序运行并返回相应元素值，如果搜索到列表的末尾仍未发现符合条件的元素，就返回 null。下面的程序是从当前位置开始搜索的。

```
/**
 *在线性表中查找指定的元素
 *@param L 指定的线性表
 *@param s 指定的元素值
 *@return 返回找到的元素，如果元素未找到，则返回 null
*/

public static Item find(List L, int s){
    while(L.exist())
    if(((Item)L.currValue).value()==s)
        return (Item)L.currValue;
    else L.next();
    return null;
}
```

2. 线性表的数组实现

用数组实现的线性表也称作顺序表，这是线性表的两种典型实现方式之一，另外一种则是链表。

在顺序表中，每一个元素都存储在数组中，因为数组是有固定长度的，所以在实现顺序表之前，必须要给数组分配一个长度，在任意时刻，表中所存储的元素个数都不能超过数组的最大长度。

由于表中的元素都是存放在一个连续的存储空间中，所以它的访问有两种方式：第 1 种是顺序访问，第 2 种是通过下标来直接访问。

由于篇幅所限，这里只对插入和删除线性表中元素基本操作进行说明。

首先对线性表进行定义：

```
public class ArrayList implements List{
    private int maxSize;                        //表的最大长度
    private int currSize;                       //表的当前长度
    private int curr;                           //当前位置
```

```
    private Object[] listArray;                    //存放列表对象的数组
    public void insert(Object i){……};              //向当前位置插入元素
    public void append(Object i) {……};             //向表尾添加元素
    public Object remove(){……};                    //从表中删除当前元素，并返回该元素值
    …
}
```

（1）插入（Insert）

在向顺序表中插入元素的时候，在保证数组的下标不越界的情况下，如果插入的位置在表的末尾，那么使用 append 方法直接插入即可；如果插入的位置在表中，那么首先要把插入位置之后的所有元素向后移动一个单位，然后再将新元素插入。

图 6-2 是向顺序表中插入元素前后表的变化情况。

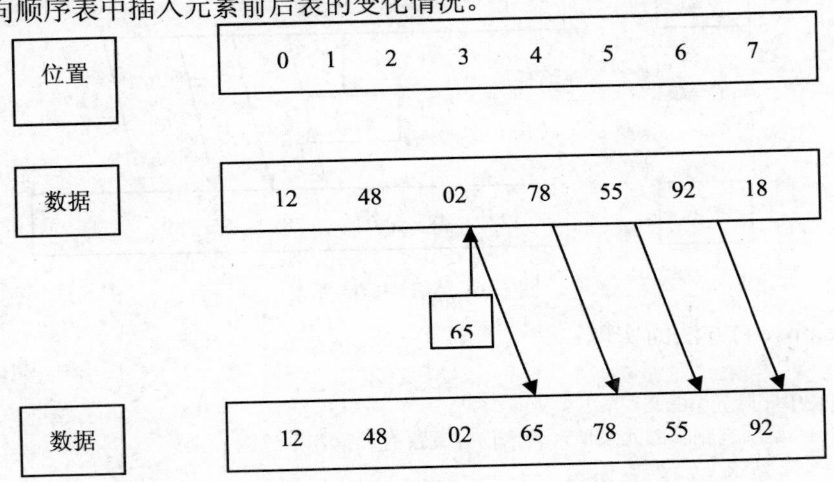

图 6-2　插入元素后表的变化

下面是 insert()和 append()两种方法的实现：

```
/**
 *向顺序表中添加元素
 *@param i 要添加的元素
*/

public void insert(Object i){
   while((currSize<maxSize)&&(curr>=0)&&(curr<=currSize)){
   for(int m = currSize;m>curr;m--)
       listArray[m]=listArray[m-1];
   listArray[curr]=I;
   currSize++;
   }
}

 /**
 *向线性表的末尾添加元素
 *@param i 要添加的元素
 */

 public void append(Object i){
    while(currSize<maxSize){
    currSize++;
```

```
    listArray[currSize]=l;
    }
}
```

（2）删除（Remove）

进行删除操作后，当前位置之后的元素依次向前移动一个位置，然后返回当前元素的值。图 6-3 是从表中删除当前元素后表的变化情况。

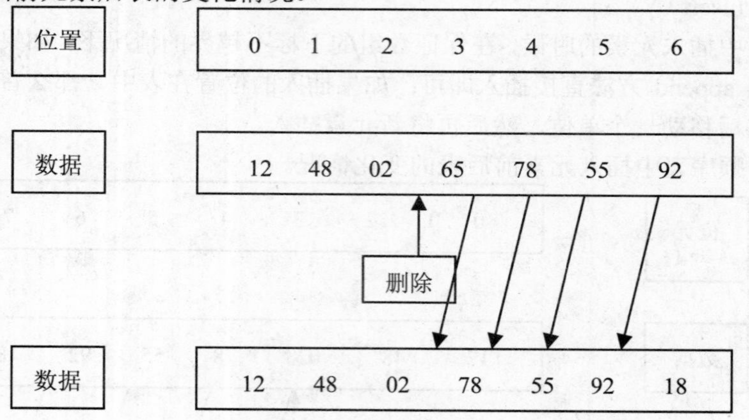

图 6-3 从表中删除元素

下面是 remove ()方法的实现：

```
/**
 *从顺序表中删除元素
 *@return 返回被删除的元素值，若当前位置没有元素，则返回 null
 */

public Object remove(){
    while((!isEmpty())&&(exist())){
    Object i = listArray[curr];
    For(int m=curr;m<currSize-1;m++)
        listArray[i]=listArray[i+1];
    currSize--;
    return it;
    }
    return null;
}
```

3. 单链表

在使用顺序表存储数据的时候，数据的插入和删除均需要频繁的移动元素的位置，当元素较多的时候这种操作的效率就会降低，为了节省这种开销，就引入了链表（linked list）的概念。

链表把每个对象都存储到一个节点中，同时该节点也存储下一个节点的地址。节点可以连续，也可以不连续，它是可以动态增长的，没有固定的长度。图 6-4 所示的是一个简单的链表。

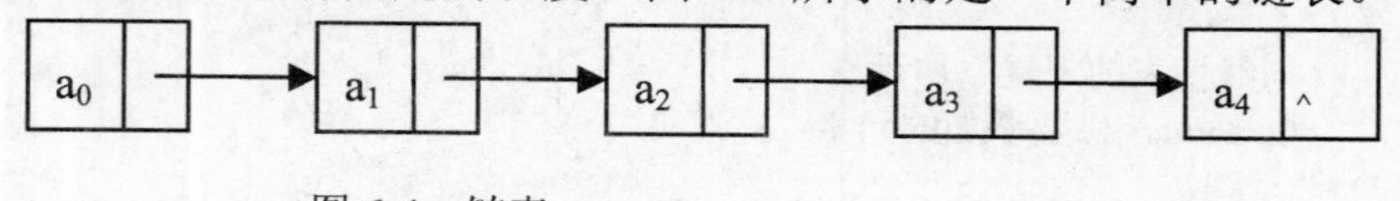

图 6-4 链表

注意： 链表又分为带表头节点和不带表头节点两种情况，为了简单起见，这里只针对不带表头节点的情况进行说明。

由于每一个节点都是一个独立的对象，因此这里也要创建一个节点类，在其中存放节点的数据以及下一个节点的位置。例如下面的代码所示：

```
public class Node{
    private Object element;
    private Node next;
    Node(Object it, Node nextval){element = it,;next = nextval;}
    //构造函数
    Node(Node nextval){next = nextval;}                              //构造函数
    Node next(){return next;}
    Node setNext(Node nextval){return next = nextval;}
    Object element(){return element;}
    Object setElement(Object it)(return element = it;)
}
```

而链表类的代码如下所示：

```
public class LList implements List{
    private Node first;
    private Node last;
    private Node current;

    public void insert(Object it){……}                     //向当前位置处插入元素
    public void remove(){……}                             //删除当前位置的元素
    …
}
```

（1）插入（Insert）

图 6-5 是向链表中插入元素前后变化的示意图。

下面是 insert()方法的实现：

```
/**
 *向链表中插入元素
 *@param it 要插入的元素
 */

public void insert(Object it){
    Assert.notNull(current, "No current element");
    current.setNext(new Node(it,current.next()));
    if(last == current)
        last = current.next();
}
```

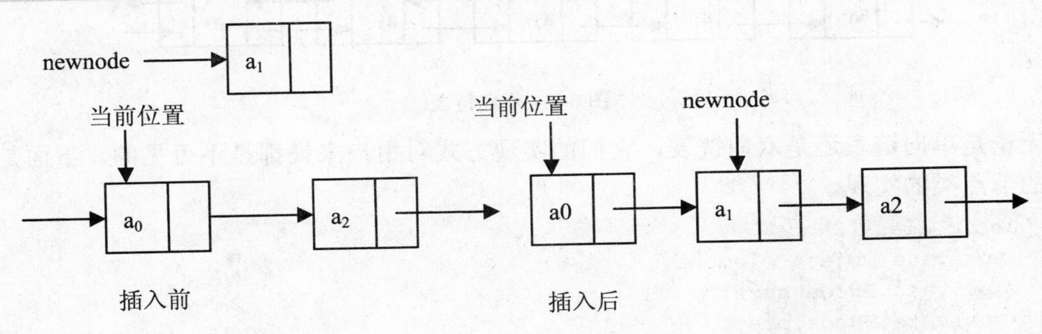

图 6-5　向链表中插入元素

（2）删除（Remove）

图 6-6 是从链表中删除元素前后表的变化示意图。

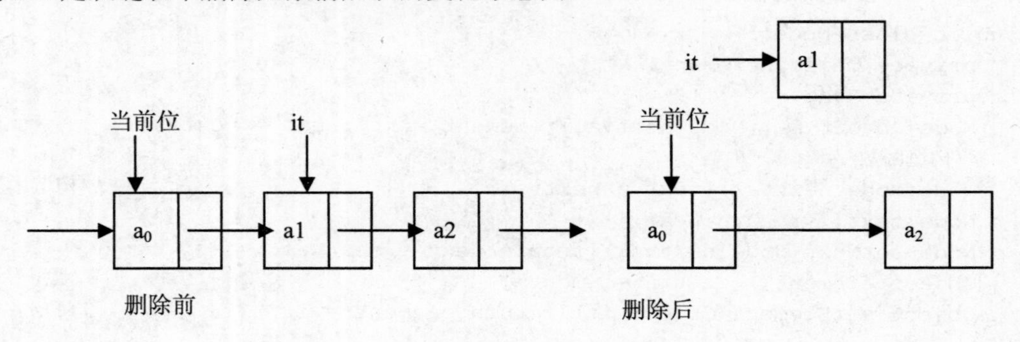

图 6-6　从链表中删除元素

下面是 remove()方法的实现：

```
/**
 *从链表中删除元素
 *@return 被删除的元素值，若元素不存在，则返回 null
*/

public Object remove(){
   if(!exits())
       return null;
   Object it = current.next().element();

   if(last = current.next())
       last == current;

   current.setNext(current.next().next());
   return it;
}
```

4. 双向链表

单链表只允许从一个节点出发，访问后面的节点，而双向链表（doubly linked list）则可以从一个节点出发，访问其前驱节点和后继节点。

图 6-7 是双向链表的结构示意图。

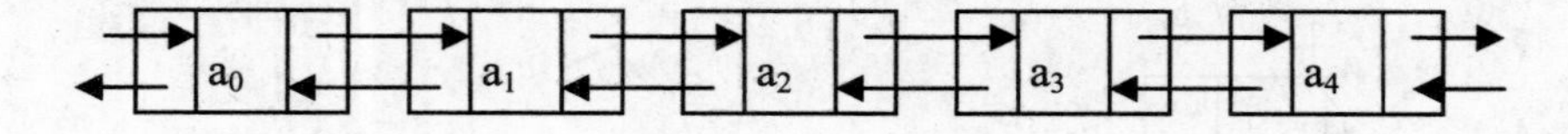

图 6-7　双向链表

无论是单向链表还是双向链表，它们的实现方式对用户来说都是不可见的，下面是双向链表的节点类的实现。

```
public class DNode{
   private Object element;
   private DNode next;
   private DNode prev;

   DNode(Object it, DNode n, DNode p){
```

```
        element = it; next = n; prev = p;
    }

    DNode(DNode n, DNode p){ next = n; prev = p;}
    DNode next(){ return next;}

    DNode setNext(DNode nextval){
        return next = nextval;}
    DNode getPrev(){ return prev;}
    DNode setPrev(DNode prevval){
        return prev = prevval;
    }
    Object element(){
        return element;
    }
    Object setElement(Object it){
        return element = it;
    }
}
```

（1）插入（Insert）

图 6-8 是向双向链表中插入元素前后表的变化情况的示意图。

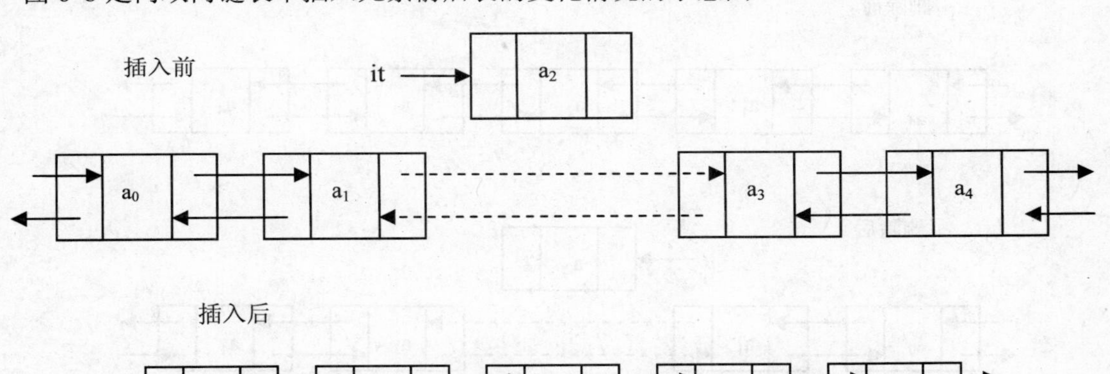

图 6-8　向双向链表中插入元素

下面是 insert()方法的实现。

```
/**
 *向双向链表中插入元素
 *@param it 要插入的元素
 */

public void insert(Object it){
    Assert.notNull(current, "No current element");
    current.setNext(new DNode(it,current.next(),current));
    if(current.next().next()!= null)
        current.next().next().setPrev(current.next());
    if(last == current)
        last = last.next();
}
```

（2）删除（Remove）

图 6-9 是从双向链表中删除元素前后表的变化情况示意图。

下面是 remove()方法的实现：

```
/**
 *从双向链表中删除元素
 *@return 返回被删除的元素值，若元素不存在，则返回 null
*/

public Object remove(){
   if(!exits())
       return null;
   Object it = current.next().element();

   if( current.next().next() != null)
       current.next().next().setPrev(current);
   else last = current;
   current.setNext(current.next().next());
   return it;
}
```

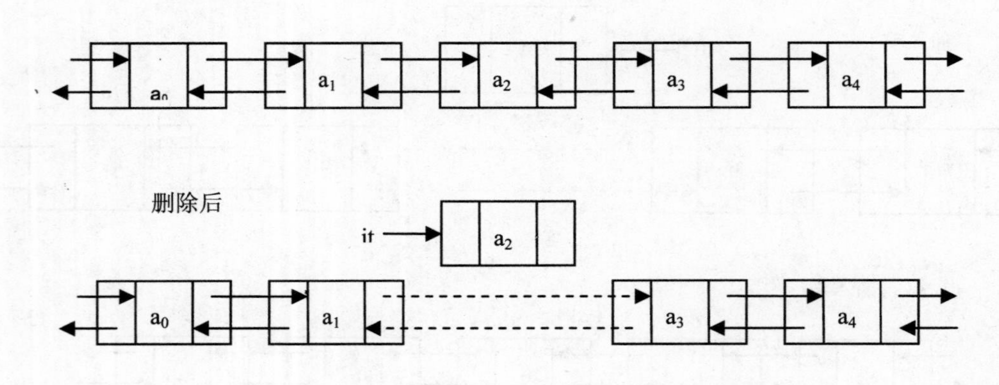

图 6-9　从双向链表中删除元素

6.2.3　堆栈

堆栈（stack）实际上就是只允许在一端进行插入和删除操作的线性表，允许插入和删除的一端称作栈顶（top），另一端称作栈底（bottom）。图 6-10 是一个简单的堆栈示意图。外界所能访问的只有栈顶的元素。这种限制虽然降低了灵活性，但是却提高了操作效率，并更容易实现。堆栈也称作 LIFO 序列，即为 Last-In，First-out（后进先出）。

堆栈有两种对应的操作：push（入栈）和 pop（出栈）。push 是向栈顶插入元素，而 pop 是删除栈顶的元素。它有两种实现方式：使用数组实现和使用链表实现。

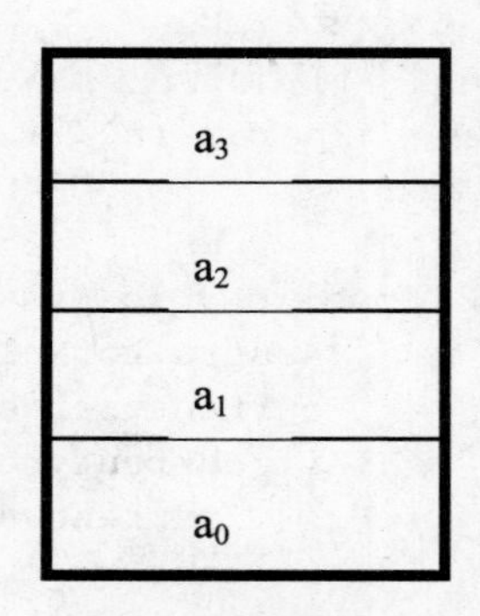

图 6-10　堆栈示例

1. **用链表实现堆栈**

下面给出了堆栈的链表实现的伪码表示，其中链头元素即为栈顶。

```
public class LStack{
    private Node topOfStack;
    public LStack(){ topofStack = null;}
    public boolean isFull(){ return false;}
    public boolean isEmpty(){ return topOfStack == null;}
    public void empty(){ topOfStack = null;}

/**
 *向堆栈中插入新元素
 *@param it 要插入的元素
*/
public void push(Object it){
    topOfStack = new Node(it, topOfStack);
}

/**
 *在不改变堆栈结构的情况下
 *返回栈顶的元素
 *@return 栈顶的元素值，若堆栈为空，则返回 null
*/
public Object getTop(){
    if (isEmpty())
        return null;
    else
        return topOfStack.element;
}

/**
 *删除栈顶的元素
 *并返回所删除的元素值
 *@return 栈顶的元素值，若堆栈为空，则返回 null
*/
public Object Pop(){
    if(isEmpty())
        return null;
    else{
        Object topElement = topOfStack.element;
        topOfStack = topOfStack.next;
        return topElement;
    }
}
```

2. **用数组实现堆栈**

在使用数组实现堆栈的时候，要事先声明数组的大小，这与线性表的数组实现类似。在堆栈中包括两个成员变量，一个是对象数组，一个是表示栈顶位置的整形变量 topOfStack，对于空栈来说，其值为-1。

由于现在的大部分机器的指令集中都包含有对堆栈的操作指令，所以堆栈便成了继数组之后最常用的基本数据结构。

对于数组堆栈来说，不仅要在pop操作中检测堆栈非空，还要在push操作中检测堆栈非满，这是需要引起注意的地方。

下面给出了链表的数组实现的伪码表示。

```
public class AStack{
   private Object[] myArray;
   private int topOfStack;
   static final int DEFAULT_CAPACITY = 10;
       public AStack(){
       this(DEFAULT_CAPACITY);
}
public AStack(int capacity){
   myArray = new Object[ capacity ];
   topOfStack = -1;
}
public boolean isEmpty(){ return topOfStack == -1;}
public boolean isFull(){ return topOfStack == myArray.length -1;}
public void makeEmpty(){ topOfStack = -1;}

/**
 *在栈未满的情况下，向堆栈中插入元素
 *@param it 要插入的元素
 *@exception Overflow 在栈满的情况下抛出异常
*/
public void push(Object it)throws Overflow{
   if(isFull())
       throw new Overflow();
   topOfStack++;
   myArray[ topOfStack ] = it;
}

/**
 *在不改变堆栈结构的情况下
 *获取栈顶元素的值
 *@return 栈顶元素的值，若栈为空，则为 null
*/
public Object getTop(){
   if(isEmpty())
       return null;
   return myArray[ topOfStack ];
}

/**
 *删除栈顶元素
 *@exception Underflow 如果栈为空，则抛出异常
*/
public void pop() throws Underflow{
   if(isEmpty())
       throw new Underflow();
   myArray[ topOfStack ] = null;
   topOfStack--;
   }
}
```

6.2.4 队列

和堆栈一样，队列也是增加了限制条件的线性表，它是只允许从一端插入数据，而从另外一端删除。允许删除的一端叫做队头（front），允许插入的一端叫做队尾（back），插入和删除操作分别被称为入列和出列。队列的特性是先进先出（FIFO，First In First Out）。

队列的实现方式也有两种：用数组实现和用链表实现。

1. 用数组实现队列

用数组实现队列的时候，使用了3个成员变量来记录队列中的数据，front和back分别用来记录队头和队尾的元素，currSize用来记录当前队列的长度。在使用之前，也必须首先声明数组的大小。

下面给出了数组实现队列的伪码表示。

```
public class AQueue{
   private Object[] myArray;
   private int currentSize;
   private int front;
   private int back;
   static final int DEFAULT_CAPACITY = 10;
   public AQueue(){ this(DEFAULT_CAPACITY);}
   public AQueue(int capacity){
   myArray = new Object[ capacity ];
   makeEmpty();
   }
   public void makeEmpty(){
   currSize = 0;
   front = 0
   back = -1;
}
public boolean isEmpty(){ return currSize == 0;}
public boolean isFull(){ return currSize == myArray.length;}

/**
 *向队列中插入元素
 *@param x 要插入的元素
 *@exception Overflow 当队列满时，抛出异常
*/
public void enQueue(Object x)throws Overflow{
   if(isFull())
       throw new Overflow();
   back++;
   myArray[ back ] = x;
   currSize++;
}

/**
 *从队列中删除元素
 *@param x 要删除的元素
 *@return 返回被删除的元素，如果队列为空，则返回 null
*/
public Object deQueue(){
```

```
        if(isEmpty())
            return null;
        currSize--;
        Object frontItem = myArray[ front ];
        myArray[ front ] = null;
        front ++;
        return frontItem;
        }
}
```

2. **链表实现队列**

这部分内容留给有兴趣的读者。可以参照“链表实现堆栈”和“数组实现队列”两部分内容自行实现。

6.2.5 树

1. **树的基本概念**

数组可以根据下标来快速的访问存放在里面的任意一个元素，但是如果存放元素过多的话，就会降低插入和删除操作的效率。

链表通过修改节点内的相邻节点的地址，可以大大提高插入和删除的效率，但它的缺点是不方便从中查找所需要的元素，而树（Tree）则同时提供了对数据的快速访问和修改的操作。树是由 n（n>=0）个节点组成的有限集，节点通过边（edge）来连接。在树中，有一个称为根（root）的特殊节点，它只有直接后继节点，没有前驱节点。除了根以外的其他节点划分为 m（m>=0）个互不相交的有限集合 T_1、T_2…T_m，每一个集合又是一棵树，称为根的子树（subtree）。

每一个子树上的根节点又称作双亲（parent）节点，除了根节点以外的其余节点称作子女（children）节点。不具有子女节点的节点又可以称作叶子（leaf），除了 root 和 leaf 以外，其余的节点既可以看做是双亲节点，又可以看做是子女节点，其区别是看和哪一棵子树相对应。在具有 N 个节点的树中，一共有 N-1 条边，每条边都将一个子女节点与它的双亲节点相连接，如图 6-11 所示。

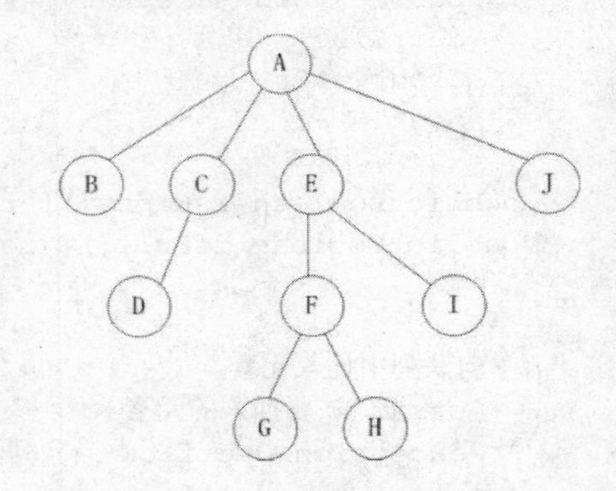

图 6-11　树

从图中可以看到，根节点是 A，E 是 A 的子女，同时又是 F 和 I 的双亲，B、D、G、H、I 和 J 都是叶节点。

具有同一个双亲的节点又称作兄弟（sibling），在图 6-11 中，B、C、E、J 是兄弟，F 和 I 是兄弟，G 和 H 也是兄弟。

对任意一个节点 n_i 来说，它的深度（depth）就是从根节点到它所经过的路径长度。比如上图中根节点 A 的深度为 0，B、C 的深度为 1，D、F 的深度为 2，G、H 的深度为 3。

节点的高度（height）就是从节点到叶子的最长路径的长度。在上图中，B、D、G、H、I、J 这些叶子的高度均为 0，C、F、I 的高度为 1，E 的高度为 2。

树的高度就是从根节点到叶节点之间的最长路径的长度。图 6-11 中的树的高度为 3。

如果在树中存在一条从 n_1 到 n_2 的路径，那么 n_1 就叫做 n_2 的祖先（ancestor），n_2 叫做 n_1 的子孙（descendant）。

2. 二叉树的概念

二叉树（binary tree）是节点的一个有限集合，该集合或者为空，或者是由根节点加上两棵被称做左子树和右子树的、互不相交的子树构成。

在图 6-12 中，这两棵树如果作为树来看待，它们是相同的；但是如果作为二叉树来看待，它们就是两棵不同的二叉树，一个右子树为空，一棵左子树为空。如图 6-13 所示。

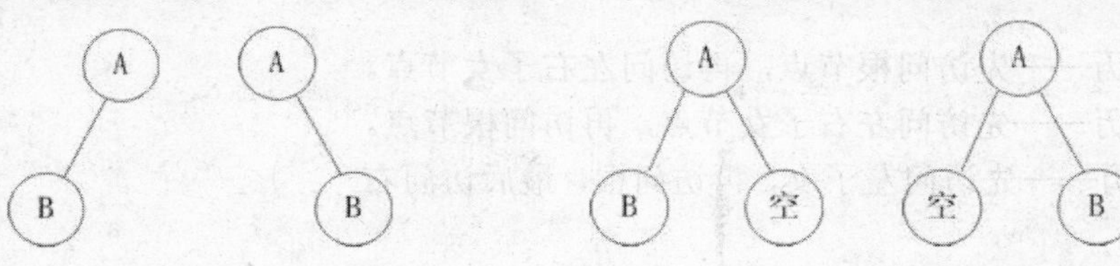

图 6-12　两棵不同的二叉树　　　图 6-13　上图中二叉树的真实形态

二叉树具有如下性质：

1）若二叉树的层次从 0 开始，则在二叉树的第 i 层最多有 2^i 个结点（i >= 0）。（用数学归纳法证明。）

2）高度为 h 的二叉树最多有 $2^{h+1}-1$ 个结点（h >=-1）。（用求等比级数前 k 项和的公式证明）

3）对任何一棵二叉树，如果其叶结点有 n_0 个，度为 2 的非叶结点有 n_2 个，则有 $n_0=n_2+1$。（根据二叉树的定义及总节点数和总边数的关系证明）

在二叉树中有两种特殊形态，分别是满（full）二叉树和完全（complete）二叉树。它们的概念需要牢牢掌握。

满二叉树是指，树中的节点或者是叶节点，或者是具有两个子女的内部节点。如图 6-14 所示。

完全二叉树是指，树中的节点严格按照从左到右的顺序来填满树中的每一层。也就是说，对于一个高度为 h 的完全二叉树而言，除了第 h 层以外，从第 0 层到第 h-1 层的节点数都达到最大个数，而第 h 层从右到左连续缺少若干节点。如图 6-15 所示。

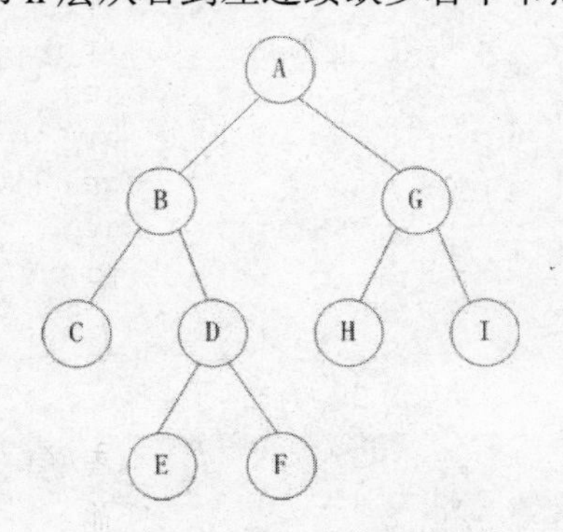

图 6-14　满二叉树

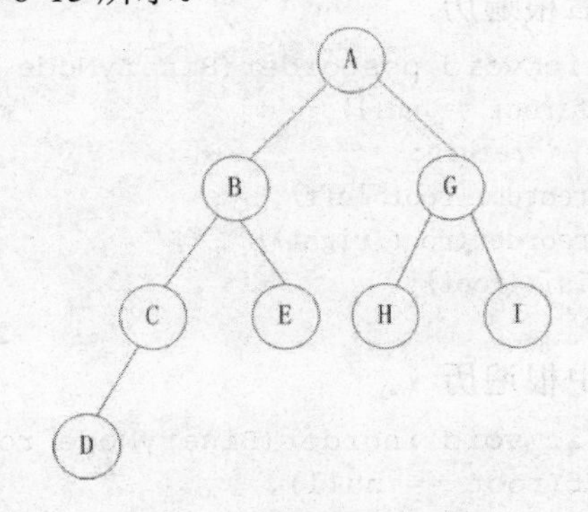

图 6-15　完全二叉树

下面是二叉树节点的抽象数据类型：

```
public class BinaryNode{
   Object element;                        //节点中的数据
   BinaryNode left;                       //左子女
   BinaryNode right;                      //右子女

   public Object elem(){ return element;}
   public Object setElem(Object i){ return element = i;}
```

```
    public BinaryNode setLeft(BinaryNode n){ return left = n;}
    public BinaryNode setRight(BinaryNode n){ return right = n;}
}
```

3. 二叉树的遍历

树的遍历是指按照某种顺序访问树中的每一个节点，而且每个节点都只访问一次。访问顺序共有3种：

1）先根遍历——先访问根节点，再访问左右子女节点。

2）后根遍历——先访问左右子女节点，再访问根节点。

3）中根遍历——先访问左子女，再访问根，最后访问右子女。

下面以图 6-16 中的二叉树来对这 3 种遍历方法来进行说明。

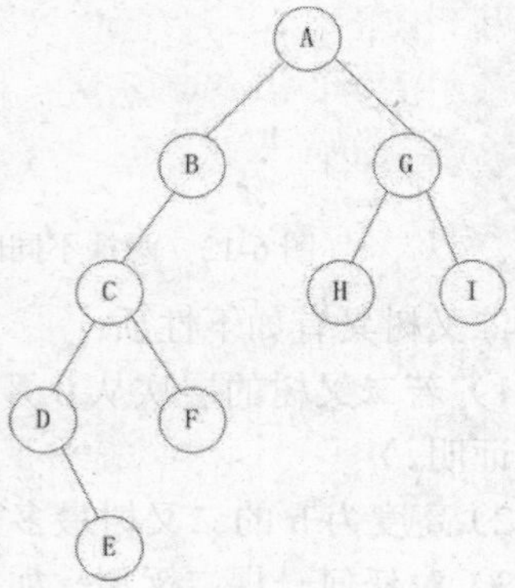

对于先根遍历方法，节点的访问次序为 ABCDEFGHI。

对于后根遍历方法，节点的访问次序为 EDFCBHIGA。

对于中根遍历方法，节点的访问次序为 DECFBAHGI。

二叉树的遍历使用递归方法很容易实现，下面给出实现 3 种遍历方法的伪码。

图 6-16　遍历方法示例

（1）先根遍历

```
public void preorder(BinaryNode root){
    if(root == null)
        return;
    visit(root);
    preorder(root.left);
    preorder(root.right);
}
```

（2）后根遍历

```
public void postorder(BinaryNode root){
    if(root == null)
        return;
    preorder(root.left);
    preorder(root.right);
    visit(root);
}
```

（3）中根遍历

```
public void inorder(BinaryNode root){
    if(root == null)
        return;
    preorder(root.left);
    visit(root);
    preorder(root.right);
}
```

二叉树的实现方式也可以分为数组实现和链表实现两种方式，在此略过不提。

6.2.6 图

1. 基本概念

图（Graph）是由顶点（vertex）集合和顶点之间的关系集合构成的数据结构。表示为：

```
Graph = (V, E)
```

其中 V 是顶点的有穷非空集合，E 是顶点之间关系的有穷集合，也叫做边（edge），连接顶点 u 和顶点 u 的边可以写作（u, v）。

图中的每一条边都是从一个顶点指向另外一个顶点，那么这种图叫做有向图；如果图中的每一条边都是没有方向性的，那么这种图叫做无向图。如图 6–17 中的左图即为有向图，右图为无向图。

一条边所连接的两个顶点叫做邻接顶点。

对于 n 个顶点的有向图来说，如果图中的边数为 n（n–1），则此图称为完全有向图。

对于 n 个顶点的无向图来说，如果图中的边数为 n（n–1）/2，则此图称为完全无向图。

图 6–18 所对应的完全图如图 6–18 所示。

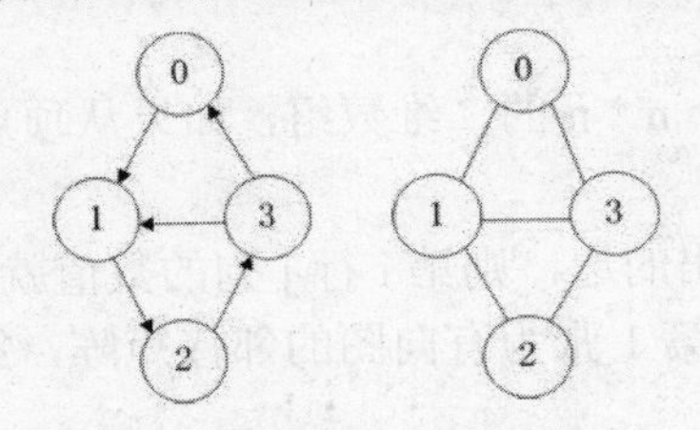

图 6-17　有向图和无向图

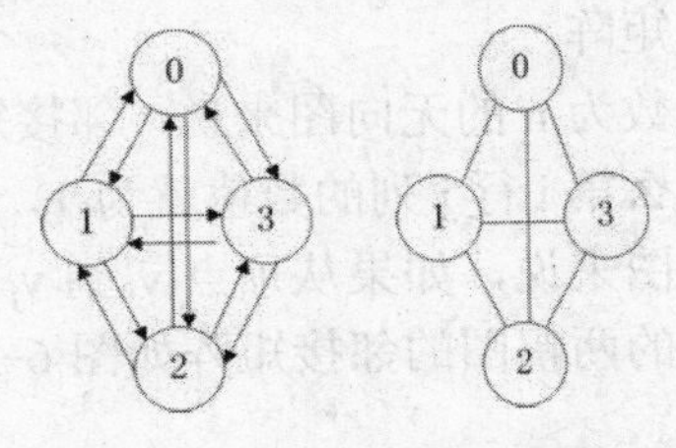

图 6-18　完全有向图和完全无向图

有些图的边具有与它相关的数值，这种数值称为权（weight）。带有权的图叫做有权图或者网络。如图 6–19 所示。

在图中，如果从一个顶点 v_1 出发，经过一系列顶点之后，到达顶点 v_n，则称从起点到终点经过的所有顶点的序列为从 v_1 到 v_n 的路径。如果路径中的所有顶点均不重复，则称该路径为简单路径。

如果路径中的第一个顶点和最后一个顶点重合，则称该路径为回路。如图 6–19 中的 0，1，2，3 就是一条简单路径，而 0，1，2，3，1 则不是简单路径，因为中间有了重复的顶点；0，1，2，3，0 是一条回路。

非带权图的路径长度是指路径上边的条数之和，带权图的路径长度是指路径上各边权值之和。如果图 G 的顶点集合 V 和边的集合 E 均是图 S 的顶点集合 V 和边的集合 E 的子集，则称 G 为 S 的子图。如图 6–20 所示，第 2、3 张图都是第 1 张图的子图。

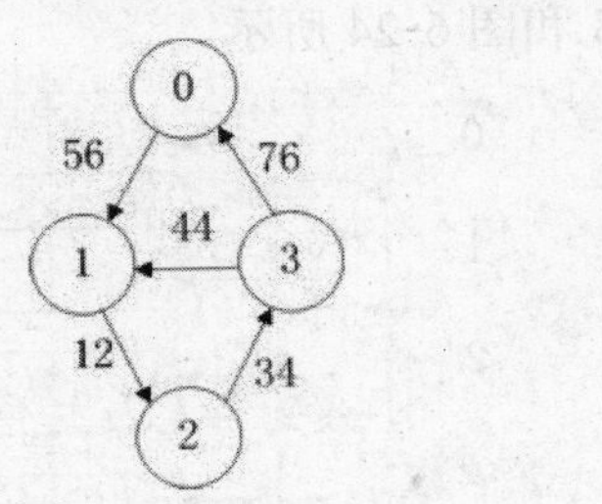

图 6-19　有权图

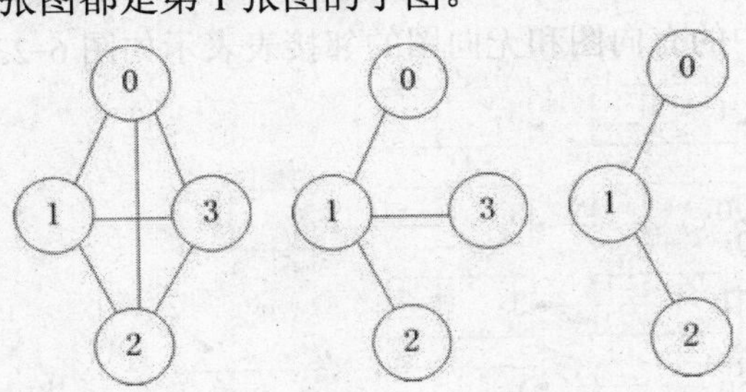

图 6-20　子图示例

在无向图中，如果任意两个顶点之间都至少有一条路径连接，则称此无向图为连通图。

非连通图的极大连通子图称作连通分量（connected components），图 6-21 中演示了一个带有 4 个连通分量的非连通图。

其中 0，1，2，3 组成了一个连通分量，4，5 组成了一个连通分量，6 是一个连通分量，7，8，9 组成了一个连通分量。

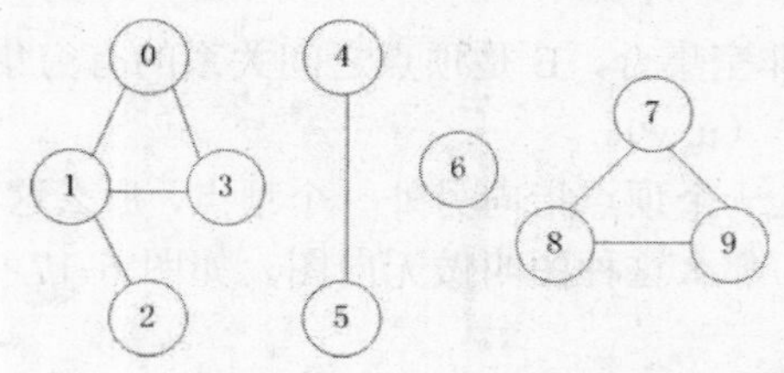

图 6-21　带有 4 个连通分量的非连通图

2. 图的存储表示

图一共有两种表示方式：邻接矩阵和邻接表。

（1）邻接矩阵

对于节点数为 n 的无向图来说，邻接矩阵是一个 n * n 的二维数组，如果从顶点 v_i 到 v_j 有一条边连接，那么第 i 行 j 列的数值就为 1，否则为 0。

对于有向图来说，如果从顶点 v_i 到 v_j 有一条发出的边，则第 i 行 j 列的数值就为 1，否则为 0。图 6-17 中的两幅图的邻接矩阵如图 6-22 所示。第 1 张为有向图的邻接矩阵，第 2 张为无向图的邻接矩阵。

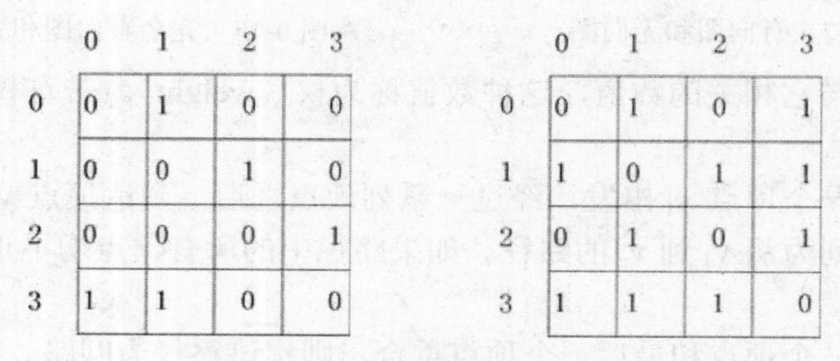

	0	1	2	3
0	0	1	0	0
1	0	0	1	0
2	0	0	0	1
3	1	1	0	0

	0	1	2	3
0	0	1	0	1
1	1	0	1	1
2	0	1	0	1
3	1	1	1	0

图 6-22　有向图和无向图的邻接矩阵表示

从图 6-22 中可以看出，无向图的邻接矩阵是对称的。

（2）邻接表

无向图和有向图的实现方式是相同的：同一个顶点的相邻顶点都链接在一个链表中，链表的每一个节点代表着一个顶点，节点中存放着下一个节点的地址。

图 6-22 中的有向图和无向图的邻接表表示如图 6-23 和图 6-24 所示。

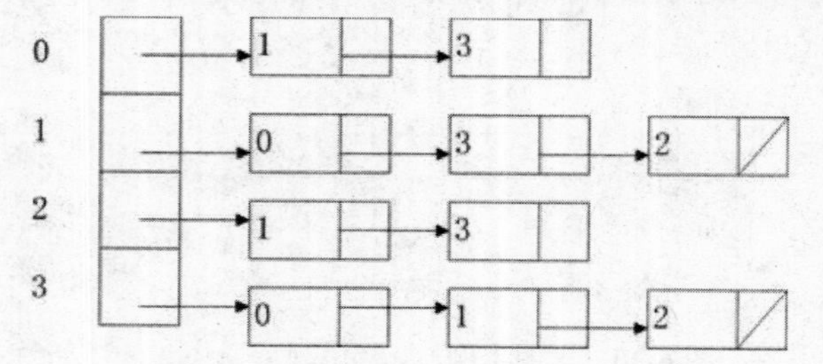

图 6-23　无向图的邻接表表示

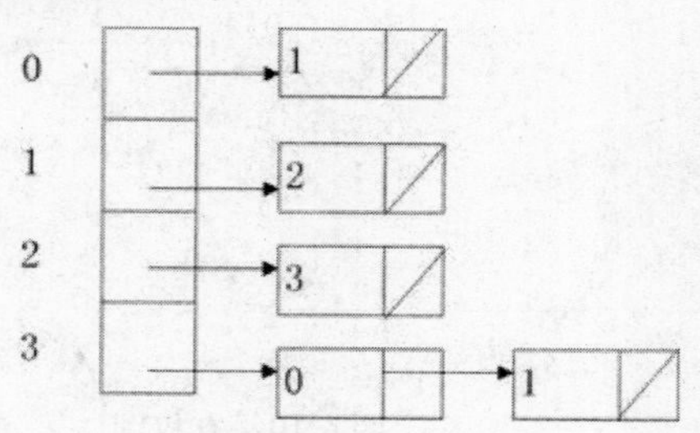

图 6-24　有向图的邻接表表示

3. 图的遍历

图的遍历算法通常是从一个顶点出发，访问图中的每一个顶点。在遍历算法中，必须要进行异常处理。例如，如果图不是连通图，则并不是所有的顶点都能从一个顶点出发访问到。再比如，如果图中存在回路，那么在遍历的时候，就必须防止回路引起程序进入死循环。

为了防止重复访问，通常都要给图中的每一个顶点设置一个标志位（mark bit），在遍历开始的时候，标志位都被清零，然后每访问一个顶点，该顶点的标志位就设置成 1，凡是标志位为 1 的顶点都不再进行访问了，这样就有效避免了无限循环的产生。

在遍历算法完成的时，还要检查一下图中顶点的标志位是否都置为 1，如果是 1，则证明已经完全遍历，如果不是 1，就要从标志位为 0 的顶点处继续运行遍历算法。

图的遍历算法一共有两种：深度优先搜索（DFS，Depth-Firsh Search）和广度优先搜索（WFS，Width-First Search）。

（1）深度优先搜索

深度优先搜索是通过递归的方式来访问图中的每一个顶点。

它从图中某一个顶点 v 出发，访问它的任一邻接顶点 v_1；再从 v_1 出发,访问与 v_1 邻接，但还没有访问过的顶点 v_2；然后再从 v_2 出发，进行类似的访问……如此进行下去，其终止条件是：所到达的顶点的所有邻接顶点都已经被访问。

然后退到前一次刚刚访问过的顶点，看看它是否还有其他没有被访问的邻接顶点。如果有，则访问此顶点，之后再从此顶点出发，进行与前面相类似的方法访问；如果没有，就再退回一步进行搜索。

上述过程不断重复进行，直到图 6-24 中所有顶点都被访问过为止。

它是通过将所访问过的顶点 push 到堆栈中，然后在适当的时候进行 pop 操作来实现的。

（2）广度优先搜索

广度优先搜索是从图 6-24 中某一个顶点出发，访问该顶点的所有邻接顶点，然后再从上一步所访问的所有顶点出发，访问它们所有的未访问的邻接顶点。重复进行类型的操作，直到图 6-24 中的所有顶点都被访问到为止。

它是一种分层的搜索过程，如果搜索的是一棵树，就相当于每一次都访问树上的整整一层节点。

深度优先搜索是通过堆栈实现，而广度优先搜索是通过队列来实现的，每一次操作都将所访问到的顶点入列，同时将上一次所访问的顶点出列，它不是递归的过程。

第 7 章　Java 异常处理

程序设计中产生错误是很正常的事情，也是必然的事情。那么怎样才能妥善地处理错误呢？在本章中，将会讲述 Java 中的异常处理机制。通过本章的学习，读者可以掌握 Java 是如何处理错误的。

7.1　异常机制简述

在 Java 编程语言中，异常类定义程序中可能遇到轻微的错误条件。可以编写代码来处理异常，让程序继续执行，而不是让程序中断。

7.1.1　异常的概念

在程序执行过程中，任何中断正常程序流程的异常条件就是错误或异常。例如，发生下列情况时，会出现异常：

- 想打开的文件不存在；
- 网络连接中断；
- 受控操作数超出预定范围；
- 正在装载的类文件丢失。

在 Java 语言中，错误类的定义被认为是不能恢复的严重错误条件。在大多数情况下，当遇到这样的错误时，建议让程序中断。

Java 语言实现 C++异常来帮助建立弹性代码。在程序中发生错误时，发现错误的方法能抛出一个异常到其调用程序，发出已经发生问题的信号。然后，调用方法捕获抛出的异常，在可能时再恢复回来。这个方案给程序员一个写处理程序的选择。

通过浏览 API，可以决定方法抛出的是什么样的异常。

异常是程序中错误导致中断了正常的指令流的一种事件，下面是一个没有处理错误的程序：

```
read-file {
   openTheFile;  //可能出现错误
   determine its size;
   allocate that much memory;
   closeTheFile;
}
```

对上面可能的错误，以常规方法进行处理的代码如下：

```
openFiles;
if (theFilesOpen) {
   determine the lenth of the file;
   if (gotTheFileLength){
   allocate that much memory;
   if (gotEnoughMemory) {
```

```
        read the file into memory;
        if (readFailed) errorCode=-1;
        else errorCode=-2;
    }else  errorCode=-3;
    }else errorCode=-4 ;
    }else errorCode=-5;
```

观察前面的程序，会发现大部分精力花在了出错处理上，而且程序只把能够想到的错误进行了处理，对其他的情况无法处理，同时还导致程序可读性差、出错返回信息量太少。

利用异常的形式，上面的代码可以写成如下形式：

```
read-File;
try {
   openTheFile;
   determine its size;
   allocate that much memory;
   closeTheFile;
}catch(fileopenFailed) {    //文件打开错误
   dosomething;
}
catch(sizeDetermineFailed) {   //取得文件长度错误
   dosomething;
}
catch(memoryAllocateFailed){    //内存定位错误
   dosomething;
}
catch(readFailed){              //读取文件错误
   dosomething;
}
catch(fileCloseFailed){          //关闭文件错误
   dosomething;
}
```

上面的代码和传统的方法比较可以发现有以下几个优点：

1）把错误代码从常规代码中分离出来。

2）把错误传播给调用堆栈。

3）按错误类型和错误差别分组。

4）系统提供了对于一些无法预测的错误的捕获和处理。

5）克服了传统方法的错误信息有限的问题。

7.1.2 异常的分类

在 Java 编程语言中，异常有 3 种分类。java.lang.Throwable 类充当所有对象的父类，可以使用异常处理机制将这些对象抛出并捕获。在 Throwable 类中定义方法来检索与异常相关的错误信息，并打印显示异常发生的栈跟踪信息。它有 Error 和 Exception 两个基本子类，如图 7-1 所示。Throwable 类不能直接使用，而是使用其子类异常中的相应异常。每个异常的目的描述如下：

- Error 表示恢复不是不可能，但是在很困难的情况下，存在一种严重问题。例如内存溢出，不可能指望程序能处理这样的情况。
- RuntimeException 表示一种设计或实现问题。也就是说，它表示如果程序运行正常，从不会发生的情况。例如，如果数组索引扩展不超出数组界限，那么 ArrayIndexOutOf

BoundsException 异常从不会抛出。例如，这也适用于取消引用一个空值对象变量。因为一个正确设计和实现的程序从不出现这种异常，通常对它不做处理。这会导致一个信息在运行时，应确保能采取措施更正问题，而不是将它藏到谁也不注意的地方。

- 其他异常表示一种运行时的困难，它通常由环境效果引起，可以进行处理。例如包括文件未找到或无效 URL 异常。这两者都可能因为用户的错误而出现，这就鼓励程序员去处理它们。

具体的分类形式如图 7-1 所示。

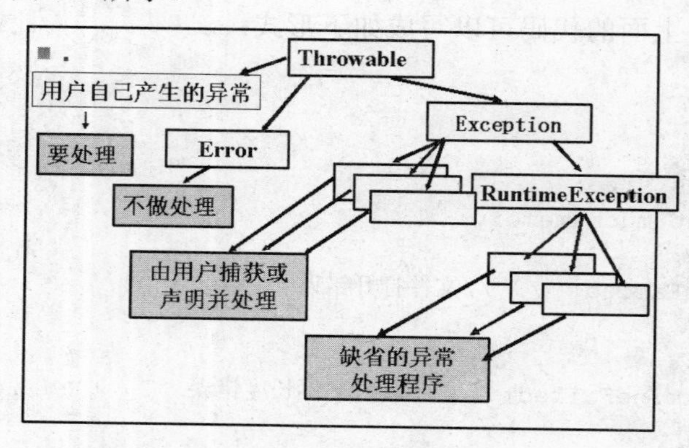

图 7-1　异常分类

7.2　Java 异常体系

异常处理允许程序捕获异常，处理它们，然后继续程序执行。它是分层把关，因此在错误情况不会介入到程序的正常流程中。特殊情况发生时，被转换与正常执行的代码相分离的代码块中处理。这就产生了更易识别和管理的代码。

7.2.1　捕获异常

要处理特殊的异常，将能够抛出异常的代码放入 try 块中，然后创建相应的 catch 块的列表，每个可以被抛出的异常都有一个 catch 块相对应。如果生成的异常与 catch 中提到的相匹配，那么相应的 catch 块语句就被执行。在 try 块之后，可能有许多 catch 块，每一个都处理不同的异常。

捕获并处理异常的 try-Catch 语句的结构和使用方法如下：

```
try{
    //接受监视的程序块，在此区域内发生的异常，由 catch 中指定的程序处理
}catch(要处理的异常种类和标识符) {
    //处理异常
}catch(要处理的异常种类和标识符) {
    //处理异常
}
```

如果使用了能够产生异常的方法而没有捕获和处理，整个程序将不能通过编译，在 Java 中常见的异常有：ArithmeticException、ArrayIndexOutOfBandsException、ArrayStore- Exception、IOException 、 FileNotFoundException 、 NullPointerException 、 MalformedURL- Exception 、

NumberFormatException 和 OutOfMemoryException。

例如下面的例子，这里所编写的 Java 程序包含 3 种异常：算术异常、字符串越界和数组越界。

```
/**
 *捕获异常：First_exception.Java
*/
class First_exception{
    public static void main(String args[]){
    char c;
    int a,b=0;
    int[] array=new int[7];
    String s="Hello";
    try {
        a=1/b;
    }catch(ArithmeticException ae){                        //捕获算术异常
        System.out.println("Catch "+ae);
    }
    try {
        array[8]=0;
    }catch(ArrayIndexOutOfBoundsException ai){             // 捕获数组越界异常
        System.out.println("Catch "+ai);
    }
    try{
        c=s.charAt(8);
    }catch(StringIndexOutOfBoundsException se){ //捕获字符串越界异常
        System.out.println("Catch "+se);
    }
  }
}
```

Java 的异常处理中有一个一定会执行的程序块 finally，它是异常处理的统一出口，其结构如下：

```
try {
    //常规的代码
}catch(){
    //处理异常
}finally {
    //不论发生什么异常(或者不发生任何异常),都要执行的部分
}
```

finally 在文件处理时非常有用，例如：

```
try {
    //对文件进行处理的程序
}catch(IOException e) {
    //对文件异常进行处理
}finally {
    //不论是否发生异常，都关闭文件
}
```

如果某个方法中的一个语句抛出一个没有在相应的 try-catch 块中处理的异常，那么这个异常就被抛出到调用方法中。如果异常也没有在调用方法中被处理，它就被抛出到该方法的调用程序。这个过程要一直延续到异常被处理。如果异常仍没被处理，它便回到 main()方法中，如果 main()还不处理它，那么该异常就异常地中断程序。

考虑这样一种情况：main()方法调用另一个方法（如 first()），然后它调用另一个方法（如 second()）。如果在 second()中发生异常，那么必须做一个检查来看看该异常是否有一个 catch，如果没有，那么对调用栈中的下一个方法进行检查，然后检查下一个方法 main()。如果这个异常在该调用栈上没有被最后一个方法处理，那么就会发生一个运行时错误，程序被终止。

7.2.2 声明异常

声明异常是指一个方法不处理它产生的异常，而是沿着调用层次向上传递，由调用它的方法来处理这些异常。声明异常的方法：

在产生异常的方法名后面加上要抛出（throws）的异常的列表来声明异常。格式如下：

```
returnType methodName([parameterlist]) throws exceptionList
```

例如：

```
void compute(int x)throws ArithmeticException  {…}
```

下面是一个声明异常的例子：

```
/**
 *声明异常：Exception1.Java
*/
public class Exception1{
//声明异常
    public void Proc(int sel)
         throws ArithmeticException, ArrayIndexOutOf BoundsException{
    System.out.println("In Situation" + sel );
         if (sel==0) {
              System.out.println("no Exception caught");
              return;
         }else if(sel==1) {
              int iArray[]=new int[4];    //定义数组
              iArray[10]=3;
         //上面的语句对数组赋值，因数组越界，
              //会抛出 ArrayIndexOutOfBounds Exception 异常
         }
    }
    public static void main(String args[]){
    try {
         exception1 a=new exception1();
         a.Proc(0);
         a.Proc(1);
    }catch(ArrayIndexOutOfBoundsException e){        //捕获刚刚抛出的异常
    System.out.println("Catch"+e);
  }
}
```

7.2.3 抛出异常

为了写出健壮的代码，Java 编程语言要求：当一个方法在栈（即它已经被调用）上发生异常（它与 Error 或 RuntimeException 不同）时，那么该方法必须具有出现问题时应该采取的措施。

可以采取以下两种措施：

1）通过将 Try { } -catch() { } 块纳入其代码中，在这里捕获给被命名为属于某个超类的异常，并调用方法处理它。即使 catch 块是空的，这也算是处理情况。

2)让被调用的方法表示它将不处理异常，而且该异常将被抛回到它所遇到的调用方法中。它是通过用 throws 子句标记的该调用方法的声明来实现的，例如：

```
public void troublesome() throws IOException
```

关键字 throws 之后是所有异常的列表，方法可以抛回到它的调用程序中。尽管这里只显示了一个异常，如果有多个可能的异常可以通过该方法被抛出，那么可以使用逗号将列表中的异常分开。

是选择处理还是选择声明一个异常，取决于是否给自己或调用程序一个更合适的候选办法来处理异常。

下面语句抛出的异常不是出错产生，而是人为地抛出：

```
throw ThrowableObject;
throw new ArithmeticException();
```

例如下面的代码抛出一个异常：

```
/**
 *抛出异常：JavaThrow.Java
*/
class JavaThrow{
   public static void main(String args[]){
   try{
       throw new ArithmeticException();                    //抛出算术异常
   }catch(ArithmeticException ae){
   System.out.println(ae);
   }
   try{
   throw new ArrayIndexOutOfBoundsException();//抛出数组越界异常
   }catch(ArrayIndexOutOfBoundsException ai){
   System.out.println(ai);
   }
   try {
   throw new StringIndexOutOfBoundsException();    //抛出字符串越界异常
   }catch(StringIndexOutOfBoundsException si){
   System.out.println(si);
   }
  }
}
```

7.2.4 自定义异常

自定义异常是指那些不是由 Java 系统监测到的异常（下标越界、被 0 除等），而是由用户自己定义的异常。用户定义的异常同样要用 try-catch 捕获，但必须由用户自己抛出（throw new MyException)。由于异常是一个类，所以用户定义的异常必须继承自 Throwable 或 Exception 类，建议用 Exception 类。

类声明的具体形式如下：

```
class MyException extends Exception{
…       //类的实现部分
}
```

例如下面的示例，在定义银行类时，若取钱数大于余额则作为异常处理（InsufficientFundsException）。

思路：产生异常的条件是余额少于取款额，因此是否抛出异常要判断条件。取钱是 withdrawal 方法中定义的动作,因此在该方法中产生异常。处理异常安排在调用 withdrawal 方法的时候，因此 withdrawal 方法要声明异常，由上级方法调用。

```
/**
 *自定义异常：ExceptionDemo.Java
*/
//定义 Bank 类
class Bank{
   double balance;
   public void deposite(double dAmount){
   if(dAmount>0.0) balance+=dAmount;
   }

public void withdrawal(double dAmount)throws InsufficientFunds Exception{
   if (balance<dAmount) {
       throw new InsufficientFundsException(this,dAmount);
       //抛出自定义异常
   }
   balance=balance-dAmount;
}

public String show_balance(){
   return "The balance is "+(int)balance;
  }
}

//自定义的异常的实现
class InsufficientFundsException extends Exception{
   private Bank excepbank;
   private double excepAmount;
   InsufficientFundsException(Bank ba, double  dAmount){
   excepbank=ba;
   excepAmount=dAmount;
}
public String  excepMesagge(){
   String str="The balance"+ excepbank.show_balance()
              +"The withdrawal was"+excepAmount;
   return str;
  }
}

//主函数调用
public class ExceptionDemo{
  public static void main(String args[]){
   try{
       Bank ba=new Bank();
       ba.withdrawal(100);
       System.out.println("Withdrawal successful!");
   }catch(Exception e){
   System.out.println(e.toString());
  }
}
```

第 8 章 Java 输入/输出系统

输入/输出是程序设计中很重要的一部分。在 Java 中，输入/输出采用流的方式，支持流输入/输出的包是 java.io，其中包含大量的类和接口，还有很多方法。

本章将讨论 Java 中的 I/O 流。流是输入设备（称为源）或输出设备（称为目的）的抽象表示，可以从一个流中读取数据，也可以将数据写入一个流中。常见的输入设备有键盘、磁盘文件或网络套接字，常见的输出设备有打印机、文件或相连的网络。当从一个流中读数据时，该流称为输入流；当向一个流中写数据时，该流称为输出流。输入/输出（I/O）流就是一条从源到目的的通道。

8.1 Java 输入/输出体系

在 Java I/O 流中，所有的输入流都是抽象类 InputStream 和 Reader 的子类，所有的输出流都是抽象类 OutputStream 和 Writer 的子类。

在 java.io 包中又分为字节流和字符流，对象序列化。通常，在处理字节或二进制数据时使用字节流，InputStream 和 OutputStream 及其派生类支持字节流；在处理字符或字符串时使用字符流，Reader 和 Writer 及其派生类支持字符流。

表 8-1 列出了 java.io 包中定义的类。

表 8-1 java. IO 包中定义的输入/输出类

流类	含义
InputStream	描述输入流的顶层抽象类
OutputStream	描述输出流的顶层抽象类
BufferedInputSream	缓冲输入流
BufferedOutputStream	缓冲输出流
ByteArrayInputStream	从字节数组读取的输入流
ByteArrayOutputStream	向字节数组写入的输出流
DataInputStream	包含读取 Java 标准数据类型方法的输入流
DataOutputStream	包含编写 Java 标准数据类型方法的输出流
FileInputStream	读取文件的输入流
FileOutputStream	写文件的输出流
FilterInputStream	过滤字节输入流
FilterOutputStream	过滤字节输出流
ObjectInputStream	从流中读取对象
ObjectOutputStream	向流写入对象
ObjectOutputStream.PutField	内部类，帮助编写持久域
PipedInputStream	输入管道
ObjectInputStream.GetField	内部类，帮助读取持久域
PipedOutputStream	输出管道

（续表）

流类	含义
PrintStream	包含 print()和 println()的输出流
PushbackInputStream	支持向输入流返回一个字节的单字节的 unget 输入流
RandomAccessFile	支持随机文件的输入/输出
SequenceInputStream	两个或两个以上顺序读取的输入流组成的输入流
Reader	描述字符流输入的顶层抽象类
Writer	描述字符流输出的顶层抽象类
BufferedReader	缓冲输入字符流
BufferedWriter	缓冲输出字符流
CharArrayReader	从字符数组读取数据的输入流
CharArrayWriter	向字符数组写数据的输出流
FileReader	读取文件的输入流
FileWriter	写文件的输出流
FilterReader	过滤读
FilterWriter	过滤写
InputStreamReader	把字节转换成字符的输入流
LineNumberReader	计算行数的输入流
OutputStreamWriter	把字符转换成字节的输出流
PipedReader	输入管道
PipedWriter	输出管道
PrintWriter	包含 print()和 println()的输出流
PushbackReader	允许字符返回到输入流的输入流
StreamTokenizer	把 InputStream 拆解到被字符数组界定的标记中
StringReader	读取字符串的输入流
StringWriter	写字符串的输出流
File	处理文件和文件系统

其中 ObjectInputStream.GetField 和 ObjectOutputStream.PutField 是 Java2 新添加的内部类，另外 java.io 包中还包含 LineNumberInputStream 和 StringBufferInputStream 两个类，但是在 Java2 中这两个类几乎不再使用。表 8-2 中列出了 java.io 包中定义的接口。

表 8-2 java.io 中定义的接口

DataInput	FileFilter	ObjectInputValidation	Serializable
DataOutput	FilenameFilter	ObjectOutput	
Externalizable	ObjectInput	ObjectStreamConstants	

其中 FileFilter 接口是 Java 2 新增加的。

通过继承，从输入流 InputStream 派生出来的所有类都拥有 read()方法，对字节数据进行读操作；从输出流 OutputStream 派生出来的所有类都拥有 write()方法，对字节数据进行写操作。

同样，从输入流 Reader 派生出来的所有类都拥有 read()方法，用于读取单个字符或字符数组；从输出流 Writer 派生出来的所有类都拥有 write()方法，用于写入单个字符或字符数组。

Java 程序自动导入的 java.lang 包中有一个 System 类，该类封装了多方面的运行时环境。其中包含 3 个预定义的流变量：in、out 和 err。这些成员变量在 System 类中被定义为 public 和 static

型，因此在程序中可以直接使用。

System.out 是标准的输出流，默认为一个控制台，System.in 是标准的输入流，默认为键盘，System.err 是标准错误流，默认为控制台。它们可以重定向到任何一个兼容的输入/输出设备。

8.2 字节流

字节流为处理字节形式的输入/输出提供了方便的方法。一个字节流可以和其他任何类型的对象并用，包括二进制数据。

8.2.1 InputStream 类

InputStream 类是一个抽象类，用来定义字节输入流，Java 支持可标记流（markable streams），可以通过调用专门的方法来标记流中的任意位置。该类的所有方法在出错条件下引发一个 IOException 异常，表 8-3 列出了 InputStream 类中的方法。

表 8-3 InputStream 类中的方法

方法	描述
int available()	表示在无阻塞的情况下从当前流中读取的字节数
void close()	关闭输入流。关闭之后再读取会产生 IOException 异常
void mark(int limitBytes)	在输入流的当前点放置一个标记，该流在读取 limitBytes 个字节前都保持有效
boolean markSupported()	如果流支持 mark()/reset()操作，返回 true，否则返回 false
int read()	从输入流中读取一个单个字节的数据，如果下一个字节可读返回一个整型，遇到文件尾时返回-1
int read(byte buffer[])	读取足够的字节到数组 buffer 中，直到 buffer[]被填满或到文件尾而结束，返回实际读取的字节数
int read(byte buffer[], int offset, int length)	读取 length 个字节到 buffer[]中，并从 buffer[offset]元素开始填入，如果到了流的末尾则结束。返回实际读取的字节数
void reset()	将当前位置复位为上次调用 mark()方法标记的位置
long skip(long numBytes)	从输入流读取并忽略流中的 numBytes 个字节，如果到了流的末尾则结束，返回实际忽略的字节数

InputStream 有 6 个直接子类，其派生类大都继承了以上的方法，但 mark()和 reset()方法除外，其直接派生的子类如图 8-1 所示。

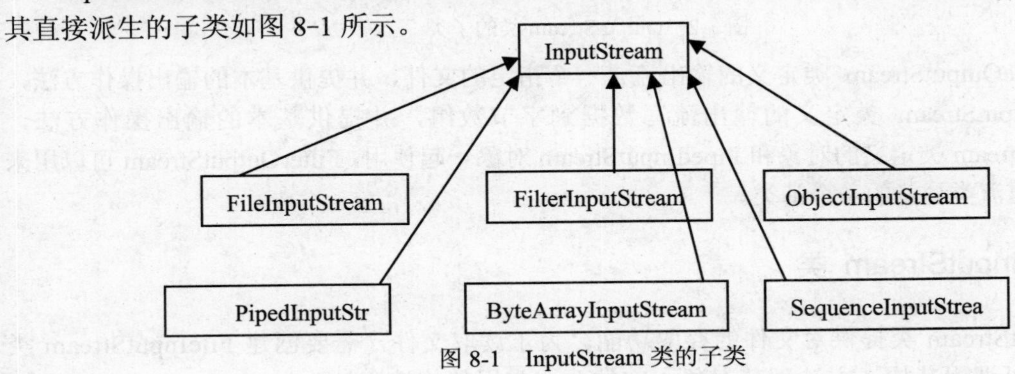

图 8-1 InputStream 类的子类

其中 FileInputStream 类为读文件数据提供底层的功能，ByteArrayInputStream 类用于读取一个字节数组的数据，PipedInputStream 类支持读取源于 PipedInputStream 对象的一个输出流的数据，SequenceInputStream 类可以把多个输入流连接成为一个单一的流，FilterInputStream 类是过滤流的基类，可以派生 DataInputStream、BufferedInputStream、LineNumberInputStream、PushbackInputStream 类。

8.2.2 OutputStream 类

OutputStream 类是一个抽象类，是所有表示字节输出流的其他类的基类，该类的所有方法在出错条件下引发一个 IOException 异常，表 8-4 列出了 OutputStream 类中的方法。

表 8-4 OutputStream 类中的方法

方法	描述
Void close()	关闭输出流。关闭之后的写操作会产生 IOException 异常
Void flush()	定制输出状态以使每个缓冲器都被清除，即刷新输出缓冲区
Void write(int b)	用来写自变量 b 的低位字节到输出流，其参数是一个整型数，不必把参数转换成字节型就可以调用 write()
Void write(byte buffer[])	写字节数组 buffer 到输出流
Void write(byte buffer[], int offset, int length)	从字节数组 buffer[]中偏移量 offset 为起点开始写 length 个字节到输出流

OutputStream 有 5 个直接子类，其派生类都继承了表 8-4 所列的方法，其直接派生的子类如图 8-2 所示。

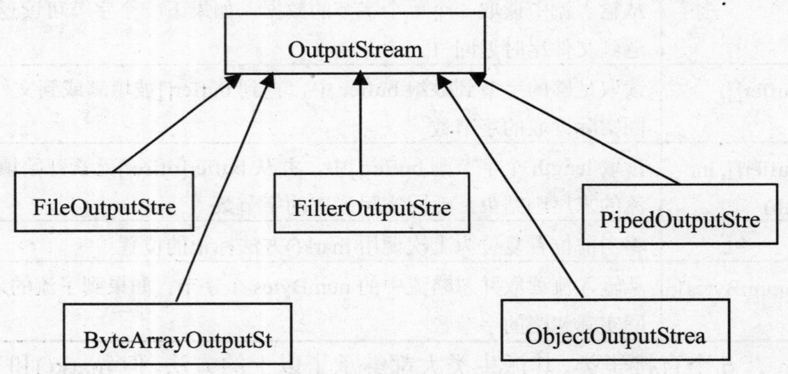

图 8-2 OutputStream 类的子类

其中 FileOutputStream 类定义的输出流是一个指定的文件，并提供基本的输出操作方法，ByteArrayOutputStream 类定义的输出流写数据到字节数组，并提供基本的输出操作方法，PipedOutputStream 类定义的对象和 PipedInputStream 对象一起使用，FilterOutputStream 可以用来扩充其他输出流类功能的一个基类。

8.2.3 FileInputStream 类

FileInputStream 类提供对文件的存取功能。为了读取文件，需要创建 FileInputStream 类的对象，可以调用其构造方法创建对象。它的两个常用的构造方法为：

```
FileInputStream(String filePath)
FileInputStream(File fileObj)
```

其中 filePath 是包括文件路径的字符串，fileObj 是一个特定的文件对象。如果文件不存在，FileInputStream 构造方法会抛出一个 FileNotFoundException 异常，因此，程序必须使用一个 catch 块检测并处理这个异常。

例如，为了读取磁盘上一个名为 myfile.bat 的文件，建立一个文件输入流对象：

```
try{
   FileInputStream  fileStream = new FileInputStream("c:/myfile.bat");
}
catch(IOException e){
   System.out.println("File read  error: "+ e );
}
```

也可以使用第 2 种构造方法，同第 1 种构造方法是等效的：

```
try{
   File f = new File("c:/myfile.bat");
   FileInputStream  fileStream = new FileInputStream(f);
}
catch(IOException e){
   System.out.println("File read  error: "+ e );
}
```

FileInputStream 重载了抽象类 InputStream 的 6 个方法，其中 mark()和 reset()方法不能被重载，对任何 FileInputStream 对象使用 reset()操作都会产生 IOException 异常。

下面的例子是一个应用程序，该应用程序说明了如何使用 FileInputStream 对象的方法从磁盘上读取自己的源代码并将代码显示在屏幕上。

例 8.1 读文件。

```
import java.awt.*;
import java.io.*;
class FileInputStreamExam {
  public static void main(String[] args) {
   int size;
   try{
      //声明一个 FileInputStream 对象 file1
         FileInputStream file1=new File InputStream
            ("E:/Example8_1/FileInputStreamExam.Java");

      //使用 available()方法获得当前文件的字节数
         System.out.println("Total  Available  Bytes:"  +  (size  =
file1.available()));
         int n = size/20;
         System.out.println("First " + n + " Bytes file one read() at a time");
         byte b[] = new byte[n];
         if (file1.read(b)  != n){
         System.err.println("couldnot read " + n + "bytes");
      }
      //使用 String 类的构造方法，输出字节数组 b 中从 0 开始的 n 个字节
         System.out.println(new String(b,0,n));
      //再次获取当前可读的字节数
         System.out.println("\nStill   available   "   +   (size  =
file1.available()));
```

```
            System.out.println("Skipping half of remaining bytes with skip()");
        //忽略 size/2 个字节
            file1.skip(size/2);
        //在跳过 size/2 个字节之后，再次获取当前可读的字节数
            System.out.println("Still Available " + file1.available());
            System.out.println("Reading " + n/2 + " into the end of array");
            if(file1.read(b,n/2,n/2) != n/2){
            System.err.println("couldnot read " + n/2 + "bytes");
            }
            System.out.println(new String(b,0,b.length));
            System.out.println("\nStill Available :" + file1.available());
        //关闭流
            file1.close();
    }

        //捕获例外
    catch(IOException e ){
            System.out.println("File read Error ");
    }
    }
}
```

该程序的输出结果为：

```
Total Available Bytes:1257
First 62 Bytes file one read() at a time
package Example8_1;
import java.awt.*;
import java.io.*;
clas
Still available 1195
Skipping half of remaining bytes with skip()
Still Available 598
Reading 31 into the end of array
package Example8_1;
import Javale1.available()));
   System
Still Available :567
```

8.2.4 FileOutputStream 类

使用 FileOutputStream 对象可以向一个文件中写入字节数据，除了从 OutputStream 类继承的方法以外，FileOutputStream 类还有常用的 4 个构造方法：

```
FileOutputStream(String filename)
FileOutputStream(String filename, Boolean append)
FileOutputStream(File fileObj)
FileOutputStream(FileDescriptor desc)
```

第 1 个构造方法使用给定的文件名 filename 创建一个输出流对象，文件现存的内容将被重写。第 2 个构造方法在 append 参数为 true 的情况下，使用给定的文件名 filename 创建一个输出流，被写入文件的数据将被添加到已有内容的后面，如果不能打开该文件，将抛出一个 IOException 异常。第 3 个构造方法使用 File 对象创建 FileOutputStream 对象。第 4 个构造方法创建一个与自

变量 desc 相对应的输出流，一个 FileDescriptor 对象表示一个到现存文件的连接，因此该文件必须存在，这个构造方法内部抛出 IOException 异常。

下面的应用程序使用 FileOutputStream 的构造方法，通过键盘输入文本，并将其存储到文件中。当再次打开该文件时，可以追加一些数据到文件尾。

例 8.2 写文件。

```
import java.awt.*;
import java.io.*;
public class FileOutputExam {
  public static void main(String[] args) {
   //将要创建的文件名为 myFile.txt
   String fileName = "E:/myFile.txt";
   File aFile = new File(fileName);
   String source = "please input a line of text ,and save it in file\n"
         +"then append a line word in the exist file .";
   byte buffer[] = source.getBytes();

   try{
   //使用 FileOutputStream 类创建一个文件对象
      FileOutputStream file1 = new FileOutputStream(aFile);
         file1.write(buffer);
   //在退出时要关闭文件
      file1.close();
   }

   //捕获例外
      catch(IOException e){
         System.out.println(e);
   }

      try{
   //再次打开已经建立的文件，输出追加在文件末尾
      FileOutputStream file2 = new FileOutputStream(fileName,true);
   //追加 20 个字节的数据
      file2.write(buffer,50,20);
      }
      catch(IOException e1){
      System.out.println(e1);
   }
   }
 }
```

运行的结果为：

```
please input a line of text ,and save it in file
then append a line word in the exist file . hen append a line wo
```

8.2.5 ByteArrayInputStream 类

ByteArrayInputStream 是把字节数组作为源的输入流，需要字节数组提供数据源，其构造方法如下：

```
ByteArrayInputStream(byte array[])
```

```
ByteArrayInputStream(byte array[], int start, int length)
```

其中，array[]作为输入源，start 指定了字节数组的起点，length 表示长度。

可以使用下面的语句创建一个 ByteArrayInputStream 对象。

```
try{
   String tmpString = "abcdefg";
   Byte array[] = tmpString.getBytes();
   ByteArrayInputStream input1 = new ByteArrayInputStream(array);
   ByteArrayInputStream input2 = new ByteArrayInputStream(array, 0, 7);
}
catch(IOException e){
   System.out.println(e);
}
```

8.2.6 ByteArrayOutputStream 类

ByteArrayOutputStream 用来向一个字节数组传送数据，其构造方法如下所示：

```
ByteArrayOutputStream()
ByteArrayOutputSteam(int  length)
```

在第 1 种形式中没有自变量，默认为 32 字节长度的字节数组被创建。第 2 个构造方法指定一个 int 类型值作为字节数组初始大小。可以使用下面的语句创建一个 ByteArrayOutputStream 对象。

```
try{
   byte buffer[] = new byte[100]
   ByteArrayOutputStream output1 = new ByteArrayOutputStream();
   ByteArrayOutputStream output2 = new ByteArrayOutputStream(buffer. length);
}
catch(IOException e){
   System.out.println(e);
}
```

表 8-5 列出了 ByteArrayOutputSteam 类提供的方法。

表 8-5　ByteArrayOutputSteam 类中的方法

方法	描述
int size()	返回缓冲区中的有效字节数，它从实例变量 count 中得到
void reset()	复位缓冲区，将 count 的值复位为 0，以前写到缓冲中的所有字节都将丢失
byte[] toByteArray()	返回输出流的内容，作为一个长度为 count 的 byte 数组
String toString()	返回输出流的内容，作为一个长度为 count 的 String 数组，在返回的字符串中每一个 Unicode 码的高字节为 0
String toString(String enc)	把转换流的内容转换成对应的由 enc 指定的字符编码产生一个类型为 String 的对象，并返回
void write(int b)	把自变量 b 的低字节写到输出流
void write(byte b[], int offset, int length)	把字节数组 b 的从偏移量 offset 开始的长度为 length 的字节写到输出流
void writeTo(OutputStream out)	把流的全部内容写到由 out 指定的输出流中

在 ByteArrayInputStream 和 ByteArrayOutputStream 类中支持 reset()方法，下面的应用程序将展示 reset()方法的用法。

例 8.3　读写文件。

```
import java.awt.*;
import java.io.*;
public class ByteArrayExam {
  public static void main(String[] args) {
    String source = "this is a byte array output stream";
    byte buffer[] = source.getBytes();
    try {
    //创建一个 ByteArrayOutputStream 对象
      ByteArrayOutputStream  file1 = new ByteArrayOutputStream();
    //把字节数组写到流中
    file1.write(buffer);
    //返回输出流的内容
    System.out.println(file1.toString());
    byte b[] = file1.toByteArray();
    FileOutputStream  file2 = new FileOutputStream("E:/test.txt");
    //把 file1 中的内容写到文本文件 test.txt 中
    file1.writeTo(file2);
    //关闭文件
    file2.close();
    //复位对象 file1
    file1.reset();
    //重新输出数组的前 20 个字节
    file1.write(b,0,20);
      System.out.println(file1.toString());
    }
   //捕获异常
   catch(Exception e) {
     System.out.println(e);
   }
 }
}
```

运行的结果为：

```
this is a byte array output stream
this is a byte array
```

上例中用 writeTo()方法将 file1 的内容写入 test.txt 文件中，其内容为：

```
this is a byte array output stream
```

8.2.7　管道流 PipedInputStream 和 PipedOutputStream 类

管道是不同线程之间直接传输数据的基本手段。线程 A 可以通过输出管道发送数据到线程 C，也可以通过输入管道接收线程 B 的数据，如图 8-3 所示。

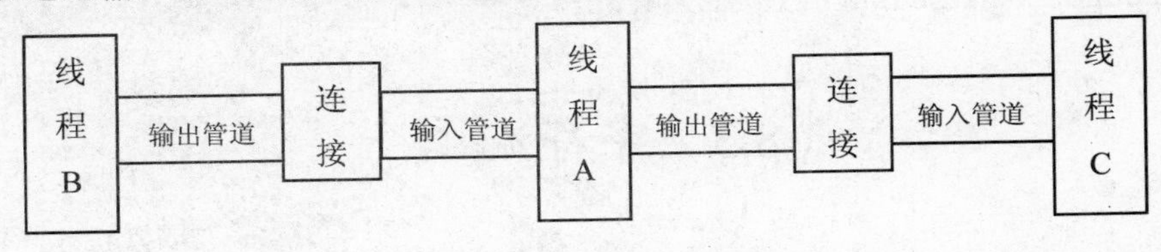

图 8-3　通过管道传输数据的示意图

从图中可以看到一个管道输出流与管道输入流连接起来形成一条通道，通过这条通道不同线程之间可以实现数据共享。

PipedInputStream 类的构造方法如下：

```
PipedInputStream ()
PipedInputStream(PipedOutputSteam out)
```

第 1 种构造方法创建了一个管道输入流，但它没有被连接，在使用之前必须与一个管道输出流连接起来才能工作。第 2 种构造方法在创建管道输入流的同时就将它连接到参数所指定的管道输出流上。

PipedOutputStream 类的构造方法如下：

```
PipedOutputStream()
PipedOutputStream(PipedInputStream  in)
```

第 1 种构造方法创建了一个管道输出流，但它没有被连接，在使用之前必须与一个管道输入流连接起来才能工作。第 2 种构造方法在创建管道输出流的同时就将它连接到参数所指定的管道输入流上。

使用第 1 种构造方法创建的管道流，在使用之前需要用 connect()方法连接，例如：

```
PipedInputStream  input = new PipedInputStream();
//此时 input 处于等待状态，如果要使用 input
//必须再使用 PipedOutputStream 类的构造方法创建一个等待连接的管道输出流
PipedOutputStream  output = new PipedOutputStream();
//用 connect()方法将它们连接起来
input.connect(output);
```

这样就可以使用管道输入流 input 了，管道输出流的构造也同样。

8.2.8 过滤流 FilterInputStream 和 FilterOutputStream 类

过滤输入流 FilterInputStream 有相当多的子类，其直接子类有：BufferedInputStream、CheckedInputStream、DataInputStream、InflaterInputStream、LineNumberInputStream、ProcessMonitorInputStream 和 PushbackInputStream。

过滤流提供底层扩展功能的包装，这些流一般由子类的方法访问，FilterInputStream 的构造方法如下：

```
FilterInputStream(InputStream  input)
```

过滤输出流 FilterOutputStream 类是处理现存的输出流类的一个基类，其直接子类有：BufferedOutputStream、CheckedOutputStream、DataOutputStream、DeflaterOutputStream、DigestOutputStream 和 PrintStream。

过滤输出流 FilterOutputStream 是用来扩充一个现存的输出流类，以构造某一个过滤输出流的一个对象。其构造方法如下：

```
FilterOutputStream(OutputStream  output)
```

8.3 字符流

Java 使用国际统一码（Unicode）来存储它的内部字符。尽管字节流提供了大量的处理输入/

输出操作的功能，但是它不能直接操作 Unicode 字符，而且 Java 坚持“一次编写，到处运行”的原则，因此需要包括支持直接的字符输入/输出操作的功能。本节主要讨论几个字符输入/输出类。字符流的基类是抽象类 Reader 和 Writer。

8.3.1 Reader 类

从采用 Unicode 字符的流中读取数据，可以通过 Reader 的派生类实现。Reader 是 Java 中提供字符流式输入的抽象类，图 8-4 所示的是由 Reader 类派生的 9 个子类。

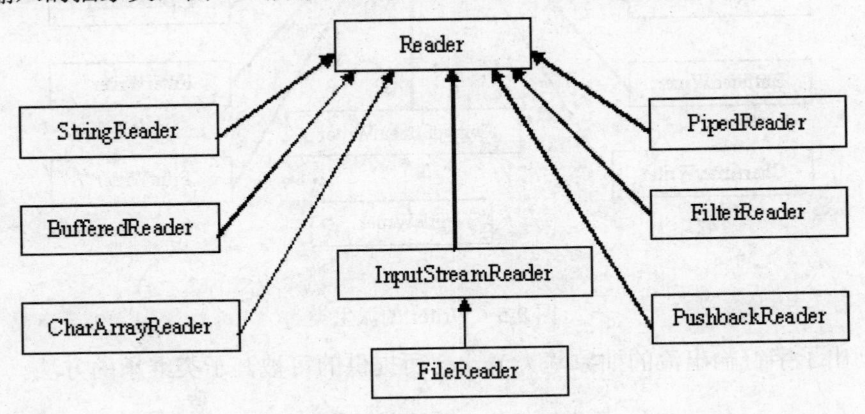

图 8-4　Reader 类派生的子类

表 8-6 列出了所有字符输入流从 Reader 类继承的方法。

表 8-6　字符输入流从 Reader 继承的方法

方法	描述
void close()	关闭流，继续读取会产生 IOException 异常
void mark(int numChar)	在输入流中设置一个当前读取位置的标记，该输入流最大能读取 numChar 个字符
boolean markSupported()	如果输入流支持 mark()/reset()，则返回 true，否则返回 false
int read()	读取流的一个字符，并返回一个整型值，如果到达流的尾部，则返回-1，如果发生错误，则抛出 IOException 异常
int read(char array[])	读取流中的字符，填充到 array 数组中。返回所读的字节数，如果到达流的尾部，则返回-1
int read(char array[]，int offset，int length)	读取流中的 length 个字符，并存放到 array 数组中，从 offset 指定的位置开始存放。返回所读取的字节数
boolean ready()	如果要读取的流已经准备好，则返回 true，否则返回 false
void reset()	将流复位到上一次设立的标志处。如果流未被标记，它可能被复位到开始的位置
long skip(long count)	跳过流中 count 个字符。返回跳过的字符数

8.3.2 Writer 类

要把字符输出到流中就会涉及到写字符数据，字符流会自动将 Unicode 码转换成本地计算机使用的编码形式。

Writer 类是提供在一个流上进行输出字符操作的抽象类，该类所有的方法都返回一个 void 值，在出错的情况下会引发 IOException 异常。

该类有许多派生类，其子类如图 8-5 所示。

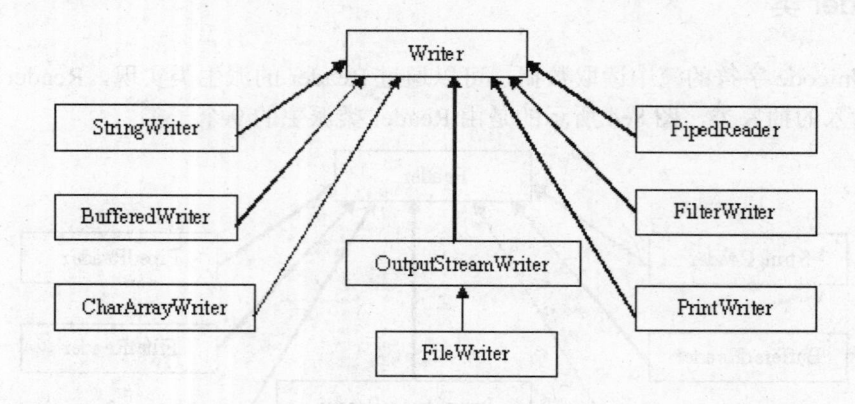

图 8-5　Writer 的派生类

表 8-7 列出了字符输出流的抽象基类 Writer 所提供的可被其子类继承的方法。

表 8-7　Writer 中可被继承的方法

方法	描述
void close()	清空和关闭输出流。关闭后的写操作会产生 IOException 异常
void flush()	清空流。如果输出流被传递到另一个流中，该流也将被清空，包括所有嵌套的流
void write(int c)	写字符 c 到输出流
void write(char array[])	写数组 array 到输出流
void write(char array[]，int offset，int length)	从数组 array 的偏移量 offset 处开始写 length 个字符到输出流
void write(String str)	写字符串 str 到输出流
void write(String str，int length)	从字符串 str 的偏移量 offset 处开始写 length 个字符到输出流

8.3.3 FileReader 类

FileReader 类创建的对象可以读取实际的文件内容，它的构造方法如下：

```
FileReader(String filename)
FileReader(File fileObj)
```

第 1 个构造方法的参数是要读取文件的文件名，包括其完整路径。第 2 个构造方法的参数是要读取文件的文件对象。它们都能引发 FileNotFoundException 异常。

下面是创建 FileReader 对象的代码，可以读取 E 盘根目录下的文件名为 BookList.txt 的文件。

```
FileRead    file1 = new FileReader("E:/BookList.txt");
```

BookList.txt 文件中存放了图书的书目名单，为了能够读取书名，需要逐行读取文件，而 FileReader 类没有提供逐行读取的方法，这里采用 BufferedReader 类的 readLine()方法来实现。

BookList.txt 文件中的内容为：

```
Java 2 参考大全
Visual C++ 6.0
Visual Basic
RPG Reference
Control Language
```

BufferedReader 的构造方法如下：

```
BufferedReader(Reader inputStream)
```

例 8.4 读取 BookList.txt，并输出内容的详细代码。

```
import java.awt.*;
import java.io.*;

public class FileReadExam {
    public static void main(String[] args) {
    try {
            File file1 = new File("E:/BookList.txt");
        //创建 FileReader 对象
            FileReader fr = new FileReader(file1);
        //创建 BufferedReader 对象
            BufferedReader inFile = new BufferedReader(fr);
            String str;
        //使用 readLine()方法逐行读入，直至全部读出来
            while((str = inFile.readLine()) != null){
        //将所读到的输出
        System.out.println(str);
            }
            fr.close();
     }
     catch(IOException exp) {
            System.out.println(exp);
     }
     new FileReadExam();
     }
}
```

运行的结果为：

```
Java 2 参考大全
Visual C++ 6.0
Visual Basic
RPG Reference
Control Language
```

8.3.4 FileWriter 类

FileWriter 类最常用的构造方法如下所示，它创建一个可以写文件的 Writer 类。

```
FileWriter(String fileName)
FileWriter(String fileName, boolean append)
FileWriter(File fileObj)
```

第 1 个构造方法的参数创建一个对象，fileName 是一个物理文件的名字，包含其完全路径。第 2 个构造方法的参数创建一个对象，fileName 是一个物理文件的名字，如果 append 为 true 且文件存在，

数据将被添加到现存的文件中，否则将创建一个新文件。第 3 个构造方法创建一个物理文件的对象。创建 FileWriter 对象的实例如下所示：

```
String  fileName = "E:/hello.txt";
File   myFile = new File(fileName);
FileWriter  tofile = new FileWriter(myFile);
FileWriter  file1 = new FileWriter(filename, true);
```

8.3.5 CharArrayReader 类

CharArrayReader 类实现从字符数组中读取数据的操作。该类的构造方法如下所示：

```
CharArrayReader(char array[])
CharArrayReader(char array[], int offset, int length)
```

两个构造方法都需要一个字符数组作为数据的输入源，其中第 2 个构造方法提供从数据源指定的 offset 位置开始读长度为 length 个字符的功能。

创建 CharArrayReader 对象的示例如下：

```
String  str = "abcdefghijkl";
Char  array[] = new char[str.length];
CharArrayReader   input1 = new CharArrayReader(c);
CharArrayReader   input2 = new CharArrayReader(c, 3, 2);
```

8.3.6 CharArrayWriter 类

CharArrayWriter 类把写到流中的数据从国际统一码（Unicode）转换成本地主机的字符编码，然后传送到一个字符类型的数组中。其构造方法如下：

```
CharArrayWriter()
CharArrayWriter(int  initialSize)
```

第 1 种构造方法创建了一个默认长度的缓冲器。第 2 种构造方法创建一个指定长度为 initialSize 的缓冲器。下面的语句是创建一个保存 100 个字符的缓冲区的 CharArrayWriter 对象：

```
CharArrayWriter  buffer = new CharArrayWriter(100);
```

CharArrayWriter 除了继承 Writer 类的方法之外，还有一些它自身特有的方法，如表 8-8 所示。

表 8-8 CharArrayWriter 自身特有的方法

方法	描述
void writeTo(Writer out)	写流对象中缓冲区的内容到另一个流 out 中
char[] toCharArray()	返回缓冲器中数据的副本
void reset()	复位流对象中的当前缓冲区，以便能够再次使用，这样不必丢弃原有的缓冲区而去创建新的流对象
int size()	返回当前缓冲区的大小

下面的应用程序展示了 CharArrayWriter 类的一些方法。

例 8.5 写及备份文件。

```
import java.awt.*;
import java.io.*;
public class CharWriteExam {
```

```
    public static void main(String[] args) {
    String source = "this is a byte array output stream";
    char buffer[] = new char[source.length()];
    try {
            CharArrayWriter  file1 = new CharArrayWriter();
            source.getChars(0,source.length(),buffer,0);
        //将字符串中的内容写入到文件中
            file1.write(buffer);
            System.out.println(file1.toString());
        //计算当前缓冲区的大小
            int size = file1.size();
            System.out.println("the length of this char buffer is " + size);
            char c[] = file1.toCharArray();
            FileWriter  file2 = new FileWriter("E:/test.txt");
        //将 file1 中的内容写入到 file2
            file1.writeTo(file2);
            file2.close();
        //复位 file1 中的缓冲区，以便再次使用
            file1.reset();
            file1.write(c,0,20);
        System.out.println(file1.toString());
        }
    catch(Exception e) {
            System.out.println(e);
    }
    }
}
```

运行的结果是：

```
this is a byte array output stream
the length of this char buffer is 34
this is a byte array
```

上例中用 writeTo()方法将 file1 的内容写入 test.txt，其内容为：

```
this is a byte array output stream
```

8.3.7 PushbackReader 类

回压输入流 PushbackReader 类可用来读流中的字符，它提供了一种预读的机制，在读出之后可以把所读取的内容再写回到流中，以便下次能够再读。其构造方法如下：

```
PushbackReader(Reader input)
PushbackReader(Reader input, int size)
```

第 1 种构造方法只能向流中写回一个字符，如果要写回更多的字符，就必须采用第 2 种构造方法，它通过第 2 个自变量 size 来指定可以写回的最大字符数。

除了 Reader 基类定义的方法之外，PushbackReader 提供 3 种形式的 unread()方法，用来支持把一个或多个字符写回到流中：

```
void unread(int c)
void unread(char[] array)
void unread(char[] array, int offset, int length)
```

第 1 种形式把字符 c 写回到流。第 2 种形式把 array 中的全部内容写回到流中。第 3 种形式

把 array 中 length 个元素写回到流中，offset 指定开始的位置。如果在回压缓冲器为满的条件下写回一个字符，就会引发 IOException 异常。

下面的例子展示了 PushbackReader 的使用方法。它演示了在处理数字信号过程中，如果遇到两个或两个以上连续的 0 时，把前面的 0 变成 1，而最后一个 0 保持不变。

例 8.6　分析、修改文件。

```
import java.awt.*;
import java.io.*;

public class PushbackExam {
   public static void main(String[] args) {
//输入的源信号
   String s = "10110010001";
   char buf[] = new char[s.length()];
   s.getChars(0,s.length(),buf,0);
   try {
         CharArrayReader input = new CharArrayReader(buf);
         PushbackReader file1 = new PushbackReader(input);
         int c;
         //依次读入信号
         while((c = file1.read()) != -1) {
         switch(c){
         case '0':
         //当读到第 1 个 0 时，判断下一个是否为 0，如果是 0，则改写为 1
              if((c = file1.read()) == '0') {
                   System.out.print("1");
         //将第 2 个 0 重新写回到流中
                   file1.unread(c);
              }
                   else {
         //如果第 2 个不是 0，则不改写
                   System.out.print("0");
         //将下一个字符重新写回到流中
                   file1.unread(c);
              }
              break;
              default:
         //输出所有的字符
                   System.out.print((char) c);
         }
         }
   }
        catch(IOException e) {
             System.out.println(e);
   }
   }
}
```

输出的结果为：

```
10111011101
```

8.4　文件的读写操作

File 类直接处理文件和文件系统，不是一个流。File 对象表示硬盘上的一个物理文件或目录，可以用表示文件路径名的 File 对象来创建对应的流对象。

创建 File 对象有 3 种构造方法可供选择：

```
File(String directoryPath)
File(String directoryPath, String fileName)
File(File dirObj, String fileName)
```

其中，directoryPath 是指定文件或目录的路径名，fileName 是可引用的文件名，dirObj 是一个指定目录的文件对象。下面是创建文件对象的示例：

```
File myDir = new File("E:/jdk1.5/src/Java");
```

在 Windows/Dos 系统中可使用反斜杠分割符\\代替/。

```
File myFile = new File("E:/jdk1.5/src/Java", "File.Java");
```

或采用：

```
File myFile = new File(myDir, "File.Java");
```

它们指向同一个文件。

File 类还提供了一些检测所创建对象的方法，可用来测试和检查 File 对象。如表 8-9 所示。

表 8-9　File 类提供的检测所创建对象的方法

方法	描述
boolean exists()	如果 File 对象所表示的文件或目录存在，返回 true，否则返回 false
boolean isDirectory()	如果 File 对象所表示的是一个目录，则返回 true，否则返回 false
boolean isFile()	如果 File 对象所表示的是一个文件，返回 true，否则返回 false
boolean isHidden()	如果 File 对象所表示的是一个隐含文件，返回 true，否则返回 false
boolean isAbsolute()	如果 File 对象所表示的是一个绝对路径，返回 true，否则返回 false
booleancanRead()	如果可以读取 File 对象所表示的文件，则返回 true，否则返回 false。如果不能读取该文件，抛出 SecurityException 异常
boolean canWrite()	如果可以写 File 对象所表示的文件，则返回 true，否则返回 false。如果不能写该文件，抛出 SecurityException 异常
boolean equals	用来比较两个 File 对象是否相等，如果作为一个自变量的 File 对象与当前对象具有相同的路径，返回 true，否则返回 false

假设上面所创建的 File 对象 myFile 是可读写的文件，那么可以使用上面的方法来检测该文件对象的属性。如下所示：

```
myFile.exists() ? "exists" : "does not exist"
myFile.canRead() ? "is readable" : "is not readable"
myFile.canWrite() ? "is writeable" : "is not writeable"
myFile.isDirectory() ? "is Directory" : "is not Directory"
```

以上语句的输出结果为：

```
exists
is readable
```

```
is writeable
is not Directory
```

File 类还提供了访问和修改文件对象的方法，通过这些方法可以得到有关 File 对象的信息。如表 8-10 所示。

表 8-10　File 类中访问和修改文件对象的方法

方法	描述
String getName()	返回不包含路径的文件名，即路径名序列中的最后一个名称
String getPath()	返回 File 对象的路径，包括文件和目录名
String getParent()	返回当前 File 对象所表示的目录或文件的父目录名，即路径名序列中处最后一个名称之外的源路径
String getAbsolutePath()	返回当前 File 对象所表示的目录或文件的绝对路径
int hashCode()	返回一个对于当前 File 对象的散列码
String[] list()	如果当前 File 对象表示一个目录，则返回目录中所有成员名字。如果当前 File 对象表示一个文件，则返回 null
File[] listFiles()	如果当前 File 对象表示一个目录，则返回目录中所有文件和目录。如果当前 File 对象不是一个目录，则返回 null，并抛出 IOException 异常
long length()	返回当前 File 对象所表示的文件的以字节为单位的长度，如果当前对象表示一个目录，则返回 0
long lastModified()	返回值表示当前 File 对象最后被修改的时间，它是从格林威治平均时 1970 年 1 月 1 日以来的毫秒数
String toString()	返回当前对象的字符串表示形式
boolean setReadOnly()	把当前对象表示的文件标记为只读，如果操作成功，返回 true
boolean renameTo(File dest)	将当前对象表示的文件重命名为由参数 File 对象表示的路径。如果操作成功，则返回 true，否则返回 false
boolean delete()	删除当前 File 对象所表示的文件或目录，如果操作成功，返回 true。该方法不能删除非空的目录

list()和 listFile()方法用来过滤文件列表，返回一些与一定的文件名相匹配的文件，或者过滤掉一些文件。为了达到这种目的，list()的定义形式为：

```
String[]  list(FilenameFilter  filter)
```

在该形式中，filter 是一个实现 FilenameFilter 接口的类的对象。而 listFile()方法是用接收类型为 FilenameFilter 或 FileFilter 的参数的方法重载的。FilenameFilter 或 FileFilter 都包含抽象的方法 accept()。该方法被列表中的每个文件调用一次。FilenameFilter 接口定义的方法如下：

```
Public interface FilenameFilter {
   public abstract Boolean accept(File directory, String filename);
}
```

当列表中的文件与 directory 指定的目录中文件名参数相匹配时，accept()方法返回值为 true，当列表中不包含所指定的文件时，accept()返回值为 false。

下面的例子使用了 File 类的方法，列出一个目录中所包含的文件和目录。

例 8.7　目录访问。

```
import java.awt.*;
```

```
import java.io.*;
public class FileExam {
   public static void main(String[] args) {
   try {
            File myDir = new File("E:/Java/src");
            String myFile = "FileExam.Java";
            File file1 = new File(myDir,myFile);
            if(file1.exists()){
            System.out.println("File Path: " + file1.getPath());
            System.out.println("File Parent" + file1.getParent());
            System.out.println("File Contents " + file1.length() + " Bytes");
            }
            if(myDir.isDirectory()){
            System.out.println("Directory of " + myDir.getName());
            String s[] = myDir.list();
            for (int i = 0; i < s.length; i++){
                File f = new File(myDir.getName() + "/" + s[i]);
                if (f.isDirectory()){
                    System.out.println(s[i] + " is a directory.");
                }
                else{
                    System.out.println(s[i] + " is a file.");
                }
            }
            }
            else{
            System.out.println(myDir.getName() + " is not a directory.");
            }
   }
    catch(Exception e) {
            System.out.println(e);
    }
    }
}
```

输出的结果为：

```
File Path: E:\Java\src\FileExam.Java
File ParentE:\Java\src
File Contents 1284 Bytes
Directory of src
Example8_7 is a directory.
Example8_6 is a directory.
Example8_2 is a directory.
Example8_1 is a directory.
FileExam.Java is a file.
FileReadExam.Java is a file.
CharWriteExam.Java is a file.
```

注意：上例的输出结果因个人磁盘文件结构而异。

8.5 对象序列化及其恢复

序列化（serialization）是面向对象程序设计中的一种用法，它的思想是：对象可以是连续的，它们可以在程序退出时保存到磁盘上，然后，可以在程序重新启动时恢复它们。这个保存和恢复对象的过程称为序列化。

对象序列化（Object Serialization）面向那些实现了 Serializable 接口的对象，可将它们转换成一系列字节，并可以在以后完全恢复回原来的样子。这一过程也可以通过网络进行，这就意味着序列化机制能自动补偿操作系统间的差异。

Java 语言中的序列化机制主要提供对远程方法调用（RMI）和 Java Beans 的支持。远程方法调用允许一台机器上的 Java 对象调用其他机器上的 Java 对象，使本来存在于其他机器上的对象可以表现的和在本地机器上的行为一样。远程对象间发送消息，需要通过对象序列化来传递参数和返回值。Java Beans 定义了组件互操作行为的体系结构，当使用一个 Bean 时，它的状态信息通常在设计期间已配置好，对象序列化完成其状态信息的保存、恢复等工作。

为了序列化一个对象，该对象首先必须实现 Serializable 接口，然后创建某些 OutputStream 对象，最后将其封装到 ObjectOutputStream 对象中，调用 writeObject()方法。

8.5.1 Serializable 接口

Serializable 接口只是用来说明实现该接口的类可以被序列化，它没有任何成员，下面是声明一个类实现该接口的语句：

```
Public MyClass implements Serializable{
   // Definition of the class
}
```

如果类中有不希望写到流中的成员变量，可以将其声明为 transient 或 static 类型，这样被声明的该成员变量将不被序列化工具存储。例如：

```
Public MyClass implements Serializable{
   transient protected Graphics  graphic;
   // rest of the class member
}
```

8.5.2 ObjectOutputStream 类

ObjectOutputStream 类继承 OutputStream 类的方法，并实现了 ObjectOutput 接口，可以向流中写入对象。其构造方法如下：

```
ObjectOutputStream(OutputStream  outputObj)
```

下面是使用 MyFile.Java 文件创建一个 ObjectOutputStream 的示例：

```
FileOutputStream   outStream = new FileOutputStream("MyFile.Java");
ObjectOutputStream  outObject = new ObjectOutputStream(outStream);
```

表 8-11 列出了 ObjectOutputStream 类中定义的常用的方法。

表 8-11 ObjectOutputStream 类中常用方法

方法	描述
void close()	关闭调用的流，如果关闭后再进行操作会产生 IOException 异常
void flush()	刷新输出缓冲区
void write(byte buffer[])	向流中写入一个字节数组
void write(byte buffer[]，int offset，int length)	向流中写入一个字节子数组，从 buffer 的偏移量 offset 开始，字节长度为 length
void write(int b)	向流中写入单个字节，写入的是 b 的低位字节
void writeBoolean(Boolean b)	向流中写入一个布尔型值
void writeBytes(String str)	通过字符串向流中写入字节
void writeChars(String str)	通过字符串向流中写入字符型值
void writeDouble(double d)	向流中写入一个双精度值
void writeFloat(float f)	向流中写入一个浮点数
void writeInt(int I)	向流中写入一个整型值
void writeLong(long l)	向流中写入一个长整型值
final void writeObject(Object obj)	向流中写入对象

如果 myObject 是一个实现了 Serializable 接口的类的对象，为了把 myObject 写到上面定义的流中，那么应使用 writeObject()方法，例如：

```
outObject.writeObject(myObject);
```

8.5.3 ObjectInputStream 类

ObjectInputStream 类继承 IntputStream 类的方法，并实现了 ObjectInput 接口，可以从流中读出对象。其构造方法如下：

```
ObjectInputStream(IntputStream  intputObj)
```

下面是使用 MyFile.Java 文件创建一个 ObjectInputStream 的示例：

```
FileInputStream  inStream = new FileInputStream("MyFile.Java");
ObjectInputStream  inObject = new ObjectInputStream(inStream);
```

表 8-12 列出了 ObjectInputStream 类中定义的常用的方法。

表 8-12 ObjectInputStream 类中常用方法

方法	描述
int available()	返回输入缓冲中现在可访问的字节数
void close()	关闭流，关闭后再读取操作会产生 IOException 异常
int read()	返回读取流中一个字符的整形值
int read(byte buffer[], int offset, int length)	读取字节数组 buffer 中从偏移量 offset 开始的长度为 length 字节，返回实际读取的字节数
boolean readBoolean()	从流中读取并返回一个 boolean 值
byte readByte()	从流中读取并返回一个 byte 型值
char readChar()	从流中读取并返回一个 char 型值

（续表）

方法	描述
double readDouble()	从流中读取并返回一个 double 型值
float readFloat()	从流中读取并返回一个 float 型值
int readInt()	从流中读取并返回一个 int 型值
long readLong()	从流中读取并返回一个 long 型值
final Object readObject()	从流中读取并返回一个对象

为了恢复一个序列化的对象，该对象首先必须实现 Serializable 接口，然后将一个 InputStream 封装到 ObjectInputStream 中，然后调用 readObject()方法。

下面的例子实现用户登录时的信息，校验登录信息时，要把除密码以外的信息保存下来，可以使用对象序列化来实现。

例 8.8　登录校验。

```
import java.io.*;
import java.util.*;
//声明一个类实现 Serializable 接口
class Login implements Serializable{
   private Date date = new Date();
   private String username;
//在恢复时，不显示密码
   private transient String password;
   Login(String name, String pwd) {
   username = name;
   password = pwd;
   }

public String toString() {
   String pwd =
            (password == null) ? "****" : password;
            return "login info: \n   " +
            "username: " + username +
            "\n   date: " + date.toString() +
            "\n   password: " + pwd;
      }
   }

public class SerializExam {
      public static void main(String[] args) {
   //声明一个 Login 对象
   Login aLogin = new Login("Jackson", "myPassword");
   System.out.println( "login aLogin = " + aLogin);
   try {
   //声明一个对象输出流对象
            ObjectOutputStream out = new ObjectOutputStream(
            new FileOutputStream("Login.out"));
   //将登录信息写入文件
            out.writeObject(aLogin);
            out.close();
   //延时 5 秒钟
            int seconds = 5;
```

```
            long t = System.currentTimeMillis()
            + seconds * 1000;
            while(System.currentTimeMillis() < t);
    //将序列化的对象恢复
            ObjectInputStream in = new ObjectInputStream(
        new FileInputStream("Login.out"));
            System.out.println(
            "Recovering object at " + new Date());
            aLogin = (Login)in.readObject();
            System.out.println( "login aLogin = " + aLogin);
    }
    catch(Exception e) {
            e.printStackTrace();
    }
  }
}
```

输出的结果是:

```
login aLogin = login info:
  username: Jackson
  date: Thu Jan 08 20:23:07 CST 2004
  password: myPassword
  Recovering object at Thu Jan 08 20:23:12 CST 2004
login aLogin = login info:
  username: Jackson
  date: Thu Jan 08 20:23:07 CST 2004
  password: ****
```

第 9 章　创建 Java Applet

本章将向大家介绍 Java Applet。Java 程序可以分为两类：Applet（小应用程序）和 Application（应用程序）。Applet 是 Java 中一个十分重要的内容，本章将结合实例对 Applet 进行详细讨论。

9.1　Applet 类

Applet 的基础类是 java.applet.Applet 类，它扩充自 java.awt.Panel 类，可以说 Applet 是一些面板（Panel）。而 java.awt.Panel 类又扩充自 java.awt.Container 类，所以也可以认为 Applet 是一些容器（Container）。再往下看，会发现 java.awt.Container 类扩充自 java.awt.Component 类，所以又可以说 Applet 是一些构件（Component），这也就意味着 Applet 有能力处理各种事件，并能被添加到各种容器中。图 9-1 是 Applet 的类层次结构。

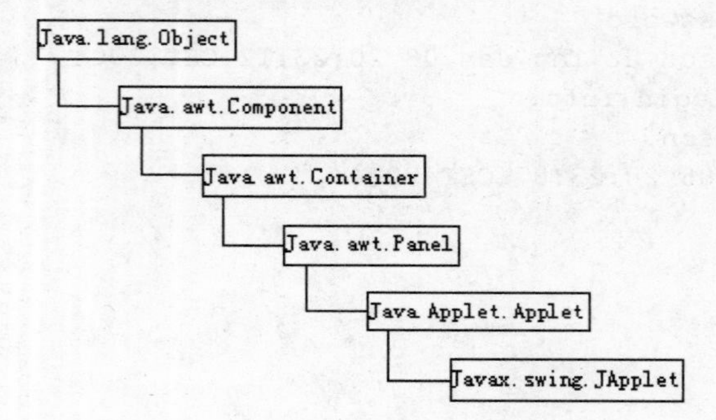

图 9-1　JApplet 的类层次结构

JApplet 与 Swing 中的 JFrame、JDialog 等一样，都是顶层容器组件。

9.2　Applet 概述

Applet 是运行在浏览器环境下的 Java 程序，并具有说明程序的特点。某些面向对象的功能用 HTML 难以实现，但却可以通过在 HTML 代码内部插入一个与 Java 兼容的 Java Applet 程序来达到目的。基于 Java 对 HTML 的辅助性，通过超级链接方式点击某项链接后 Java Applet 即被启动，这会使网页的画面更加绚丽多姿。

当 Applet 嵌入网页中后，它将作为页面的组成部分被下载到本地，运行在 Java 虚拟机的 Web 浏览器中。Applet 有几个基本方法：init()、paint()、start()、stop()和 destroy()。在我们使用 Applet 时，都是由其子类来完成的。用户自定义的 Applet 通过改写 Applet 的几个主要成员方法完成它的初始化、绘制和运行。

一个 Applet 的生命周期与 Web 页面有关。加载含有 Applet 的网页时，浏览器调用 init()方法完成对 Applet 的初始化工作，然后调用 paint()以及 start()方法绘制并启动 Applet。用户离开页面时，浏览器调用 stop()方法停止 Applet 的运行。关闭浏览器时，浏览器调用 destroy()方法，Applet 释放资源，然后终止。

9.3 Applet 的使用技巧

要编写、使用 Applet，需要满足以下 3 个条件：

（1）一个 Java 编译器，可以是 Sun 公司的 JDK 编译器，也可以是别的一些编译器，如 Microsoft 的 Visual J++，或者 Borland 的 JBuilder 等。

（2）一个文本编写软件，最基本的记事本就可以满足要求。

（3）浏览器，可以是 Netscape,当然也可以是微软的 IE。

本节中，将基本上通过实例的方式来讲解 Java Applet 的编写技巧。Java Applet 是 Java 语言的一个子集，是它的一个类，因此，它完全属于 Java，不同于 Javascript，Javascript 则根本不是 Java 的子集。而 Java Applet 与 Java 的语法规则是完全一样的。因此，学习到这里，编写 Applet 应该是比较容易的。下面从实例入手，主要讲解 Applet 的使用技巧。

9.3.1 波浪形文字

源代码如下：

```
import java.awt.*;
public class WaveText extends java.applet.Applet implements Runnable {
    String str = null;
    int direction = 1; // 1 is clockwise, -1 is counterclockwise
    int horizontalRadius = 10;
    int verticalRadius = 10;
    Thread runner = null;
    char theChars[];
    int phase = 0;
    Image offScreenImage;
    Graphics offScreenG;
    public void init() {
    String paramStr = null;
    str = getParameter("text");
    paramStr = getParameter("direction");
    setBackground(Color.black);
    if (paramStr != null)
        direction = Integer.parseInt(paramStr);
    paramStr = getParameter("horizontalRadius");
    if (paramStr != null)
        horizontalRadius = Integer.parseInt(paramStr);
    paramStr = getParameter("verticalRadius");
    if (paramStr != null)
        verticalRadius = Integer.parseInt(paramStr);
    setFont(new Font("TimesRoman",Font.BOLD,36));
    if (str == null) {
        str = "Museum of Java Applets";
    }
```

```
    resize(30 + 25 * str.length() + 2 * horizontalRadius, 80 + 2 *
        verticalRadius);
    theChars =  new char [str.length()];
    str.getChars(0,str.length(),theChars,0);
    offScreenImage = createImage(this.size().width,
               this.size().height);
    offScreenG = offScreenImage.getGraphics();
    offScreenG.setFont(new Font("TimesRoman",Font.BOLD,36));
 }

 public void start() {
    if(runner == null)
    {
    runner = new Thread(this);
    runner.start();
   }
 }

 public void stop() {
    if (runner != null) {
    runner.stop();
    runner = null;
    }
 }

 public void run() {
    while (runner != null) {
    try {
        Thread.sleep(120);
    }
    catch (InterruptedException e) {
    }
    repaint();
  }
 }

 public void update(Graphics g) {
    int x, y;
    double angle;
    offScreenG.setColor(Color.black);
    offScreenG.fillRect(0,0,this.size().width,this.size().height);
    phase+=direction;
    phase%=8;
    for(int i=0;i<str.length();i++) {
            angle = ((phase-i*direction)%8)/4.0*Math.PI;
            x = 20+25*i+(int) (Math.cos(angle)*horizontalRadius);
                                        // Horizontal motion
            y = 60+  (int) (Math.sin(angle)*verticalRadius);
                                        // Vertical motion
            if (i==0 || theChars[i-1]==' ')  // Each word starts in blue
                    offScreenG.setColor(Color.blue);
            else
                    offScreenG.setColor(Color.red);
```

```
                                    // Each word continues in red
                offScreenG.drawChars(theChars,i,1,x,y);
        }
        paint(g);
    }

    public void paint(Graphics g) {
        g.drawImage(offScreenImage,0,0,this);
    }
}
```

将其保存为名称为 WaveText.Java 的文件，然后在控制台键入：

```
Javac WaveText.Java
```

得到编译后的文件 WaveText.class。下面是将其嵌入 HTML 文档中的代码。

```
<HTML>
<HEAD>
<TITLE> An Applet </TITLE>
</HEAD>
<BODY>
<applet code="WaveText.class" width=450 height=100>
  <param name=text value="The Java Boutique">
  <param name=direction value="1">
  <param name=horizontalradius value="12">
  <param name=verticalradius value="12">
</applet>
</BODY>
</HTML>
```

并将其保存为 html 类型的文件，使用 appletviewer 查看该 Web 页面，将产生一行波浪形的文字，效果如图 9-2 所示。

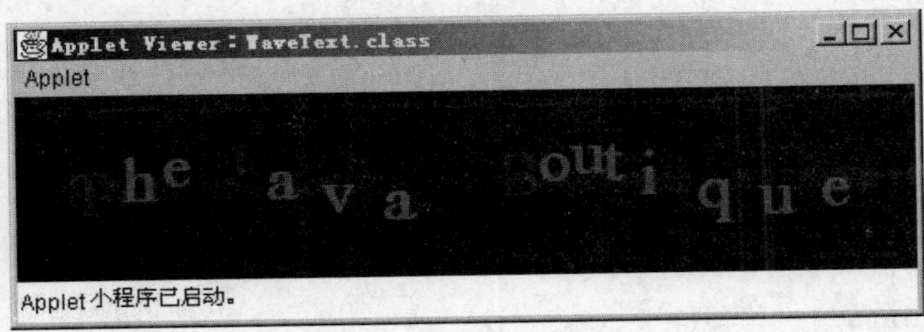

图 9-2　波浪形文字

9.3.2　大小变化的文字

本例实现大小变化的文字。源程序如下：

```
import java.awt.*;
import java.util.StringTokenizer;
public class AnimText extends java.applet.Applet implements Runnable {
  public static final int TYPE_BLINK = 1;
  public static final int TYPE_WAVE = 2;
  public static final int TYPE_RANDOM = 3;
  public static final int ALIGN_LEFT = 1;
```

```
    public static final int ALIGN_CENTER = 2;
    public static final int ALIGN_RIGHT = 3;

    char textChars[];         // the text to display as a char array
    Thread thread;
    int type;
    int style;
    int defaultMin=8;
    int defaultMax=28;
    int max;
    int min;
    int defaultStep = 2;
    int step;
    int align;
    String rgbDelimiter = ":,.";
    StringTokenizer st;
    Color fgColor;
    Color bgColor;
    boolean threadSuspended = false;
    static final String defaultString = "Welcome to Java!";
    String fontString;
    Font fonts[];
    int current[];
    int direction[];
    int charWidth[];      // width of each character in the preferred font
    int charHeight;       // height of character
    boolean resized = false;
    boolean readyToPaint = true;
    int naptime;
    int defaultNaptime = 100;
    int Width;
    int Height;
    int defaultWidth = 300;
    int defaultHeight = 100;
    int maxWidth = 600;
    int maxHeight = 400;
    int n;
    Image offI;
    Graphics offG;

    int totalWidth;
    int leader = 10; /* leading space */

    public void init() {
     String s;
     Integer intObj;

     s = getParameter("text");
     if (s == null)
    s = defaultString;
     textChars =  new char[s.length()];
     s.getChars(0 , s.length(), textChars, 0);
```

```
s = getParameter("font");
if (s == null)
    fontString = "TimesRoman";
else if (s.equalsIgnoreCase("TimesRoman"))
    fontString = "TimesRoman";
else if (s.equalsIgnoreCase("Courier"))
    fontString = "Courier";
else if (s.equalsIgnoreCase("Helvetica"))
    fontString = "Helvetica";
else if (s.equalsIgnoreCase("Dialog"))
    fontString = "Dialog";
else
    fontString = "TimesRoman";

s = getParameter("style");
if (s == null)
style = Font.PLAIN;
else if (s.equalsIgnoreCase("PLAIN"))
style = Font.PLAIN;
else if (s.equalsIgnoreCase("BOLD"))
style = Font.BOLD;
else if (s.equalsIgnoreCase("ITALIC"))
style = Font.ITALIC;
else
style = Font.PLAIN;

s = getParameter("type");
if (s == null)
type = TYPE_WAVE;
else if (s.equalsIgnoreCase("blink"))
type = TYPE_BLINK;
else if (s.equalsIgnoreCase("wave"))
type = TYPE_WAVE;
else if (s.equalsIgnoreCase("random"))
type = TYPE_RANDOM;
else
type = TYPE_WAVE;

s = getParameter("align");
if (s == null)
align = ALIGN_CENTER;
else if (s.equalsIgnoreCase("left"))
align = ALIGN_LEFT;
else if (s.equalsIgnoreCase("center"))
align = ALIGN_CENTER;
else if (s.equalsIgnoreCase("right"))
align = ALIGN_RIGHT;
else
align = ALIGN_CENTER;

try {
intObj = new Integer(getParameter("width"));
Width = intObj;    //自动打包新特性，参见附录 D.3
```

```
 } catch (Exception e) {
Width = defaultWidth;
 }

 try {
intObj = new Integer(getParameter("height"));
Height = intObj;
 } catch (Exception e) {
Height = defaultHeight;
 }

 try {
intObj = new Integer(getParameter("min"));
min = intObj;
 } catch (Exception e) {
min = defaultMin;
 }

 try {
intObj = new Integer(getParameter("max"));
max = intObj;
 } catch (Exception e) {
max = defaultMax;
 }
 if (min >= max || min <= 0) {
min = defaultMin;
max = defaultMax;
 }

 try {
intObj = new Integer(getParameter("step"));
step = intObj;
 } catch (Exception e) {
step = defaultStep;
 }
 if (step > (max-min)/2) step = defaultStep;

 try {
intObj = new Integer(getParameter("naptime"));
naptime = intObj;
 } catch (Exception e) {
naptime = defaultNaptime;
 }
 if (naptime <= 0) naptime = defaultNaptime;

 s = getParameter("fgColor");
 if (s != null) st = new StringTokenizer(s, rgbDelimiter);

 if (s == null)
fgColor = Color.black;
 else if (s.equalsIgnoreCase("red"))
fgColor = Color.red;
 else if (s.equalsIgnoreCase("blue"))
```

```
fgColor = Color.blue;
else if (s.equalsIgnoreCase("green"))
fgColor = Color.green;
else if (s.equalsIgnoreCase("yellow"))
fgColor = Color.yellow;
else if (s.equalsIgnoreCase("white"))
fgColor = Color.white;
else if (s.equalsIgnoreCase("orange"))
fgColor = Color.orange;
else if (s.equalsIgnoreCase("cyan"))
fgColor = Color.cyan;
else if (s.equalsIgnoreCase("magenta"))
fgColor = Color.magenta;
else if (st.countTokens() == 3) {
Integer r = new Integer(st.nextToken());
Integer g = new Integer(st.nextToken());
Integer b = new Integer(st.nextToken());
fgColor = new Color(r, g, b);
} else
fgColor = Color.black;

s = getParameter("bgColor");
if (s != null) st = new StringTokenizer(s, rgbDelimiter);

if (s == null)
bgColor = Color.lightGray;
else if (s.equalsIgnoreCase("red"))
bgColor = Color.red;
else if (s.equalsIgnoreCase("blue"))
bgColor = Color.blue;
else if (s.equalsIgnoreCase("green"))
bgColor = Color.green;
else if (s.equalsIgnoreCase("yellow"))
bgColor = Color.yellow;
else if (s.equalsIgnoreCase("white"))
bgColor = Color.white;
else if (s.equalsIgnoreCase("orange"))
bgColor = Color.orange;
else if (s.equalsIgnoreCase("cyan"))
bgColor = Color.cyan;
else if (s.equalsIgnoreCase("magenta"))
bgColor = Color.magenta;
else if (st.countTokens() == 3) {
Integer r = new Integer(st.nextToken());
Integer g = new Integer(st.nextToken());
Integer b = new Integer(st.nextToken());
bgColor = new Color(r, g, b);
} else
bgColor = Color.lightGray;

/* pre allocate stuff */
n = max-min;
if (n>0) {
```

```
fonts = new Font[n];
current = new int[textChars.length];
direction = new int[textChars.length];
charWidth = new int[textChars.length];
 }
 for (int i=0; i<n; i++) {
fonts[i] = new Font(fontString, style, min+i);
 }
 for (int i=0; i<textChars.length; i++) {
switch (type) {
case TYPE_BLINK:
 current[i] = 0;
 direction[i] = 1;
 break;
case TYPE_WAVE:
 current[i]=(int)(Math.sin((double)i/(double)textChars.length*
   Math.PI)*(float)(n-1));
 direction[i] = 1;
 break;
case TYPE_RANDOM:
   current[i] = (int)(Math.random()*(float)(n));
 direction[i] = 1;
 break;
default:
}
if (current[i] >= n-1) direction[i] = -1;
 }

/* offscreen graphics context */
 try {
offI = createImage(maxWidth, maxHeight);
offG = offI.getGraphics();
 } catch (Exception e) {
offG = null;
 }
}

public void start() {
 if (thread == null) {
thread = new Thread(this);
thread.start();
 }
}

public void run() {
 while ((n>0) && (thread != null)) {
repaint();
try { Thread.sleep(naptime); } catch (Exception e) { }
readyToPaint = false;
next();
readyToPaint = true;
 }
}
```

```
/* next iteration */
  public void next() {
      for (int i=0; i<textChars.length; i++) {
   current[i] += step*direction[i];
   if (current[i] >= n-1) {
           current[i] = 2*n-2-current[i];
           direction[i] = -1;
        }
        if (current[i] <= 0) {
           current[i] = Math.abs(current[i]);
           direction[i] = 1;
        }
   }
  }

/* override the update method to reduce flashing */
  public void update(Graphics g) {
   if (readyToPaint)
   paint(g);
  }

  public void paint(Graphics g) {
   if (offG != null) {
   paintApplet(offG);
   g.drawImage(offI, 0, 0, this);
   } else {
   paintApplet(g);
   }
  }

  public void paintApplet(Graphics g) {
   if (!resized) {
   totalWidth = 0;
   g.setFont(fonts[n-1]); /* biggest font */
   for (int i=0; i<textChars.length; i++) {
    charWidth[i] = g.getFontMetrics().charWidth(textChars[i]);
    totalWidth += charWidth[i];
   }
   if (totalWidth>maxWidth) totalWidth = maxWidth;
   charHeight = g.getFontMetrics().getHeight();
   if (charHeight>maxHeight) charHeight = maxHeight;
   resize(Width, Height);
    resized = true;
   }

   int pos = 0;

   switch (align) {
   case ALIGN_LEFT:
  pos = leader; break;
   case ALIGN_CENTER:
  pos = (size().width-totalWidth)/2; break;
```

```
    case ALIGN_RIGHT:
   pos = (size().width-totalWidth-leader); break;
    default:
    }

    g.setColor(bgColor);
    g.fillRect(0, 0, size().width-1, size().height-1);
    g.setColor(fgColor);
    for(int i=0; i<textChars.length; i++) {
   g.setFont(fonts[current[i]]);
   g.drawChars(textChars, i, 1, pos, (size().height+charHeight)/2);
   pos += charWidth[i];
    }
  }

  public void stop() {
   thread = null;
  }

  public boolean mouseDown(Event e, int x, int y) {
     if (threadSuspended)
        thread.resume();
     else
        thread.suspend();
     threadSuspended = !threadSuspended;
   return true;
  }
}
```

将其保存为名称为 AnimText.Java 的文件，然后在控制台键入：

```
Javac Animtext.Java
```

在 HTML 文件中嵌入如下参数：

```
<applet code=AnimText.class width=400 height=75>
  <PARAM NAME=text VALUE="The Java Boutique">
  <PARAM NAME=type VALUE=wave>
  <PARAM NAME=bgColor VALUE=255:10:30>
  <PARAM NAME=fgColor VALUE=white>
  <PARAM NAME=style VALUE=BOLD>
  <PARAM NAME=min VALUE=14>
  <PARAM NAME=max VALUE=48>
</applet>
```

使用 Appletviewer 查看该 Web 页面。运行时，一行字符在红色的背景下，每个文字依次做波浪形的大小变化，效果如图 9-3 所示。

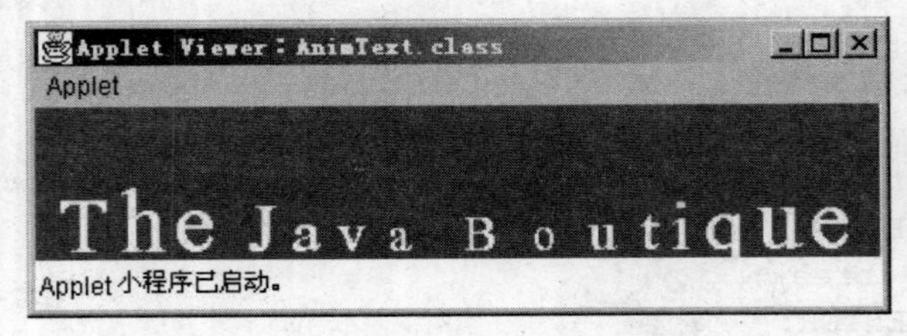

图 9-3　大小变化的文字

9.3.3 星空动画

本节实现星空动画效果的实例，源程序如下：

```
import java.awt.*;
class Star {
   int H, V;
   int x, y, z;
   int type;

   Star( int width, int height, int depth, int type ) {
   this.type = type;
   H = width/2;
   V = height/2;
   x = (int)(Math.random()*width) - H;
   y = (int)(Math.random()*height)  - V;
   if( (x == 0) && (y == 0 ) ) x = 10;
   z = (int)(Math.random()*depth);
   }

   public void Draw( Graphics g, double rot ) {
   double  X, Y;
   int h, v, hh, vv;
   int d;
   z-=2;
   if( z < -63 ) z = 100;
   hh = (x*64)/(64+z);
   vv = (y*64)/(64+z);
   X = (hh*Math.cos(rot))-(vv*Math.sin(rot));
   Y = (hh*Math.sin(rot))+(vv*Math.cos(rot));
   h = (int)X+H;
   v = (int)Y+V;
   if( (h < 0) || (h > (2*H))) z = 100;
   if( (v < 0) || (v > (2*H))) z = 100;
   GrayMe(g);
   if( type == 0 ) {
       d=(100-z)/50;
       if( d == 0 ) d = 1;
       g.fillRect( h, v, d, d );
       }
   else {
       d=(100-z)/20;
       g.drawLine( h-d, v, h+d, v );
       g.drawLine( h, v-d, h, v+d );
       if( z < 50 ) {
           d/=2;
           g.drawLine( h-d, v-d, h+d, v+d );
           g.drawLine( h+d, v-d, h-d, v+d );
           }
       }
   }

   public void GrayMe(Graphics g) {
   /*      if( z > 75 )
       {
```

```
        g.setColor( Color.darkGray );
        }
    else*/
    if ( z > 50 ) {
        g.setColor( Color.gray );
        }
    else if ( z > 25 ) {
        g.setColor( Color.lightGray );
        }
    else {
        g.setColor( Color.white );
        }
    }
    }

public class StarField extends java.applet.Applet implements Runnable {
    int     Width, Height;
    Thread      me = null;
    boolean     suspend = false;
    Image       im;
    Graphics    offscreen;
    double      rot, dx, ddx;

    int     speed, stars, type;
    double      defddx, max;
    Star        pol[];      /* Points of light */
    public void init() {
    rot = 0;
    dx=0;
    ddx=0;
    Width = size().width;
    Height = size().height;

    String  theSpeed = getParameter( "speed" );
    Show( "speed", theSpeed );
    speed = (theSpeed == null ) ? 50 : Integer.valueOf ( theSpeed );

    String  theStars = getParameter( "stars" );
    Show( "stars", theStars );
    stars = (theStars == null ) ? 30 : Integer.valueOf ( theStars );

    String theType = getParameter( "type" );
    Show( "type", theType );
    type = (theType == null ) ? 0 : Integer.valueOf( theType );

    String theRot = getParameter( "spin" );
    Show( "spin", theRot );
    rot = (theRot == null) ? 0 : Double.valueOf( theRot ).doubleValue();

    String theMax = getParameter( "maxspin" );
    Show( "maxspin", theRot );
    max = (theMax == null) ? .1 : Double.valueOf( theMax ).doubleValue();

    String theddx = getParameter( "ddx" );
    Show( "ddx", theddx );
```

```
defddx = (theddx == null) ? .005 : Double.valueOf ( theddx ). doubleValue();

try {
    im = createImage( Width, Height );
    offscreen = im.getGraphics();
    }
catch( Exception e) {
    offscreen = null;
    }
pol = new Star[stars];
for( int i = 0; i < stars; i++ )
    pol[i] = new Star( Width, Height, 100, type );
}

public void paint( Graphics g ) {
if( offscreen != null ) {
    paintMe( offscreen );
    g.drawImage( im, 0, 0, this );
    } else {
    paintMe( g );
    }
}

public void paintMe( Graphics g ) {
g.setColor( Color.black );
g.fillRect( 0, 0, Width, Height );
//g.setColor( Color.gray );
for( int i = 0; i < stars; i++ )
    pol[i].Draw( g, rot );
}

public void start() {
if( me == null ) {
    me = new Thread( this );
    me.start();
    }
}

public void stop() {
if( me != null ) {
    me.stop();
    me = null;
    }
}

public void run() {
while( me != null ) {
    rot += dx;
    dx += ddx;
    if( dx > max ) ddx=-defddx;
    if( dx < -max) ddx=defddx;
    try { Thread.sleep( speed ); }
    catch (InterruptedException e){}
    repaint();
    }
```

```
    }

    public void update( Graphics g ) {
    paint( g );
    }

    public boolean mouseDown( java.awt.Event evt, int x, int y ) {
    ddx = (ddx == 0) ? defddx : 0;
    return true;
    }

    public void Toggle( ) {
    if( me != null ) {
        if( suspend ) {
            me.resume();
        } else {
            me.suspend();
            }
        suspend = !suspend;
        }
    }

    public void Show( String theString, String theValue ) {
    if( theValue == null ) {
        System.out.println( theString + " : null");
    } else {
        System.out.println( theString + " : " + theValue );
        }
    }
}
```

将其保存为 StarField.Java，在控制台使用 Javac 编译它。在 HTML 文件中嵌入如下参数：

```
<applet code=StarField.class width=300 height=300>
  <PARAM NAME=STARS VALUE=250>
  <PARAM NAME=SPEED VALUE=25>
</applet>
```

使用 Appletviewer 查看该 Web 页面。运行时，将看到一个非常漂亮的星空的动画，如图 9-4 所示。

图 9-4　星空动画

9.3.4 时钟

本节实现一个时钟示例。下面给出一个时钟的源代码，并有详细注释。

```
import java.awt.*;
import java.applet.*;
import java.util.Date;  //这是 Java 中的低级实用工具包，可以处理时间等内容
public class Applet1 extends Applet implements Runnable { //有线程运行接口

  Date timenow;     //Date 是一个时间定义与创建函数
  Clock myClock;    //用户自定义的类
  Thread clockthread=null;   //设置一个线程

  public void start() {         //线程开始的类
  if (clockthread==null) {    //如果线程为空，则
      clockthread=new Thread (this);  //开始新的线程
      clockthread.start();           //开始
  }
 }

 public void stop() {            //终止线程
   clockthread.stop();   //终止线程，使它
   clockthread=null;     //为空
 }

 public void run() {             //运行线程
   while(true) {           //一个死循环，条件永远为真
       repaint();       //重新绘制界面
       try{Thread.sleep(1000);}    //让线程 sleep 1000ms
       catch(InterruptedException e){} //捕获异常
   }
 }
 public void paint(Graphics g) {
   timenow=new Date();     //新的时间的获得
             //获得小时，分钟，秒钟
   myClock=new Clock(timenow.getHours (),
                     timenow.getMinutes (),
                     timenow.getSeconds ());
   g.drawString(timenow.toString(),25,240);//将它打印出来
   myClock.show(g,100,100,100);             //使面板显示
  }
 }

 class Clock {       //用户自定义的类开始，编译后，它单独成为一个 CLASS 文件
   Clock(int hrs,int min,int sec) {  //类函数入口
   hour=hrs%12;            //将原始数据处理，得到小时
   minute=min;             //将原始数据处理，得到分钟
   second=sec;             //将原始数据处理，得到秒
 }
 void show(Graphics g,int cx,int cy,int rad) {  //重新定义 SHOW 函数
   int hrs_len=(int)(rad*0.5),       //时针的长度
       min_len=(int)(rad*0.6),   //分针的长度
       sec_len=(int)(rad*0.9);   //秒针的长度
```

```
        double theta;
        //画出钟面
        g.drawOval(cx-rad,cy-rad,rad*2,rad*2);
        //画出时针
        theta=(double)(hour*60*60+minute*60+second)/43200.0*2.0*Math.PI ;
        drawNiddle(g,Color.blue,cx,cy,hrs_len,theta);
        //画出分针
        theta=(double)(minute*60+second)/3600.0*2.0*Math.PI ;
        drawNiddle(g,Color.red,cx,cy,sec_len,theta);
        //画出秒针
        theta=(double)(second)/60.0*2.0*Math.PI ;
        drawNiddle(g,Color.green ,cx,cy,sec_len,theta);
    }
  private void drawNiddle(Graphics g,Color c,int x,int y,int len,double theta)
    {
        int ex=(int)(x+len*Math.sin(theta));
        int ey=(int)(y-len*Math.cos(theta));
        g.setColor (c);
        g.drawLine(x,y,ex,ey);
        }
      int hour,minute,second;
    }
```

将其保存为 Applet1.Java，并在控制台使用 javac 编译它。

在 HTML 文件中嵌入如下参数：

```
<applet Code=Applet1.class Width=210 Height=210>
  <PARAM NAME=Clock Value=250>
</applet>
```

使用 AppletViewer 查看该 Web 页面。运行时，该程序将显示当前的系统时间，如图 9-5 所示。

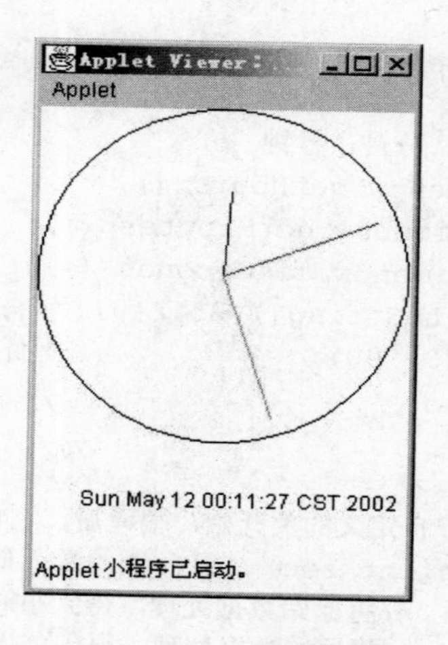

图 9-5　时钟

第 10 章　多线程

多线程是现代操作系统的重要特征之一，在 Java 中，自然也少不了对多线程的支持，本章就将介绍线程的概念以及多线程的程序设计。

10.1　多线程的概念

10.1.1　多线程

多线程是实现迸发的一种有效手段，一个进程可以通过运行多个线程来迸发地执行多项任务，而多个线程之间的调度执行，由系统来实现。

线程是程序中的单个执行流，多线程是一个程序中包含的多个同时运行的执行流。线程有时也称为执行情景（execution context）。虽然每一个线程都拥有自己的资源作为执行的情景（比如程序计数器和执行堆栈），但是，程序中的所有线程都共享许多的资源，如内存空间或已打开的文件。所以线程也称为轻量级过程（lightweight process），它与进程或运行程序一样是一个控制流程，但由于涉及的资源管理较少，它比一个进程更容易生成或撤销。

进程是一次动态执行过程，它对应了从代码加载、执行到执行完毕的一个完整的过程，这个过程也是进程本身从产生、发展到消亡的过程，它作为执行蓝本的同一段程序，可以被多次加载到系统的不同内存区域分别执行，形成不同的进程。

线程是比进程更小的执行单位，一个进程在执行过程中，可以产生多个线程，形成多条执行线索。每条线索，即每个线程也有它自身的产生、存在和消亡的过程，也是一个动态的概念。与进程不同的是线程间可以共享相同的内存单元（包括代码和数据），并利用这些共享单元来实现数据的交换、实时通信与必要的同步操作。

进程是内核级的实体，它包含虚存映像、文件指示符、用户 ID 等。这些结构都在内核空间中，用户程序只有通过系统调用才能访问与改变。线程是用户级的实体，线程结构驻留在用户空间中，能够被普通的用户级函数组成的线程库直接访问。寄存器（栈指针，程序计数器）是线程专有的成分。一个进程中的所有线程共享该进程的状态。程序中的进程与线程的关系如图 10-1 所示。

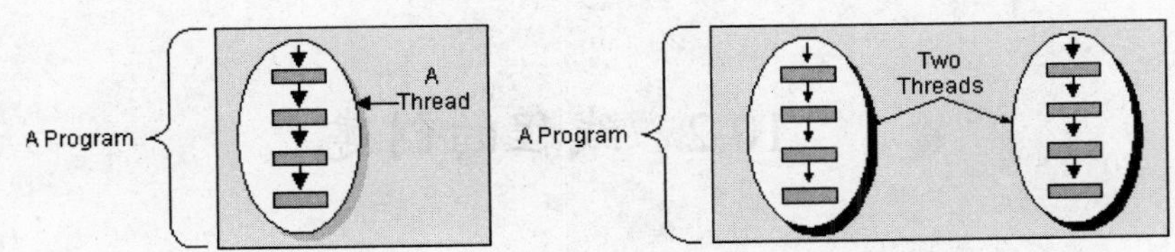

图 10-1　进程与线程的关系

多线程的程序能够更好地表述和解决现实世界中的具体问题，是计算机应用开发和程序设计的一个必然发展趋势。

10.1.2 Java 中的多线程

Java 中的线程是一个 CPU、程序代码和数据的封装体。它包括一个虚拟的 CPU、该 CPU 执行的代码（代码与数据是相互独立的，代码可以与其他线程共享）、代码所操作的数据（数据也可以被多个线程共享），如图 10-2 所示。

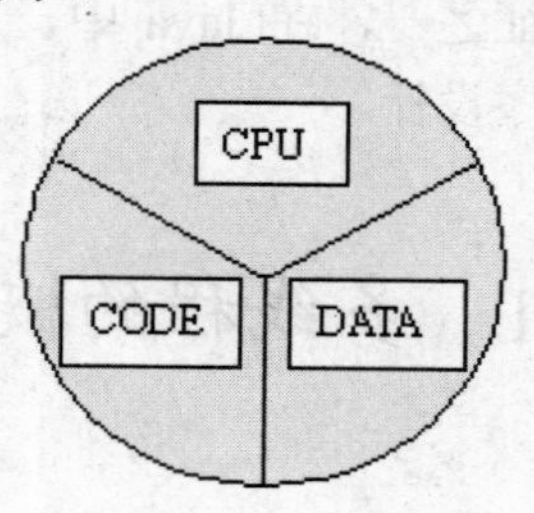

图 10-2　Java 中的线程

10.1.3 线程组

线程组是包括了许多线程的对象集。每个线程有自己特定的线程组。一个线程在创建时就属于某个线程组，直至其执行结束，此线程不可更改其所属的线程组。Thread 类中提供的构造方法可以使创建线程时同时决定其线程组。

Thread 类总共提供了 6 种构造方法：

```
Thread();
Thread(String);
Thread(Runnable);
Thread(Runnable,String);
Thread(ThreadGroup,String);
Thread(ThreadGroup,Runnable,String);
```

前 4 种是默认的线程组，表示所创建的线程属于 main 线程组，后两种则指定了所创建线程的所属线程组。线程可以访问自己所在的线程组，但不能访问本线程组的父类。对线程组进行操作就是对线程组中的各个线程同时进行操作。

下面是线程组的构造方法及其说明：

■ ThreadGroup(String groupName)，创建名为 groupName 的线程组，该线程组的父类为当前线程所在程组。

■ ThreadGroup(ThreadGroup parent, String groupName)，创建名为 groupName 的线程组，该线程组的父类是 parent。

10.2 线程的创建

一个线程就是 Thread 类的一个实例。线程是从一个传递给线程的 Runnable 实例的 run( )方法开始执行。线程所操作的数据来自于该 Runnable 类的实例。

Java 中线程体由 Thread 类的 run()方法定义，该方法定义了线程的具体行为并指定了线程要操作的数据。共有两种方式进行 run()方法的定义：实现 Runnable 接口和继承 Thread 类。下面分别对这两种不同的方法进行探讨。

10.2.1 通过实现 Runnable 接口创建线程

Runnable 接口只提供了一个 public void run( )方法，它定义一个类实现 Runnable 接口，并将该类的实例作为参数传给 Thread 类的一个构造函数，从而创建一个线程。

下面是通过接口创建线程的示例，代码如下：

```
/**
   FirstThreadTest.Java
   通过继承接口创建新线程
*/
public class FirstThreadTest{
   //主函数
   public static void main(String args[ ]){
   MyThread r = new MyThread();
   Thread t = new Thread(r);          //定义一个线程
   t.start();                         //触发对 run()方法的调用
   for(int i=0; i<6; i ++)            //主程序的工作
      System.out.println("In main. \n");
   }
}

//通过继承接口创建新的线程
class MyThread implements Runnable{
   int i ;
   public void run(){        //定义自己的方法
   while(true){         //线程的工作
      System.out.println("Hello"+i++);
      if (i==6) break ;
   }
  }
}
```

以上程序对 Runnable 接口进行了重写，在主函数中运行该线程，循环输出 6 次 Hello。同时主函数也循环输出 6 次 In main 信息。

10.2.2 通过继承 Thread 类创建线程

Thread 类本身实现了 Runnable 接口。通过继承 Thread 类，重写其中的 run( )方法定义线程体，创建该子类的对象创建线程。下面是通过继承 Thread 类来创建线程的示例，代码如下：

```
/**
   SecondThreadTest.Java
   通过继承 Thread 类创建新线程
*/
public class SecondThreadTest extends Thread{ //继承 Thread 类创建新的线程
   int i;
   //主函数
   public static void main(String args[]){
   SecondThreadTest t = new SecondThreadTest ();   //定义一个线程
                                                 //触发对 run()方法的调用
   t.start();
```

```
        for (int i=0;i<6;i++)
            System.out.println("In main. \n");                  //主程序的工作
        }
                                                                //定义线程的行为
    public void run(){
        while(true){
            System.out.println("Hello"+i++);
            if (i==6)  break ;
        }
        }
    }
```

10.2.3　两种线程创建方法的比较

通过实现 Runnable 接口创建线程具有一定的优势，主要表现在：首先，它符合 OO 设计的思想，其次，它有利于使用 extends 来继承其他类。通过继承 Thread 类方法的优点是它使得程序代码更简洁，建议采用前一种方式，即通过实现 Runnable 接口来创建新线程。

新创建的线程不会自动运行。必须调用线程的 start()方法，比如 t.start()。该方法的调用把嵌入在线程中的虚拟 CPU 置为可运行（Runnable）状态，意味着该线程可以参加调度，被 JVM 运行，但并不意味着线程会立即执行。

10.3　线程的调度与控制

10.3.1　线程的调度与优先级

线程的调度定义了 Java 运行环境如何交换任务，以及如何选择下一个即将被执行的任务。

Java 中线程调度采用抢先式调度方法。许多线程可能是可运行的，但同一时刻只能有一个线程在运行。

一个运行中的线程，直到它自行中止或出现其他高优先级线程成为可运行的（则该低优先级线程被高优先级线程强占运行），否则它将持续运行。线程中止的原因可能有多种，例如执行 Thread.sleep()调用、等待访问共享的资源等。

除了抢先式调度中断外，线程还可以用 Thread 类的 yield()方法主动交出 CPU。线程的具体调度算法取决于特定的平台，没有正式的定义。

环境不依赖于优先级或抢占式调度来确定线程的执行顺序，调度器可能调整优先级，避免某一个线程占用太长的时间。

每个线程都有优先级，它控制哪个能够访问 CPU 资源，Thread 类定义了 10 个线程优先级，从 MIN_PRIORITY 到 MAX_PRIORITY。

还有一个正常线程优先级值 NORM_PRIORITY，它是新建线程的默认线程优先级，同时线程优先级可通过 SetPriority()方法改变，例如：

```
aThread.setPriority(Thread. NORM_PRIORITY);
```

每个优先级都有一个等待池，如图 10-3 所示。

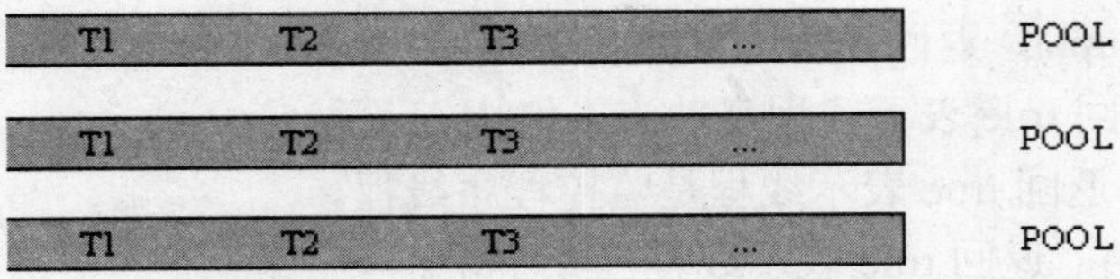

T1 T2 T3 ... POOL

T1 T2 T3 ... POOL

T1 T2 T3 ... POOL

图 10-3　线程等待池

JVM 先运行高优先级池中的线程，待该池空后才考虑低优先级线程。如果有高优先级线程成为可运行的，则运行它。抢先式可能是分时的，即每个池中的线程轮流运行；也可能不是分时的，即线程逐个运行，由 JVM 而定。线程一般可用 sleep()保证给其他线程运行时间。

10.3.2　线程的控制

线程的基本控制包括：结束线程、获取当前线程、测试线程、sleep()方法、join()方法和 yield()方法，下面就这几种控制方法进行详细地阐述。

1. 结束线程

以下两种情况下可以引起线程的结束：

1）线程完成运行并结束后，进入停止状态，停止线程不能重新启动。

线程停止时，会抛出 java.lang.ThreadDeath 异常，ThreadDeath 类是 java.lang.Error 的子类，可以在 try-catch 块中捕获，如果异常没有到达运行环境，则系统不能释放线程资源，可重新抛出异常，例如：

```
try{
//线程中止
}catch(ThreadDeath death){
//做一些处理的操作
  throw death;  //重新抛出异常
}
```

2）可用其他方法使线程结束。

在 JDK1.0 中，可以直接调用 stop()方法来强行中止线程，但是现在这个方法已经被弃用了；转而通过 interrupt 方法来请求终止一个线程。

当 interrupt 方法在一个线程上被调用时，该线程的中断状态（interrupted status）将会被置位。这是一个布尔型的标志，存在于每一个线程之中。每个线程都应该不时地检查这个标志，以判断线程是否应该被中断。

为了查明中断状态是否被置位了，需要首先调用静态的 Thread.currentThread 方法来取得当前线程，然后调用它的 isInterrupted 方法：

```
while(!Thread.currentThread().isInterrupted() && more work to do) {
    do more work
}
```

2. 测试线程

Thread 类中定义了大量获取线程和线程信息的方法，可以通过下面的方法取得线程的相应信息：

- getName()，返回当前线程的名称。
- getPriority()，返回线程的当前优先级。

■ getThreadGroup()，返回线程的父线程组。

■ isAlive()，返回 true 表示线程启动尚未停止。

■ isDaemon()，返回 true 表示线程是监控程序线程。

■ isINterrupted()，返回 true 表示线程已经中止。

3. **sleep()、join()和 yield()方法**

sleep()用来使一个线程暂停运行一段时间，即线程进入休眠时间内，将运行其他线程。Sleep()结束后，线程将进入 Runnable（可运行）状态。join()方法使当前线程处于等待状态，直到线程结束为止，线程恢复到 runnable 状态。例如：

```
Public void doTask(){
  TimerThread  tt= new TimerThread(100);
  tt.start();
  …
  //和某一线程并行工作
  …
  //在此等待线程结束
  try{
     tt.join();
  } catch(InterruptedException e){  // tt 线程提前返回}
  // 继续执行本线程
  …
}
```

yield()方法将 CPU 让给具有与当前线程相同优先级的线程，如果没有同等优先级的线程处于 Runnable（可运行）状态，则 yield()方法不被执行。

10.4 线程的状态与生命周期

在一个线程的生命周期中，它总处于某一种状态中。线程的状态表示了线程正在进行的活动以及在这段时间内线程能完成的任务。

图 10-4 表示了一个 Java 线程所具有的不同状态及各状态间进行转换所需调用的方法。

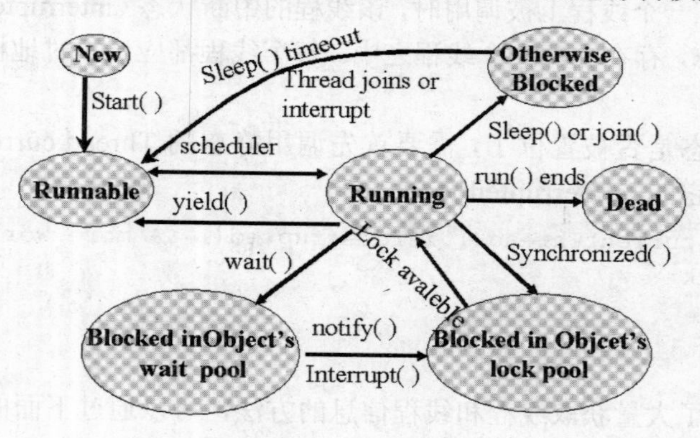

图 10-4 线程的状态

一个线程可以有 4 种状态：新、可运行、死亡、阻塞。

1. 新（New）

线程对象已经创建，但由于没有启动这一线程，所以当一个线程处于创建状态时，它仅仅是一个空的线程对象，系统不为它分配资源。处于这种状态时只能启动或终止该线程，调用除这两种以外的其他方法都会失败，并且会引起非法状态处理。

2. 可运行（Runnable）

start()方法产生了运行这个线程所需的系统资源、安排其运行、调用线程体——run()方法，这样就使得该线程处于可运行（Runnable）状态。需要注意的是，这一状态并不是运行中状态（Running），因为线程也许实际上并未真正运行。由于很多计算机都是单处理器的，所以要在同一时刻运行所有处于可运行状态的线程是不可能的，Java 的运行系统必须实现调度来保证这些线程共享处理器。但是在大多数情况下，可运行状态也就是运行中，当一个线程正在运行时，它是可运行的，并且也是当前正运行的线程。

3. 死亡（Dead）

当一个线程从自己的 run()方法中返回后，便已“死亡”。

4. 阻塞（Blocked）

线程可以运行，但有某种原因阻碍了它的运行。若线程处于阻塞状态，调度机制可以简单地跳过它，不给它分配任何 CPU 时间。除非线程再次进入“可运行”状态，否则不会采取任何操作。

线程被阻塞可能是由下述 5 方面的原因造成的。

调用 sleep（毫秒数）方法，使线程进入“睡眠”状态。在规定的时间内，这个线程是不会运行的。

调用 suspend()方法暂停了线程的执行。除非线程收到 resume()消息，否则不会返回“可运行”状态（此方法已过时）。

调用 wait()方法暂停了线程的执行。除非线程收到 nofify()或者 notifyAll()消息，否则不会变成“可运行”。

线程正在等候一些 I/O（输入输出）操作的完成。

线程试图调用另一个对象的“同步”方法，但那个对象处于锁定状态，暂时无法使用。

也可以调用 yield()方法（Thread 类的一个方法）自动放弃 CPU，以便其他线程能够运行。然而，如果调度机制觉得线程已拥有了足够的时间，便跳转到另一个线程。也就是说，没有什么能防止调度机制重新启动其他线程。

10.5 线程的同步

同步是避免同一数据被同时访问而造成数据混乱的方法。由于程序中的所有线程共享相同的内存空间，两个线程有可能同时访问同一变量或运行同一对象的同一方法。例如，一个线程刚刚写入的数据可能被另一个线程所覆盖，或者一个线程利用另一个线程的执行结果，破坏了数据的一致性。所以，需要一个有效的机制来防止一个线程在处理数据时对同一关键数据的访问。

下面是一个关于堆栈类的实例。

```
public class Stack{
  private int idx = 0;
```

```
    private char[ ] data = new char[6];
    public void push( char c ){
        data[idx] = c;
        idx ++ ;    // 栈顶指针指向下一个空单元
  }
    public char pop(){
        idx--;
        return data[idx];
    }
}
```

例如下面的情况：

线程 A 和线程 B 在同时使用 Stack 的同一个实例对象，A 利用 push()方法向堆栈中添加一个数据，B 则从利用 pop()方法从堆栈中取出数据。

1）在操作之前，data= p q _ _ _，idx=2。

2)线程 A 执行 push 方法中的第 1 条语句，将 r 推入堆栈，则 data= p q r _ _，idx=2，如图 10-5 所示。

3）在线程 A 还未执行 idx++语句时，线程 A 的执行被线程 B 中断，B 执行 pop()方法，并返回 q，idx=1，data= p q r _ _。

4)线程 A 继续执行 push()方法的第 2 个语句，data= p q r _ _ idx=2，最后的结果相当于 r 没有进栈。

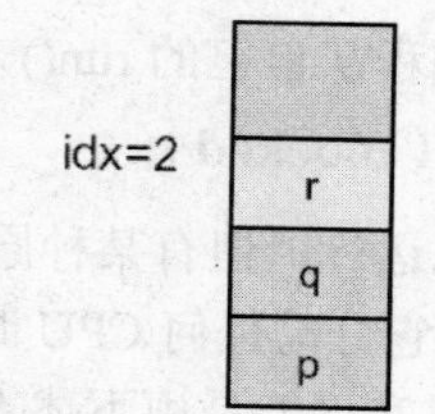

图 10-5　多线程同步问题

产生此问题的原因在于对共享数据访问操作的不完整性。

Java 中引入了对象互斥锁的概念来保证多个线程间共享数据操作的完整性：每个对象都带有一个 monitor 标志，相当于一个锁，在任一时刻，只能有一个线程获得该互斥锁，获得了该锁的线程才能操作该对象；Sychronized 关键字用来与对象的互斥锁相联系，当某个对象用 Sychronized 关键字修饰时，表明该对象在任一时刻只能有一个线程访问。

为保证数据的完整性，对上面堆栈的例子修改如下：

```
public void push( char c ){
    Sychronized(this){
    data[idx] = c ;
    idx ++ ;    // 栈顶指针指向下一个空单元
    }
}
public char pop( ){
    Sychronized(this){
    idx-- ;
    return data[idx] ;
    }
}
```

下列几种情况下，线程将返回对象的 monitor 标记。

1）当 synchronized(){ }语句块执行完毕后。

2）当在 synchronized(){ }语句块中出现 exception.

3）当调用该对象的 wait()方法。将该线程放入对象的等待池中，等待某事件的发生。

对于线程同步，需要注意以下几点：

1）对共享数据的所有访问都必须使用 synchronized。

2）用 synchronized 保护的共享数据必须是私有的，使线程不能直接访问这些数据，必须通过对象的方法。

3）如果一个方法的整体都在 synchronized 块中，则可以把 synchronized 关键字放于方法定义的头部，例如下面的代码：

```
public synchronized void push( char c){
   …
}
```

4）Java 运行系统允许已经拥有某个对象锁的线程再次获得该对象的锁，例如：

```
/**
线程多次获得对象锁 Reentrant.Java
*/
public class Reentrant {
   public synchronized void a() {  //获得对象锁
        b();
        System.out.println("here I am, in a()");
   }
   public synchronized void b() {  //获得对象锁
   System.out.println("here I am, in b()");
   }
   public static void main(String args[]){
    Reentrant r = new Reentrant();
    r.a();
   }
}
```

一旦某个线程拿到对象互斥锁，他就可以无数次的访问所控制的任何资源，直到交出对象锁。如果拥有某个对象锁的线程要想能够取得另一个控制的资源，就必须获得这个特殊的对象锁。线程可以持有多个对象锁。如果线程相互等待对方的对象锁，就会发生死锁的现象。

死锁是指两个线程同时等待对方持有的锁，死锁的避免完全由程序控制，可以采用的方法：如果要访问多个共享数据对象，则要从全局考虑定义一个获得对象锁的顺序，并在整个程序中都遵守这个顺序。释放锁时，要按加锁的反序释放。

10.6 线程的通信

线程间的通信使得线程可以相互交流和等待，可以通过经常共享的数据使线程相互交流，也可以用线程控制方法使线程相互等待。

前面已经讲了线程共享数据的问题，由于同一个程序中的所有线程共用相同的内存空间，所以要同步关键数据的访问，保证独占访问，通过使用 synchronized 关键字来实现。

也可以利用线程的控制方法使线程相互等待，可利用 Thread 类与 Object 类的线程控制方法：wait()、notify()和 notifyAll()

Wait()和 notify()方法：线程在 synchronized 块中调用 wait()方法等待共享数据的某种状态。该线程将放入对象 x 的等待池中，并且将释放 x 的互斥锁；线程在改变共享数据的状态后，调用 notify()方法，则对象的等待池中的一个线程将移入 lock 池中，等待 x 的互斥锁，一旦获得便可以运行。

Notifyall()方法：把对象等待池中的所有线程都移入 lock 池中。

下面的例子演示了用 wait()和 notify()方法解决生产者和使用者的经典用法。在这个问题中，生产者生产数据供使用者使用。然而，如果生产者生产的数据速度比使用者使用数据的速度快，则新生产出的数据可能在使用之前被覆盖。另一方面，如果生产者生产数据的速度比使用者的速度慢，则使用者可能继续使用已经处理过的数据。同步本身并不能解决此类问题，因为它只保证不会同时访问数据，不能保证数据的可用性。

Producer 类：每隔 300ms 产生一个字母压栈 theStack，共 200 个。

```
/**
生产者 Producer.Java
*/
public class Producer implements Runnable{
   private SyncStack theStack;
   private int num;
   private static int counter = 1;
   public Producer(SyncStack s){
   theStack = s ;
   num = counter++ ;
   }
//producer 线程
   public void run( ){
   char c ;                                                   //定义字符
   for(int I=0; I<200; I++){                                  //循环 200 次
       c=(char)(Math.random()*26+'A');                        //随机产生字母
       theStack.push( c);                                     //将字母压栈
       System.out.println("Producer"+num+":"+c);              //输出结果
       try{
           Thread.sleep(300) ;                                //休眠 300ms
       }catch(InterruptedException e){ }
   }
   }
}
```

Consumer 类：从栈 theStack 中取 200 个字符，间隔 300ms。

```
/**
使用者 Consumer.Java
*/
public class Consumer extends Thread {
   private SyncStack theStack;
   private int num;
   private static int counter = 1;
   public Consumer(SyncStack s){
   theStack = s;
   num = counter++;
   }
//consumer 线程
   public void run(){
   char c;                    //定义字符
   for(int I=0; I<200; I++){          //循环 200 次
       c = theStack.pop();       //将字母出栈
```

```
        System.out.println("Consumer"+num+":"+c);          //输出结果
        try{
            Thread.sleep(300);        //休眠 300ms
        }catch(InterruptedException e){ }
    }
    }
}
```

堆栈类 SyncStack：为了保证共享数据的一致性，push()与 pop()定义成 synchronized；为了实现 Producer 与 Consumer 之间的同步，加入 wait()与 notify()方法

```
    /**
堆栈类 SyncStack.Java
  */
  import java.util.Vector;

  public class SyncStack{
     private Vector buffer = new Vector(400,200);

     public synchronized  char  pop( ){
     char c ;
     while(buffer.size( ) ==0){          //当栈空时
        try{
               this.wait( );             //进行等待
           }
           catch(InterruptedException e){
           }
        }
        c=((Character)buffer.remove(buffer.size()-1)).charValue();
    //栈不空时，将字母出栈
    return c ;
   }

   public synchronized  void  push(char c){
       this.notify( );                                   //唤醒线程
       Character charObj = new Character( c );          //取得要压栈的字母
       buffer.addElement( charObj);                      //进行压栈操作
     }
   }
```

主函数：定义两个生产者和两个使用者测试线程

```
   /**
   主函数 SyncTest.Java
   */
   public class SyncTest{
      public static void main(String args[]){
        SyncStack stack = new SyncStack();
        Producer p1 = new Producer(stack);
        Thread prodT1 = new Thread(p1);
        prodT1.start();

        Producer p2 = new Producer(stack);
        Thread prodT2 = new Thread(p2);
        prodT2.start();
```

```
        Consumer c1 = new Consumer(stack);
        Thread consT1 = new Thread(c1);
        consT1.start();

        Consumer c2 = new Consumer(stack);
        Thread consT2 = new Thread(c2);
        consT2.start();
    }
}
```

上面程序运行时将输出如下内容：

```
Producer1:K
Producer2:P
Consumer1:P
Consumer2:K
Producer1:I
Producer2:C
Consumer1:C
Consumer2:I
Producer1:Y
Producer2:P
…
```

10.7 线程池

在 Java 中，如果每当一个请求到达时就创建一个新线程，那么开销是相当大的。在实际使用中，每个请求创建新线程的服务器在创建和销毁线程上花费的时间和消耗的系统资源，甚至可能要比花在处理实际的用户请求的时间和资源要多得多。除了创建和销毁线程的开销之外，活动的线程也需要消耗系统资源。如果在一个 JVM 里创建太多的线程，可能会导致系统由于过度消耗内存或“切换过度”而导致系统资源不足。为了防止资源不足，服务器应用程序需要一些办法来限制任何给定时刻处理的请求数目，尽可能减少创建和销毁线程的次数，特别是一些资源耗费比较大的线程的创建和销毁，尽量利用已有对象来进行服务，这就是“池化资源”技术产生的原因。

线程池主要用来解决线程生命周期开销问题和资源不足问题。通过对多个任务重用线程，线程创建的开销就被分摊到多个任务上了，而且由于在请求到达时线程已经存在，所以消除了线程创建所带来的延迟。这样，就可以立即为请求服务，使应用程序响应得更快。另外，通过适当地调整线程池中的线程数目可以防止出现资源不足的情况。

一个比较简单的线程池至少应包含线程池管理器、工作线程、任务队列和任务接口等部分。其中：

- 线程池管理器（ThreadPool Manager），其作用是创建、销毁并管理线程池，将工作线程放入线程池中；
- 工作线程，它是一个可以循环执行任务的线程，在没有任务时进行等待；
- 任务队列，其作用是提供一种缓冲机制，将没有处理的任务放在任务队列中；
- 任务接口，它是每个任务必须实现的接口，主要用来规定任务的入口、任务执行完后的收尾工作、任务的执行状态等，工作线程通过该接口调度任务的执行。

下面的例子实现了创建一个线程池，以及从线程池中取出线程的操作。

```
/**
TaskThread.Java
定义一个线程池中的线程，它的run()方法使一个while循环，等待作业。
线程取得任务之后，运行这个任务，然后等待下一个作业。
*/
public class TaskThread extends Thread {
   private ThreadPool pool;          //定义线程池
   public TaskThread(ThreadPool thePool) {
       pool = thePool;
   }
   //新线程
   public void run() {
       while (true) {
           Runnable job = pool.getNext();
           try {
               job.run();
           } catch (Exception e) {
           //处理异常
           System.err.println("Job exception: " + e);
           }
   }
   }
}

/**
ThreadPool.Java
定义一个线程池，当需要线程池中的线程运行任务时，用户调用池的run()方法；
增加任务时，通知等待的线程。
如果没有要运行的任务，则线程等待，否则加入线程池中的旧任务传递到任务线程中。
*/
import java.util.*;
public class ThreadPool {
   private LinkedList tasks = new LinkedList();
   public ThreadPool(int size) {
       for (int i=0; i<size; i++) {
       Thread thread = new TaskThread(this);
       thread.start();
   }
}

//池线程
public void run(Runnable task) {
   synchronized (tasks) {
       tasks.addLast(task);
       tasks.notify();
   }
}

//取得下一等待线程
public Runnable getNext() {
   Runnable returnVal = null;
```

```
    synchronized (tasks) {
        while (tasks.isEmpty()) {
            try {
                tasks.wait();                    //线程等待
            } catch (InterruptedException ex) {
            System.err.println("Interrupted");   //输出异常
            }
        }
        returnVal = (Runnable)tasks.removeFirst();
    }
    return returnVal;
    }
}

/**
PoolTest.Java
线程池测试程序，要演示的任务是显示 5 次消息。线程池的长度是要显示消息字符串的一半大小。
*/
public class PoolTest{
    public static void main (String args[]) {
    final String message[] = {"Reference List", "Christmas List",
                            "Wish List", "Priority List", "'A' List"};
    ThreadPool pool = new ThreadPool(message.length/2);
    for (int i=0, n=message.length; i<n; i++) {
        final int innerI = i;
        Runnable runner = new Runnable() {
            public void run() {
                    for (int j=0; j<5; j++) {
                System.out.println("j: " + j + ": " + message[innerI]);
                    }
                }
            };
            pool.run(runner);
    }
    }
}
```

分别把以上 3 个类的源文件保存为 TaskThreod.java、ThredPod.java 和 PoolTest.java，并使用 Javac 工具，依次编译 ThredPod.java、TaskThreod.java 和 PoolTest.java3 个文件。注意 3 个文件保存在同一文件夹中。最后在控制台键入：

```
java PoolTest
```

测试程序的样本执行结果如下：

```
j: 2: Reference List
j: 3: Reference List
j: 4: Reference List
j: 0: Christmas List
j: 1: Christmas List
j: 2: Christmas List
j: 0: Wish List
j: 1: Wish List
j: 2: Wish List
j: 3: Wish List
```

```
j: 4: Wish List
j: 0: Priority List
j: 1: Priority List
j: 2: Priority List
j: 3: Priority List
j: 4: Priority List
j: 0: 'A' List
j: 1: 'A' List
j: 2: 'A' List
j: 3: 'A' List
j: 4: 'A' List
j: 3: Christmas List
j: 4: Christmas List
```

适合应用线程池的场合：当一个 Web 服务器接收到大量短小线程的请求时，使用线程池技术是非常合适的，它可以大大减少线程的创建和销毁次数，提高服务器的工作效率。但如果线程要求的运行时间比较长，此时线程的运行时间比创建时间要长得多，单靠减少创建时间对系统效率的提高不明显，此时就不适合应用线程池技术，需要借助其他技术来提高服务器的工作效率。

第 11 章　图形用户界面

对于一个优美的软件而言，图形界面的美观与便捷是不可缺少的，因为只有通过图形界面，用户才能够与程序友好地交互，本章及后面的两章将详细讲解 Java 中的图形界面设计原理，以及常用组件的使用。

11.1　AWT 及其根组件

抽象窗口工具（Abstract Windows Toolkit）为编写图形用户界面提供了用户接口，它使应用程序能够更好地同用户进行交互。虽然在各种平台上还有其他不同的 API 库可用于构造图形用户界面，但是它们往往与特定平台相关，就无法大范围、跨平台地使用。尽管现在有不少创建图形用户界面的自动化工具，例如 JBuilder 系列 Java 开发工具都具备高效开发 GUI 环境的功能。但是对于从事 Java 编程人员而言，能够深刻理解 AWT 依然是非常重要的。

11.1.1　java.awt 包

AWT 中聚集了大量用于构造图形用户界面的类，使用 AWT 可以创建窗口、绘图、使用图片，还可以使用现有的图形用户界面组件，例如按钮、滚动条、下拉菜单等，关键的一点是使用 AWT 绘制的图形用户界面是独立于平台的，也就是说，在 Windows 平台、Linux 平台以及其他平台上运行的同一个应用程序，其图形用户界面是相差无几的。java.awt 包中包含了 AWT 图形用户界面的相关类，从图 11-1 中可以看到 java.awt 包中一些主要类之间的关系。

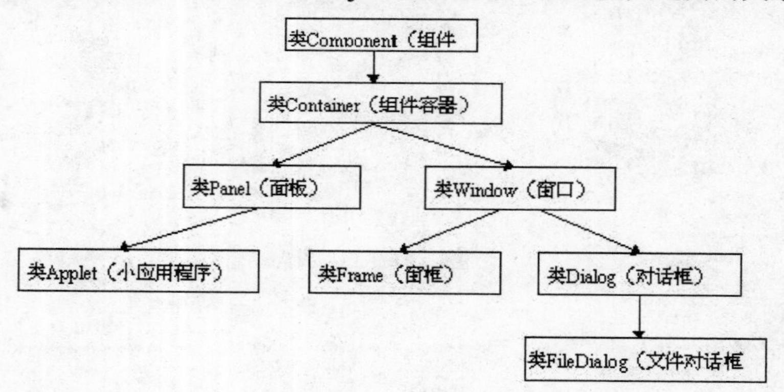

图 11-1　awt 包中主要类之间的关系

11.1.2　根组件（Component）

组件是 Java 中图形用户界面的基础，在 Java 应用程序中见到的图形界面都是由组件构成的，它包含了窗口、画布、按钮、复选框、滚动条、下拉列表、菜单和文本区域。使用组件时，一般将组件放在容器内，容器对象包含了各种组件对象，并对组件对象进行布局排列的管理，最后显示出来。在 AWT 中，Component 类是 AWT 所有类的父类，也就是说，在 AWT 类层次中 Component 类是顶层类，如图 11-2 所示。

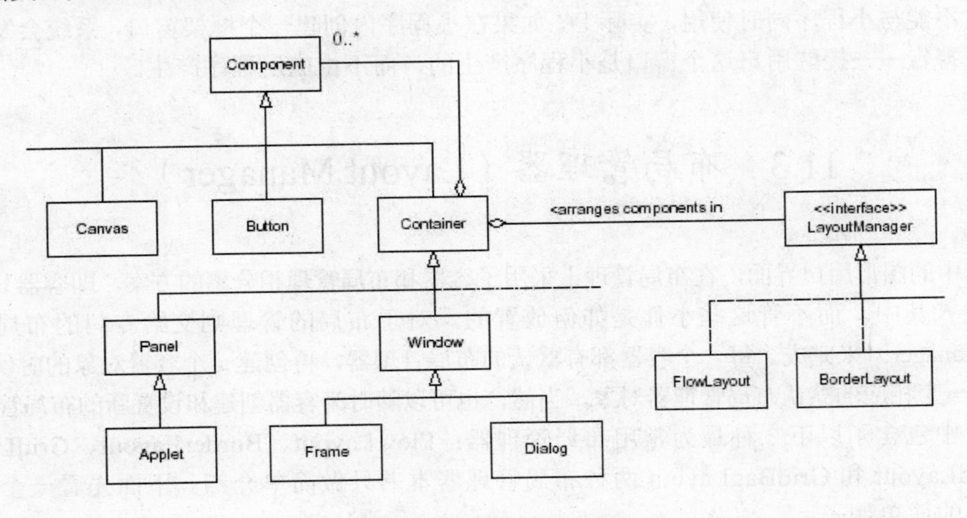

图 11-2　组件继承关系

11.2　容器（Container）和组件

容器是一种比较特殊的组件，它可以包含其他组件，即可以把组件放在容器中。反之，如果一个组件不是组件容器，则其中不能包含其他组件。容器也是一种组件，所以一个组件容器可以放在另一个组件容器中。组件容器的出现使得事情变得复杂了，其实也使很多事情变得更容易了。我们可以把组件放在组件容器里，也可以把组件容器放在另一个组件容器里，这样就形成了有层次的组件结构。图 11-3 更好地说明了容器与组件之间的关系。

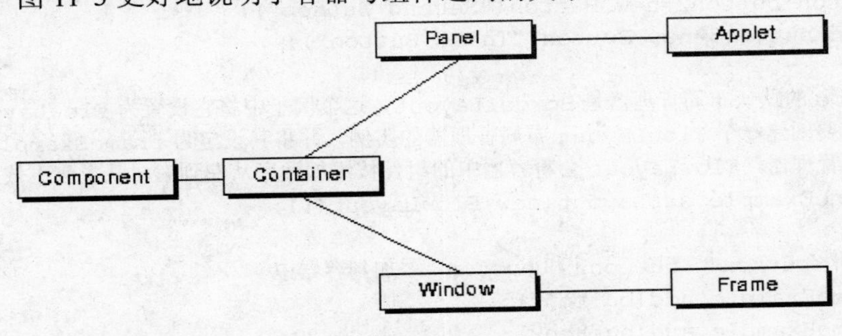

图 11-3　容器与组件之间的关系

Container 类是用于存放其他组件的 Component 类的子类，它有 Panel、Window 和 Frame 等几个具体的子类。

- Panel 类，用于实现容器的功能，它几乎从 Container 类中继承了所有方法，Panel 不包含标题栏或者边界。注意，Panel 类是 Applet 类的父类。
- Window 类，用于创建不包含任何其他对象的顶层窗口，Window 类的对象直接位于桌面上，在大多数情况下，不会直接创建 Window 对象。相反地，会常常使用 Window 类的子类，例如 Frame。

■ Frame 类，用于创建具有标题栏和边界的窗口。通常，框架窗口被应用于应用程序，而不能与小程序同时使用，实际上，如果在小程序内创建一个框架窗口，系统会发出一个警告——提醒用户这个窗口是小程序产生的，而不由应用程序产生。

11.3 布局管理器（Layout Manager）

Java 中的图形用户界面，在布局管理上采用了容器和布局管理相分离的方案，即容器只管将其他小件放入其中，而不管这些小件是如何放置的。对于布局的管理则交给专门的布局管理器（LayoutManager）来完成。每一个容器都有默认的布局管理器，再创建一个容器对象的时候，同时也会创建一个相应的默认布局管理器对象，当然，也可以随时为容器创建和设置新的布局管理器。

Java 中包含了以下 3 种最为常用布局管理器：FlowLayout、BorderLayout、GridLayout，至于 CardLayout 和 GridBagLayout 两种布局管理器本书只做简单介绍。下面先看一个使用布局管理器的简单例子。

```
//GUIExample.Java
import java.awt.*;

/**
 * A simple GUI example
 * @author: leoyu
 */
public class GUIExample {
  public static void main(String[] args) {
    //创建一个 Frame 的容器对象，标题为 GUI Example!，和两个 Button 按钮对象
      Frame frameExample = new Frame("GUI Example!");
      Button button1=new Button("First Button");
      Button button2=new Button("Second Button");
    Button button3=new Button("Third Button");

    //Frame 的默认布局管理器是 BorderLayout，这个例子中将它设置为 FlowLayout
    //这需要创建一个 FlowLayout 布局管理器的实例，并将其设定为 frameExample 的
    //布局管理器，FlowLayout 会将容器中的组件按添加顺序从左到右、从上到下依次排列
      frameExample.setLayout(new FlowLayout());

    //将组件 button1、button2 和 button3 添加到容器中
      frameExample.add(button1);
      frameExample.add(button2);
      frameExample.add(button3);

    //将 frameExample 的大小设定为适应于组件的大小
      frameExample.pack();

    //显示容器和组件
frameExample.setVisible(true);
  }
}
```

运行结果如图 11-4 所示。

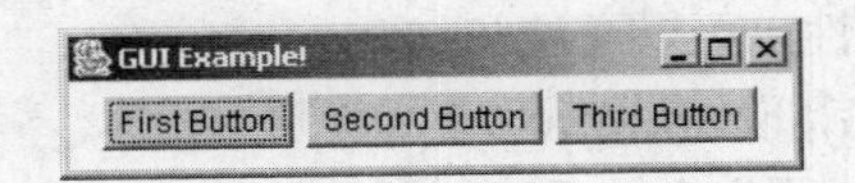

图 11-4　运行结果

读者可以实践一下这个程序，具体体会一下容器和组件的层次关系，以及布局管理器的运用。

11.3.1　FlowLayout 布局管理器

FlowLayout 布局管理器将组件自左而右、自上而下地在同一行中安排组件，并将组件尽量居中放置。当一行中放满了组件后，将其他组件放到下一行上显示。

具体地讲，当向容器中添加新组件时，FlowLayout 布局管理器将根据容器宽度把新组件放置于与前一组件的同一行上，当一行排满时就放到下一行。这样可以使每个组件取得最佳尺寸。

FlowLayout 类中有两个属性 Hgap 和 Vgap，分别表示组件之间的水平间距和垂直间距，这两个属性可以通过 SetHgap()和 SetVgap()方法来设定。另外，FlowLayout 还定义了 3 个标识组件对齐位置的常量 LEFT、CENTER 和 RIGHT。它们分别表示组件居左、居中、居右排列。

注意： FlowLayout 布局管理器是很多容器类的默认布局管理器，例如 Panel 和 Applet 类都采用 FlowLayout 作为默认的布局管理器。

下面介绍一下如何使用 FlowLayout 布局管理器，FlowLayout 对象有 3 种构造函数。

- new FlowLayout()，居中默认对齐方式,水平和垂直间距为默认值为 5 个像素。
- new FlowLayout(FlowLayout.LEFT)，左对齐,水平间距和垂直间距为默认值为 5 个像素。
- new FlowLayout(FlowLayout.RIGHT,10,20)，右对齐，组件之间水平间距 10 个像素,垂直间距为 20 个像素。

再利用 setLayout()方法就可以为容器设定布局管理器，比如 setLayout(new FlowLayout())。

具体示例程序可以参考前面的示例程序 GUIExample.Java。调节窗口的大小观察组件的排列顺序的变化，有助于更好地了解 FlowLayout 布局管理器的具体运行机制。

图 11-5 都是在调节窗口大小的过程中出现的不同组件排列情况，正是这种特性使得用 Java 语言编写的图形用户界面具有更好的平台无关性、更强的移植性。

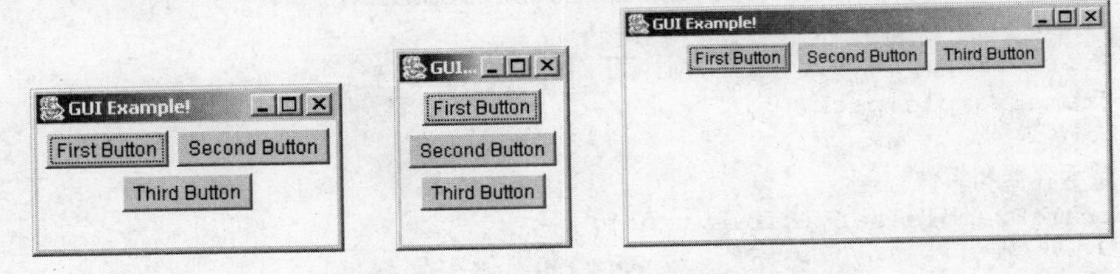

图 11-5　窗口调节带来的组件变动

11.3.2　BorderLayout 布局管理器

BorderLayout 布局管理器只允许在容器内放置 5 个组件，这 5 个组件的位置由 BorderLayout 类定义的 5 个常量来确定。它们分别是 North（北）、South（南）、East（东）、West（西）、Center（中），对应着容器中的上、下、右、左、中部，如图 11-6 所示。

同 FlowLayout 布局管理器一样，BorderLayout 布局管理器也具有 Hgap 和 Vgap 属性，可以通过 SetHgap()和SetVgap()方法进行设定，意义同 FlowLayout 布局管理器一致。BorderLayout 布局管理器是 Window、Frame 和 Dialog 的默认布局管理器。

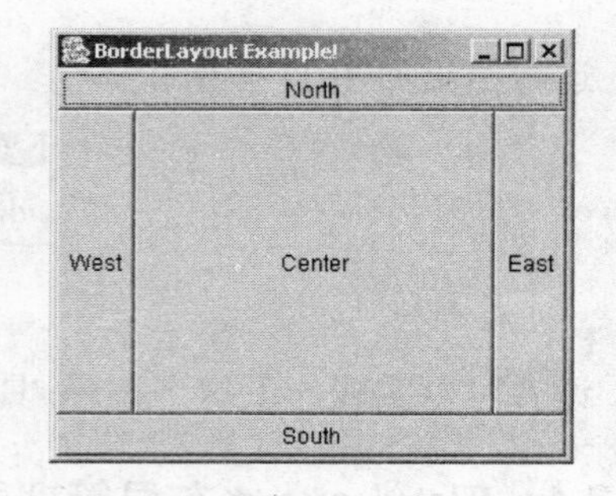

图 11-6　BorderLayout 组件的布局

注意：与其他布局管理器不同的是，在 BorderLayout 布局管理器中的组件将占用容器的所有空间。位于上和下的组件宽度将和容器的宽度一致，处在右和左的组件高度将和容器剩余的高度一致，其余的空间都分配给位于中部的组件，从下面的代码（图 11-6 所示程序界面对应的代码）中可以体会到。

```
//FiveButtons.Java
import java.awt.*;
/**
 * A simple example using BorderLayout.
 * @author: leoyu
 */
public class FiveButtons {
  public static void main(String[] args) {
//创建一个 Frame 的容器对象，标题为 BorderLayout Example!，和 5 个 Button 按钮对象
      Frame frameExample = new Frame("BorderLayout Example!");
      Button north=new Button("North");
      Button south=new Button("South");
    Button east=new Button("East");
      Button west=new Button("West");
      Button center=new Button("Center");

    //将组件按钮添加到容器中
      frameExample.add(north,BorderLayout.NORTH);
      frameExample.add(south,BorderLayout.SOUTH);
      frameExample.add(east,BorderLayout.EAST);
      frameExample.add(west,BorderLayout.WEST);
      frameExample.add(center,BorderLayout.CENTER);

    //将 frameExample 的大小设定为适应于组件的大小
      frameExample.pack();

    //显示容器和组件
      frameExample.setVisible(true);
  }
}
```

还有一点，BorderLayout 布局管理器的某个特定区域不能显示多个组件，5 个位置都只能放入一个组件，如果向一个位置添加了多个组件，那么只显示最后一个，即最后一个将覆盖前面添加的组件。例如下面的代码：

```
//BorderOver.Java
import java.awt.*;
/**
 * A simple example using BorderOver.
```

```
 * @author: leoyu
 */
public class BorderOver {
  public static void main(String[] args) {

      Frame frameExample = new Frame("BorderOver Example!");
      Button north1 = new Button("North1");
      Button north2 = new Button("North2");

      frameExample.add(north1, BorderLayout.NORTH);
      frameExample.add(north2, BorderLayout.NORTH);

      frameExample.pack();
      frameExample.setVisible(true);
  }
}
```

程序运行结果如图 11-7 所示。

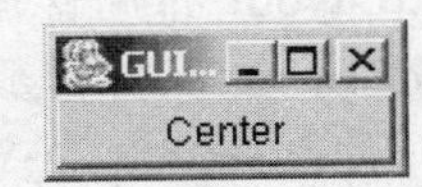

图 11-7　运行结果

如何解决 BorderLayout 布局管理器某个位置不能放入多个组件的问题呢？通常的做法是，在容器指定位置再加入一个容器，在这个后加的容器中再添加多个组件。例如下面的一段示例代码：

```
//MultiComponent.Java
import java.awt.*;
/**
 * A simple example using MultiComponent.
 * @author: leoyu
 */
public class MultiComponent {
  public static void main(String[] args) {
      //创建一个 Frame 的容器对象，标题为 BorderLayout Example!,
      //和 5 个 Button 按钮对象
      Frame frameExample = new Frame("BorderLayout Example!");
      Button north1 = new Button("North1");
      Button north2 = new Button("North2");
      Button south = new Button("South");
      Button east = new Button("East");
      Button west = new Button("West");
      Button center = new Button("Center");

      Panel northPanel = new Panel();

      northPanel.add(north1);
      northPanel.add(north2);
      frameExample.add(northPanel, BorderLayout.NORTH);
      frameExample.add(south, BorderLayout.SOUTH);
      frameExample.add(east, BorderLayout.EAST);
      frameExample.add(west, BorderLayout.WEST);
      frameExample.add(center, BorderLayout.CENTER);

      frameExample.pack();

      frameExample.setVisible(true);
```

```
    }
}
```

程序运行结果如图 11-8 所示。

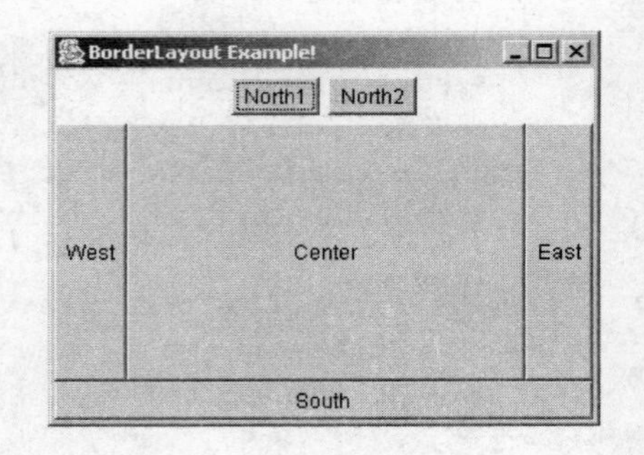

图 11-8　运行结果

11.3.3　GridLayout 布局管理器

GridLayout 布局管理器可以指定放置组件的矩形网格，网格中每个单元的高度与宽度都相同。组件为适应网格单元可以在水平和垂直方向上拉伸，网格的大小是由容器的尺寸，以及创建网格的多少决定的。

GridLayout 布局管理器将容器平均分成若干个网格，每个组件分配到一个网格，所以在构造 GridLayout 的实例对象时，需要指定网格的行数（Rows）和网格的列数（Colums）。同时，可以调用 SetHgap 和 SetVgap 方法设置组件之间的水平距离（Hgap）和垂直距离（Vgap）。GridLayout 布局管理器安排组件的顺序是从左到右、从上到下。当组件数目大于网格数时，GridLayout 保持行数不变而自动增加列数。下面是一个在两行中添加 7 个按钮组件的代码。

```
//GridLayoutExample.Java
import java.awt.*;

/**
 * Created by IntelliJ IDEA.
 * @author: leoyu
*/
public class GridLayoutExample {
  public static void main(String[] args) {

      Frame frameExample = new Frame("BorderLayout Example!");
      Button button1 = new Button("button1");
      Button button2 = new Button("button2");
      Button button3 = new Button("button3");
      Button button4 = new Button("button4");
      Button button5 = new Button("button5");
      Button button6 = new Button("button6");
      Button button7 = new Button("button7");

      //将 frameExample 的布局管理器设置为 GridLayout,指定网格为 2 行 3 列
      frameExample.setLayout(new GridLayout(2,3));

      //将组件按钮添加到容器中
      frameExample.add(button1);
      frameExample.add(button2);
      frameExample.add(button3);
      frameExample.add(button4);
      frameExample.add(button5);
      frameExample.add(button6);
      frameExample.add(button7);

      //将 frameExample 的大小设定为适应于组件的大小
      frameExample.pack();
      //显示容器和组件
```

```
        frameExample.setVisible(true);
    }
}
```

程序运行结果如图 11-9 所示。

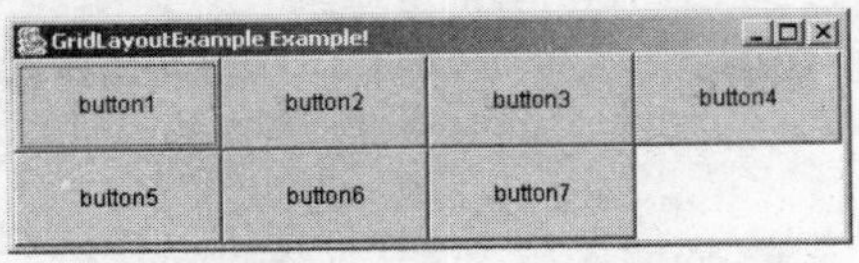

图 11-9　程序运行结果

由于原来指定的网格为 2 行 3 列，但是添加第 7 个按钮时，对布局进行了调整，保持行数不变，增加列数。

11.3.4　CardLayout 布局管理器

CardLayout 布局管理器允许在一个组件中每次只显示一组组件中的某一个。这一组组件被放在一个堆栈中，这种情况一般出现在同一个程序中，需要根据不同的用户和不同的需求显示一组界面中不同的界面。这时就需要调用 CardLayout 类。为了在不同组件之间相互切换，CardLayout 类提供了几种方法，如表 11-1 所示。

表 11-1　CardLayout 类的常用方法

方法	功能描述
previous(Container parent)	选择目前组件前面的组件
first(Container parent)	选择容器 parent 中的第一个组件
last(Container parent)	选择容器 parent 中的最后一个组件
show(Container parent、String name)	选择由 parent 中 name 指定的组件

另外，CardLayout 类也可以通过 SetHgap()和 SetVgap()方法来设置组件与容器边界的间距。例如下面的一段示例程序：

```
// CardLayoutExample.Java
import java.awt.*;
import java.awt.event.*;
public class CardLayoutExample {
  public static void main(String[] args) {

      Frame frameExample = new Frame("CardLayoutExample!");
      final CardLayout cardLayout = new CardLayout();
      Panel controlPanel = new Panel();
      controlPanel.setBackground(Color.pink);
      Button buttons = new Button("Buttons");
      Button textFields = new Button("TextFields");
      Button lists = new Button("Lists");
      final Panel cardPanel = new Panel();

      controlPanel.add(buttons);
      controlPanel.add(textFields);
      controlPanel.add(lists);
      buttons.addActionListener(new ActionListener() {
```

```java
            public void actionPerformed(ActionEvent e) {
                cardLayout.show(cardPanel, "card 2");
            }
        });
        textFields.addActionListener(new ActionListener() {
            public void actionPerformed(ActionEvent e) {
                cardLayout.show(cardPanel, "card 3");
            }
        });
        lists.addActionListener(new ActionListener() {
            public void actionPerformed(ActionEvent e) {
                cardLayout.show(cardPanel, "card 4");
            }
        });

        cardPanel.setLayout(cardLayout);
        Panel buttonsPanel = new Panel();
        buttonsPanel.setBackground(Color.yellow);
        buttonsPanel.add(new Button("Button 1"));
        buttonsPanel.add(new Button("Button 2"));
        buttonsPanel.add(new Button("Button 3"));

        Panel textFieldsPanel = new Panel();
        textFieldsPanel.setBackground(Color.cyan);
        textFieldsPanel.add(new TextField(10));
        String msg = "Please enter your name";
        textFieldsPanel.add(new TextField(msg, 40));
        Panel listsPanel = new Panel();
        listsPanel.setBackground(Color.magenta);
        List list = new List(5, false);
        list.add("Hamlet");
        list.add("Claudius");
        list.add("Gertrude");
        list.add("Polonius");
        list.add("Horatio");
        list.add("Laertes");
        list.add("Ophelia");
        list.add("Caesar");
        list.add("Brutus");
        list.add("Alexandrius");
        listsPanel.add(list);

        Panel welcomePanel = new Panel();
        welcomePanel.setBackground(Color.gray);
        welcomePanel.add(new Label("Welcome to an example of CardLayout"));

        cardPanel.add("card 1", welcomePanel);
        cardPanel.add("card 2", buttonsPanel);
        cardPanel.add("card 3", textFieldsPanel);
        cardPanel.add("card 4", listsPanel);

        frameExample.setLayout(new BorderLayout());
        frameExample.add("North", controlPanel);
```

```
        frameExample.add("Center", cardPanel);

        frameExample.pack();
        frameExample.setVisible(true);
    }
}
```

图 11-10 所示的是程序运行的初始界面：显示 Welcome 面板。

单击 Buttons 按钮，显示 Buttons 面板，如图 11-11 所示。

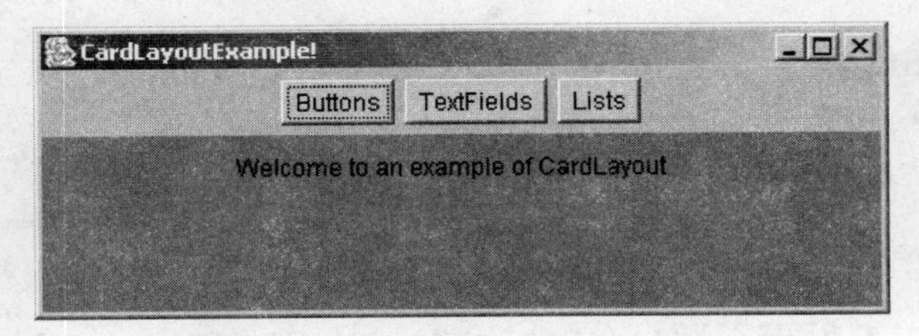

图 11-10　程序运行的初始界面

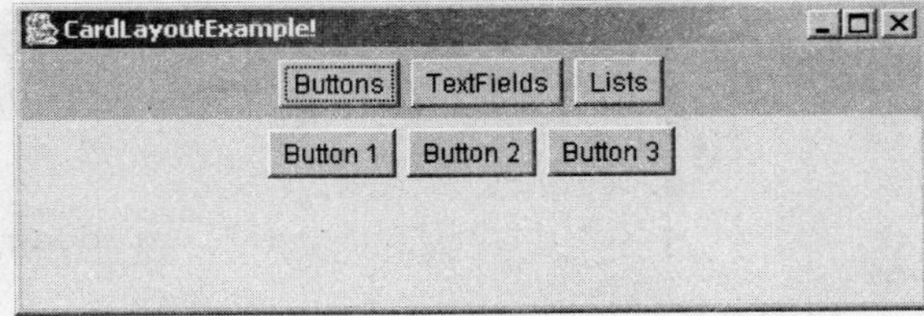

图 11-11　显示 Buttons 面板

单击 TextFields 按钮，显示 TextFields 面板，如图 11-12 所示。

单击 Lists 按钮，显示 Lists 面板，如图 11-13 所示。

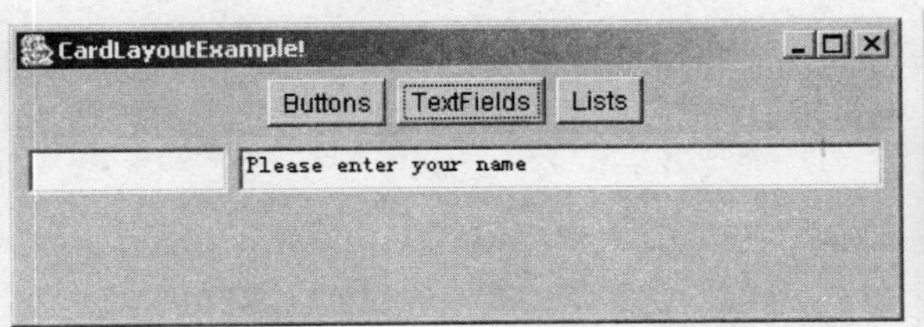

图 11-12　显示 TextFields 面板

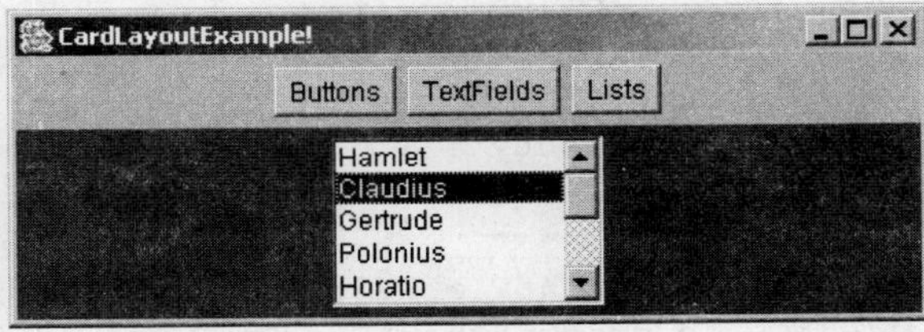

图 11-13　显示 Lists 面板

11.3.5　GridBagLayout 布局管理器

GridLayout 是把组件严格限定在网格之中，而且网格尺寸都是一样的，每一组件只能放置于一个网格内。GridBagLayout 要复杂得多，而且灵活性也较大。它不要求每一行每一列都有相同的尺寸，而且组件可以占据多个网格。例如下面的示例代码：

```
// GridBagLayoutExample.Java
import java.awt.*;

public class GridBagLayoutExample extends Frame {
  private boolean inAnApplet = true;

  protected void makebutton(String name,
                            GridBagLayout gridbag,
                            GridBagConstraints c) {
      Button button = new Button(name);
      gridbag.setConstraints(button, c);
      add(button);
  }

  public GridBagLayoutExample() {
      GridBagLayout gridbag = new GridBagLayout();
      GridBagConstraints c = new GridBagConstraints();
```

```
        setFont(new Font("Helvetica", Font.PLAIN, 14));
        setLayout(gridbag);

        c.fill = GridBagConstraints.BOTH;
        c.weightx = 1.0;
        makebutton("Button1", gridbag, c);
        makebutton("Button2", gridbag, c);
        makebutton("Button3", gridbag, c);

        c.gridwidth = GridBagConstraints.REMAINDER;  //end row
        makebutton("Button4", gridbag, c);

        c.weightx = 0.0;                             //reset to the default
        makebutton("Button5", gridbag, c);           //another row

        c.gridwidth = GridBagConstraints.RELATIVE; //next-to-last in row
        makebutton("Button6", gridbag, c);

        c.gridwidth = GridBagConstraints.REMAINDER; //end row
        makebutton("Button7", gridbag, c);

        c.gridwidth = 1;                             //reset to the default
        c.gridheight = 2;
        c.weighty = 1.0;
        makebutton("Button8", gridbag, c);

        c.weighty = 0.0;                             //reset to the default
        c.gridwidth = GridBagConstraints.REMAINDER; //end row
        c.gridheight = 1;                          //reset to the default
        makebutton("Button9", gridbag, c);
        makebutton("Button10", gridbag, c);
    }
    public synchronized boolean handleEvent(Event e) {
        if (e.id == Event.WINDOW_DESTROY) {
            if (inAnApplet) {
                dispose();
                return true;
            } else {
                System.exit(0);
            }
        }
        return super.handleEvent(e);
    }

    public static void main(String args[]) {
        GridBagLayoutExample window = new GridBagLayoutExample();
        window.inAnApplet = false;

        window.setTitle("GridBagWindow Application");
        window.pack();
        window.show();
    }
}
```

程序运行结果如图 11-14 所示。

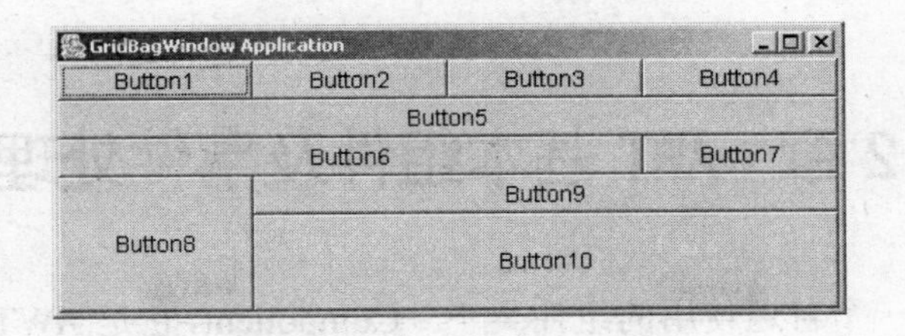

图 11-14　运行结果

11.3.6　null 布局管理器

还有一种布局管理器，它采用绝对定位的方式为组件安排位置。这种布局管理器在平台无关性、可移植性方面不如前面讲述的 5 种布局管理器，只要使用 setLayout(null)就可以使容器采用 null 布局管理器。例如下面的示例程序：

```
// NullLayoutExample.Java
import java.awt.*;
public class NullLayoutExample extends Frame {
  private Button b1, b2, b3;
  public NullLayoutExample() {
      super();
      setLayout(null);
      setFont(new Font("Helvetica", Font.PLAIN, 14));

      b1 = new Button("one");
      add(b1);
      b2 = new Button("two");
      add(b2);
      b3 = new Button("three");
      add(b3);
  }

  public void paint(Graphics g) {

      b1.setBounds(50, 25, 50, 20);
      b2.setBounds(70, 55, 50, 20);
      b3.setBounds(130, 35, 50, 30);
  }
  public static void main(String args[]) {
      NullLayoutExample window = new NullLayoutExample();
      window.setTitle("NoneWindow Application");
      window.setBounds(250, 90, 400, 100);
      window.show();
  }
}
```

程序运行结果如图 11-15 所示。

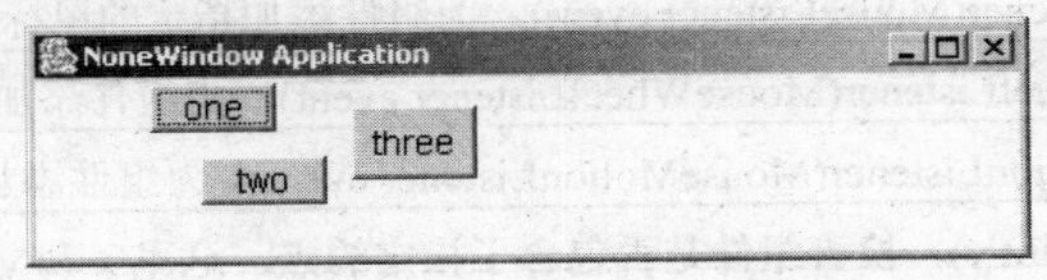

图 11-15　程序运行结果

第 12 章　AWT 基本组件及事件处理机制

本章介绍 AWT 中一个普遍使用的组件类——Component，它是 AWT 中图形用户界面元素的超类。Component 作为一个超类，定义了大量的可供子类继承的通用方法和处理不同事件的 API，比如鼠标单击事件、键盘输入事件等，而这些子类却大量出现在图形用户界面的程序中。

12.1 AWT 基本组件

12.1.1 Component 类

基于图形用户界面的程序都是由一组对象构成的，在 Java 中这些对象称为组件，例如在图形用户界面中常用的按钮、文本框、下拉列表、菜单、容器等都是组件。而容器不同于其他组件，它还可以包含其他组件，下面几节会接触更多的容器。

1. 常量

表 12-1 列出了 Component 类中定义的 5 个常量，这 5 个常量都是关于组件对齐方式的。

表 12-1　组件对齐方式

定义	对齐方式	说明
static float	BOTTOM_ALIGNMENT	底部对齐
static float	CENTER_ALIGNMENT	居中对齐
static float	LEFT_ALIGNMENT	左对齐
static float	RIGHT_ALIGNMENT	右对齐
static float	TOP_ALIGNMENT	顶部对齐

2. 方法

表 12-2 中列出了Component类中所定义的方法。

表 12-2　组件常用方法

返回类型	方法描述
void	addComponentListener(ComponentListener event)，为组件添加指定的事件监听器
void	addFocusListener(FocusListener event)，为组件添加指定的焦点监听器，接受组件获得输入焦点的事件
void	addKeyListener(KeyListener event)，为组件添加指定的键盘事件监听器
void	addMouseListener(MouseListener event)，为组件添加指定的鼠标事件监听器
void	addMouseWheelListener(MouseWheelListener event)，为组件添加指定的鼠标滚轮事件监听器
void	addMouseMotionListener(MouseMotionListener event)，为组件添加指定的鼠标拖动事件监听器
boolean	contains(int x,int y)，检查组件是否包含了指定的点，这里 x 和 y 的定义取决于组件所处的坐标系统

（续表）

返回类型	方法描述
boolean	contains(Point p)，检查组件是否包含了指定的点，这里构成 Point 的 x 和 y 的定义取决于组件所处的坐标系统
void	doLayout()，提醒布局管理器对组件进行布局
Color	getBackground()，组建的背景色
Rectangle	getBounds()，组建的边界，并以一个Rectangle对象返回
Rectangle	getBounds(Rectangle rv)，组建的边界，并存储在一个指定的Rectangle对象中返回
Component	getComponentAt(int x, int y)，确定组件或者组件的子组件是否包含了（x,y）这个位置，如果是，则返回包含这个位置的组件
Component	getComponentAt(Point p)，包含了指定点的组件或者子组件
ComponentListener[]	getComponentListeners()，这个组件中所有已注册监听器的数组
FocusListener[]	getFocusListeners()，这个组件中所有已注册的焦点监听器的数组
Font	getFont()，组件的字体
Color	getForeground()，组件的前景色
Graphics	getGraphics()，为组建创建一个 Graphics 环境对象
int	getHeight()，组件的当前高度
KeyListener[]	getKeyListeners()，这个组件中所有已注册的键盘监听器的数组
Point	getLocation()，组件以 Point 形式指定的组件的左上角坐标
Point	getLocation(Point rv)，将组件以 Point 形式指定的组件的左上角坐标保存在指定的 Point 对象中
MouseListener[]	getMouseListeners()，这个组件中所有已注册的鼠标监听器的数组
MouseMotionListener[]	getMouseMotionListeners()，这个组件中所有已注册的鼠标拖动监听器的数组
MouseWheelListener[]	getMouseWheelListeners()，这个组件中所有已注册的鼠标滚轮监听器的数组
String	getName()，组件的名称
Container	getParent()，组件的父引用
Dimension	getPreferredSize()，组件的首选尺寸
Dimension	getSize()，一个以维数形式表示的组件尺寸
Dimension	getSize(Dimension rv)，将组件的宽和高保存在指定的返回值类型中
Toolkit	getToolkit()，组件的 Toolkit 对象
int	getWidth()，组件的目前宽度
int	getX()，组件最初的 x 坐标
int	getY()，返回组件最初的 y 坐标
boolean	hasFocus()，组件拥有焦点，则返回 true；否则返回 false
void	invalidate()，使组件无效
boolean	isEnabled()，确定组件是否可用
boolean	isFocusable()，组件是否获得焦点
boolean	isOpaque()，组件是否完全透明，默认值为 true

（续表）

返回类型	方法描述
boolean	isShowing()，确定组件是否显示在屏幕上
boolean	isValid()，确定组件是否有效
boolean	isVisible()，确定组件在其父组件可见时，该组件是否可见
void	paint(Graphics g)，绘制组件
void	paintAll(Graphics g)，绘制组件及其所有子组件
void	remove(MenuComponent popup)，从组件中移除指定的弹出菜单
void	removeComponentListener(ComponentListener event)，移除组件的指定事件监听器，这样组件就不能监听这个事件了
void	removeFocusListener(FocusListener event)，移除组件的指定焦点监听器，这样组件就不能再监听这个焦点事件了
void	removeKeyListener(KeyListener event)，移除组件的指定键盘监听器，这样组件就不能再监听这个键盘事件了
void	removeMouseListener(MouseListener event)，移除组件的指定鼠标监听器，这样组件就不能再监听这个鼠标事件了
void	removeMouseMotionListener(MouseMotionListener event)，移除组件的指定鼠标拖动监听器，这样组件就不能再监听这个鼠标拖动事件了
void	removeMouseWheelListener(MouseWheelListener event)，移除组件的指定鼠标滚轮监听器，这样组件就不能再监听这个鼠标滚轮事件了
void	repaint()，重绘组件
void	repaint(int x, int y, int width, int height)，重绘组件的指定区域
void	repaint(long tm)，重绘组件，tm 指定了重绘前的毫秒数
void	repaint(long tm, int x, int y, int width, int height)，重绘组件的指定区域，tm 指定了重绘前的毫秒数
void	setBackground(Color c)，设置组件的背景色
void	setBounds(int x, int y, int width, int height)，设置组件的位置和尺寸
void	setBounds(Rectangle r)，设置组件的位置和尺寸，具体参数通过一个 Rectangle 对象指定
void	setEnabled(boolean b)，设置组件是否可用，这取决于 b 的值
void	setFocusable(boolean focusable)，设置组件是否拥有焦点
void	setFont(Font f)，设置组件的字体
void	setForeground(Color c)，设置组件的前景色
void	setLocation(int x, int y)，将组件移动到一个新位置
void	setLocation(Point p)，将组件移动到一个新位置，具体参数由一个 Point 参数指定
void	setName(String name)，通过一个字符串参数，设置组件的名称
void	setSize(Dimension d)，通过一个二维对象指定组件的大小
void	setSize(int width, int height)，通过指定宽度和高度，改变组件的大小
void	setVisible(boolean b)，设置是否显示组件，这取决于参数 b 的值

（续表）

返回类型	方法描述
String	toString()，组件的字符串形式和它的值
void	update(Graphics g)，更新组件
void	validate()，确保组件的布局有效

12.1.2 AWT 事件模型

AWT 的事件模型有两种，JDK1.0 的事件模型和 JDK1.1 的事件模型，由于现在已经不再提倡使用 JDK1.1 的事件模型，这里就不再赘述了，重点放在 JDK1.1 的事件模型上，对这部分的学习，有助于编写代码，处理发生在用户界面中的各种事件，同时也有助于从事件对象中获取事件源的各种详细信息。

在 JDK1.1 的事件模型中，事件总是由事件源产生的，一个或者多个监听器可以绑定在某个组件上，这在事件模型中被称为注册监听器。有时候把这种事件模型称为授权处理模式，因为它允许程序员将事件处理的权力授权给实现了相应监听接口的对象。JDK1.1 的事件处理模型，使程序员处理和生成事件成为了可能。在 JDK1.1 事件模型中，按钮和 AWT 中的所有组件都可以是事件源。

事件处理对象可以是任何类的一个实例。只要一个类实现了事件监听接口，它的实例就可以处理时间。在具有事件处理代码的程序中，常常会看到以下 3 种常见代码：

1）在事件处理类的声明中，通常声明一个实现了监听接口的类（或者是继承一个实现了监听接口的类）。

```
public class MyClass implements ActionListener {
```

2）用于注册一个监听器。

```
component.addActionListener(new MyClass());
```

3）实现监听接口的方法。

```
public void actionPerformed(ActionEvent e) {
  ...//添加处理事件的代码
}
```

下面是一个简单的例子。

```
//EventTest.Java
import java.awt.*;
import java.awt.event.*;
public class EventTest {
 public static void main(String[] args) {
     Frame frameExample=new Frame("Event Test Example!");
     Button button=new Button("Hello");
     frameExample.setLayout(new FlowLayout());
     button.addActionListener(new MyButtonListener());
     frameExample.add(button);
     frameExample.setBounds(100,100,100,100);
     frameExample.setVisible(true);
  }
}
class MyButtonListener implements ActionListener {
```

```
        public void actionPerformed(ActionEvent e) {
            ((Button)e.getSource()).setLabel("Good Bye");
        }
    }
```

可以在上面这个程序中轻易找到上述 3 种常见代码。

在这个程序中，把对按钮 button 的事件处理放在了类 MyButtonListener 中进行处理，这样一来就把 GUI 设计和事件处理代码有效地分开了。在这里 button 对象是事件源，MyButtonListener 类的对象是监听器对象。

当鼠标单击按钮时，按钮产生 ActionEvent 事件，这个事件被传给 button 注册的监听器，这个监听器对象会自动处理它（调用它的 actionPerformed()方法）。

12.2 GUI 事件的处理

12.2.1 AWT 事件继承层次

Java 的 API 库中定义了许多不同的事件类，它们分别代表特定的事件类型。Java 中所有的事件都是从 java.util 包中的 EventObject 类扩展而来。EventObject 类有一个子类 AWTEvent 子类，它是所有 AWT 事件类的父类，如图 12-1 所示。

java.util.EventObject 类只实现了两个方法，其中一个是 getSource()，可以获取事件最初发生的事件源，这个方法是相当有用的。java.awt.AWTEvent 类中的一个关键方法是 getID()，它返回某事件的 ID 号，事件的 ID 号是一个整型值，它指定事件的类型。

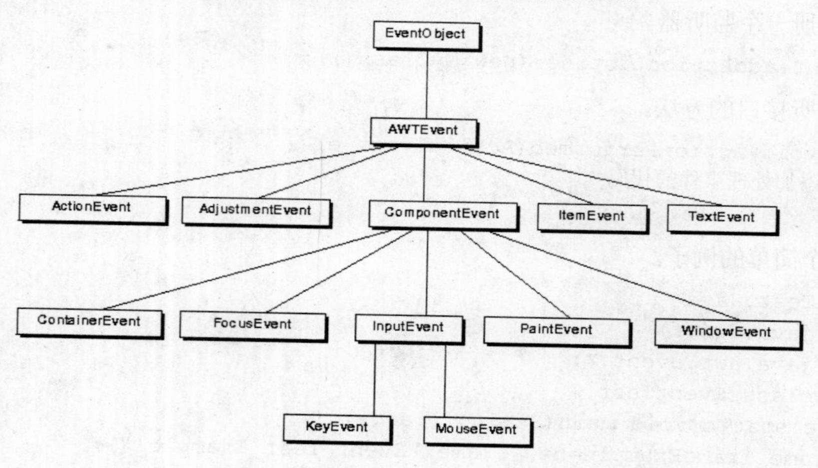

图 12-1 AWT 事件类的继承关系

AWTEvent 的子类包含了多种类型的事件，如表 12-3 所示。

表 12-3 继承自 AWTEvent 类的事件

事件	说明
ActionEvent	激活组件时发生的事件
AdjustmentEvent	调节可调整组件（例如滚动条）时发生的事件

（续表）

事件	说明
ComponentEvnet	操纵某组件时发生的一个高层事件
ContainerEvent	当向容器添加组件或从容器中删除组件时发生的事件
InputEvent	由某输入设备产生的一个高层事件
ItemEvent	从选择项、复选框或列表框中选择项时发生的事件
KeyEvent	操作键盘时发生的事件
MouseEvent	操作鼠标时发生的事件
PaintEvent	描绘组件时发生的事件
TextEvent	更改文本组件时发生的事件
WindowEvent	操作窗口时发生的事件，例如最小化或最大化某一窗口

表 12-4 列出了 java.awt.event 包中针对以上事件的常用的监听器接口。

表 12-4　常用监听器接口

接口方法	接口方法
ActionListener	MouseListener
AdjustmentListener	MouseMotionListener
ComponentListener	MouseWheelListener
ContainerListener	TextListener
FocusListener	WindowListener
ItemListener	WindowFocusListener
KeyListener	WindowFocusListener

12.2.2　AWTEvent 子类事件

1. ActionEvent

■　getModifiers()返回一个整型值，其返回值可以用来判断是否按下了 Alt、Ctrl 或者 Shift 键。

■　常数 ALT_MASK、CTRL_MASK、META_MASK、SHIFT_MASK 与 getModifiers()或运算符 | 一起，可以判断确定当该事件发生时是否某个特定组合键被按下。

2. AdjustmentEvent

■　getAdjustable()获得产生该事件的对象。该对象是实现可调整接口的类的实例。

■　getValue()返回调整事件的当前值。

3. ComponentEvent

getComponent()返回触发该事件的组件。

4. ContainerEvent

■　getChild()返回子组件对象。

■　getContainer()返回容器对象。

常量 COMPONENT_ADDED 和 COMPONENT_REMOVED 可以帮助用户了解什么时候向容器中添加组建，什么时候从容器中删除组建。

5. FocusEvent

这个类仅仅定义了一些新的常量。

6. InputEvent

■ getModifiers()，当该事件发生时返回一个整型数，其返回值可以用来判断用户是否按下了 Alt、Ctrl 或者 Shift 键。
■ getWhen()，返回事件发生的时间戳。

7. ItemEvent

■ getItem()返回产生该事件的项。
■ getItemSelectable()返回一个对象，该对象的类在该事件发生的位置实现了 ItemSelectable 接口。
■ getStateChange()返回 SELECTED 或者 DESELECTED，具体结果取决于用户是否选中该项目。

8. KeyEvent

■ getKeyCode()返回代表键盘上某一个键的整型值。按下某键可能会产生一个字符。例如，按下字母键 a 可以产生一个字符，按下 F11 键则不能。
■ getKeyChar()返回被按下键的字符值。

9. MouseEvent

■ getClickCount()返回引发该事件的鼠标单击次数（即单击还是双击）。
■ getX()返回鼠标事件的 x 坐标。
■ getY()返回鼠标事件的 y 坐标。

常数 MOUSE_CLICKED、MOUSE_PRESSED、MOUS_RELEASED、MOUSE_ ENTERED 和 MOUSE_EXITED 标识事件。

10. TextEvent

定义了 TEXT_VALUE_CHANGED 常数。

11. WindowEvent

getWindow()返回引发该事件的窗口。

12.2.3 监听器接口

下面是 java.awt.event 包中定义的所有监听器接口，以及实现这些接口所需的方法。

1. ActionListener

当用户进行下列操作时，AWT 会向任意已经注册的 ActionListener 对象发送 ActionEvent 对象。

■ 单击按钮
■ 在文本域里敲回车键
■ 选择菜单项
■ 双击列表项

ActionListener 是由处理 ActionEvent 事件的监听器对象实现的。使用 ActionListener 的常见 AWT 组件有 Button、List 和 TextField 等。这些组件使用 ActionListener 来处理监听和处理

ActionEvent 事件。

其中接口方法如下：

```
public void actionPerformed(ActionEvent e)
```

添加方法如下：

```
componentObj.addActionListener(ActionListener l)
```

下面是一个示例程序：

```
//ActionListenerExample.Java
import java.awt.*;
import java.awt.event.*;

public class ActionListenerExample {
 public static void main(String[] args) {
     Frame frameExample=new Frame("Event Test Example!");
     Button button=new Button("Hello");

     frameExample.setLayout(new FlowLayout());
     button.addActionListener(new MyButtonListener());
     frameExample.add(button);
     frameExample.setBounds(100,100,100,100);
     frameExample.setVisible(true);
  }
}

 class MyButtonListener implements ActionListener {
  public void actionPerformed(ActionEvent e) {
     ((Button)e.getSource()).setLabel("Good Bye");
  }
}
```

在这个程序中，MyButtonListener 实现了 ActionListener 接口，即实现了 actionPerformed()方法。在主程序中，利用 addActionListener()方法为 Button 类对象 button 注册了一个监听器。

2. AdjustmentListener

当用户向上、下、左或右拖动滚动条时，AWT 会向任意已经注册的 AdjustmentListener 对象发送 AdjustmentEvent 对象。

AdjustmentListener 是由处理 AdjustmentEvent 事件的对象实现的。使用 Adjustmen Listener 的常见 AWT 类是 Scrollbar 类。Scrollbar 类使用 AdjustmentListener 来了解滚动条何时被操作。

其中接口方法如下：

```
public void adjustmentValueChanged(AdjustmentEvent e)
```

添加方法如下：

```
componentObj.addAdjustmentListener(AdjustmentEvent l)
```

3. ComponentListener

ComponentListener 是由处理 ComponentEvent 事件的对象实现的。组件实现接口的目的是了解组件何时被隐藏、移动、调整大小或者显示。

其中接口方法如下：

```
public void componentHidden(ComponentEvent e)
```

```
public void componentMoved(ComponentEvent e)
public void componentResized(ComponentEvent e)
public void componentShown(ComponentEvent e)
```

添加方法如下：

```
componentObj.addComponentListener(ComponentListener l)
```

4. ContainerListener

ContainerListener 是由处理 ContainerEvent 事件的对象实现的。容器实现该接口的目的是了解何时把组件加入到容器，或者从容器中删除。

其中接口方法如下：

```
public void componentAdded(ContainerEvent e)
public void componentRemoved(ContainerEvent e)
```

添加方法如下：

```
componentObj.addContainerListener(ContainerListener l)
```

5. FocusListener

FocusListener 是由处理 FocusEvent 事件的对象实现的。该监听器被用于确定何时组件获取或者失去键盘焦点。例如当用户单击文本域，以便可以输入文本；或者在输入完文本后，单击域外。

其中接口方法如下：

```
public void focusGained(FocusEvent e)
public void focusLost(FocusEvent e)
```

添加方法如下：

```
componentObj.addFocusListener(FocusListener l)
```

6. ItemListener

当用户进行下列操作时，AWT 会向已经注册的 ItemListener 对象发送 ItemEvent 对象。

- 选择列表中的项；
- 从选择框里选择项；
- 从复选框菜单项里选择菜单项；
- 单击复选框。

ItemListener 是由处理 ItemEvent 事件的对象实现的。使用 ItemListener 的常见 AWT 类是 Checkbox、Choice 和 List。这些组件使用 ItemListener 来了解某项何时被选中或者被取消选中。菜单组建也是用 ItemListener 来识别何时某可选菜单项被选中或者被取消选中。

其中接口方法如下：

```
public void itemStateChanged(ItemEvent e)
```

添加方法如下：

```
componentObj.addItemListener(ItemListener l)
```

7. KeyListener

KeyListener 是由处理 KeyEvent 事件的对象实现的。该监听器用于确定某键何时被按下、释放或者输入。

其中接口方法如下：

```
public void keyPressed(KeyEvent e)
public void keyReleased(KeyEvent e)
```

```
public void keyTyped(KeyEvent e)
```

添加方法如下：

```
componentObj.addKeyListener(KeyListener l)
```

8. MouseListener

MouseListener 是由处理 MouseEvent 事件的对象实现的。该监听器用于确定鼠标左键何时被按下、进入组件、退出组件或者释放。

其中接口方法如下：

```
public void mouseClicked(MouseEvent e)
public void mouseEntered(MouseEvent e)
public void mouseExited(MouseEvent e)
public void mousePressed(MouseEvent e)
public void mouseReleased(MouseEvent e)
```

添加方法如下：

```
componentObj.addMouseListener(MouseListener l)
```

9. MouseMotionListener

MouseMotionListener 是由处理 MouseMotionEvent 事件的对象实现的。该监听器用于确定何时鼠标被移动或者拖动。

其中接口方法如下：

```
public void mouseDragged(MouseEvent e)
public void mouseMoved(MouseEvent e)
```

添加方法如下：

```
componentObj.addMouseListener(MouseListener l)
```

10. TextListener

TextListener 是由处理 TextEvent 事件的对象实现的。该监听器用于确定何时文本值改变。经常使用 TextListener 的 AWT 组件是 TextArea 和 TextField。

其中接口方法如下：

```
public void textValueChanged(TextEvent e)
```

添加方法

```
componentObj.addTextListener(TextListener l)
```

11. WindowListener

WindowListener 是由处理 WindowEvent 事件的对象实现的。该监听器用于确定窗口何时被打开、关闭、激活、不激活、最小化或最大化。经常使用 TextListener 的 AWT 组件是 TextArea 和 TextField。

其中接口方法如下：

```
public void windowActivated(WindowEvent e)
public void windowClosed(WindowEvent e)
public void windowClosing(WindowEvent e)
public void windowDeactivated(WindowEvent e)
public void windowDeiconfied(WindowEvent e)
public void windowIconified(WindowEvent e)
public void windowOpened(WindowEvent e)
```

添加方法如下：

```
componentObj.addWindowListener(WindowListener l)
```

12.3 几个简单组件

第 11 章已经介绍了如何应用布局管理器，此时你已经可以创建简单的图形用户界面了。下面介绍几个常用组件，这将有助于构造出更好的图形用户界面。本节仅对它作简单介绍，在 Swing 一章中再更详细地讨论。

12.3.1 按钮（Button 类）

按钮组件可以说是图形用户界面中最为常用的组件了，前面所举的例子中都用到了 Button 类，所以在这里对于 Button 类就不再赘述了。

12.3.2 标签（Label 类）

Label 组件就是将一个字符串放在一个组件中。Label 组件没有任何事件，唯一要做的就是在创建该类的实例时，指定文本的对齐方式。例如下面示例代码：

```
Label label1 = new Label("Lions");           //使用默认的居中对齐方式
Label label2 = new Label("Tigers", LEFT); //左对齐
Label label3 = new Label ();                 //没有文本，采用居中对齐方式
label3.setText("and Bears");                 //设置标签的文本
label3.setAlignment(RIGHT);                  //设置对齐方式为右对齐
```

创建实例后，将它们加入到容器中即可。

12.3.3 文本组件（TextField 和 TextArea 类）

下面看一个相应的示例程序。

```
//TextEntryBox.Java
import java.awt.*;
import java.awt.event.*;

public class TextEntryBox extends Frame implements ActionListener {
  TextArea area;
  TextField field;

  public void paint() {
      setLayout(new BorderLayout());
      add("Center", area = new TextArea());
      area.setFont(new Font("TimesRoman", Font.BOLD, 18));
      area.setText("Howdy!\n");
      add("South", field = new TextField());
      field.addActionListener(this);
  }
  public void actionPerformed(ActionEvent e) {
```

```
        area.append(field.getText() + '\n');
        field.setText("");
    }

    public static void main(String[] args) {
        TextEntryBox text = new TextEntryBox();
        text.paint();
        text.pack();
        text.setVisible(true);
    }
}
```

程序运行结果如图 12-2 所示。

在标识 TextField 的输入栏中输入字符串 This is a example，按回车键，该字符串会自动显示在标识为 TextArea 的域中，如图 12-3 所示。

TextField 是允许用户输入和编辑文字的一个单行区域。

TextArea 则是一个多行的文本输入区域，它具有更多的功能，关于它的更多功能可以参考 Java API 文档，这些功能都很有用，但却十分简单。

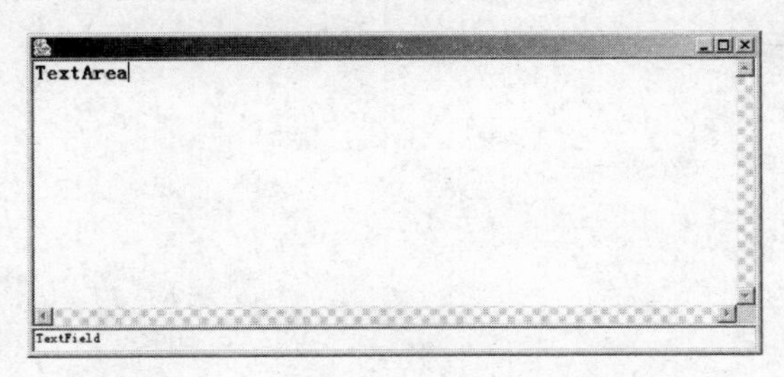

图 12-2　程序运行结果

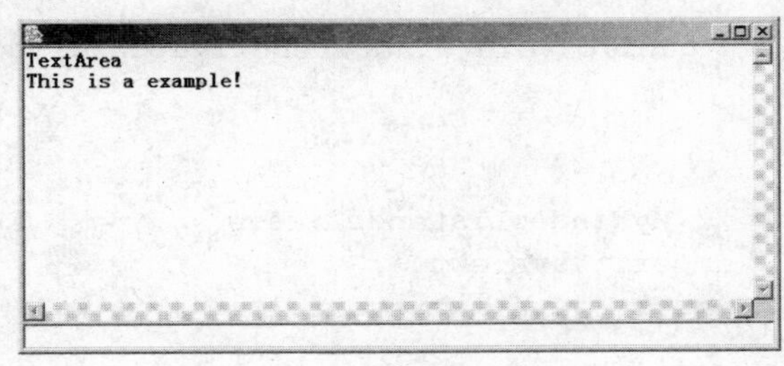

图 12-3　显示输入内容

12.4　使用类适配器（Adapter）进行事件处理

先比较一下两个实现相同功能的示例程序。

```
// MyWindowListener1.Java
import java.awt.*;
import java.awt.event.*;

public class MyWindowListener1{
  public static void main(String[] args) {
      Frame frameExample = new Frame("MyWindowListener Example1");
      Label label = new Label("MyWindowListener Example1");

      frameExample.setLayout(new FlowLayout());
      //button.addActionListener(new MyButtonListener());
      frameExample.add(label);
      frameExample.addWindowListener(new MyWindowListener1());
      frameExample.setBounds(100, 100, 300, 100);
      frameExample.setVisible(true);
  }
```

```
    }

    class MyWindowListener1 implements WindowListener {
      public void windowClosing(WindowEvent e) {
          System.exit(0);
      }

      public void windowIconified(WindowEvent e) {
      }

      public void windowClosed(WindowEvent e) {
      }

      public void windowActivated(WindowEvent e) {
      }
      public void windowDeiconified(WindowEvent e) {
      }
      public void windowOpened(WindowEvent e) {
      }

      public void windowDeactivated(WindowEvent e) {
      }
    }

    // MyWindowListener2.Java
    import java.awt.*;
    import java.awt.event.*;

    public class MyWindowListener2{
      public static void main(String[] args) {
          Frame frameExample = new Frame("MyWindowListener Example1");
          Label label = new Label("MyWindowListener Example1");

          frameExample.setLayout(new FlowLayout());
          //button.addActionListener(new MyButtonListener());
          frameExample.add(label);
          frameExample.addWindowListener(new MyWindowListener2());
          frameExample.setBounds(100, 100, 300, 100);
          frameExample.setVisible(true);
      }
    }
    class MyWindowListener2 extends WindowAdapter {
      public void windowClosing(WindowEvent e) {
          System.exit(0);
      }
    }
```

MyWindowListener1.Java 中，MyWindowListener 实现接口 WindowListener，所以它必须实现 Window Listener 中声明的所有方法，例如，这个程序中为了处理窗口关闭事件就需要实现 windowClosing()方法，原意仅仅是要实现 windowClosing()方法，但是由于 MyWindowListener 必须实现 WindowListener 的所有接口，所以也就必须实现 WindowListener 接口中声明的其他方法，即使方法体为空。这是很不合理的，很臃肿，甚至有时会引起很多问题。

MyWindowListener2.Java 中，MyWindowListener 继承自 WindowAdapter 类，而且定义了一个 windowClosing()方法，这比起程序 1 中实现 WindowListener 接口简单明了得多了。那 WindowAdapter 是什么呢？这就是本节的主要内容。

首先，我们来看看 Java API 库中 WindowAdapter 的主要源代码。

```
// WindowAdapter.Java
package java.awt.event;

public abstract class WindowAdapter
  implements WindowListener, WindowStateListener, WindowFocusListener {
  public void windowOpened(WindowEvent e) {}
  public void windowClosing(WindowEvent e) {}
  public void windowClosed(WindowEvent e) {}
  public void windowIconified(WindowEvent e) {}
  public void windowDeiconified(WindowEvent e) {}
  public void windowActivated(WindowEvent e) {}
  public void windowDeactivated(WindowEvent e) {}
  public void windowStateChanged(WindowEvent e) {}
  public void windowGainedFocus(WindowEvent e) {}
  public void windowLostFocus(WindowEvent e) {}
}
```

从这段代码中可以看出，WindowAdapter 实现了 WindowListener 接口，同时也实现了 WindowListener 中的所有方法，并定义了每个方法的主体为空。如图 12-4 所示。

图 12-4 WindowAdapter 和 WindowListener 类层次关系图

这样，如果要创建新的事件监听器，只需继承 WindowAdapter 类并重写相应事件的处理代码就可以了。在上例中，MyWindowListener 中的 windowClosing()方法就重写了 WindowAdapter 类中的 windowClosing()方法。

表 12-5 列出了监听器接口及其接口中的方法。

表 12-5 监听器接口/适配器

监听器接口 / 适配器	接口中的方法
ActionListener	actionPerformed(ActionEvent)
AdjustmentListener	adjustmentValueChanged(AdjustmentEvent)
ComponentListener ComponentAdapter	componentHidden(ComponentEvent) componentShown(ComponentEvent) componentMoved(ComponentEvent) componentResized(ComponentEvent)
ContainerListener ContainerAdapter	componentAdded(ContainerEvent) componentRemoved(ContainerEvent)
FocusListener FocusAdapter	focusGained(FocusEvent) focusLost(FocusEvent)

（续表）

监听器接口 / 适配器	接口中的方法
KeyListener KeyAdapter	keyPressed(KeyEvent) keyReleased(KeyEvent) keyTyped(KeyEvent)
MouseListener MouseAdapter	mouseClicked(MouseEvent) mouseEntered(MouseEvent) mouseExited(MouseEvent) mousePressed(MouseEvent) mouseReleased(MouseEvent)
MouseMotionListener MouseMotionAdapter	mouseDragged(MouseEvent) mouseMoved(MouseEvent)
WindowListener WindowAdapter	windowOpened(WindowEvent) windowClosing(WindowEvent) windowClosed(WindowEvent) windowActivated(WindowEvent)
	windowDeactivated(WindowEvent) windowIconified(WindowEvent) windowDeiconified(WindowEvent)
ItemListener	itemStateChanged(ItemEvent)

这儿采用的编程模式，通常被称为适配器模式。

12.5 使用匿名类进行事件处理

读者是否注意到，在前面的示例程序中进行事件处理时，必须为每个组件对象的某个事件创建一个类，然后再实例化一个该类的对象，然后才能注册监听器。这个过程相当麻烦，特别是每个监听类都只用到单一实例，会使整个工程中出现大量的类和文件，给升级维护带来了困难。

如何解决这个问题呢？方法就是采用无名内隐类。下面用一个实例进行一下比较。

```
//UsingAnonymousClass.Java
import java.awt.*;
import java.awt.event.*;

public class UsingAnonymousClass {
  public static void main(String[] args) {
      Frame frameExample=new Frame("Example1");
      Button button1=new Button("0");

      frameExample.setLayout(new FlowLayout());

      button1.addActionListener(new ActionListener() {
          public void actionPerformed(ActionEvent e) {
              Button button=((Button)e.getSource());
```

```
            int count=Integer.parseInt(button.getLabel());
            count++;
            button.setLabel(String.valueOf(count));
        }
    });
    frameExample.add(button1);

    frameExample.addWindowListener(new WindowAdapter() {
        public void windowClosing(WindowEvent e) {
            System.exit(1);
        }
    });
    frameExample.pack();
    frameExample.setVisible(true);
  }
}
```

可见，使用无名内隐类来定义事件监听器还是很方便的，它使相关的类都能存在于同一个源代码文件中（这要归功于内部类），并且能够避免一个程序产生大量非常小的类（这要归功于匿名类）。

第 13 章　Swing 用户界面组件

随着 Java 的发展，AWT 已经不能适应发展的需要，它不适于开发功能强大的用户界面，而且下层构件也存在严重的缺陷。而 Swing 是建立在 AWT 之上的组件集，在不同的平台上，都可以保持组件的界面样式，得到了非常广泛的应用。

13.1　Swing 组件库简介

13.1.1　JFC 和 Swing

JFC 是 Java 的基础类（Java Foundation Classes），它封装了一组用于构建图形用户界面的组件和特性，包括以下 API：

- 抽象窗口工具（JDK1.1 和 JDK1.1 以上版本）。
- 2D API。
- Swing 组件。
- 可访问性 API。

同时，它具有以下特点：

1）它包含了图形用户界面构件中需要用到的所有组件。

- 顶级容器。它们是 Swing 容器继承体系中最顶级的容器组件，包括 Applet、Dialog、Frame 等容器组件。
- 普通容器。一般用来直接放置按钮、列表等常用组件的容器组件，包括 Panel（面板）、Scroll Pane（滚动面板）、Split pane（拆分窗格组件）、Tabble pane（选项卡窗格）、Tool bar（工具条）等。
- 特殊容器。在图形用户界面构建中具有独特的作用，例如 Internal Frame、Layered pane、Root pane。
- 基本组件。它们是图形用户界中的最基本的元素，一般是有状态的，例如 Button、Combo Box、List、Menu、Slider、Spinner、TextField，通常这些组件是可以同用户进行交互的，它们是非常重要的。
- 信息显示组件。它们主要用于提供用户信息，例如 Label、Process Bar、Tool Tip 等，都只是显示信息，无法进行编辑。
- 高级交互组件。这类组件具有高度的格式化，例如 Color Chooser（颜色选取器）、File Chooser（文件选取器）、Table、Text、Tree 等，它们都可以由用户自行设定界面。

2）支持插入式界面样式。

这个特性使得程序员或者用户可以为同一个应用程序（使用 Swing 组件）选择不同的界面样式，例如 J2SDK 中自带了 Java、Windows 和 Motif 的界面样式。现在很多公司、个人也制作各种美观的图形界面样式，由于使用了可插入技术，使用它们就变得相当容易了。

3）支持更多的访问 API。

4）Java 2D API（只对 Java 2 平台）。

增强了程序员在应用程序中绘制高质量 2D 图形、文字和图片的能力。

13.1.2 Swing 包概览

表 13-1 列出了 Swing 中的包及其描述。

表 13-1 Swing 中的包

包名	描述
Javax.swing	提供了一整套 Swing 的轻量级组件和工具
Javax.swing.border	Swing 轻量级组件的边框
Javax.swing.colorchooser	JColorChooser 的支持类 / 接口
Javax.swing.filechooser	JFileChooser 的支持类 / 接口
Javax.swing.plaf	抽象类，它定义 UI 代表的行为
Javax.swing.plaf.basic	实现所有标准界面样式公共功能的基类
Javax.swing.plaf.metal	用户界面代表类，它们实现 Metal 界面样式
Javax.swing.plaf.multi	提供多个界面样式整合的用户接口
Javax.swing.table	JTable 组件的支持类
Javax.swing.text	支持文档的显示和编辑
Javax.swing.text.html	支持显示和编辑 HTML 文件
Javax.swing.tree	JTree 组件的支持类
Javax.swing.undo	支持取消操作

Swing 库中有大量的包和类，而大部分程序只用到其中的一部分，所以本书仅对这部分中常用的包和类进行介绍，相应示例中大部分代码使用 Javax.swing 和 Javax.event 两个 Swing 包中的 API,其中 Javax.event 还可以使用 java.awt.event 的相应类进行处理。

Swing 是建立在 AWT 之上的、包括大多数轻量级组件的组件集。除了提供 AWT 所缺少的、大量的附加组件外，Swing 还提供了代替 AWT 重量组件的轻量级组件。Swing 还包括了一个用于实现插入式界面样式等特性的图形用户界面下层构件。

13.1.3 Swing 和 AWT 的区别

Swing 组件和 AWT 组件的最大区别在于 Swing 组件的实现与本地实现无关。Swing 组件比 AWT 组件具有更多的功能。

- Swing 的按钮组件和标签组件可以显示图像来代替以往的文本。
- 可以为大部分 Swing 组件添加边框，例如在一个容器或者标签外加上一个 Box 边框。
- 通过继承很容易更改 Swing 组件的行为和外观。
- Swing 组件并不一定是长方形的，例如按钮也可以是圆的。
- 更好的访问技术，ScrrenReader 可以从 Swing 组件上读取信息，例如读取一个按钮或者标签上的文本信息。

Swing 具有插入式界面样式，可以指定不同图形用户界面样式，而 AWT 组件总是使用本地平台的界面样式。

另外，Swing 组件（有状态组件）使用组件模型来保存状态。例如，JSlider 组件使用 BoundedRangeModel 对象来保存组件的状态值和合法的取值范围。组件模型是自动建立的，不需手动建立它们，除非使用更高级的特性。

特别注意的是，Swing 中使用轻量级组件，而 AWT 使用重量级组件，下面是一些在使用 Swing 组件时需要注意的地方。

- 在使用 Swing 组件时，尽量不要使用 AWT 重量级组件，因为 Swing 轻量级组件和重量级组件的交迭使用会导致重量级组件总是被绘制在所有组件之前。
- Swing 组件不是线程安全的。
- 任何包含 Swing 组件的窗口和 Applet 必须要有一个 Swing 继承体系中的顶级容器。例如，一个主窗口必须实例化一个 JFrame，而不是一个 Frame。
- 不能够直接向 Swing 的顶级容器中添加组件。例如 JFrame，只能将组件添加到一个 JFrame 包含的一个内容面板中去，通常使用 getContentPane()方法就可以获得当前窗口的内容面板实例。

13.1.4 示例程序 SwingApplication

这个程序很好地说明了上述一些 Swing 的特征，同时也提供了一个可以充分扩展的图形用户界面框架。首先看看程序的运行结果，如图 13-1 所示。

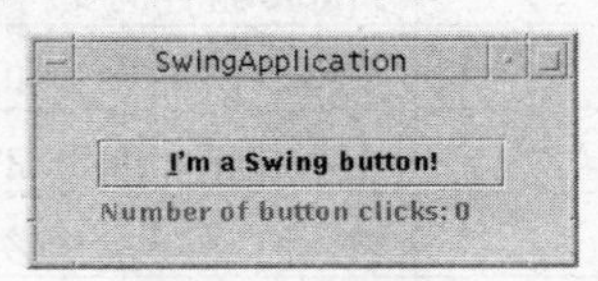

图 13-1 程序运行结果

它实现的功能是：每次单击按钮，标签组件都会显示单击的次数。

1. 源代码

```
//SwingApplication.Java
import Javax.swing.*;        //This is the final package name
//import com.sun.java.swing.*; //Used by JDK 1.2 Beta 4 and all
//Swing releases before Swing 1.1 Beta 3.
import java.awt.*;
import java.awt.event.*;
public class SwingApplication {
private static String labelPrefix = "Number of button clicks: ";
private int numClicks = 0;

public Component createComponents() {
  final JLabel label = new JLabel(labelPrefix + "0    ");

  JButton button = new JButton("I'm a Swing button!");
  button.setMnemonic(KeyEvent.VK_I);
  button.addActionListener(new ActionListener() {
    public void actionPerformed(ActionEvent e) {
      numClicks++;
      label.setText(labelPrefix + numClicks);
    }
  });
```

```
    label.setLabelFor(button);

    /*
     * An easy way to put space between a top-level container
     * and its contents is to put the contents in a JPanel
     * that has an "empty" border.
     */
    JPanel pane = new JPanel();
    pane.setBorder(BorderFactory.createEmptyBorder(
        30, //top
        30, //left
        10, //bottom
        30) //right
                );
    pane.setLayout(new GridLayout(0, 1));
    pane.add(button);
    pane.add(label);

    return pane;
  }

  public static void main(String[] args) {
    try {
      UIManager.setLookAndFeel(
          UIManager.getCrossPlatformLookAndFeelClassName());
    }
    catch (Exception e) {}

    //Create the top-level container and add contents to it.
    JFrame frame = new JFrame("SwingApplication");
    SwingApplication app = new SwingApplication();
    Component contents = app.createComponents();
    frame.getContentPane().add(contents, BorderLayout.CENTER);

    //Finish setting up the frame, and show it.
    frame.addWindowListener(new WindowAdapter() {
      public void windowClosing(WindowEvent e) {
        System.exit(0);
      }
    });
    frame.pack();
    frame.setVisible(true);
  }
}
```

2. 导入 Swing 包

语句 import Javax.swing.*;导入了 swing 包，以后大部分程序还要导入 java.awt 包和 java.awt.event 包

3. 选择界面样式

使用下面的类似语句可以指定 Swing 构建图形用户界面时使用的界面样式。

```
try {
```

```
    UIManager.setLookAndFeel(
        UIManager.getCrossPlatformLookAndFeelClassName());
  }
  catch (Exception e) {}
```

getCrossPlatformLookAndFeelClassName()会返回默认的跨平台界面样式对象，而 UIManager 的静态方法 setLookAndFeel()用于设定界面样式，可能会抛出异常。

4. 建立顶级容器

使用 Swing 图形组件的程序至少要包含一个 Swing 顶级组件容器，而且对于大部分程序而言都使用 JFrame，Jdialog，JApplet 的实例作为顶级组件容器。每个 JFrame 对象实现了一个主窗口，Jdialog 实现了一个二级窗口，Japplet 在浏览器中实现了一个 Applet 的显示区域。一个顶级 Swing 容器提供了对 Swing 组件绘制和时间处理的能力。

这个示例程序中只有一个顶级容器组件，即 JFrame。用户关闭窗口时，应用程序退出。下面是源代码中使用 JFrame 实例的代码：

```
public static void main(String[] args) {
  try {
   UIManager.setLookAndFeel(
      UIManager.getCrossPlatformLookAndFeelClassName());
  }
  catch (Exception e) {
  }
  //Create the top-level container and add contents to it.
  JFrame frame = new JFrame("SwingApplication");
  SwingApplication app = new SwingApplication();
  Component contents = app.createComponents();
  frame.getContentPane().add(contents, BorderLayout.CENTER);

  //Finish setting up the frame, and show it.
  frame.addWindowListener(new WindowAdapter() {
   public void windowClosing(WindowEvent e) {
     System.exit(0);
   }
  });
  frame.pack();
  frame.setVisible(true);
}
```

5. 设置按钮和标签栏

这个实例程序中包含了一个按钮和标签栏，事实上绝大部分图形用户界面都包含这两个组件，下面是源代码中初始化按钮的代码：

```
JButton button = new JButton("I'm a Swing button!");//创建按钮
button.setMnemonic(KeyEvent.VK_I);
//设置快捷键为 ALT+I，按下 ALT+I 快捷键具有和鼠标单击按钮同样地效果

button.addActionListener(new ActionListener() {    //注册事件侦听器
   public void actionPerformed(ActionEvent e) { //定义事件处理的方法
     numClicks++;
     label.setText(labelPrefix + numClicks);
   }
  });
```

下面是源程序中初始化标签栏的代码：

```
...//where instance variables are declared:
private static String labelPrefix = "Number of button clicks: ";
private int numClicks = 0;

...//in GUI initialization code:
final JLabel label = new JLabel(labelPrefix + "0    ");
...
label.setLabelFor(button);
...//in the event handler for button clicks:
label.setText(labelPrefix + numClicks);
```

这部分代码要注意的是，在鼠标单击事件的处理方法中为标签设置了可变文本的 setText() 方法，这其实和 AWT 的 Label 组件是相同的。

6. 添加组件到容器中

这个示例程序中在把组件添加到 JFrame 之前，先将组件添加到了一个 JPanel 容器中，这其实是很多程序的做法，相应的代码如下：

```
JPanel pane = new JPanel();//创建一个 JPanel 容器对象
pane.setBorder(BorderFactory.createEmptyBorder(30, 30, 10, 30));
//为容器对象设置边框设置容器对象的布局管理器
//对象为一个单元格
pane.setLayout(new GridLayout(0, 1));
pane.add(button);
pane.add(label);
```

读者可以发现这和 AWT 的方式是非常相似的，甚至可以说是相同的。

7. 为组件添加边框

```
pane.setBorder(BorderFactory.createEmptyBorder(
                              30, //top
                              30, //left
                              10, //bottom
                              30) //right
                              );
```

这部分为 JPanel 的对象实例添加了边框，这里使用 BorderFactory 的静态方法 createEmpltyBorder()为 JPanel 对象创建了一个新的边框对象，对 JPanel 对象的位置进行了控制。

8. 事件处理

这个应用程序包含了两个事件处理，一个用于处理按钮单击事件，另一个用于处理窗口关闭事件，相应的代码如下：

```
button.addActionListener(new ActionListener() {
  public void actionPerformed(ActionEvent e) {
      numClicks++;
      label.setText(labelPrefix + numClicks);
  }
});
...
frame.addWindowListener(new WindowAdapter() {
  public void windowClosing(WindowEvent e) {
   System.exit(0);
```

```
    }
  });
```

13.2 Swing 组件及其容器

13.2.1 JComponent 类

JComponent 类是所有 Swing 轻量级组件的基类，它提供了大量的方法。

1. JComponent 类概览

首先，JComponent 继承自 java.awt.Container 类，而 java.awt.Container 本身又继承自 java.awt.Component 类，所以最终 Swing 的组件都是 AWT 容器，而 Component 和 Container 本身又具有大量的方法，JComponent 继承了它们的大量功能。

下一节将总结和介绍 Component 和 Container 最为常用的方法，还有 JComponent。JComponent 为它的继承组件提供了大量的功能，有以下几种：

- 自定义属性。
- 布局管理工具。
- 提示边框。
- 插入式界面样式。
- 可访问性。
- 双缓存。
- 键盘绑定。

2. JComponent 类的常用方法

JComponent 类提供了大量的方法，而且还从 Component 类和 Container 类又继承了大量的方法，下面简要介绍一些最常用的方法。

（1）定义组件外观

```
void setBorder(Border)
Border getBorder()
```

用于设置和获取组件对象的边框。

```
void setForeground(Color)
void setBackground(Color)
```

用于设置前景色和背景色。

```
Color getForeground()
```

Color getBackground()

用于获取前景色和背景色设置。

```
void setOpaque(boolean)
boolean isOpaque()
```

设置组件是否透明，一个透明组件指的是使用背景色来填充组件。

```
void setFont(Font)
Font getFont()
```

设置和获取组件使用的字体设置。如果没有设置字体，会返回父组件的字体设置。

```
FontMetrics getFontMetrics(Font)
```

获取指定字体的 Metrics。

（2）设置和获取组件状态

```
void setToolTipText(String)
```

设置工具提示显示的文本。

```
void setName(String)
String getName()
```

设置和获取组件的名称，在将一个不显示文本信息的组件同一个文本关联在一起是特别有用的。

```
boolean isShowing()
```

判断组件是否显示在屏幕上，这意味着组件必须是可见的，而且它必须是在一个可见的且已经显示在屏幕上的容器内。

```
void setEnabled(boolean)、isEnabled()
```

设置和获取组件是否可用，一个可用组件可以对用户的输入进行反应并生成事件。

```
void setVisible(boolean)
boolean isVisibe()
```

设置和获取组件是否可见，组件初始化时是可见的，除了顶级组件。

（3）事件处理

```
void addMouseListener(MouseListener l)
void removeMouseListener(MouseListener)
```

添加和移除组件的鼠标监听器，鼠标监听器在用户使用鼠标同监听组件交互时会得到通报。

```
void addMouseMotionListener(MouseMotionListener)
void removeMouseMotionListener(MouseMotionListener)
```

添加和移除鼠标动作监听器，当用户在组件范围内移动鼠标时，会被通报到鼠标动作监听器。

```
void addKeyListener(KeyListener)
void removeKeyListener(KeyListener l)
```

添加和移除键盘监听器，用户用键盘输入而且监听组件拥有焦点时，键盘监听器会得到通报。

```
void addComponentListener(ComponentListener)
void removeComponentListener(ComponentListener)
```

添加和移除组件监听器，组件监听器在组件隐藏、显示、移动、改变大小的时候得到通报。

```
void setTransferHandler(TransferHandler)
TransferHandler getTransferHandler()
```

添加和移除可传递句柄属性，它通过剪贴板进行剪切、复制和粘贴。

```
boolean contains(int, int)
boolean contains(Point p)
```

判断指定的点是否在组件内部，这个参数使用系统的坐标值进行指定。

```
Component getComponentAt(int, int)
```

返回包含指定点的组件。

（4）绘图组件

```
void repaint()
void repaint(int, int, int, int)
```

请求重绘组件的全部或坐标指定的部分。

```
void repaint(Rectangle)
```

请求重绘组件内的指定区域。

```
void revalidate()
```

请求对组件和它影响的容器进行重新布局。

```
void paintComponent(Graphics)
```

绘制组件。覆盖这个方法可以实现自定义的组件。

（5）处理容器的层次关系

```
Component add(Component)
Component add(Component, int)
void add(Component, Object)
```

添加指定组件到容器中。第 1 个方法将组件添加到容器的最后。显示的时候，int 参数指定了新组件在容器内的位置。Object 对象为当前的布局管理器提供了布局约束。

```
void remove(int)
void remove(Component comp)
void removeAll()
```

从容器中移除所有的组件，int 参数指定容器内需要添加和删除组件的位置。

```
JRootPane getRootPane()
```

取得包含组件的 root 面板。

```
Container getTopLevelAncestor()
```

取得组件的最顶层容器——一个窗口、Applet 或者是 null 值（组件没有添加到任何容器中）。

```
Container getParent()
```

取得组件的直接父容器。

```
int getComponentCount()
```

取得容器内组件的数目。

```
Component getComponent(int)
Component[] getComponents()
```

取得容器的一个或者所有组件，这个 int 参数指定了需要获取的组件的位置。

（6）组件布局管理

```
void setPreferredSize(Dimension)
void setMaximumSize(Dimension)
void setMinimumSize(Dimension)
```

设置组件的首选、最大、最小尺寸，以点衡量。首选大小指定的是组件的最佳尺寸，组件的尺寸不应该比最大尺寸大，也不应该比最小尺寸小。

```
Dimension getPreferredSize()
Dimension getMaximumSize()
Dimension getMinimumSize()
```

取得组件的首选、最大、最小尺寸，对于非 JComponent 类的子类，没有相应的 setter 方法，通过继承子类或者重写方法，可以为组件设置首选、最大和最小尺寸。

```
void setLayout(LayoutManager)
LayoutManager getLayout()
```

设置和获取组件的布局管理器，布局管理器负责容器内部组件的尺寸和位置调整。

```
void applyComponentOrientation(ComponentOrientation)
```

设置容器的组件方向属性。

（7）获取尺寸和位置信息

```
int getWidth()、int getHeight()
```

取得组件当前的宽度和高度，以点计算。

```
Dimension getSize()
Dimension getSize(Dimension)
```

取得组件的当前尺寸。第 2 个方法可以指定返回值的存放对象。

```
int getX()
int getY()
```

取得组件相对于父组件左上角坐标的（x,y）坐标值。

```
Rectangle getBounds()
Rectangle getBounds(Rectangle)
```

取得组件的边界。这个边界指定了组件的宽度和高度。

```
Point getLocation()
Point getLocation(Point)
Point getLocationOnScreen()
```

取得组件相对于父组件左上角的坐标值。getLocationScrren()方法返回组件相对于屏幕左上角的位置。

```
Insets getInsets()
```

返回组件的边框的尺寸。

（8）指定绝对尺寸和位置

```
void setLocation(int, int)
void setLocation(Point)
```

设置相对于父组件左上角的组件位置，x 和 y 两个参数分别指定了横坐标和纵坐标。使用这种方式指定组件位置，必须使用 null 布局管理器。

```
void setSize(int, int)
void setSize(Dimension)
```

设置组件的尺寸。不能使用布局管理器。

```
void setBounds(int,int,int,int)
void setBounds(Rectangle)
```

设置相对于父组件左上角的位置，这 4 个参数分别指定了组件的横坐标、纵坐标、宽度和高度。使用这几个方法不能使用布局管理器。

13.2.2 AbstractButton 及其子类

1. AbstractButton 类

AbstractButton 类是 Swing 中很多组件的父类，包括 JButton、JCheckBox、JRadioButton、

JMenuItem、JCheckBoxMenuItem、JRadioButtonMenuItem、JToggleButton、Jmenu 几个类，AbstractButton 类定义了按钮和菜单项最常用的行为。图 13-2 是各类之间关系。

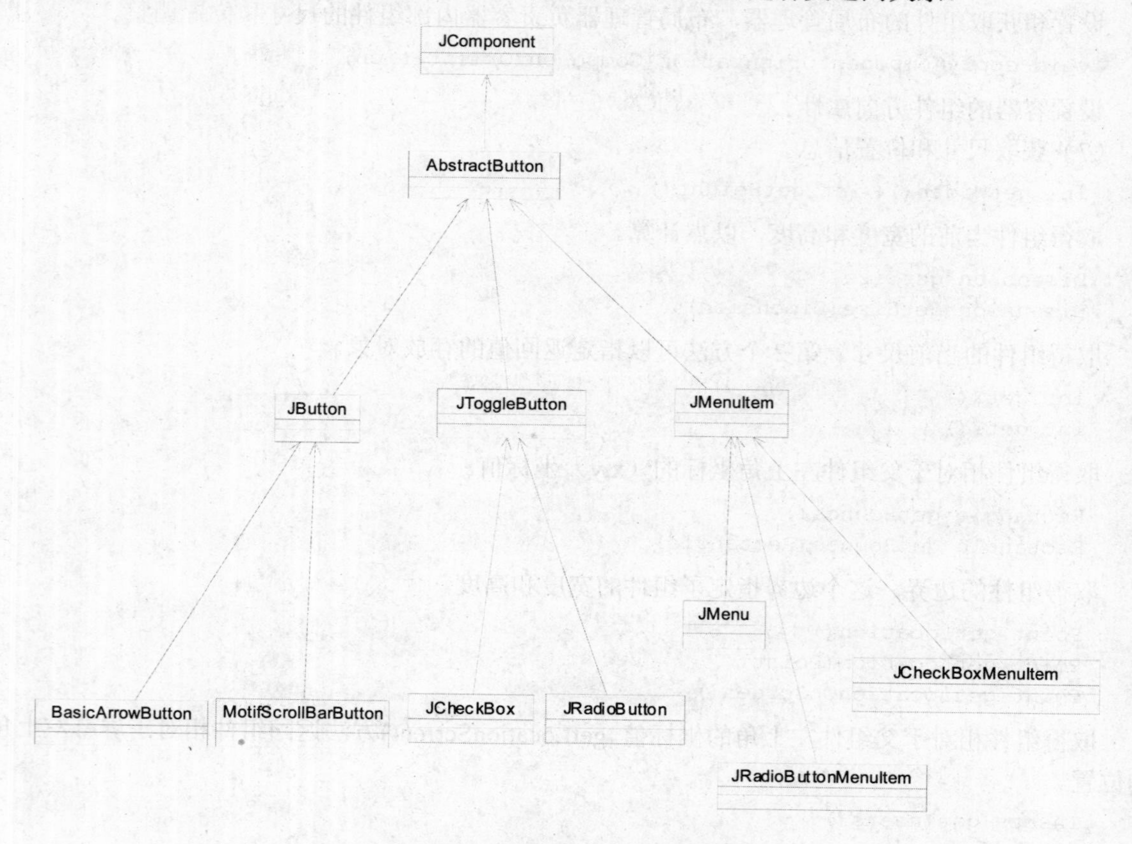

图 13-2 JComponent 类继承关系

2. JButton 类

JButton 类是 Swing 图形用户界面种最常用的组件，它可以在按钮上显示图标和文本。与 AWT 的按钮一样，它也需要注册动作监听器，通常需要实现 ActionListener 接口的事件监听器类。

下面是一个使用 JButton 的基本示例。

```
//JButtonExample.Java
import java.awt.*;
import java.awt.event.*;
import Javax.swing.*;

/**
 * JButtonExample 类继承了 JFrame 类，并且实现了 ActionListener
 */
public class JbuttonExample extends JFrame implements ActionListener {

//定义组件
JButton jb1 = new JButton("Disable Icon Button");
JButton jb2 = new JButton("Icon Button", new ImageIcon("cup HJbutton.gif"));
JButton jb3 = new JButton("Enable Icon Button");
public JButtonExample(String title) {
  this.setTitle(title);//设置窗口标题
```

```
}

/**
 * 事件处理方法
 */
public void actionPerformed(ActionEvent e) {
  //通过 getActionCommand()方法取得按钮相关联的 ActionCommand 文本
  if ((e.getActionCommand()).endsWith("disable")) {
    //设置相应按钮是否可用
    jb1.setEnabled(false);
    jb2.setEnabled(false);
    jb3.setEnabled(true);
  }
  else {
    jb1.setEnabled(true);
    jb2.setEnabled(true);
    jb3.setEnabled(false);
  }
}

/**
 * 绘制组件
 */
public void paint() {
  Container contentPane = getContentPane();//取得 JFrame 的内容窗格
  JPanel jpanel = new JPanel();

  jb1.setActionCommand("disable"); //设置按钮的 ActionCommand 文本
  jb1.setMnemonic(KeyEvent.VK_D);       //设置快捷键 Alt+D
  jb1.addActionListener(this);      //添加监听器
  jb2.setMnemonic(KeyEvent.VK_M);

  //设置按钮内部文本显示位置为 Bottom 和 center
  //这样就可以使得图片在文本上方，且居中显示
  jb2.setVerticalTextPosition(AbstractButton.BOTTOM);
  jb2.setHorizontalTextPosition(AbstractButton.CENTER);
  jb3.setActionCommand("enable");
  jb3.setMnemonic(KeyEvent.VK_E);

  //启动图形界面时，Enable 不可用，其他按钮默认为可用
  jb3.setEnabled(false);
  jb3.addActionListener(this);

  //设置 jpanel 的布局管理器
  jpanel.setLayout(new GridLayout(3, 1));
  jpanel.add(jb1);
  jpanel.add(jb2);
  jpanel.add(jb3);

  //将 jpanel 加入内容窗格中，这是 Swing 和 AWT 有所不同的地方
  contentPane.add(jpanel);

  //为图形界面添加关闭事件监听器
```

```
    this.addWindowListener(new WindowAdapter() {
      public void windowClosing(WindowEvent e) {
        System.exit(1);
      }
    });

    //设置窗口大小并显示
    this.setSize(400, 400);
    this.setVisible(true);
  }

  public static void main(String argv[]) {
    try {//使用插入界面样式
      UIManager.setLookAndFeel(
         "com.sun.java.swing.plaf.windows.WindowsLookAndFeel");
    }
    catch (Exception ex) {
    }
    JButtonExample frame = new JButtonExample("JButtomExample");
    frame.paint();
  }
}
```

运行结果如图 13-3 所示。

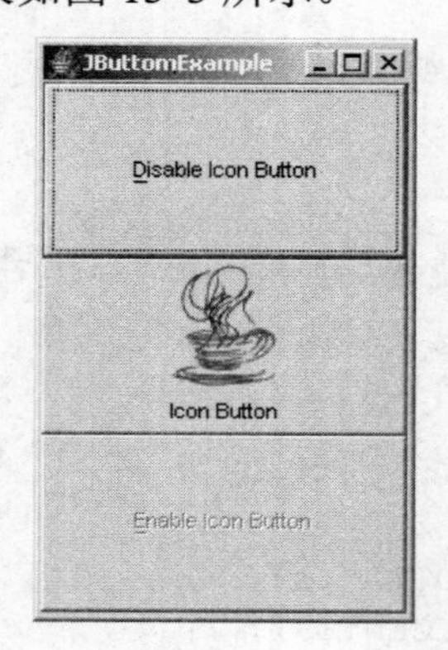

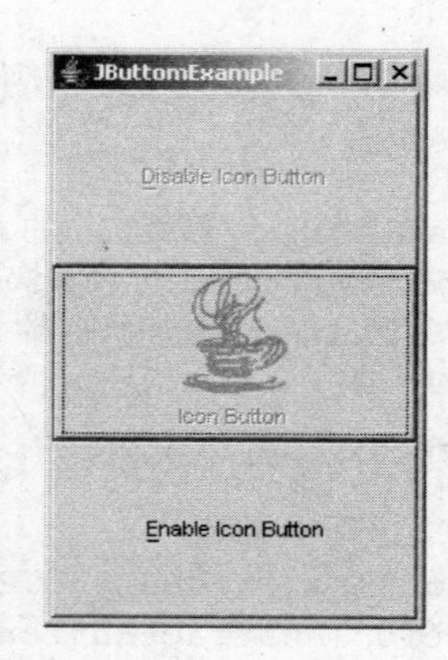

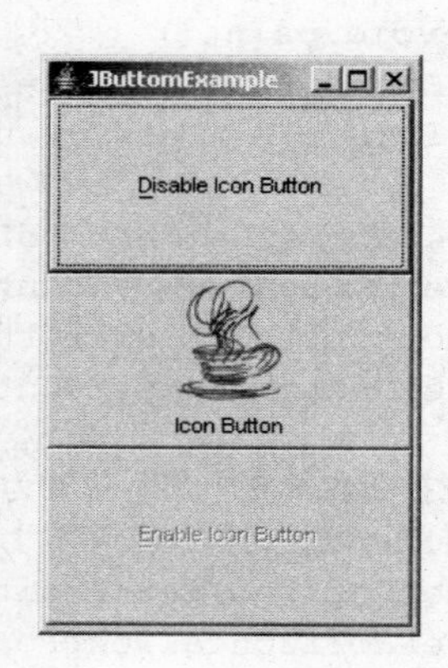

图 13-3　程序运行结果

在图 13-3 中，从左至右分别为启动界面、单击 Disable Icon Button 后的界面和单击 Enable Icon Button 后的界面。

从这个程序可以发现使用 JButton 是相当简单的。需要注意的是，Swing 中的组件都是添加到内容窗格中去的，内容窗格对象可以通过 getContentPane()方法取得。

JButton 类还可以使用格式化文本，通常按钮上的文本都是单色、单字体的，可以使用 setFont()方法和 setForeground()方法设置自定义按钮文本的颜色和字体。但是如果想将按钮上的文本设置为多行、多种字体、多种颜色，就必须使用 HTML 文本来格式化文本。需要注意的是，必须使用<html>作为定义按钮文本的开始标记。

改动一下上例中的几行代码：

```
JButton jb1 = new JButton(
   "<html><h1><font color=\"red\"><Strong>Disable
        </Strong></font></h1><br>Icon Button</html>");
```

```
JButton jb2 = new JButton(
  "Icon Button", new ImageIcon("cupHJbutton.gif"));
JButton jb3 = new JButton(
  "<html><h1><font color=\"green\"><Strong>Enable
      </Strong></font></h1><br>Icon Button</html>");
```

改动后的程序运行结果如图 13-4 所示。

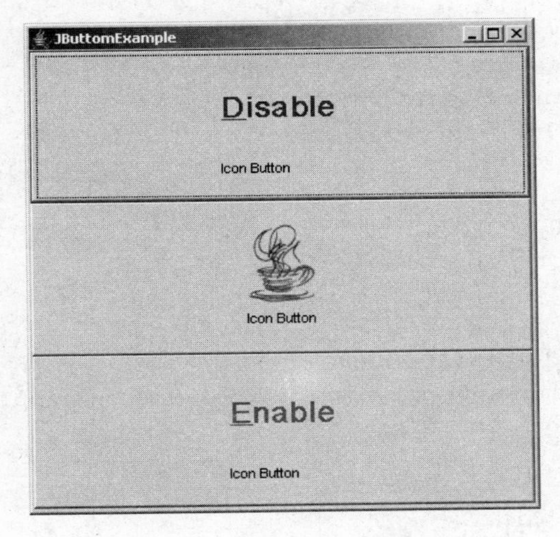

图 13-4　改动后的程序运行结果

3. JToggleButton 类

JToggleButton 类，即反转按钮，它具有“选取”和“取消选取”两种状态，它是 Swing 中 JCheckBox 类和 JRadioButton 类的超类。下面是一个简单的示例程序。

```
//JToggleButtonExample.Java
import java.awt.event.*;
import Javax.swing.*;
import java.awt.*;

public class JtoggleButtonExample extends JFrame implements ItemListener
{
  JToggleButton jtb=new JToggleButton("<html><h1><font color=red>Hello
    </font></h1></html>",new ImageIcon("cupHJbutton.gif"),false);
  JLabel status=new JLabel("Not Pressed");
  public JToggleButtonExample(String title) {
    this.setTitle(title);
  }

 public void itemStateChanged(ItemEvent itemEvent) {
  if(jtb.isSelected()) {
    status.setText("Pressed");
  } else {
    status.setText("Not Pressed");
  }
 }

 public void paint() {
  Container contentPane=getContentPane();
```

```
    JPanel jp=new JPanel();
    jtb.setVerticalTextPosition(AbstractButton.BOTTOM);
    jtb.setHorizontalTextPosition(AbstractButton.CENTER);
    jtb.addItemListener(this);
    jp.setLayout(new GridLayout(2,1));
    jp.add(jtb);
    jp.add(status);
    contentPane.add(jp);
    this.addWindowListener(new WindowAdapter() {
      public void windowClosing(WindowEvent e) {
        System.exit(1);
      }
    });
    this.setSize(400,400);
    this.setVisible(true);
  }

  public static void main(String argv[]) {
    JToggleButtonExample frame = new JToggleButtonExample(
        "JToggleButtonExample");
    frame.paint();
  }
}
```

程序运行结果如图 13-5 所示。

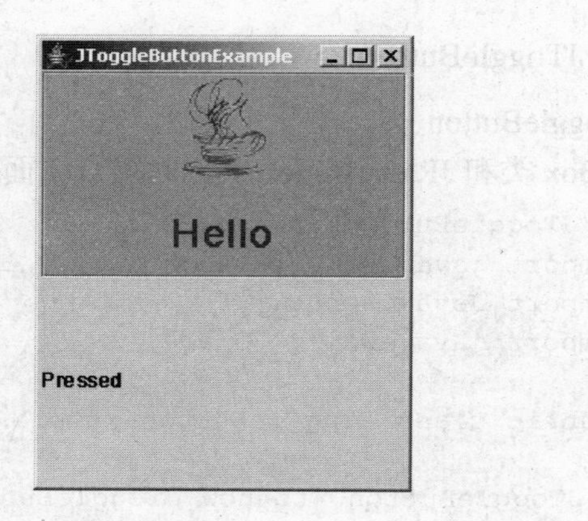

图 13-5　程序运行结果

在选取或取消 JToggleButton 类的按钮时，将激发子项目事件，即 ItemListener 接口和 ItemEvent 事件。ItemListener 接口只有一个接口方法：

```
public void itemStateChanged(ItemEvent)
```

添加和移除组件的 ItemListener 监听器，使用 addItemListener()和 removeItemListener()方法。JToggleButton 类有下面几个构造方法：

```
public JToggleButton ()
public JToggleButton (Icon)
public JToggleButton (Icon,boolean selected)
public JToggleButton (String)
public JToggleButton (String,boolean selected)
public JToggleButton (String,Icon)
public JToggleButton (String,Icon,boolean selected)
```

从示例程序中可以发现，JToggleButton 类按钮也支持类似于 JButton 类按钮的格式化文本，而且使用方法都是相同的。

4. JCheckBox 类

JCheckBox 类就是 Swing 中的复选框类，它具有两种状态：选取和未选取。下面是一个使用 JCheckBox 类的简单示例，其中给出了以下几个最为常用的方法：

```
    //JCheckBoxExample.Java
    import java.awt.*;
    import java.awt.event.*;
    import Javax.swing.*;

    public class JCheckBoxExample extends JFrame implements ItemListener {
      JCheckBox laugh = new JCheckBox("Laugh");
      JCheckBox   surprise   =   new   JCheckBox("<html><font   color=red>Surprise
</font></html>");
      JCheckBox bile = new JCheckBox("Bile", new ImageIcon("bile.gif"), true);
      JLabel status = new JLabel();
      public JCheckBoxExample(String title) {
        this.setTitle(title);
      }

    public void itemStateChanged(ItemEvent e) {
      status.setText("Laugh:" + laugh.isSelected() + "  Surprise:" +
                surprise.isSelected() + "  Bile:" + bile.isSelected());
    }

    public void paint() {
      Container contentPane = getContentPane();
      JPanel jpanel = new JPanel();
      jpanel.setLayout(new GridLayout(5, 1));
      laugh.setIcon(new ImageIcon("cry.gif"));
      laugh.setSelectedIcon(new ImageIcon("laugh.gif"));
      laugh.addItemListener(this);
      surprise.addItemListener(this);
      bile.addItemListener(this);
      jpanel.add(laugh);
      jpanel.add(surprise);
      jpanel.add(bile);
      jpanel.add(status);
      contentPane.add(jpanel);
      this.addWindowListener(new WindowAdapter() {
        public void windowClosing(WindowEvent e) {
          System.exit(1);
        }
      });

      status.setText("Laugh:" + laugh.isSelected() + "  Surprise:" +
                surprise.isSelected() + "  Bile:" + bile.isSelected());
      this.setSize(400, 150);
      this.setVisible(true);
    }
```

```
    public static void main(String argv[]) {
      JCheckBoxExample frame = new JCheckBoxExample("JCheckBoxExample");
      frame.paint();
    }
  }
```

图 13-6~图 16-8 是程序运行后的几种状态。

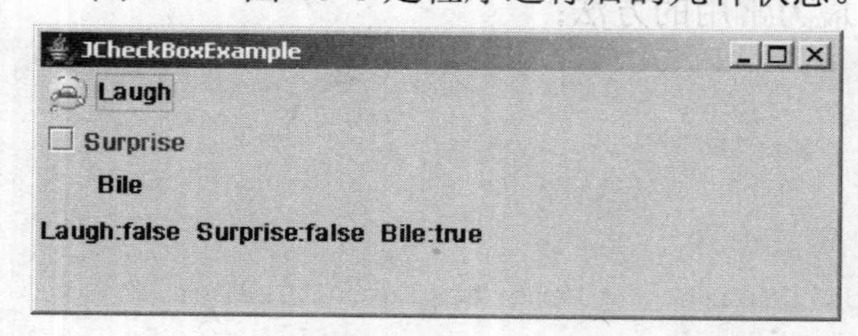

图 13-6 Laugh 复选框未选取状态

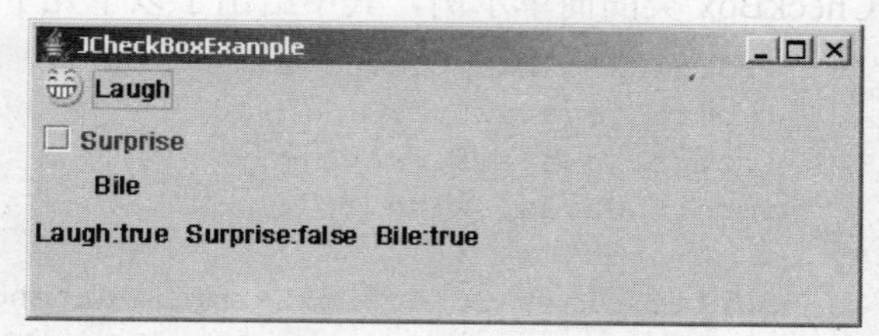

图 13-7 Laugh 复选框选取状态

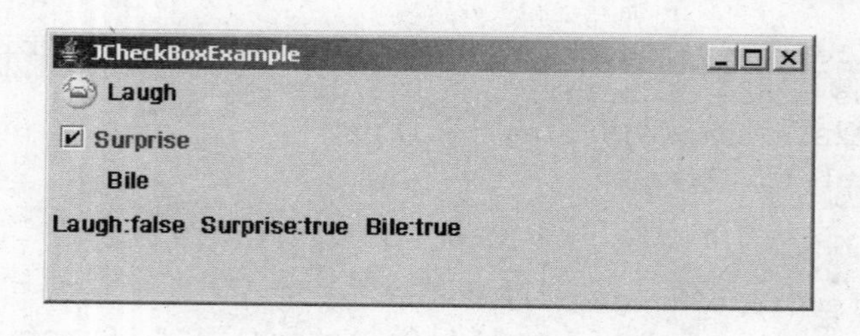

图 13-8 Surprise 复选框选取状态

JCheckBox 类有下面几个构造方法：

```
public JCheckBox()
public JCheckBox(Icon)
public JCheckBox(Icon,boolean selected)
public JCheckBox(String)
public JCheckBox(String,boolean selected)
public JCheckBox(String,Icon)
public JCheckBox(String,Icon,boolean selected)
```

Icon 指的是复选框的图标，String 指的是复选框的文本，selected 指的是创建时刻复选框的选取状态。

从示例程序中可以发现，复选框也支持类似于按钮的格式化文本，而且使用方法都相同。在 laugh 复选框创建时，并没有指定它使用的图标，只是指定了它的文本，而是在 paint()方法中通过下面的语句：

```
laugh.setIcon(new ImageIcon("cry.gif"));
```

为它指定了图标，而且通过下面的语句，还为它指定了选取状态时使用的图标：

```
laugh.setSelectedIcon(new ImageIcon("laugh.gif"));
```

不难发现，在构造函数中指定的图标其实和构造函数中指定的选取状态是一致的。

最后一个常用的方法是 isSelected()方法，它可以取得复选框当前的选取状态。

5. JRadioButton 类

单选按钮和复选框几乎是相同的，不同之处仅仅在于用于表示选取状态所显示的控件。另外，单选按钮用于显示一组相互排斥的选项，即它们释放在一个按钮组中的，而复选框通常用于相互不排斥的选项。下面是一个示例程序，与复选框的示例程序十分相似，这样读者可以很好的区别它们。

```
//JRadioButtonExample.Java
import java.awt.*;
import java.awt.event.*;
import Javax.swing.*;
public class JRadioButtonExample extends JFrame
  implements ItemListener {

JRadioButton laugh = new JRadioButton("Laugh");
JRadioButton surprise = new JRadioButton(
   "<html><font color=red>Surprise</font></html>");
JRadioButton bile = new JRadioButton("Bile", true);
ButtonGroup group = new ButtonGroup();
JLabel status = new JLabel();
public JRadioButtonExample(String title) {
  this.setTitle(title);
}

public void itemStateChanged(ItemEvent e) {
  status.setText("Laugh:" + laugh.isSelected() + "  Surprise:" +
               surprise.isSelected() + "  Bile:" + bile.isSelected());
}

public void paint() {
  Container contentPane = getContentPane();
  JPanel jpanel = new JPanel();
  jpanel.setLayout(new GridLayout(4, 1));
  laugh.setIcon(new ImageIcon("cry.gif"));
  laugh.setSelectedIcon(new ImageIcon("laugh.gif"));
  laugh.addItemListener(this);
  surprise.addItemListener(this);
  bile.addItemListener(this);
  group.add(laugh);
  group.add(surprise);
  group.add(bile);
  jpanel.add(laugh);
  jpanel.add(surprise);
  jpanel.add(bile);
  jpanel.add(status);
  contentPane.add(jpanel);
  this.addWindowListener(new WindowAdapter() {
    public void windowClosing(WindowEvent e) {
      System.exit(1);
    }
  });

  status.setText("Laugh:" + laugh.isSelected() + "  Surprise:" +
              surprise.isSelected() + "  Bile:" + bile.isSelected());
  this.setSize(400, 150);
```

```
    this.setVisible(true);
  }

  public static void main(String argv[]) {
    JRadioButtonExample frame = new JRadioButtonExample("JcheckBox Example");
    frame.paint();
  }
  }
```

程序运行结果如图 13-9 所示。

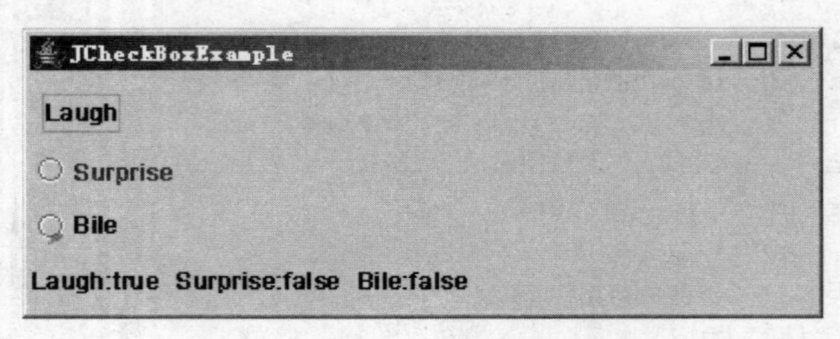

图 13-9　程序运行结果

JRadioButton 类有以下几个构造方法：

```
public JRadioButton ()
public JRadioButton (Icon)
public JRadioButton (Icon,boolean selected)
public JRadioButton (String)
public JRadioButton (String,boolean selected)
public JRadioButton (String,Icon)
public JRadioButton (String,Icon,boolean selected)
```

不难发现，JRadioButton 类的构造方法和 JCheckBox 类的构造方法几乎是相同的。

需要注意的是，使用单选按钮时，相互排斥的按钮必须放在同一个 ButtonGroup 组中，ButtonGroup 是一个逻辑上的组，在 Swing 窗口的容器层次中它并不存在，所以不需要把它加入到窗口的组件容器中去。将单选按钮加入 ButtonGroup 使用，ButtonGroup 的 add()方法，例如程序中的代码：

```
group.add(laugh);
group.add(surprise);
group.add(bile);
```

6. Swing 中与按钮相关的 API

（1）设置和获取 Button 的相关信息

```
void setAction(Action)
Action getAction()
```

设置或者获取按钮与 Action 实例相对应的属性值。

```
void setText(Stirng)
String getText()
```

设置或者获取按钮显示的文本。

```
void setIcon(Icon)
Icon getIcon()
```

设置或者获取按钮显示的图片，这个图片是在按钮没有被单击或者按下时的图片。

```
void setDisabledIcon(Icon)
Icon getDisabledIcon()
```

设置或者获取按钮无效时显示的图片，如果没有为按钮指定无效时的图片，那么界面样式会使用默认图片来创建一个。

```
void setPressedIcon(Icon)
Icon getPressedIcon()
```

设置或者获取按钮按下时显示的图片。

```
void setSelectedIcon(Icon)
Icon getSelectedIcon()
```

设置或者获取按钮被选择时显示的图片，如果没有指定，界面样式会根据选择时的图像创建一个。

```
setRolloverEnabled(boolean)
boolean isRolloverEnabled()
void setRolloverIcon(Icon)
Icon getRolloverIcon()
void setRolloverSelectedIcon(Icon)
Icon getRolloverSelectedIcon()
```

setRolloverIcon()方法可以指定鼠标经过按钮时显示的图片，setRolloverSelectedIcon()方法指定按钮被选择时显示的滚动图。

（2）调整按钮外观

```
setHorizontalAlignment(int)、
void setVerticalAlignment(int)
int getHorizontalAlignment()
int getVerticalAlignment()
```

设置或者获取按钮内容在按钮内部的位置。AbstractButton 类允许使用下面的值，水平方向：Right（默认值）、Left、Center、Leading 和 Trailing，垂直方向：Top、Center（默认值）和 Bottom。

```
void setHorizontalTextPosition(int)
void setVerticalTextPosition(int)
int getHorizontalTextPosition()
int getVerticalTextPosition()
```

设置或者获取按钮文本在按钮内部的精确位置。

```
void setMargin(Insets)
Insets getMargin()
```

设置或者获取按钮边界和内容的距离，用像素来表示。

```
void setFocusPainted(boolean)
boolean isFocusPainted()
```

设置或者判断按钮在获得焦点时是否有所不同。

```
void setBorderPainted(boolean)
boolean isBorderPainted()
```

设置或者判断是否绘制按钮边框。

```
void setIconTextGap(int)
int getIconTextGap()
```

设置或者获取按钮文本和图标之间的距离。

（3）实现按钮功能

```
void setMnemonic(int)
char getMnemonic()
```

设置或者获取按钮的快捷键。

```
void setDisplayedMnemonicIndex(int)
int getDisplayedMnemonicIndex()
```

设置或者获取按钮文本中哪一个字符用来表示快捷键。

```
void setActionCommand(String)
String getActionCommand()
```

设置或者获取按钮执行的操作名。

```
void addActionListener(ActionListener)
ActionListener removeActionListener()
```

添加或者移除按钮的事件监听器。

```
void addItemListener(ItemListener)
ItemListener removeItemListener()
```

添加或者移除按钮的子项目监听器。

```
void setSelected(boolean)
boolean isSelected()
```

设置或者判断按钮是否被选择。

```
void doClick()
void doClick(int)
```

执行单击动作。这个可选参数指定了按钮按住的时间长度（以毫秒计算）。

```
void setMultiClickThreshhold(long)
long getMultiClickThreshhold()
```

设置或者获取鼠标单击事件到生成相应动作事件的事件。

（4）常用的 ButtonGroup 构造器和方法

```
ButtonGroup()
```

创建一个 ButtonGroup 类的实例。

```
void add(AbstractButton)
void remove(AbstractButton)
```

向一个按钮组中添加或者从一个按钮组中删除一个按钮。

```
public ButtonGroup getGroup()
```

获取 ButtonGroup。

13.3 JComboBox 和 JList 组件

JComboBox 类是由一个可编辑区域和一个可选取项的下拉列表组成的，称为组合框，而 JList 类是由一个列表单元构成的，称为列表，它并不具备类似于 JComboBox 类的编辑区域。

JComboBox 类提供的方法可以把项目添加到组合框中或者从组合框中删除项目，而 JList 类不能够添加和删除列表项，它只能通过 setListData()方法重新设置，这个方法只能一次性地指定所有的值。

下面是一个简单的示例程序。

```
//JComboAndJListExample.Java
import java.util.*;
import java.awt.*;
import java.awt.event.*;
import Javax.swing.*;
public class JComboAndJListExample extends JFrame implements ActionListener
{
  JComboBox jcb = new JComboBox();
  JList jlist = new JList();
  //将jlist添加到一个JScrollPane类中
  JScrollPane jsp = new JScrollPane(jlist);
  JButton addItem = new JButton("Add Item");
  JButton removeItem = new JButton("Remove Item");
  JLabel status = new JLabel();
  JPanel jp1 = new JPanel();
  Vector vc = new Vector(10);
  public JComboAndJListExample(String title) {
    this.setTitle(title);
  }

 public void paint() {
  Container contentPane = getContentPane();
  vc.add("Item1");
  vc.add("Item2");
  //向组合框中添加项目
  jcb.addItem("Item1");
  jcb.addItem("Item2");
  //设定组合框列表出现滚动条的行数为6
  jcb.setMaximumRowCount(6);
  //设置jlist的数据为一个向量vc
  jlist.setListData(vc);
  //设置列表可显示的行数为6
  jlist.setVisibleRowCount(6);
  //设置按钮addItem的动作命令文本为add
  addItem.setActionCommand("add");
  //注册事件监听器
  addItem.addActionListener(this);
  jp1.add(addItem);
  jp1.add(removeItem);
  removeItem.setActionCommand("remove");
  removeItem.addActionListener(this);
  jp1.add(jcb);
  jp1.add(jsp);
  jp1.add(status);
  contentPane.add(jp1);
  this.addWindowListener(new WindowAdapter() {
    public void windowClosing(WindowEvent e) {
      System.exit(1);
```

```
    }});
   this.setSize(400, 400);
   this.setVisible(true);

  }

  public static void main(String argv[]) {
   JComboAndJListExample frame = new JComboAndJListExample(
       "JComboBoxAndJListExample");
   frame.paint();
  }

  public void actionPerformed(ActionEvent actionEvent) {
   int count = jcb.getItemCount(); //count 定义为组合框和列表框现有项目的数量
   if (actionEvent.getActionCommand().equals("add")) {
     //添加组合框项目
     jcb.addItem("Item" + (count + 1));
     //添加向量组的项目
     vc.add("Item" + (count + 1));
     //重新设置 jlist 的数据来源
     jlist.setListData(vc);
     status.setText("Add Item" + (count + 1));
   }
   else {
     jcb.removeItem(jcb.getItemAt(count - 1));
     vc.removeElementAt(count - 1);
     jlist.setListData(vc);
     status.setText("Remove Item" + (count - 1));
   }
  }
  }
```

1）程序刚启动时，组合框和列表中只有两个项目，如图 13-10 所示。

2）单击 AddItem 按钮，status 中显示动作，组合框中的项目为 3 个，如图 13-11 所示。

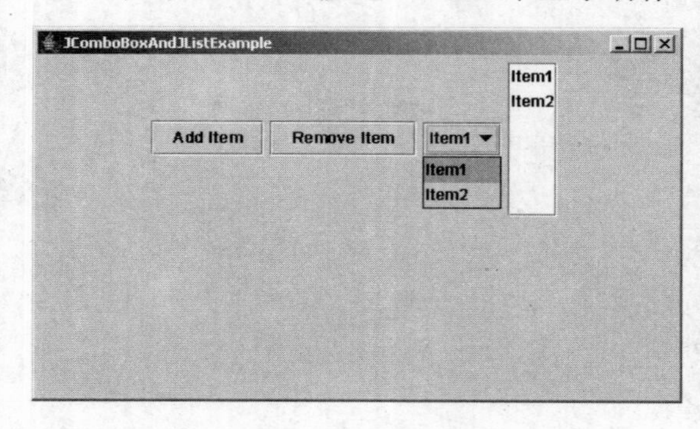

图 13-10　程序运行的初始界面

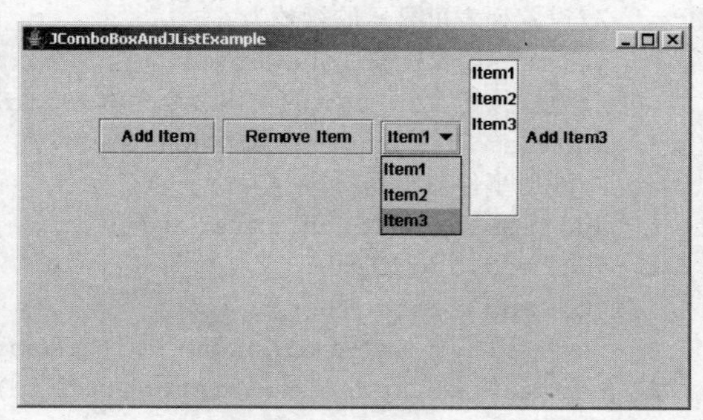

图 13-11　向组合框中添加项目

在按钮的事件处理程序中可以通过组合框的 addItem()和 removeItem()方法进行项目的添加和删除操作，而列表只能通过再次调用方法 setListData()方法进行数据源的设定。

3）多按几次 AddItem 按钮，运行结果如图 13-12 所示。

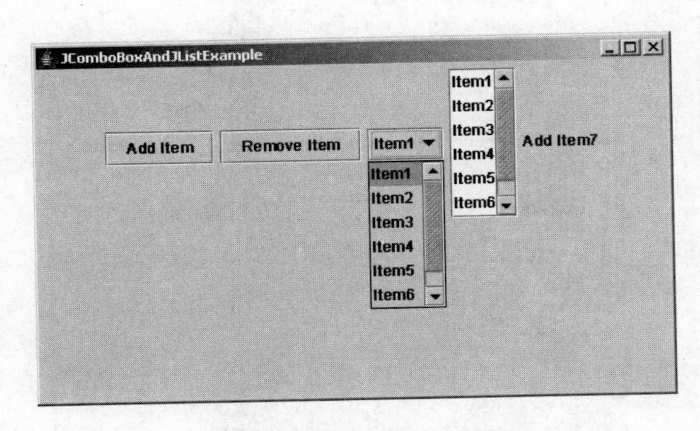

图 13-12 单击 AddItem 按钮数次后的程序界面

此时出现了滚动条，程序中有几句代码对滚动条的出现起到了作用。

```
//将 jlist 添加到一个 JScrollPane 类中
JScrollPane jsp = new JScrollPane(jlist);
```

后面程序中只需要对 jsp 进行容器层次的处理，不需要再对 jlist 进行处理，jsp 滚动条对象包装了 jlist，它会对 jlist 列表进行管理，而组合框则不需要这样，它具有自己的滚动条，下面的代码设置了何时出现滚动条。

```
jcb.setMaximumRowCount(6); //设定组合框列表出现滚动条的行数为 6
jlist.setVisibleRowCount(6);//设置列表可显示的行数为 6
```

4）单击 RemoveItem 按钮，此时运行结果如图 13-13 所示。

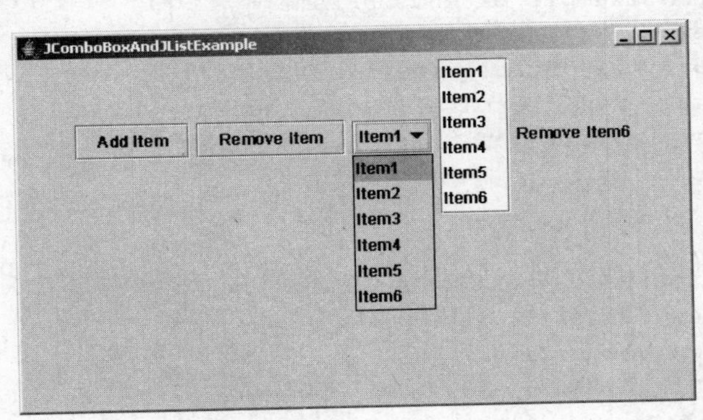

图 13-13 单击 RemoveItem 按钮后的程序界面

从图 13-13 中可以发现，是上面两行代码设置行数为 6 的作用，当项目数量小于或等于 6 时不显示滚动条。

5）在按钮的事件处理方法中，还使用了组合框的 getItemCount()方法取得项目的数量，然后通过累加的方式取得下一个需要添加或者删除项目的值对象或者序号。

上面说到 JComboBox 类的复选框是由一个编辑区域和一个列表构成的，事实上确实如此，上面示例程序中的组合框编辑区域之所以无法使用，是因为没有将其设置为可编辑。使用 setEditable()方法就可以实现：

```
jcb.setEditable(true);
```

图 13-14 是上面示例程序修改之后的运行结果。

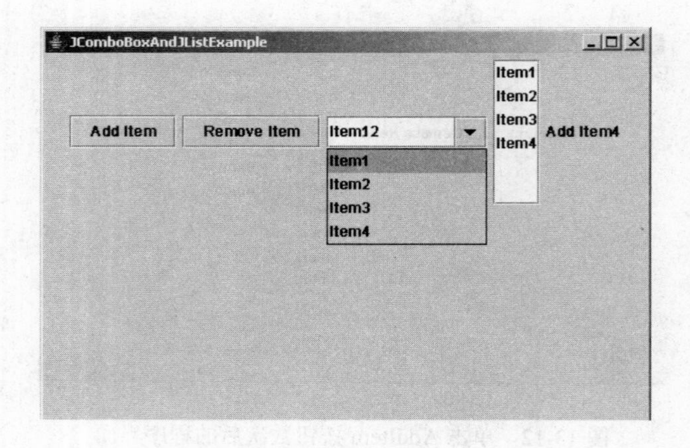

图 13-14　修改之后的程序运行结果

JList 类和 JComboBox 类还有一个比较大的区别是：JList 类可以选择多个项目。例如下面的示例程序。

```
//JListExample.Java
import java.util.*;
import java.awt.*;
import java.awt.event.*;
import Javax.swing.*;
import Javax.swing.event.*;

public class JListExample extends JFrame {
JList list = new JList();
JScrollPane jsp = new JScrollPane(list);
JTextArea status = new JTextArea("No Selected", 10, 10);
public JListExample(String title) {
  this.setTitle(title);
}
public void paint() {
  Container contentPane = getContentPane();
  JPanel jp = new JPanel();
  Vector vc = new Vector(10);
  for (int i = 0; i < 10; i++) {
    vc.add("JList Item " + i);
  }
  list.setListData(vc);
  list.addListSelectionListener(new ListSelectionListener() {
    public void valueChanged(ListSelectionEvent listSelectionEvent) {
      Object[] item = list.getSelectedValues();
      int i = 0;
      status.setText("");
      while (i < item.length) {
        status.append( ( (String) item[i]) + "\n");
        i++;
      }
    }
  });
  jp.setLayout(new GridLayout(2, 1));
  jp.add(jsp);
```

```
    jp.add(status);
    contentPane.add(jp);
    this.addWindowListener(new WindowAdapter() {
      public void windowClosing(WindowEvent e) {
        System.exit(1);
      }
    });
    this.setSize(100, 400);
    this.setVisible(true);
  }
  public static void main(String argvp[]) {
    JListExample frame = new JListExample("JListExample");
    frame.paint();
  }
}
```

程序运行结果如图 13-15 所示。

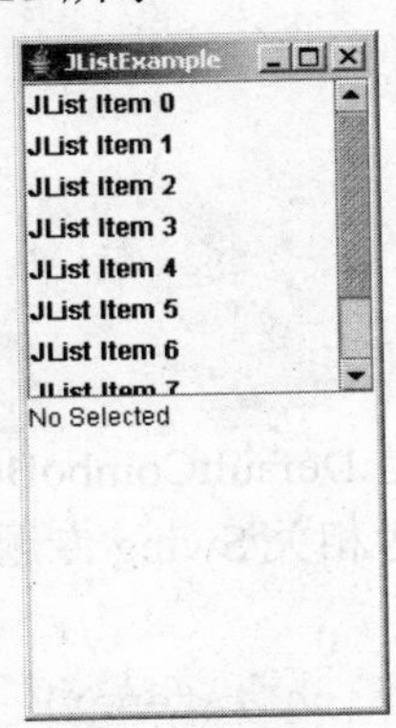

刚启动

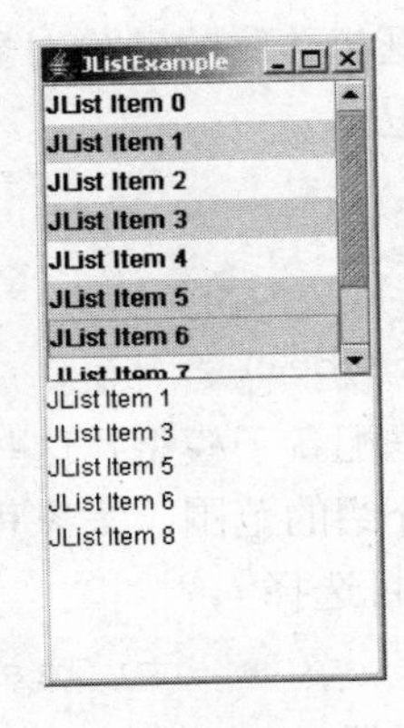

选择后

图 13-15　程序运行结果

通过 JList 类的 getSelectedValues()方法可以返回一个选择对象的对象数组，通过访问这个数组就可以获取选择的对象，其实还可以使用 getSelectedIndices()方法获取选择对象索引值的整形数组。

有一点要注意的是：对 JList 类的项目选择，使用 ListSelectionListener 接口和 ListSelectionEvent 事件进行监听和处理。ListSelectionListener 接口要实现的方法是：

```
public void valueChanged(ListSelectionEvent listSelectionEvent)
```

下面是对 JComboBox 类和 JList 类的总结。

（1）JComboBox 类的构造方法

```
public JComboBox()
public JComboBox(Object[])
public JComboBox(Vector)
public JComboBox(ComboBoxModel)
```

前 3 个方法都为组合框配备了模型，这些模型是 DefaultComboBoxModel 的实例。对于最后一个构造方法，读者可以参考相关 Swing 专题的书籍。

（2）设置和获取组合框中的项目

```
void addItem(Object)
```

```
void insertItemAt(Object, int)
```

向组合框的末尾添加或者在指定位置之前插入项目。

```
Object getItemAt(int)
Object getSelectedItem()
```

从组合框中取得指定位置或者已经选择的项目。

```
void removeAllItems()
void removeItemAt(int)
void removeItem(Object)
```

从组合框中删除项目，分别删除所有项目、指定位置的项目和指定的项目对象。

```
int getItemCount()
```

取得组合框中项目的数量。

```
void setAction(Action)
Action getAction()
```

设置或者获取与组合框相关联的动作对象。

（3）JList 类的构造方法

```
public JList ()
public JList (Object[])
public JList (Vector)
public JList (ListModel)
```

前 3 个方法都为组合框配备了模型，这些模型是 DefaultComboBoxModel 的实例，最后一个构造方法已经超出了本书介绍的范围，大家可以参考相关 Swing 专题的书籍。

（4）处理 JList 类的项目选择

```
void addListSelectionListener(ListSelectionListener)
```

注册项目选择事件监听器。

```
void setSelectedIndex(int)
void setSelectedIndices(int[])
void setSelectedValue(Object, boolean)
void setSelectionInterval(int, int)
```

设置选取的项目。

```
int getSelectedIndex()
int getMinSelectionIndex()
int getMaxSelectionIndex()
int[] getSelectedIndices()
Object getSelectedValue()
```

获取列表当前已经选择项目的信息。

```
void setSelectionMode(int)
  int getSelectionMode()
```

设置或者获取列表选择的模式。

```
void clearSelection()
boolean isSelectionEmpty()
```

设置和获取是否有项目被选择。

```
boolean isSelectedIndex(int)
```

判断指定的索引值是否被选择。

13.4 JSlider 类——滑杆

JSlider 类，就是图形界面中常用的滑杆组件，它显示一个介于最小值与最大值之间的值，用户可以手动拖动滑杆柄或者滑杆槽来操纵。下面是一个简单的示例程序。

```
//SliderExample.Java
import java.awt.*;
import java.awt.event.*;
import Javax.swing.*;

import Javax.swing.event.ChangeListener;
import Javax.swing.event.ChangeEvent;

public class JSliderExample
  extends JFrame implements ChangeListener {
JSlider slider = new JSlider();
JLabel status=new JLabel();
public JSliderExample(String title) {
  this.setTitle(title);
}

public void paint() {
  Container contentPane = getContentPane();
  slider.putClientProperty("JSlider.isFilled",Boolean.TRUE);
  slider.setPaintLabels(true);      //设置需要绘制主要间隔标记
  slider.setPaintTicks(true);       //设置需要绘制次要间隔标记
  slider.setMajorTickSpacing(20);   //设置主要间隔标记之间的间隔单元数
  slider.setMinorTickSpacing(5);    //设置次要间隔标记之间的间隔单元数
  slider.addChangeListener(this);
  status.setText(String.valueOf(slider.getValue()));
  contentPane.setLayout(new GridLayout(2,1));
  contentPane.add(slider);
  contentPane.add(status);
  this.addWindowListener(new WindowAdapter() {
    public void windowClosing(WindowEvent e) {
      System.exit(1);
    }
  });
  this.setSize(400, 100);
  this.setVisible(true);
}
public static void main(String argv[]) {
  JSliderExample frame = new JSliderExample("JListExample");
  frame.paint();
}

public void stateChanged(ChangeEvent changeEvent) {
  status.setText(String.valueOf(slider.getValue()));
}
}
```

程序运行结果如图 13-16 所示。

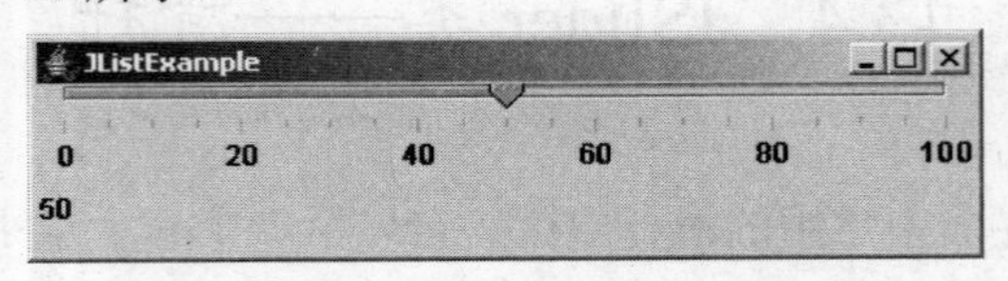

图 13-16　程序程序结果

JSlider 类有以下几个构造方法：

```
JSlider()
```

创建一个水平的滑动条，它的值在 0 到 100 之间，初始值为 50。

```
JSlider(int min, int max)
JSlider(int min, int max, int value)
```

创建一个水平的滑动条，min 和 max 分别指定滑动条的最小值和最大值，而 value 指定了滑动条初始化值。

```
JSlider(int orientation)
JSlider(int orientation, int min, int max, int value)
```

创建一个滑动条，orientation 指定了它的方向，其值为 JSlider.Horizontal 或 JSlider.Vertical，同上。

调整滑动条的外观。

```
void setValue(int)
int getValue()
```

设置或者获取滑动条的当前值。

```
void setOrientation(int)
int getOrientation()
```

设置或者获取滑动条的方向。

```
void setMinimum(int)
void getMinimum()
void setMaximum(int)
void getMaximum()
```

设置或者获取滑动条的最小值和最大值。

```
void setMajorTickSpacing(int)
int getMajorTickSpacing()
void setMinorTickSpacing(int)
int getMinorTickSpacing()
```

设置或者获取主要标记和次要标记的间隔单元数。

```
void setPaintTicks(boolean)
boolean getPaintTicks()
```

设置或者判断是否绘制标记。

```
void setPaintLabels(boolean)
boolean getPaintLabels()
```

设置或者判断是否在滑动条上绘制标记。

```
void addChangeListener(ChangeListener)
```

为滑动条注册一个 ChangeListener。

13.5 JInternalFrame 类

JInternalFrame 类是一个类似 JFrame 类的窗口，称为内部窗口，它存在于 JFrame、JApplet 等顶级容器中。通常将内部窗口添加到一个桌面面板中，桌面面板可以作为 JFrame 的内容面板。下面是一个使用 JInternalFrame 类的简单示例。

```
//JInternalFrameExample.Java
import java.awt.*;
import java.awt.event.*;
import Javax.swing.*;

public class JInternalFrameExample
  extends JFrame
  implements ActionListener {
JDesktopPane desktopPane = new JDesktopPane();
JButton jb = new JButton("Add window");
int count = 1;
public JInternalFrameExample(String title) {
  this.setTitle(title);
}

public void paint() {
  Container contentPane = getContentPane();
  contentPane.setLayout(new BorderLayout());
  jb.addActionListener(this);
  contentPane.add(jb, BorderLayout.NORTH);
  contentPane.add(desktopPane, BorderLayout.CENTER);
  desktopPane.setLayout(new FlowLayout());
  this.addWindowListener(new WindowAdapter() {
    public void windowClosing(WindowEvent e) {
      System.exit(1);
    }
  });
  this.setSize(400, 400);
  this.setVisible(true);
}

public static void main(String argv[]) {
  JInternalFrameExample frame = new JInternalFrameExample(
      "JInternalFrameExample");
  frame.paint();
}

public void actionPerformed(ActionEvent actionEvent) {
  JInternalFrame jif = new JInternalFrame(
      "Internal Frame" + count++, //title
      true, //resizable
      true, //closable
      true, //maximizable
      true); //iconifiable
  jif.setPreferredSize(new Dimension(200, 100));
```

```
    desktopPane.add(jif);
    jif.setVisible(true);
    desktopPane.revalidate();
  }
  }
```

程序运行结果如图 13-17 所示。

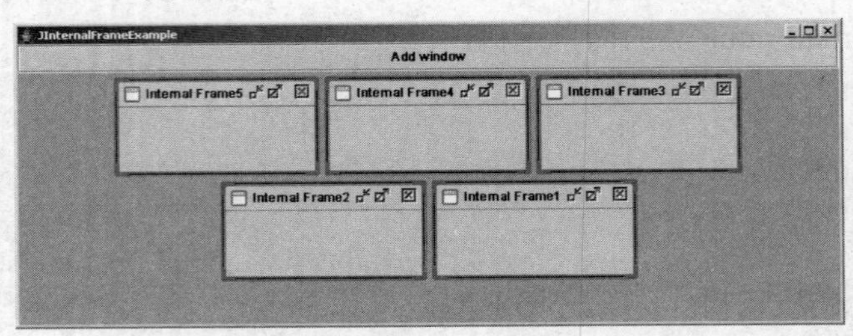

图 13-17　程序运行结果

单击 Add Window 按钮可以动态添加内部窗口。

这个应用程序创建了一个 JDesktopPane 实例，并将它加入 JFrame 的内容窗格中，作为应用程序中内容窗格的居中组件。新创建的内部窗口都是添加在这个 JDesktopPane 实例中。

注意：在添加内部窗口到桌面窗格后，需要使用桌面窗格的 revalidate()方法。

使用 JInternalFrame 类的一些基本原则：

1）必须为内部窗口指定尺寸。

如果不指定内部窗口的尺寸，那么它的长和宽就都为 0，无法显示出来。通过 setSize()，pack()和 setBounds()方法可以设置内部窗口的尺寸。

2）必须为内部窗口指定出现位置。

如果没有指定出现位置，内部窗口将出现在（0, 0）位置，可以通过 setLocation()和 setBounds()方法设置窗口左上角的位置。

3）向内部窗口中添加组件，也需要向内部窗口的内容面板中添加组件。

4）必须将内部窗口中添加到容器中。

只有将内部窗口添加到容器中（通常是一个 JDesktopPane 类的实例），内部窗口才会显示出来。

5）要显示内部窗口，需要调用 show()方法或者 setVisible()方法。

自 J2SDK1.3 版本开始，内部窗口默认情况下不会显示出来的，必须调用 show()和 setVisible()方法。

6）内部窗口产生内部窗口事件，而不是 WindowEvent 事件。

第 14 章　网络通信程序设计

Java 是一种与平台无关的编程语言，具有“一次编写，随处运行”的特点，所以非常适合于分布式的网络编程，而且它是 Java 世界中绝大部分令人激动的应用，特别是那些动态网络应用，例如 J2ME、J2EE 等都是围绕着网络出现的。

本章将向读者展示如何利用 java.net 包中提供的 socket 和 URL（Uniform Resource Location）相关类编写网络应用程序，实现网络程序之间的相互通信和异地间数据的传输。

14.1　java.net 包

Java 中的 socket 相关接口提供了网络中两台主机之间通信的标准网络协议。可以说，socket 是各种网络通信的内在实现机制，用户可以编写自己的应用层协议来处理和解释数据，这样就可以在网络中通过 socket，使用属于自己的协议进行通信。实践中，更高层次的应用（例如远程调用和分布式处理）都是基于 socket 的。

Java 中的 URL 相关类为访问网络资源提供了接口，通过这些类的接口可以很容易地访问服务器上的文件和应用程序，甚至是一个远程服务器上的对象实例，例如可以获取 URL 指定的网页内容、数据库中的记录。

14.2　socket 编程

14.2.1　socket 基础知识

网络中计算机的种类繁多，甚至可能是非计算机，它们之间要进行通信必定要遵守一定的规则，而通信协议就是它们之间沟通、通信所要遵循的各种规则的集合。在 Internet 网络通信中主要使用的协议有：

- 网络层的 IP 协议，IP 协议使用 IP 地址将数据传送到正确的计算机上，但是并不保证数据的正确性。
- 传输层的 TCP、UDP 协议，TCP 协议提供全双工的和可靠交付的服务或者数据，即它是将数据传送到正确的计算机上，并且希望保证数据的正确性；UDP 协议是传送数据到正确的计算机应用程序，但是它也同 IP 协议一样并不提供可靠的交付，另外它还可以通过端口来区分不同的应用程序。
- 应用层的 HTTP、FTP、SMTP、SNMP 等协议，它们是应用程序之间通信所要遵循的规则。

socket 被称为套接字，用于描述网络的 IP 地址和端口，Java 应用程序通过套接字向网络中的其他主机（服务器）发送请求，或者应答网络请求来建立相互之间的通信。使用 socket 建立的通信链路相当于在两台机器之间建立了一条通信管道，两台机器之间通过该管道进行双向的通信，同时该管道保证了数据的完整性。

socket 是网络通信的编程接口，它在应用程序（可能处于同一台机器之上）之间发送数据流。socket 最早起源于 BSD 的操作系统，事实上，socket 已经成为了几乎所有协议的内在运行机制，但是由于网络数据传输的复杂性，socket 接口本身也十分复杂。

Java 提供了一个简单的面向对象的 socket 模型，它将 TCP/IP 协议封装到 java.net 包中的 Socket 和 ServerSocket 类中，通过 TCP/IP 协议提供的可靠连接进行数据的可靠传送，这就使网络通信变得相当简单了。

对曾经使用过 C 语言或者其他结构化编程语言编写过网络应用程序读者，肯定会喜欢 Java 中将所有这些细节封装到对象中的方式。如果是第一次接触 socket，将会发现同其他应用程序的通信就像读文件、获取用户输入一样简单，更类似于在本地存取文件、使用 I/O 等功能。

14.2.2 socket 机制分析

socket 可以看成是两个程序之间进行通讯连接中的接口，逻辑地连接两端的机器，而每台机器上都有一个“套接字”如同一个插座连起了一条虚拟的“电缆”，这样就忽略了机器之间实际相连的物理线路，这是 socket 的基本宗旨。一个应用程序将一段信息写入 socket 中，该 socket 将这段信息发送给另外一个 socket 中，通过这种方式，这段信息将会传送到 socket 连接的另一端的程序中去。

主机 Host A 上的程序 A 将一段信息写入 socket 中，socket 的内容被主机 Host A 的网络管理软件访问，并将这段信息通过主机 Host A 的网络接口发送到主机 Host B，Host B 的网络接口接收到这段信息后，传送给 Host B 的网络管理软件，网络管理软件将这段信息保存在 Host B 的 socket 中，然后程序 B 才能在 socket 中分析这段信息。

假设在图 14-1 的网络中添加第 3 个主机 Host C，那么 Host A 怎么知道信息被正确传送到 Host B 而不是被传送到 Host C 中了呢？TCP/IP 网络中的每一个主机均被赋予了一个唯一的 IP 地址，IP 地址是一个 32 位的无符号整数，由于没有转变成二进制，因此通常以小数点分隔，IP 地址均由四个部分组成，每个部分的范围都是 0~255，以表示 8 位地址，例如 198.163.227.6。

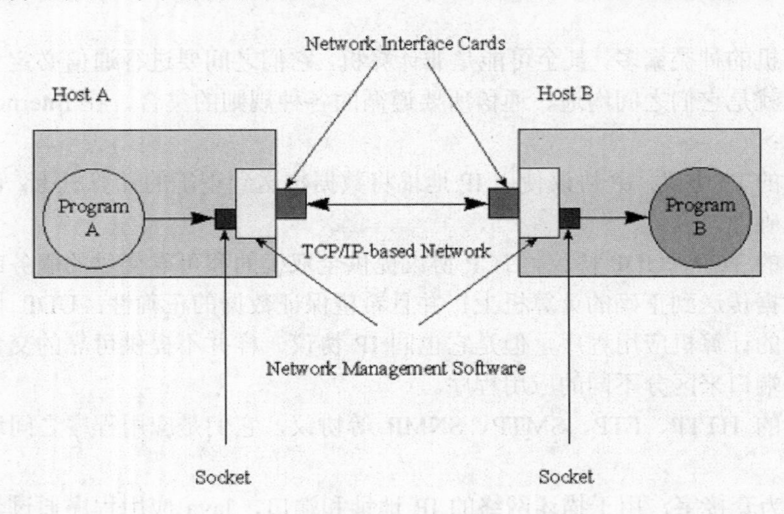

图 14-1 socket 连接图

值得注意的是，IP 地址都是 32 位地址，这是 IP 协议版本 4（简称 Ipv4）规定的，目前由于 IPv4 地址已近耗尽，所以 IPv6 地址正逐渐代替 Ipv4 地址，Ipv6 地址则是 128 位无符号整数。

假设第 2 个程序被加入图 14-1 网络的 Host B 中，那么由 Host A 传来的信息如何能被正确地传给程序 B 而不是传给新加入的程序呢？这是因为每一个基于 TCP/IP 网络通讯的程序都被赋予了唯一的端口和端口号，端口是一个信息缓冲区，用于保留 socket 中的输入/输出信息，端口号是一个 16 位无符号整数，范围是 0~65535，以区别主机上的每一个程序（端口号就像房屋中的房间号），低于 256 的端口号保留给标准应用程序，例如 pop3 的端口号就是 110，每一个套接字都组合进了 IP 地址、端口和端口号。

在 Java 网络编程中，一个套接字由主机号、端口号和协议名 3 个主要部分组成。

- 主机号。就是连接到 Internet 的计算机（服务器）的 Internet 地址或者是 IP 地址，它在 Internet 上是唯一的。
- 端口号。在机器内部代表一个独一无二的抽象场所，有时候计算机应用程序之间进行通信，一个 IP 地址不足以正确识别相应的网络应用程序，因为在一个 IP 地址指定的计算机中通常存在很多个服务程序或者是客户程序，所以在进行网络应用程序之间的通信时，必须指定客户端和服务器端都认可的端口（PORT）。例如，IP 地址指定的是某一条街上的某个公寓楼，而端口号则代表了这栋公寓楼中的每个房间。

必须强调的是，端口号并不是物理上存在的，它只是逻辑上的一种抽象。通常每个计算机的端口都和一个应用程序或者服务相对应，例如 DNS、HTTP 等，客户机向服务器请求连接时，客户程序必须知道服务器的 IP 地址和端口号才能获得相应的服务，通常当请求一个特定的端口时，就意味着请求与那个端口相关联的服务。因此，每个服务（程序）都同一台特定服务器上的一个独一无二的端口关联在一起，客户端程序需要事先知道自己请求的那项服务运行的端口号。

在计算机中，操作系统内部保留使用端口号为 1~1024 的权力，所以设计应用程序时不应该占用这些端口。

- 协议名。计算机之间建立连接、完成数据通信所采用协议的名称。

Java 语言提供了几种不同的 socket 来支持不同的协议。本节先介绍 Java 中的 Socket 类，下一节中介绍数据包 socket。

Java 中的 Socket 类使用面向连接的协议。面向连接的 sockets 操作就像两部电话，它们必须建立一个连接和一个呼叫，只有这样通信的双方才能够顺利沟通。

对网络中的计算机而言，采用面向连接的协议，在它们建立连接之后，两个网络应用程序才能相互传送数据，即使没有任何一方“发言”，连接依然是存在的，这个很类似于拨通了的电话线，即是没人说话，只要不挂总是通的。这种协议就可以确保数据传输的可靠性，保证没有数据丢失、数据的有序到达——两端所有的数据到达时的顺序与它们发出时的顺序是一样的。无连接的 sockets 操作就像是一个邮件投递，没有什么保证，多个邮件可能在到达时的顺序与出发时的顺序不一样。

理论上说，在 socket 层面上可以使用任何协议族，但在现实中，互联网广泛使用的是 IP 协议，它也是 Java 唯一支持的网际层协议。Java 中的 socket 类表示 TCP 协议，而 DatagramSocket 类表示 UDP 协议，它们都是标准的 Internet 协议。

现在的网络通信方式一般是客户端 / 服务器（C/S）方式，其实现在客户端和服务器的区别越来越模糊了。这儿，暂且把主动发起网络会话的一端称为客户端，而接受请求进行通信的一端称为服务器。

对于 C/S 结构，客户端和服务器最大的区别就在于客户端可以随时向服务器发起一个网络会话请求，而服务器则必须事先准备好侦听客户端的会话请求。Java 中将 socket 类和 ServerSocket 类分别用于客户端应用程序和服务器端应用程序，在任意两台机器之间建立连接。java.net 包中提供的 socket 类表示了客户端或者服务器端 socket 连接的两端，而服务器端则是使用 ServerSocket 类来等待来自客户端的连接。通过 socket 建立连接的过程分为以下 3 个步骤（从服务器和客户端整体而言）：

1）服务器建立侦听线程，负责侦听服务器程序指定的端口，等待客户端的会话请求。

2）客户端应用程序创建一个 socket 对象，包括连接主机的 IP 地址和端口号，指定使用的通信协议，这个对象的实例化过程中就会发送出会话请求，试图与服务器建立连接。

3）服务器端的侦听线程侦测到客户端的会话请求，创建一个 socket 接受连接对象，与客户机进行通信。

在 Java 网络编程中，通过创建套接字可以建立与其他机器的连接并创建对应于套接字的 InputStream 和 OutputStream 流对象，通过这两个流对象可以将 socket 连接看做一个 I / O 流对象来处理。在取得 socket 连接之后，客户端和服务器端相互通信的过程是一样的，该过程的主要有以下 4 个步骤：

1）取得 socket 连接，即打开套接字对象。

2）取得套接字的输入、输出流。

3）双方通信的协议，并通过输入、输出流读写套接字。

4）通信结束前的清理工作，记住所有的 socket 输入流、输出流都必须在 socket 关闭之前关闭。

14.2.3 客户端编程

根据客户端和服务器建立的步骤，客户端在服务器端开始侦听后，向服务器发送会话请求只需要实例化一个 socket 类的对象即可，当然同时需要指定服务器的主机名或者是 IP 地址、会话进程侦听的端口号。

下面列出的是几种 Java 提倡使用的 socket 构造器。

- Socket(InetAddress address, int port)，创建一个流式的 socket，通过它连接到指定 IP 地址的指定端口。
- Socket(InetAddress address, int port, InetAddress localAddr, int localPort)，创建一个 socket，通过它连接到远程地址上指定的远程端口。
- Socket(String host, int port)，创建一个流式的 socket，通过它连接到命名主机上的指定端口。
- Socket(String host, int port, InetAddress localAddr, int localPort)，创建一个 socket，通过它连接到远程主机上指定的远程端口。

面向连接的 socket 操作使用 TCP 协议。在这个模式下的 socket 必须在发送数据之前与目的地的 socket 取得连接。在连接建立之后，sockets 就可以使用一个流接口进行完整地操作：打开一读一写一关闭。所有发送的信息都会在另一端以同样的顺序被接收。面向连接的操作比无连接的操作效率更低，但是数据的安全性更高，如图 14-2 所示。

上面提到的 Java 中不提倡的 socket 构造器，就可以构造使用数据包的连接，但是 Java 建议如果要使用数据包套接字，使用 DatagramSocket 类更好。

从图 14-2 中不难发现，一台服务器可以同时处理多个会话，但是却只需要一个 Server Socket 对象，而且每个客户端都需要一个活动的 socket 对象。

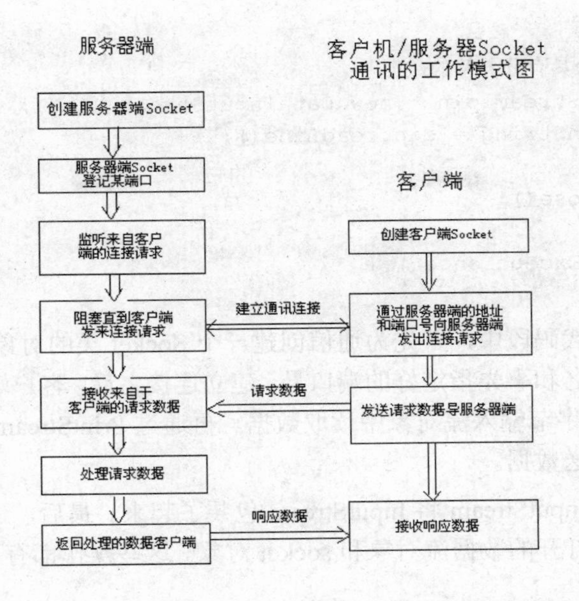

图 14-2　C/S 框架和 Server Socket、Client Socket

例如下面的一段代码，就是建立客户端连接的 socket：

```
//客户端连接过程
Socket sock;
try {
        socket = new Socket("www.Javazero.cn", 19724);
//这里也可以提供 IP 地址
//比如 socket=new Socket("192.168.0.1",25);
    } catch (UnknownHostException e) {
   //由于通过使用主机名来建立 Socket 类的对象
   //所以有可能主机名在网络中不存在，
//可能会抛出 UnknownHostException 异常
        System.out.println("Can't find host.");
    } catch (IOException e) {
        System.out.println("Error connecting to host.");
    }

//客户端同服务器的通信过程
   try {
     Socket socket = new Socket("www.Javazero.cn", 19724);
     InputStream in = socket.getInputStream();       //创建流输入对象
   OutputStream out = socket.getOutputStream();  //创建流输出对象

     // 向套接字输出流中写入数据
     out.write(42);

     // 从输入流对象中读取
     Byte back = in.read();

// 向 PrintStream 流中写入"Hello"，这是更为常用的方式，它有分界符
     PrintStream pout = new PrintStream( out );
     pout.println("Hello!");
```

```
        // 读取一个具有分界符的数据
        DataInputStream din = new DataInputStream( in );
        String dinString = din.readLine();

        socket.close();
      }
        catch (IOException e ) {
  }
```

在上面的数据交换代码段中，首先为通信创建一个 Socket 类的对象，这个 Socket 类的构造器指用了服务器的主机名和事先指定好的端口号。建立连接之后，客户端使用输出字节流对象输出了数值 42，然后通过字节输入流对象中读取数据。再通过 PrintStream 将 OutputStream 包装了起来，以便更容易地发送数据。

相应地，使用 DataInputStream 将 InputStream 包装了起来。最后，进行相应的清理工作，调用 close()方法关闭已经打开的数据流对象和 socket 对象。这些操作都有可能会抛出 I/O 异常，所以必须捕捉这个异常。

从这段代码不难发现，在创建 Socket 对象成功后，所要做的就是在客户端、服务器端的两个 Socket 对象之间通过 I/0 进行通信。

客户端和服务器进行通信的具体例子将在讲完服务器端编程之后给出。

14.2.4 服务器端编程

为了响应客户端的请求，服务器端需要建立对指定端口的侦听机制，java.net 包中提供的 ServerSocket 类用于服务器端建立监听和响应客户端会话请求的机制，同时也可接受客户端发送的数据。

在服务器端建立了监听、等待机制之后，一旦客户端请求建立一个套接字连接，服务器端就会通过 accept()方法返回一个对应的服务器端套接字对象，以便进行直接通信。

所有的服务器都要有以下的基本的步骤：

1）创建一个 ServerSocket 对象并开始监听。

2）使用 accept()方法取得新的套接字连接。

3）从新的 Socket 类对象取得输入/输出流对象。

4）在已有的协议上进行客户端和服务器端的通信。

5）关闭客户端流和相应的 Socket 对象。

6）如果继续服务于其他客户端，就跳转到（2），否则跳转到（7）。

7）关闭 ServerSocket 类对象。

下面是 ServerSocket 类的几种形式的构造器。

- ServerSocket(int port)，创建一个服务器端的 socket 侦听，绑定到指定端口。
- ServerSocket(int port, int backlog)，创建一个服务器端的 socket 侦听，绑定到指定端口，并指定监听的时间长度。
- ServerSocket(int port, int backlog, InetAddress bindAddr)，创建一个绑定到本地 IP 地址上指定端口的 socket 侦听。

例如下面的一段代码：

```
//服务器端建立侦听、接受请求，进行通信
try {
   boolean connected=false;
  ServerSocket listener = new ServerSocket(19724);
  while (!connected) {
  Socket aClient = listener.accept();    // wait for connection
  InputStream in = aClient.getInputStream();
  OutputStream out = aClient.getOutputStream();

  // Read a byte
  Byte importantByte = in.read();
  // Read a string
  DataInputStream din = new DataInputStream( in );
  String request = din.readLine();
  // Write a byte
  out.write(43);
  // Say "Goodbye"
  PrintStream pout = new PrintStream( out );
  pout.println("Goodbye!");
  aClient.close();
   connected=true;
 }
  listener.close();
 }
 catch (IOException e ) { }
```

首先，服务器端建立了关联到端口 19724 的 ServerSocket 对象。通常有一些操作系统保留了 0~1024 的端口号，这部分的端口号系统留有他用，或者是已经被其他有名的服务使用，比如 Http 使用了 80 端口等，同时要注意的是 ServerSocket 对象只建立一次，但是它却可以接受多个连接请求。

接着进入一个侦听循环，这里通过 accept()方法阻塞（阻塞是一个专业名词，它会产生一个内部循环，使程序暂停在某个地方，直到一个条件被触发）了所有客户端发送的请求，如果客户端有请求，accept()方法会创建一个 socket 类的对象；如果没有请求，accept()会使程序停留在这里。建立连接之后，同样也是使用 socket 对象的输入、输出流进行客户端和服务器端的通信。

最后要注意的是，假使服务器端要停止对服务请求的侦听，需要调用 SeverSocket 类的 close()方法关闭连接。

14.2.5 服务器/客户端通信实例

下面介绍一个服务器、客户端通信的示例程序。

服务器端通信代码：

```
//MessageServer.Java
import java.net.*;
import java.io.*;

public class MessageServer {
  final int PORT = 19724;   //定义服务器和客户端预先定义好的端口号
   static int count = 0;   //记录连接上来的客户端数
```

```
    public void startListener() {
        ServerSocket serverListener=null;
        Socket clientSocket=null;
        ServerThread messageThread=null;
        try {
            serverListener = new ServerSocket(PORT);//启动侦听
            System.out.println("This is a MessageServer!");
            while (true) {
                clientSocket = serverListener.accept();
                //接受请求，创建一个Socket对象
                System.out.println("No:" + count++
                                + " There is an incoming request!");

                messageThread = new ServerThread(clientSocket);
                //创建服务器通信线程
            }//while
        } catch (IOException ex) {
            ex.printStackTrace();
        } finally {//清理工作
            if (serverListener!=null) {
                try {
                    serverListener.close();
                } catch (IOException ex) {
                    ex.printStackTrace();
                }//catch
            }//if
        }//finally
    }//method
    public static void main(String[] args) {
        MessageServer newServer=new MessageServer();
        newServer.startListener();
    }
}
```

服务器端线程：

```
//ServerThread.Java
import java.net.Socket;
import java.io.*;

public class ServerThread extends Thread {
private Socket clientSocket;
private BufferedReader bin;
private PrintWriter pout;
public ServerThread(Socket clientSocket) {
  this.clientSocket = clientSocket;
  InputStreamReader reader;
  OutputStreamWriter writer;
  try {
    reader = new InputStreamReader(this.clientSocket.getInputStream());
    writer = new OutputStreamWriter(this.clientSocket.getOutputStream ());
    bin = new BufferedReader(reader);
    pout = new PrintWriter(writer,true);
```

```
    pout.println("Hello, you are welcome!  Now is " + new java.util.Date());
                                            //客户端连接问候语

    this.start();                          //提醒虚拟机，可以开始执行这个线程了
  }
  catch (IOException e) {
    e.printStackTrace();
  }
}

public void run() {
  String inMessage = null;
  boolean finished = false;
  System.out.println("Now in ServerThread");
  while (!finished) {
    try {
      inMessage = bin.readLine();
    }
    catch (IOException ex) {
      ex.printStackTrace();
    }

    if (inMessage != null && inMessage.equals("QUIT")) {
      finished = true;
    }
    else if (inMessage != null) {
      pout.println("From Server:" + inMessage);
      System.out.println("From Client:" + inMessage);
    }
  }
  try {
    clientSocket.close();
  }
  catch (IOException ex) {
    ex.printStackTrace();
  }
}
}
```

客户端代码：

```
//Client.Java
import java.net.Socket;
import java.io.*;

public class Client {
public static void main(String[] args) {
  Socket clientSocket = null;
  InputStream in = null;
  OutputStream out = null;
  BufferedReader bin = null;
  PrintWriter pout = null;
  String msg = null;
  boolean finished = false;
```

```
    try {
      clientSocket = new Socket("192.168.0.19", 19724); //建立同服务器的连接
      in = clientSocket.getInputStream();
      out = clientSocket.getOutputStream();

      bin = new BufferedReader(new InputStreamReader(in));
      pout = new PrintWriter(new OutputStreamWriter(out), true);
      pout.write("Hello\n");
      while ( (msg = bin.readLine()) != null) {
          //从套接字的输入流中读取数据
           System.out.println(msg);
       break;
      }
      pout.write("QUIT\n");
    }
    catch (IOException e) {
      e.printStackTrace();
    }
    finally { //清理工作
      try {
        pout.close();
        bin.close();
        out.close();
        in.close();
      }
      catch (Exception ex) {
        ex.printStackTrace();
      }
    }
  }
}
```

这个示例程序采用了多线程服务器架构，有 3 个类：

- MessageServer 类，这个程序主要是启动侦听进程，接受客户端的请求，生成服务器通信线程。
- ServerThread 类，服务器同客户端通信的线程。
- Client 类，客户端程序。

到此为止，我们已经讲述了较为常用的流式套接字的主要用法。流式套接字是一个面向连接的网络编程方法。这样就可以把更多的精力放在网络程序的编程逻辑上，而不是把更多精力放在思考如何进行网络连接和网络通信方面上，这的确是一个让人激动的特性。

14.2.6 Datagram Sockets 编程

前面介绍了使用 TCP 协议通过客户端和服务器的套接字连接进行通信的技术，由于 TCP 协议本身会对数据的完整性进行验证，这就使得不再需要手动确认数据传输的完整性，也不需要确认数据发送和数据到达的顺序是否一致。

事实上，套接字编程主要有两种方式：一种就是面向 TCP 协议的、面向连接的 Socket 类编程；另一种就是使用面向无连接的 UDP 协议，即 Java 中的 DatagramSocket 类。

UDP 协议是一种无连接的通信方式，不需要通信的双方建立连接，而是在服务器和客户端之间通过数据包（datagram）来发送和接收双方的独立数据包，它和 TCP 协议同属于传输层的协议，所以服务器端和客户端在发送数据时都不能保证数据传送的正确性、有效性和及时性，但是它却是快速和高效的。而且对于编程人员来说，就无法从 Socket 类对象轻易的得到输入流和输出流，更不能像往文件中写数据一样向服务器传送数据了。使用 Datagram 类进行网络编程，可以自己考虑数据的完整性和到达顺序的验证。

UDP 协议一般适用于实时应用，例如 IP 电话、实时视频等，这个数据通信要求服务器以恒定的速率发送数据，并且允许在网络发生阻塞时丢失数据，但却不允许数据有太大的延时。

在 Java 中编写使用 UDP 协议通信的网络程序，需要使用 java.net 包中的 DatagramSocket 和 DatagramPacket 等类。

DatagramSocket 类用于创建接收和发送 UDP 的 Socket 实例，数据包套接字是数据包传送服务的发送点和接收点。在数据包套接字上发送和接收的每一个数据包都是独立编址和路由的。

发自同一台机器的多个数据包它们的路由可能都不同，而且到达顺序也是不确定的。UDP 广播发送就是基于数据包套接字的。通常为了接收广播数据包，数据包套接字需要绑定到使用通配符表示的地址上，更多的实现是，广播数据包被发送到指定的地址范围。

下面是 DatagramSocket 类的构造器和常用方法。

- Public DatagramSocket ()，创建一个 DatagramSocket 类的对象，并绑定到本地主机上的某个可用端口。
- Public DatagramSocket (int port)，创建一个 DatagramSocket 类的对象，并绑定到本地主机上的指定的可用端口。
- Public DatagramSocket(int port, InetAddress laddr)，创建一个与本地地址绑定的 DatagramSocket 类的对象。
- Public void disconnect()，断开连接。
- Public InetAddress getAddress()，连接的目的端的 IP 地址。
- Public InerAddress getLocalAddress()，本地的 IP 地址。
- Public int getLocalPort()，本地端口。
- Public int getPort()，连接目的端的端口。
- Public int getReceiveBufferSize()，接收端数据缓冲区的大小，对应还有 setReceiveBuffer Size(int)。
- Public int getSendBufferSize()，发送端数据缓冲区的大小，对应还有 setSendBuffer Size(int)。
- Public void receive(DatagramPacket p)，接收数据包并将数据保存在 DatagramPacket 中，实际是 DatagramePacket 指定了一个数据缓存。
- Public void send(DatagramPacket p)，发送数据包。
- public void close()，关闭 DatagramSocket。在应用程序退出时，通常会主动释放资源、关闭 Socket，但是由于异常地退出可能造成资源无法回收。所以，应该在程序完成时，主动使用此方法关闭 Socket，或在捕获到异常抛出后关闭 Socket。

DatagramPacket 类用于处理报文，它将 Byte 数组、目标地址、目标端口等数据包装成报文或者将报文拆卸成 Byte 数组。应用程序在产生数据包时应该注意，TCP/IP 规定数据包文大小最多包含 65507 个，通常主机接收 548 个字节，但大多数平台能够支持 8192 字节大小的报文。

下面是 DatagramPacket 类的构造器和常用方法。

- public DatagramPacket(byte ibuf[],int ilength)，创建一个带有指定长度为 ilengeth 的字节数组的数据包。
- public DatagramPacket(byte ibuf[], int ilength,InetAddress iaddr,int iport)，创建一个用于发送的 DatagramPacket 类对象，它指定了发送数据的长度、接收端的 IP 地址和端口号。
- public synchronized InetAddress getAddress()，返回发送数据包的主机 IP 地址。
- public synchronized int getPort()，返回发送数据包的主机的端口号。
- public synchronized byte[] getData()，取得发送或者接收的数据包的数据信息，这个方法很重要。
- public synchronized int getLength()，取得数据包的长度。
- public synchronized void setAddress(InetAddress iaddr)，设置数据包的 IP 地址。
- public synchronized void setPort(int iport)，设置数据包发送目的端的端口号。
- public synchronized void setData(byte ibuf[])，设置数据缓冲区的数据。
- public synchronized void setLength(int ilength)，设置数据包的长度。

不同于面向连接的 Socket 类，数据包的客户端和服务器端类在表面上是一样的。下面的程序建立了一个客户端和服务器端的数据包 sockets：

```
DatagramSocket serverSocket = new DatagramSocket(19724);
DatagramSocket clientSocket = new DatagramSocket();
```

在 DatagramSocket 的构造器中服务器用参数 19724 来指定端口号，由于客户端是主动向服务器发送会话请求，所以客户端可以利用系统中未使用的端口，并不需要同服务器的端口使用一致。在第 2 种形式的构造器中省略了端口参数，程序会让操作系统分配一个可用的端口供通信用。值得注意的是：客户端也可以自行请求一个指定的端口，但是如果其他的应用程序已经绑定到这个端口之上，请求就会失败，会产生一个 SocketException 的异常抛出，并导致程序非法终止，这个异常应该注意捕获。所以建议如果并不想构建一个服务器，最好不要指定端口。

1. **数据包的接收**

DatagramPacket 类是通过 DatagramSocket 类接收和发送数据的类，是通信的基础。DatagramPacket 类包含了需要传送的数据信息、数据包的长度、IP 地址和端口号。正如前面所说的，数据包自身是一个独立的传输单元，DatagramPacket 类封装了这些信息。下面的程序表示了如何使用一个数据包套接字来接收数据：

```
DatagramPacket datagramPacket = new DatagramPacket(new byte[512], 512);
clientSocket.receive(datagramPacket);
```

DatagramPacket 类的构建器指明了数据放在哪儿，即一个 512 字节的字节数组作为缓存，而第 2 个构造器参数是缓存的大小。

注意：就像 ServerSocket 类的 accept()方法一样，receive()方法接收到数据之前将会阻塞。

2. **发送数据包**

发送数据包是非常简单的，所需要的只是一个地址。地址的获取相当简单。一旦地址确定后，数据包就可以被送出了。下面的程序传输了一个字符串到目标 socket：

```
String toSend = "HelloWorld";
byte[] sendbuf = new byte[ toSend.length() ];
toSend.getBytes( 0, toSend.length(), sendbuf, 0 );
DatagramPacket sendPacket = new DatagramPacket( sendbuf, sendbuf.length, addr,
port);
```

```
clientSocket.send( sendPacket );
```

首先，字符串必须转换成一个字节数组。然后创建一个新的 DatagramPacket 实例，注意构造器的最后两个参数：因为要发送一个包，所以地址和端口必须指定。当任何一个包收到后，返回的地址和端口可以从数据包中解析出来，并通过 getAddress()和 getPort()方法得到。

下面的代码是一个服务器如何回应一个客户端的包：

```
DatagramPacket sendPacket = new DatagramPacket( sendbuf, sendbuf.length,
recvPacket.getAddress(), recvPacket.getPort() );
serverSocket.send( sendPacket );
```

下面是一个应用 DatagramSocket 和 DatagramPacket 类的具体例子。

客户端 UDP 代码：

```
// UDPClient.Java
import java.io.*;
import java.net.*;

class UDPClient {
public static void main(String[] args) {
  String host = "localhost";
  // 如果用户在命令行指定了主机名作为参数
  // 就使用此参数作为主机名
  if (args.length == 1) {
    host = args[0];
  }
  //定义数据包套接字
  DatagramSocket datagramSocket = null;

  try {
    // 客户端创建一个数据包套接字,而且由系统自动分配端口号
    // 以免出现端口号的重复使用
    datagramSocket = new DatagramSocket();
    // 创建一个字节数组,用来保存数据包信息的数据部分
    // 这个信息最初是字符串对象,在调用 getBytes()方法之后,可以转换成字节序列
    // 这个转换过程一般使用平台默认的字符集
    byte[] sendBuffer;
    sendBuffer = new String("Send me a datagram").getBytes();

    // 将主机名转换成 InetAddress 对象
    // 这个对象包含了主机的 IP 地址,会被 DatagramPacket 类使用
    InetAddress address = InetAddress.getByName(host);

    // 创建一个 DatagramPacket 对象,它封装了对字节数组的引用和目标地址信息
    // 这个目标地址有主机的 IP 地址（保存在 InetAddress 对象中）和端口号 19724
    // 这个端口号是在服务器中事先指定的，也是服务器侦听的端口号
    DatagramPacket datagramPacket = new DatagramPacket(sendBuffer, sendBuffer.
length,address, 19724);

    // 通过 socket 发送数据包
    datagramSocket.send(datagramPacket);

    // 创建一个字节数组保存服务器的返回
```

```
        byte[] receiveBuffer = new byte[100];

        // 创建一个 DatagramPacket 对象，这个对象保存了服务器的返回值
        // 服务器程序的 IP 地址和端口号
        datagramPacket  =  new  DatagramPacket(receiveBuffer,  sendBuffer.length,
address,19724);

        // 通过 socket 接受的数据包
        datagramSocket.receive(datagramPacket);

        // 打印服务器返回并保存在数据包中的值
        System.out.println(new String(datagramPacket.getData()));
      }
      catch (IOException e) {
        System.out.println(e.toString());
      }
      finally {
        if (datagramSocket != null) {
          datagramSocket.close();
        }
      }
    }
  }
```

服务器端 UDP 代码：

```
// UDPServer.Java
import java.io.*;
import java.net.*;

class Server {
public static void main(String[] args) throws IOException {
  System.out.println("Server starting ...\n");

  // 创建一个绑定到 19724 是端口的数据包套接字
  // 从客户端发来的数据包都是到达这个端口
  DatagramSocket s = new DatagramSocket(19724);

  // 创建一个用于保存数据包的字节数组
  byte[] data = new byte[100];

  // 创建一个 DatagramPacket 对象封装了一个指向字节数组和目标的地址信息
  // 这个 DatagramPacket 对象没有初始化地址是因为
  // 它包含了来自客户端的地址信息
  DatagramPacket dgp = new DatagramPacket(data, data.length);
  while (true) {
    // 从客户端接受数据包
    s.receive(dgp);

    // 显示数据包的内容
    System.out.println(new String(data));
```

```
        // 回应一个信息给客户端
        s.send(dgp);
    }
  }
}
```

编写使用 UDP 协议的网络程序时，服务器端不需要建立连接，只要服务器端程序建立数据包通信 DatagramSocket，构建数据包 DatagramPacket 即可。但是要注意，接收和发送数据包时都需要指定数据缓冲区，同时针对客户端和服务器端有不同的获取地址信息的方法。最后完成通信后需要使用 close()关闭数据包通信。

这个例子基本展示了 UDP 网络编程中最为常用的方法，同时也提供了一个 UDP 编程的基本框架，读者可以借鉴一下。

第 15 章　Java 数据库访问机制——JDBC

由于 Java 语言具有健壮、安全、易用和支持自动网上下载等优点，因此它是数据库应用的一种很好的编程语言。最重要的是 Java 应用如何同各种各样的数据库连接，JDBC 正是实现这种连接的关键，它提供了将 Java 和数据库连接的起来的程序接口，使用户可以将访问请求以 SQL 的形式编写出来，然后传给数据库，结果再由同一接口返回。

JDBC 扩展了 Java 的能力，随着越来越多的程序开发人员使用 Java 语言，对 Java 访问数据库易操作性的需求越来越强烈。

15.1　JDBC 介绍

15.1.1　JDBC 的概述

Java 数据库连接（JDBC，Java DataBase Connectivity）提供了执行 SQL（Structured Query Language，结构化查询语言）语句、访问关系数据库的方法。JDBC 被设计成面向对象的，基于 Java 语言的，用于数据库访问的应用程序接口，它可以为多种关系数据库提供统一访问。JDBC 也提供一种基准，一种 Java 的开发者及数据库的销售者可以信赖的基准。

总的来说，JDBC 能完成 3 件事：

1）与一个数据库建立连接。

2）向数据库发送 SQL 语句。

3）处理数据库返回的结果。

Java 与 JDBC 的结合，使程序员可以只写一次数据库应用软件后，就能在各种数据库系统上运行。通过使用 JDBC，开发人员可以很方便地将 SQL 语句传送给几乎任何一种数据库。也就是说，开发人员可以不必写一个程序访问 Sybase，写另一个程序访问 Oracle，再写一个程序访问 Microsoft 的 SQL Server。用 JDBC 写的程序能够自动地将 SQL 语句传送给相应的数据库管理系统（DBMS）。不仅如此，使用 Java 编写的应用程序可以在任何支持 Java 的平台上运行，不必在不同的平台上编写不同的应用。Java 和 JDBC 的结合可以让开发人员在开发数据库应用时真正实现“一次编写，随处运行”的特点。

15.1.2　JDBC——底层 API

JDBC 是一种底层 API，这意味着它将直接调用 SQL 命令。JDBC 完全胜任这个任务，而且比其他数据库互联更加容易实现。同时它也是构造高层 API 和数据库开发工具的基础。高层 API 和数据库开发工具应该是用户界面更加友好，使用更加方便，更易于理解。但所有这样的 API 都将最终被翻译为像 JDBC 这样的底层 API。

JDBC 向应用程序开发者提供了独立于数据库的统一的 API，这个 API 提供了编写的标准和考虑所有不同应用程序设计的标准。JDBC 是一组由驱动程序实现的 Java 接口。驱动程序负责从标准 JDBC 调用向支持的数据库所要的具体的调用转变。应用程序编写一次并移植到各种驱动程序上。应用程序保持不变，而驱动程序则各不相同。

SQL 语言嵌入 Java 的预处理器。虽然 DBMS 已经实现了 SQL 查询，但 JDBC 要求 SQL 语句被当作字符串参数传送给 Java 程序。而嵌入式 SQL 预处理器允许程序员将 SQL 语句混用：Java 变量可以在 SQL 语句中使用，来接收或提供数值。然后 SQL 的预处理器将把这种 Java / SQL 混用的程序翻译成带有 JDBC API 的 Java 程序。

随着大家对 JDBC 兴趣的不断增加，越来越多的开发人员已经开始利用 JDBC 为基础的工具进行开发。这使开发工作变得更容易。

15.1.3 JDBC 的设计过程

JDBC 在设计上和 ODBC 很相似。它被设计成一个执行 SQL 语句的接口，而不是一个用于数据访问的高级访问层。它允许大量的应用程序被编写为 JDBC 接口，而与该应用程序用于何种数据库没有多大关系。所以 JDBC 应用程序是独立于所用数据库的特定性能的，不必为特定的数据库重新设计接口。Java 应用程序、JDBC 和数据库的关系如图 15-1 所示。

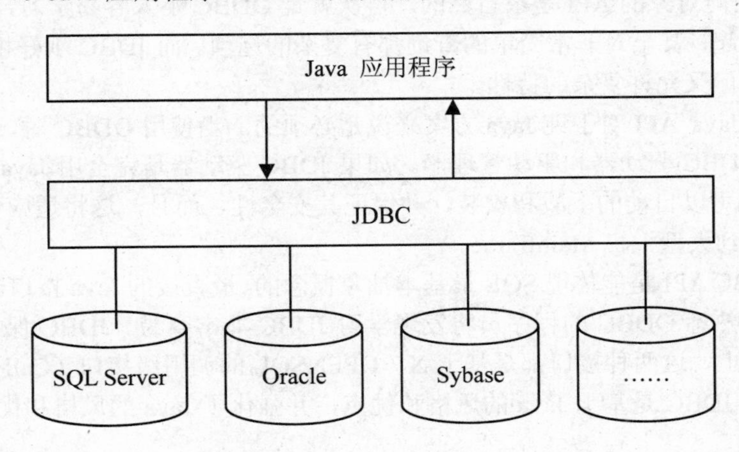

图 15-1　Java 应用程序、JDBC 和数据库的关系表示

15.1.4 JDBC 和 ODBC 的比较

Microsoft 的 ODBC 可能是用得最广泛的访问关系数据库的 API。它提供了连接几乎任何一种平台、任何一种数据库的能力。JDBC 和 ODBC 都是基于 X/Open 开放 SQL 命令层接口，相同的概念使 API 工作进展更快、接受更加容易。但 JDBC 不是由 Microsoft 的 ODBC 规范派生的，JDBC 是用 Java 语言编写的，而 ODBC 是用 C 语言实现的接口。

Microsoft 的 ODBC（Open Database Connectivity，开放式数据库连接）是一种用来在相关或不相关的数据库管理系统（DBMS）中存取数据的，标准应用程序数据接口。通过 ODBC API，应用程序可以存取保存在多种不同数据库管理系统（DBMS）中的数据，而不论每个 DBMS 使用了何种数据存储格式和编程接口。

ODBC 的结构包括 4 个主要部分：应用程序接口、驱动器管理器、数据库驱动器和数据源。

- 应用程序接口。屏蔽不同的 ODBC 数据库驱动器之间函数调用的差别，为用户提供统一的 SQL 编程接口。

- 驱动器管理器。为应用程序装载数据库驱动器。
- 数据库驱动器。实现 ODBC 的函数调用，提供对特定数据源的 SQL 请求。如果需要，数据库驱动器将修改应用程序的请求，使得请求符合相关的 DBMS 所支持的方法。
- 数据源。由用户想要存取的数据以及与它相关的操作系统、DBMS 和用于访问 DBMS 的网络平台组成。

虽然 ODBC 驱动器管理器的主要目的是加载数据库驱动器，以便 ODBC 函数调用，但是数据库驱动器本身也执行 ODBC 函数调用，并与数据库相互配合。因此当应用系统发出调用与数据源进行连接时，数据库驱动器能管理通信协议。当建立起与数据源的连接时，数据库驱动器便能处理应用系统向 DBMS 发出的请求，对分析或发自数据源的设计进行必要的翻译，并将结果返回给应用系统。

ODBC 并不适合在 Java 中直接使用。首先 ODBC 是一个 C 语言实现的 API，从 Java 程序调用本地的 C 程序会带来一系列类似安全性、完整性、健壮性的缺点。其次，完全精确地实现从 C 代码 ODBC 到 Java API 写的 ODBC 的翻译也并不令人满意。例如，Java 没有指针，而 ODBC 中大量地使用了指针，包括极易出错的空指针 void*。因此，对 Java 程序员来说，把 JDBC 设想成将 ODBC 转换成面向对象的 API 是很自然的。再次就是 ODBC 不太容易学习，它将简单特性和复杂特性混杂在一起，甚至对非常简单的查询都有复杂的选项。而 JDBC 刚好相反，它保持了简单事物的简单性，但又允许复杂的特性。

JDBC 这样的 Java API 对于纯 Java 方案来说是必须的。当使用 ODBC 时，人们必须在每一台客户机上安装 ODBC 驱动器和驱动管理器。如果 JDBC 驱动器是完全用 Java 语言实现的，那么 JDBC 的代码就可以自动的下载和安装，并保证其安全性，而且，这将适应任何 Java 平台，从网络计算机 NC 到大型主机 Mainframe。

总而言之，JDBC API 是能体现 SQL 最基本抽象概念的、最直接的 Java 接口。它建构在 ODBC 的基础上，因此，熟悉 ODBC 的程序员将发现学习 JDBC 非常容易。JDBC 保持了 ODBC 的基本设计特征。实际上，这两种接口都是基于 X / OPENSQL 的调用级接口（Call Layer Interface）。它们最大的不同是 JDBC 是基于 Java 的风格和优点，并强化了 Java 的风格和优点。

15.2 关系数据库和 SQL

15.2.1 关系数据库

关系数据库是当前信息管理的主流技术。简单地说，用二维表格的形式来表示实体和实体之间的关系的数据库模型叫关系数据库。在关系数据库中，各数据之间用关系组织，不但实体用关系来表示，实体之间的关系也用表格来表示。关系（realtionship）是表之间的一种连接，通过关系可以更灵活地表示和操纵数据。

现在以一个图书馆系统中使用的关系数据库 library.mdb 为例，其中有 bookTable（书表）和 workerTable（工作人员表）两个表。在后面的数据库操作过程中，基本上是使用这个数据库的表进行操作。下面分别是这两张表的内容及其相应说明。

表 15-1　图书信息书表（bookTable）

字段名	类型	属性	说明
libNumber	VARCHAR2(10)	primary key	索书号
bookName	VARCHAR2(50)	not null	书名
ISBN	VARCHAR2(15)		ISBN 号
writer	VARCHAR2(50)		作者
price	NUMBER(15,2)		单价
bookType	VARCHAR2(10)	not nul	类编号

例如一条记录如下：

libNumber	bookName	ISBN	writer	Price	bookType
200102	家	7-5053-8658-1	巴金	23	文学类

表 15-2　读者信息表（WorkTable）

字段名	类型	属性	说明
readerLibId	VARCHAR2(10)	primary key	用户名
readerName	VARCHAR2(10)	not nul	电话
readerTele	VARCHAR2(15)	not nul	地址
address	VARCHAR2(50)	not nul	用户属性
readerType	int(4)	1 本科生　2 研究生　3 教师	*
passcard	VARCHAR2(50)	not null	密码

例如一条记录如下：

readerLibId	readerName	readerTele	Passcard	address	readerType
1002	李欣	83457656	Hy	2002 三班	学生

15.2.2　关系数据库的应用模型

1. 两层结构（Client/Server 结构）

C/S 结构是一种应用程序结构，这种结构将对数据的处理划分成不同的应用程序，并分布到不同的机器上。两层结构是中小企业基于局域网的数据库模型，如图 15-2 所示。

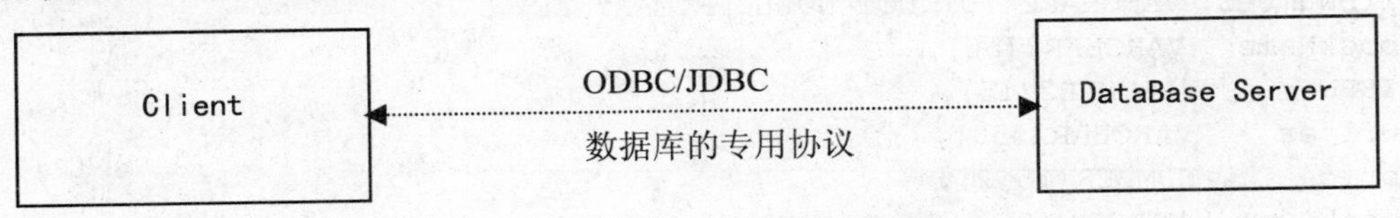

图 15-2　C/S 结构的应用模型

两层模型中，一个 Java Applet 或者一个 Java 的应用程序可直接同数据库连接。这就需要能直接与被访问的数据库进行连接的 JDBC 驱动器。用户的 SQL 语句被传送给数据库，而这些语句执行的结果将被传回给用户。数据库可以在同一机器上，也可以在另一机器上通过网络进行连接。在这种 C/S 结构中，用户的计算机作为 Client（客户端），运行数据库的计算机作为 Server

（服务器）。这个网络可以是 Intranet，例如连接全体雇员的企业内部网，当然也可以是 Internet。

2. **三层结构**

Browser/Server 结构把 C/S 的服务器端进一步深化，分解成了一个应用服务器（Web 服务器）和一个或多个数据库服务器，从而成为三层 C/S 模型结构。三层结构将客户端与用户界面无关的功能移到了中间层，所谓三层结构包括：表示层（Presentation Layer）、中间层及应用层（Application Layer）和数据层（Datastore Layer）。

表示层是用户接口部分，是用户与系统间交互信息的界面。它的主要功能是检查用户输入的数据，显示系统输出的数据。应用层是应用的主体，它包括了应用中全部的业务处理程序。数据层是数据库管理系统（DBMS）和数据库，它负责管理对数据库数据的读写。

在三层模型中，命令将被发送到服务的“中间层”，而中间层将 SQL 语句发送到数据库。数据库处理 SQL 语句并将结果返回中间层，然后中间层将它们返回给用户。由于中间层可以进行对访问的控制并协同数据库的更新，另一个优势就是如果有一个中间层，用户就可以使用一个易用的高层的 API，这个 API 可以由中间层进行转换，转换成底层的调用。而且，在许多情况下，三层模型可以提供更好的性能。

3. **Browser/Server 结构**

B/S 是由三层 C/S 结构转化而来的。它将 Web 浏览器作为表示层，将大量的业务处理程序放在应用服务器上作为应用层，而将数据库放在数据服务器上作为数据层。在 B/S 结构中，应用服务器又被称为 Web 服务器，实质上，客户与 Web 服务器之间类似于一种终端与主机的模式，而 Web 服务器与数据库服务器之间是一种 C/S 数据库模式。

15.2.3 结构化查询语言

SQL（Structured Query Language）结构化查询语言，是许多关系数据库定义及查询数据的语言，已被国际上接受为访问关系数据库的官方语言标准。是 Java 访问数据库的先决条件。SQL 和传统的程序设计语言不同，它是一种说明性的语言。通过它告诉数据库服务器所要做的操作。SQL 命令由数据库服务器进行分析，该语句相应的操作由数据库的特定部分来执行。

多数的 SQL 语句，可以分为两大类：数据定义语言（DDL），用来描述表及表中的数据；数据操纵语言（DML），用来执行对数据库中数据的操作。

创建上例数据库 Libray.mdb 中的表 bookTade，就要用到 DDL，用 CREATE TABLE 命令进行定义数据库的结构。

```
CREATE TABLE bookTable (
   libNumber  VARCHAR2(10) NOT NULL PRIMARY KEY,
   bookName   VARCHAR2(50),
   ISBN      VARCHAR2(15),
   writer     VARCHAR2(50),
   price      NUMBER(15,2),
   bookType   VARCHAR2(10) not null);
```

句中的 notnull 表示：表中每一行的这一字段不能取空值，且必须存在一个有效值；primarykey 表示这一字段是主键字段，数据库在这一字段上建有唯一的索引。

当数据库创建好后，接下来就是对数据库的操作。对数据库的操作不外乎插入记录（insert）、查询记录（query）、更改记录（update）和删除记录（delete）4 种模式，以下分别介绍它们的语法。

1. INSERT 语句

INSERT 语句用于在表中插入新行。INSERT 语句由 3 部分构成：

- 需插入新行的目标表，
- 定义要被赋值的列，
- 各列所要赋予的值。

INSERT 语句格式为：

```
INSERT INTO TableName (column1,column2,...)
VALUES ( value1,value2, ...)
```

说明：

1）若没有指定 column，系统则会按表格内的列数顺序填入列值。

2）列数的形态和所填入的资料必须吻合。

例如：

```
INSERT INTO bookTable(libNumber,bookName,ISBN,writer,price,bookType) VALUES
(200102,家,7-5053-8658-1,巴金,23,文学类);
```

这一语句的执行结果是把新内容（一本书的基本信息）插入到 bookTable 表中。当不想填充表中的某一列值时，可在语句中对该列不进行填充，如果将上面的例句写成：

```
INSERT INTO bookTable(libNumber,bookName,ISBN,bookType)VALUES(200102, 家 ,
7-5053-8658-1,文学类);
```

则插入的这一行中没有书的作者和价格，SQL 为 INSERT 语句没能赋值的列提供值 NULL（空）。如果我们试图插入一条而没有给 libNumber 赋值的新行，数据库就会报告一个错误，这是因为创建表时已将 libNumber 列设为 not Null 列。

另外，如果把上面例句改成：

```
INSERT INTO bookTable
  VALUES(200102,家,7-5053-8658-1, 巴金,23, 文学类);
```

在该 INSERT 语句中没有表的列的说明，这时候 SQL 就会按照创建表时的顺序进行赋值。例句中我们把 SQL 语句写成两行，是为了增强语句的可读性。因为 SQL 忽略空格（字符串的空格除外），编程人员可以在任何地方使用空格。

2. SELECT 语句

SELECT 语句用于从数据库中检索数据。SELECT 语句由 4 部分构成：

- 定义需要检索的列。
- 被检索的表。
- 定义检索的条件——一个或多个表中记录的筛选。
- 定义显示的数据顺序。

SELECT 语句格式为：

```
SELECT  column1, columns2,...
FROM table_name
   WHERE conditoins
ORDER BY column2 [DESC]
```

说明：

1）WHERE 之后是条件子语句，它把符合条件的记录列出来。Conditoins 的具体语句的形式为 column1 = xxx [AND column2 > yyy] [OR column3 <> zzz]。

2）可以使用通配符。用“*”表示所有的列。

3）ORDER BY 是指定按某个字段排序，[DESC]是指从大到小排列，若没有指明，则是从小到大排列。

例如：

```
SELECT  ibNumber ,bookName FROM bookTable
```

这一SQL语句表示从表bookTable的每一行中检索出记录的libNumber ,bookName两个字段。SELECT 语句选择的结果是返回记录组成的结果集。结果集是一个数据表——所要筛选的固定的行和列，它是数据库中表的一个子集。

如果想选择表中所有的列，就要使用通配符*。例如：SELECT * FROM bookTable，该语句将返回表中的所有列。

如果想有条件地选择某些项，可以使用 WHERE 条件子句。WHERE 子句用来筛选 SELECT 操作结果集中的行。可以在 WHERE 子句中指定多个条件，条件之间根据需要用 AND 或 OR 连接。例如：

```
SELECT  ibNumber ,bookName   FROM   bookTable  WHERE writer ='巴金'
```

SELECT 语句可以进行多个表之间的组合查询，所查询的资料源并不是一个表格，而是一个以上的表格，例如：

```
SELECT *
FROM table1,table2
   WHERE table1.colum1=table2.column1
```

说明：

1）查询两个表格中 column1 值相同的记录。

2）当然两个表格相互比较的列，其列的数据类型必须相同。

3）一个复杂的查询其用到的表格可能会有很多个。

3. UPDATE 语句

UpDATE 语句提供了一种修改表中数据的方法。UPDAT 语句的格式为：

```
UPDATE  tableName    SET column1='xxx'    WHERE conditions
```

说明：

1）更改某个栏位设定其值为'xxx'。

2）conditions 是查询条件，如果没有 WHERE 子句则所有字段都会全部被更改。

例如：

```
UPDATE  bookTable
SET  price=44
   WHERE bookName="家"
```

上面的语句的功能是把书名为“家”的书的价格改为 44。

4. DELETE 语句

DELETE 语句提供一种删除数据表中指定的行的方法。DELETE 语句格式为：

```
DELETE FROM table_name
   WHERE conditions
```

例如：

```
DELETE FORM bookTable WHERE libNumber="2000"
```

上面的语句的功能是把表中索书号为 2000 的记录删除。

15.3 JDBC 应用程序编程接口

15.3.1 JDBC 的类

JDBC 通过一系列的 Java 类来实现与数据库的连接。JDBC API 定义了 Java 中的类和接口，表示数据库连接、SQL 命令、结果集合等。它允许 Java 程序员发送 SQL 指令并处理结果。JDBC API 提供两种主要接口：一种是面向开发人员的 java.sql 程序包，使得 Java 程序员能够进行数据库连接，执行 SQL 查询，并得到结果集合。另一种是面向底层数据库厂商的 JDBC Drivers。Java2 的 java.sql 包提供了 6 个类和 18 个接口，在图 15-3 中列出了 java.sql 包中主要的几个派生类和实现类（深色）。

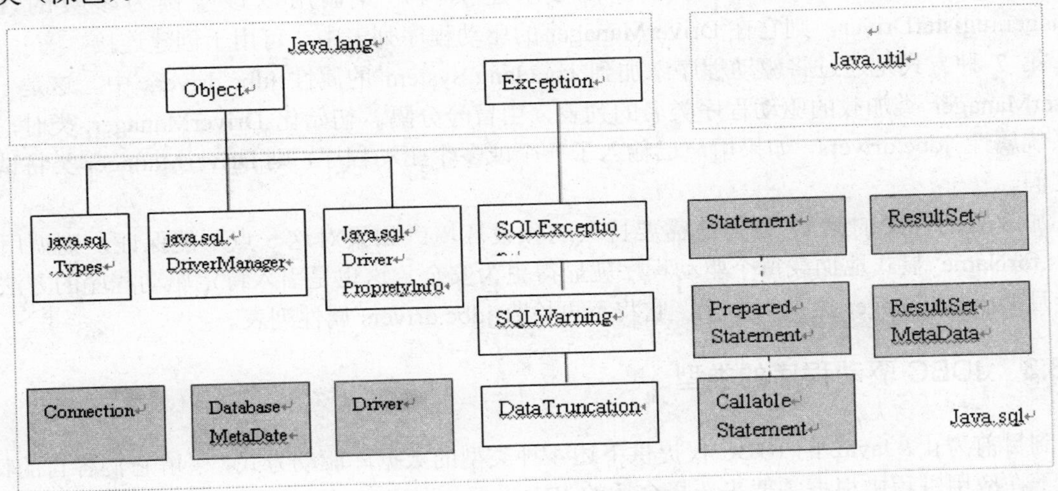

图 15-3　java.sql 中几个主要的接口和类

说明：

- java.sql.DriverManager，负责处理驱动程序控制的调入，并且对产生数据库连接提供支持。
- java.sql.Connection，实现对特定数据库的连接。
- java.sql.Statement，是一个特定的容器，用来对特定的数据库来执行 SQL 语句。
- java.sql.ResultSet，实现对一个特定行数据的存取。
- java.sql.PreparedStatement，用于执行预编译的 SQL 语句。
- java.sql.CallableStatement，用于执行一个数据库内嵌过程的调用。

15.3.2 DriverManager

DriverManager 类是 JDBC 的管理层，作用于用户和驱动程序之间。它跟踪可用的驱动程序，并在数据库和相应驱动程序之间建立连接。另外，DriverManager 类也处理诸如驱动程序登录时间限制、登录和跟踪消息的显示等事务。

对于简单的应用程序，一般程序员需要在此类中直接使用的唯一方法是 DriverManager.getConnection。正如名称所示，该方法将建立与数据库的连接。JDBC 允许用户调用 DriverManager 的方法 getDriver()、getDrivers()和 registerDriver()，以及 Driver 的方法 connect()。在多数情况下，让 DriverManager 类管理建立连接的细节为上策。

DriverManager 类包含一系列 Driver 类，它们已通过调用方法 DriverManager.register Driver 对自己进行注册。所有 Driver 类都必须包含有一个静态部分。它创建该类的实例，然后在加载该实例时 DriverManager 类进行注册。这样，用户在正常情况下将不会直接调用 DriverManager.registerDriver；而是在加载驱动程序时由驱动程序自动调用。

加载 Driver 类，在 DriverManager 中注册的方式有两种：

第 1 种方式是通过调用方法 Class.forName。这将显式地加载驱动程序类。由于这与外部设置无关，因此推荐使用这种加载驱动程序的方法。以下代码加载类 acme.db.Driver：

```
Class.forName("acme.db.Driver");
```

如果将 acme.db.Driver 编写为加载时创建实例，并调用以该实例为参数的 DriverManager.registerDriver，则它在 DriverManager 的驱动程序列表中，可用于创建连接。

第 2 种方式是通过将驱动程序添加到 java.lang.System 的属性 jdbc.drivers 中。这是一个由 DriverManager 类加载的驱动程序类名的列表，由冒号分隔。初始化 DriverManager 类时，它搜索系统属性 jdbc.drivers，如果用户已输入了一个或多个驱动程序，则 DriverManager 类将试图加载它们。

加载驱动程序的第 2 种方法需要持久的预设环境。如果对这一点不能保证，则调用方法 Class.forName 显式地加载每个驱动程序就显得更为安全。这也是引入特定驱动程序的方法，因为一旦 DriverManager 类被初始化，它将不再检查 jdbc.drivers 属性列表。

15.3.3 JDBC 驱动程序的类型

到目前为止，Java2 的 JDBC 仅提供下述 4 种类型的数据库驱动方式，了解它们各自的特点，有助于在应用过程中根据需要来选择合适的 JDBC 驱动程序。

1. JDBC-ODBC 桥

JDBC-ODBC 桥连接方式利用微软的开放数据库互连接口(ODBC API)同数据库服务器通讯，客户端计算机首先应该安装并配置 ODBC 驱动和 JDBC-ODBC 桥两种驱动程序。使用 JDBC 桥，JDBC 调用最终转化为 ODBC 的调用，应用程序可通过选择适当的 ODBC 驱动程序来实现对多个厂商数据库的访问。这是 Applets 访问数据库最可能的解决方式，但这对 Internet 和 Intranet 用户而言简直是一个非常令人讨厌和麻烦的解决方案。

2. Native-API partly Java 驱动方式

这种驱动方式将数据库厂商的特殊协议转换成 Java 代码及二进制类码，使 Java 数据库客户方与数据库服务器方通信。例如 Oracle 用 SQLNet 协议，DB2 用 IBM 的数据库协议。数据库厂商的特殊协议也应该被安装在客户机上。这也是令人讨厌和麻烦的解决方案。

3. JDBC-Net 纯 Java 驱动方式

这种方式是纯 Java 驱动。数据库客户以标准网络协议（如 HTTP、SHTTP）同数据库访问服务器通信，数据库访问服务器，然后翻译标准网络协议成为数据库厂商的专有特殊数据库访问协议（也可能用到 ODBC 驱动）与数据库通信。对 Internet 和 Intranet 用户而言这是一个理想的解决方案。Java 驱动被自动的，以透明的方式随 Applets 从 Web 服务器上下载并安装在用户的计算机上。

4. Native-protocol 纯 Java 驱动方式

这种方式也是纯 Java 驱动。数据库厂商提供了特殊的 JDBC 协议使 Java 数据库客户与数据库服务器通信。然而，将把代理协议同数据库服务器通信改用数据库厂商的特殊 JDBC 驱动。这对 Intranet 应用是高效的，可是数据库厂商的协议可能不被防火墙支持，缺乏防火墙的支持，在 Internet 应用中会存在潜在的安全隐患。

综合上述 4 种方式，只有第 3、第 4 种方式的驱动支持 Applet 的零安装。因为 JDBC 驱动完全用 Java 写成，并从 Web 服务器上随 applet 下载。为了支持零安装，驱动程序应该被放在 Web 上，并与 applet 是同一目录。而第 4 种存在安全隐患，第 3 种产品为数不多，现今较成熟的 IDS JDBC 驱动属于此种（http://www.idssoftware.com），但也要用到 ODBC 驱动辅助。

即便如此，利用 Java 技术开发单机环境应用程序，局域网范围或 Intranet 环境下的应用程序、动态 Web 应用等，Java 语言是高效、安全、稳定的。Java 语言已赢得了众多厂商的支持，基于其上的 Java API-JDBC 也发展迅速。Sun 承诺任何 Java Applet 或 Java 应用软件都能够与数据库结合，并且仍将不遗余力地支持未来 Java 技术的发展。Java 语言的跨平台特性，使之成为 Internet 和 Intranet 环境下开发数据库应用系统的理想选择方案。

15.4 JDBC 编程基础

15.4.1 JDBC 访问数据库

现在运用 JDBC 的 JDBC-ODBC 桥来实现对数据库的存取，需用前面提到的 4 个类来完成：DriverManager 、Connection、Statement 和 ResultSet。其中 DriverManager 负责加载和处理给定的 JDBC 驱动程序，Connection 表示同一个特定的数据库进行连接的对象，Statement 是 SQL 语句的载体，ResultSet 是返回的结果集。用 JDBC-ODBC 桥访问数据库需完成以下步骤：

1）设置数据源。

2）加载 JDBC 驱动器程序。

3）与数据库建立连接。

4）向数据库发送 SQL 语句。

5）处理查询结果。

6）关闭数据库的连接。

15.4.2 创建一个数据源

当使用 JDBC-ODBC 桥来建立连接时，必须先建立 ODBC 数据源。下面以操作系统 Windows 2000 Professional、数据库系统 SQL Server 为例，建立一个 ODBC 数据源。

1）选中控制面板中的数据源（ODBC）项，如图 15-4 所示，打开数据源（ODBC）将出现

图 15-5 所示的窗口。

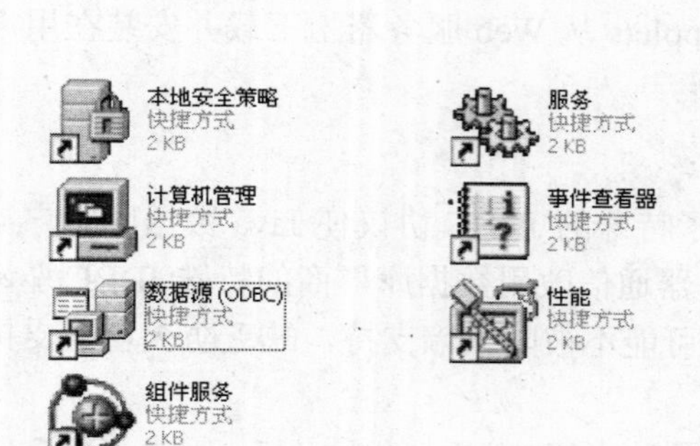

图 15-4　控制面板中的 ODBC

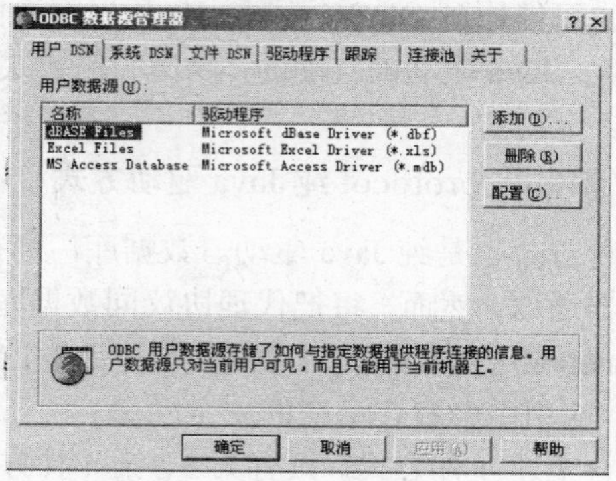

图 15-5　ODBC 数据源管理器窗口

2）单击“添加”按钮，添加一个新的数据源。进入创建数据源窗口如图 15-6 所示。

3）在该窗口中，选择 SQL Server 一项，单击“完成”按钮，将弹出如图 15-7 所示的窗口。

4）输入数据源的名称，单击“下一步”，进入图 15-8 所示的窗口，选择 ODBC 数据源中所用到的数据库文件。选定“更改默认的数据库为（D）”选项，在下面的下拉列表框中选择所要用到的数据库文件 Libdb。

图 15-6　新建数据源窗口

图 15-7　为数据源命名

5）单击“下一步”，将弹出 ODBC 数据源的配置单，如图 15-9 所示。单击“测试数据源”按钮，数据源创建成功。

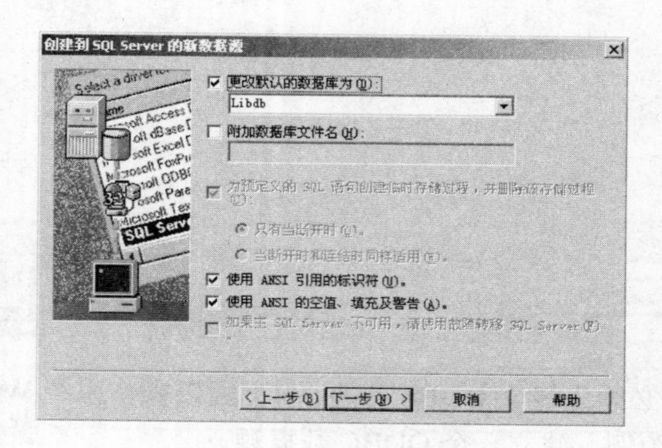

图 15-8　设置数据源的数据库文件

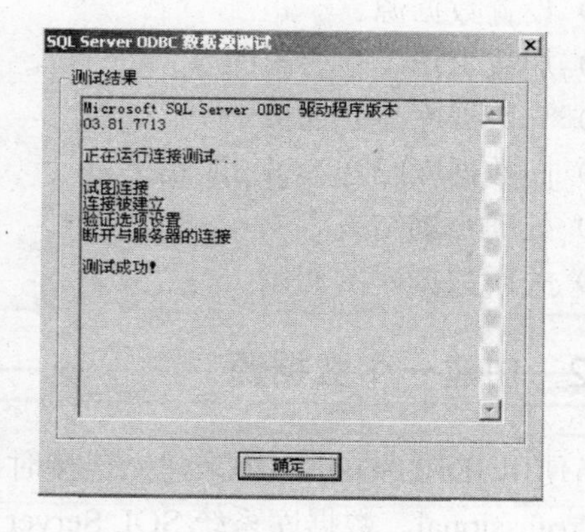

图 15-9　数据源测试成功

15.4.3　数据库 URL

一般 URL 指统一资源定位符，它提供在 Internet 上定位资源所需的信息。可将它想象为一个地址。而 JDBC URL 提供了一种标识数据库的方法，它具有如下特点：

1）可以使相应的驱动程序能识别该数据库并与之建立连接。实际应用中，驱动程序编程员将决定用什么 JDBC URL 来标识特定的驱动程序。用户不必关心如何来形成 JDBC URL，只须使用与所用的驱动程序一起提供的 URL 即可。

JDBC 的作用是提供某些约定，驱动程序编程员在构造 JDBC URL 时应该遵循这些约定。由于 JDBC URL 要与各种不同的驱动程序一起使用，因此这些约定应非常灵活。首先，它们应允许不同的驱动程序使用不同的方案来命名数据库。例如，odbc 子协议允许 URL 含有属性值。

2）JDBC URL 允许驱动程序编程员将一切所需的信息写入其中。这样可以使要与给定数据库对话的 applet 直接打开数据库连接，而不再要求用户去做任何系统管理工作。

3）JDBC URL 应允许某种程度的间接性。也就是说，JDBC URL 可指向逻辑主机或数据库名，而这种逻辑主机或数据库名将由网络命名系统动态地转换为实际的名称。这可以使系统管理员不必将特定主机声明为 JDBC 名称的一部份。网络命名服务（例如 DNS、NIS 和 DCE）有多种，而对于使用哪种命名服务并无限制。

JDBC URL 的标准语法如下所示。它由 3 部分组成，各部分之间用冒号分隔：

```
jdbc:< 子协议 >:< 子名称 >
```

具体说明如下：

■ jdbc 是协议，JDBC URL 中的协议总是 jdbc。

■ <子协议>，指驱动程序名或数据库连接机制（这种机制可由一个或多个驱动程序支持）的名称。子协议名的典型示例是 odbc，该名称是为用于指定 ODBC 风格的数据资源名称的 URL 专门保留的。

例如，为了通过 JDBC-ODBC 桥来访问某个数据库，可以用如下所示的 URL：

```
jdbc:odbc:yangLib
```

其中，子协议为 odbc，子名称 yangLib 是本地 ODBC 数据源。

■ <子名称>，一种标识数据库的方法。子名称可以依不同的子协议而变化。它还可以有子名称的子名称（含有驱动程序编程员所选的任何内部语法）。

使用子名称的目的是为定位数据库提供足够的信息。前例中，因为 ODBC 将提供其余部分的信息，因此用 fred 就已足够。

然而，位于远程服务器上的数据库需要更多的信息。例如，如果数据库是通过 Internet 来访问的，则在 JDBC URL 中应将网络地址作为子名称的一部分包括进去，且必须遵循如下所示的标准 URL 命名约定：

```
//主机名:端口/子协议
```

假设"databaseNet"是一个用于将某个主机连接到 Internet 上的协议，那么 JDBC URL 写成：

```
jdbc: databaseNet://wombat:356/yangLib
```

■ 子协议 odbc，它是一种特殊情况，它是为用于指定 ODBC 风格的数据资源名称的 URL 而保留的，并具有这样的特性：允许在子名称（数据资源名称）后面指定任意多个属性值。

odbc 子协议的完整语法为：

```
jdbc:odbc:< 数据资源名称 >[;< 属性名 >=< 属性值 >]
```

以下都是合法的 jdbc:odbc 名称：

```
jdbc:odbc:qeor7
jdbc:odbc:wombat
jdbc:odbc:wombat;CacheSize=20;ExtensionCase=LOWER
jdbc:odbc:yangLib; myLogin =kgh;myPassWord=1234
```

■　注册子协议，驱动程序编程员可保留某个名称，用作 JDBC URL 的子协议名。

当 DriverManager 类将此名称加到已注册的驱动程序清单中时，为了保留该名称的驱动程序，应能识别该名称，并与它所标识的数据库建立连接。例如 ODBC 是为 JDBC-ODBC 桥而保留的。

15.4.4　建立与数据源的连接

与想要使用的数据库管理系统建立一个连接包含两个步骤：加载驱动程序和用适当的驱动程序类与数据库管理系统建立一个连接。

1. 加载驱动程序

加载驱动程序只需要非常简单的一行代码。例如，使用 JDBC-ODBC 桥驱动程序，可以用下列代码装载它：

```
Class.forName("sun.jdbc.odbc.JdbcOdbcDriver");
```

驱动程序文档将告诉应该使用的类名。例如，如果类名是 jdbc.DriverXYZ，则用以下代码加载驱动程序：

```
Class.forName("jdbc.DriverXYZ");
```

不需要再创建一个驱动程序类的实例，并且用 DriverManager 登记它，因为调用 Class.forName 将自动加载驱动程序类。如果自己创建实例，将创建一个不必要的副本，但它不会带来什么坏处。加载 Driver 类后，它们即可用来与数据库建立连接。

2. 建立连接

建立连接就是用适当的驱动程序类与 DBMS 建立一个连接。加载驱动程序并在 DriverManager 类中注册后，它们即可用来与数据库建立连接。当调用 DriverManager.getConnection 方法发出连接请求时，DriverManager 将检查每个驱动程序，查看它是否可以建立连接。

下列代码是一般的方法：

```
Connection con = DriverManager.getConnection(url,"myLogin", "myPassword");
```

这个方法也非常简单，最难的是怎么提供 url。如果正在使用 JDBC-ODBC 桥，JDBC URL 将以 jdbc:odbc 开始：余下 URL 通常是数据源名字或数据库系统。

假设正在使用 ODBC 存取一个叫 yangLib 的 ODBC 数据源，则 JDBC URL 是 jdbc:odbc:yangLib。把 myLogin 及 myPassword 替换为登录数据库管理系统的用户名及口令。如果登陆数据库系统的用户名为 myname，口令为 1234，那么只需下面的两行代码就可以建立一个连接。

```
String url = "jdbc:odbc:yangLib";
Connection con = DriverManager.getConnection(url,"myname", "1234");
```

如果使用的是第三方开发的 JDBC 驱动程序，文档将告诉你该使用什么样的子协议，就是在 JDBC URL 中放在 jdbc 后面的部分。例如，如果驱动程序开发者注册了 acme，作为子协议，则 JDBC URL 的两部分将是 jdbc:acme。驱动程序文档也会告诉余下的 JDBC URL 格式。

JDBC URL 的最后一部分提供了定位数据库的信息。如果加载的驱动程序识别了提供给 DriverManager.getConnection 的 JDBC URL，那个驱动程序将根据 JDBC URL 建立一个到指定 DBMS 的连接。正如名称所示，DriverManager 类在幕后管理建立连接的所有细节。除非正在写驱动程序，可能无需使用此类的其他任何方法，一般程序员需要在此类中直接使用的唯一方法是 DriverManager.getConnection。

DriverManager.getConnection 方法返回一个打开的连接，你可以使用此连接创建 JDBC statements 并发送 SQL 语句到数据库。在上面的例子里，con 对象是一个打开的连接，并且要在以后的例子里使用它。

15.4.5 发送 SQL 语句

与数据源的连接一旦建立，就可用来向它所关联的数据库传送 SQL 语句。JDBC 对可被发送的 SQL 语句类型不加任何限制。这就提供了很大的灵活性，即允许使用特定的数据库语句或甚至于非 SQL 语句。然而，它要求用户自己负责确保所关联的数据库可以处理所发送的 SQL 语句，否则将自食其果。例如，如果某个应用程序试图向不支持储存程序的数据库发送储存程序调用，就会失败并抛出异常。

Statement 是 Connection 接口的一个常用方法，由方法 createStatement 创建。Statement 对象用于发送简单的 SQL 语句。具体做法是：首先使用 Statement 声明一个 SQL 语句对象，然后通过所创建的连接数据库对象 con 调用 createStatemnet()方法创建这个 SQL 对象，例如：

```
Sstatement sql=con.create.createStatement();
```

15.4.6 处理查询结果

有了 SQL 对象后，就可以调用相应的方法实现对数据库的查询和修改。并将查询结果放在一个 ResultSet 类声明的对象中，也就是说，SQL 语句对数据库的查询操作将返回一个 ResultSet 对象：

```
ResultSet rs=sql.executeQuery("SELECT * FROM bookTable")
```

ResultSet 对象实际上是一个管式数据集，即它是由统一形式的列组织的数据行组成。ResultSet 对象中维持了一个指向当前行的指针，通过一系列的 getXXX 方法，来检索当前行的各列，获取相应的字段值，并显示出来。由于 ResultSet 对象只能看到一个数据行，要使用 next() 方法指向下一数据行。

综上所述，一个用 JDBC-ODBC 桥实现的与数据库连接代码如下：

```
Connection  cn;  //定义对象，用于实现与数据库的连接
Statement sql;   //定义对象，用于发送简单的 SQL 语句
ResultSet rs     //定义对象，用于存放执行 SQL 语句返回的数据
…………………..
…………………….
try{
 String url="jdbc:odbc:yangLib";                    // 定义 JDBC 的 URL
// 加载 JDBC-ODBC 桥驱动程序
 Class.forName("sun.jdbc.odbc.JdbcOdbcDriver");
 cn=DriverManager.getConnection(url);
 sql         =          cn.createStatement(ResultSet.TYPE_SCROLL_SENSITIVE,
ResultSet.CONCUR_UPDATABLE);
```

```
    String str="SELECT * FROM BookTable  WHERE libNumber='"+libNumber+"' AND bookName='"+bookName+"'";
    rs=sql.executeQuery(str);
```

15.5 基本 JDBC 应用程序

15.5.1 JDBC 在应用程序中的应用

这一节讨论 JDBC 在应用程序中的应用，下面以一个具体的例子加以说明。

下面是一个应用程序访问数据库的例子，该程序的运行环境为：Windows 2000、IE4.0 和 SQL Server。

```
//文件名 DuZhe.Java
//包含程序的包
package lib;
import java.sql.*;

//应用程序类
public class DuZhe {
Connection cn;  //定义数据库连接的对象
Statement sql;  //定义数据库查询的对象
ResultSet rs;   //定义一个结果集 ResultSet 对象

 //构造数据库连接类
public DuZhe() {
try{
      String url="jdbc:odbc:yangLib";
      Class.forName("sun.jdbc.odbc.JdbcOdbcDriver");
         cn=DriverManager.getConnection(url);
         sql=cn.createStatement(ResultSet.TYPE_SCROLL_SENSITIVE,
                                    ResultSet.CONCUR_UPDATABLE);
      }catch(Exception e){ }
   }

//登录系统的类
   public int duZhePass(String readerLibID,String password){
   try{
      String  s="select  readerLibID,readerName   from  ReaderTable  where readerLibID = '"+readerLibID+ "'  AND Passcard='"+password+"'";
      rs=sql.executeQuery(s); //执行 SQL 语句
      if(rs.next()){                     //数据集指针指向下一行
         return(1);
      }
      else
         return (-1);
      }catch(Exception e){//处理异常
         e.printStackTrace() ;
      return(0);
```

```
        }finally{
            try {//关闭连接
            if(sql!=null){
                sql.close();
            }
            if(cn!=null){
                cn.close();
            }
            }catch(SQLException sqle){
                sqle.printStackTrace();
            }
        }
    }
}
```

15.5.2 JDBC 在 Applet 中的使用

Applet 要处理 Internet 中大量的数据和分布在网络各个角落中的各种各样的数据库资源，必须通过 JDBC。利用 Java Applet 动态下载在浏览器上运行的机制，再采用 JDBC 和数据库连接，对数据库进行 SQL 访问。

如图 15-10 所示，Applet 的文件存在于 Web 服务器上，当用户下载该页面时，该 Applet 文件以字节码的形式随之下载。Web 浏览器收到 Applet 文件后，就调用客户机上的 JDBC 来访问数据库服务器。Applet 与数据库服务器之间的交互过程与 Web 服务器无关。

下面是一个 Applet 访问数据库的例子，该程序的运行环境为：Windows 2000、IE4.0 和 SQL Server。

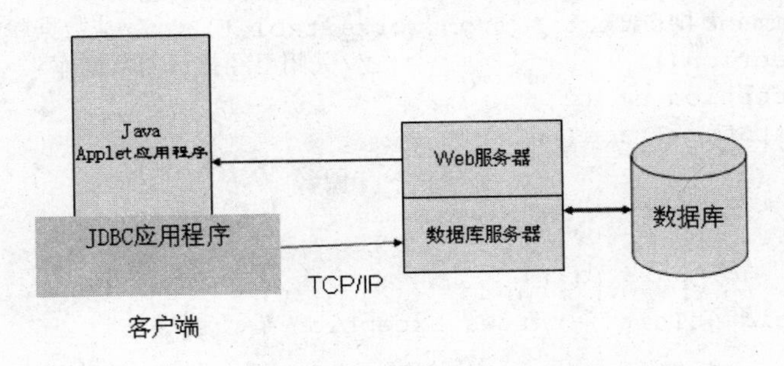

图 15-10　Java Applet 中访问数据库

```
//文件名 Applet_example.Java
package applet_example;
import java.awt.*;
import java.awt.event.*;
import java.applet.*;
import java.sql.*;

//定义一个 Public 类
public class Applet_example extends Applet {
   private boolean isStandalone = false;
       TextArea theVisits=new TextArea (6,80); //显示数据库的内容
       TextField theStatus=new TextField ("",80);
       //显示打开数据库的信息。相当于程序的状态栏
```

```
        Connection theConnection;   //数据库的连接方法
        Statement theStatement;     //代表一个发送到数据库来执行的数据库命令
    ResultSet theResult;          //读取的数据结果，也就是数据库返回的结果
        ResultSetMetaData theMetaData;
                                  //包含了有关数据库命令执行后 返回结果的有用信息
 //包含了被访问数据库或者数据源的名称，用 URL 形式表示
        String theDataSource;
    String theUser;               //数据库的用户名
        String thePassword;          //数据库的密码

    //获取参数值
    public String getParameter(String key, String def) {
    return isStandalone ? System.getProperty(key, def) :
    (getParameter(key) != null ? getParameter(key) : def);
    }

    //构造一个类
    public Applet_example() {
    }
    //初始化一个类
    public void init() {
    try {
        jbInit();
    add(theVisits);
    add(theStatus);
    theVisits.setEditable (false);   //设置文本区域不可以被用户写入
    theStatus.setEditable (false);   //设置文本区域不可以被用户写入
    openConnection();                //打开数据库的连接
    execSQLCommand("select * from workertable");  //从数据库中读取内容
    closeConnection();               //关闭已经打开的数据库
    }catch(Exception e) {
        e.printStackTrace();
    }
 }

 //
    private void jbInit() throws Exception {
    }
    //Get Applet information
    public String getAppletInfo() {
        return "Applet Information";
    }

 // paint()方法用于显示输出
 public void paint(Graphics g) {
        g.drawString("hello word!!", 50, 60 );
    public void openConnection() {
    theDataSource="jdbc:odbc:yangLib";
    theUser="";
    thePassword="";
    try{
            Class.forName("sun.jdbc.odbc.JdbcOdbcDriver"); // 加载驱动程序
        theConnection=DriverManager.getConnection(theDataSource,      theUser,
```

```
thePassword);
                        //建立连接
            theStatus.setText("Status:OK");
      }catch (Exception e){//捕获例外
          handleException(e);
      }
   }

   public void execSQLCommand(String command){
     try{
         theStatement=theConnection.createStatement();//创建 Statement 对象
         theResult=theStatement.executeQuery (command);//执行 SQL 语句
         theMetaData=theResult.getMetaData ();
         int columnCount=theMetaData.getColumnCount ();
         theVisits.setText("");
         while(theResult.next ()){   //获取数据集中的数据
             for(int i =1;i<=columnCount;i++){
              String colValue=theResult.getString(i);
                if(colValue==null)colValue="";
                theVisits.append (colValue+";");
                 }
                 theVisits.append ("\n");
         }
         }catch(Exception e) {
             handleException(e);
         }
   }

   public void closeConnection() {
      try{
         theConnection.close ();//关闭连接
     }catch(Exception e){
         handleException(e);
      }
   }

   public void handleException(Exception e) {
      theStatus.setText("Error:"+e.getMessage ());
      e.printStackTrace ();
      if(e instanceof SQLException){
          while((e=((SQLException)e).getNextException ())!=null){
              System.out.println(e);
          }
          }
      }

      //获得参数信息
   public String[][] getParameterInfo() {
          return null;
     }
   }
```

15.6 JDBC API 的主要界面

15.6.1 Statement

1. 概述

Statement 对象是一个实现 Statement 接口的类的对象。用于将 SQL 语句发送到数据库中。当一个 Statement 对象被创建时，它提供了一个创建 SQL 查询、执行该查询和检索返回的结果的工作空间。

实际上有 3 种 Statement 对象：Statement、PreparedStatement（从 Statement 继承而来）和 CallableStatement（从 PreparedStatement 继承而来），它们都作为在给定连接上执行 SQL 语句的包容器，用于发送特定类型的 SQL 语句：

- Statement 对象，用于执行不带参数的简单 SQL 语句；Statement 接口提供了执行语句和获取结果的基本方法。
- PreparedStatement 对象，用于执行带或不带 IN 参数的预编译 SQL 语句；PreparedStatement 接口，添加了处理 IN 参数的方法；
- CallableStatement 对象，用于执行对数据库已存储过程的调用，而 CallableStatement 添加了处理 OUT 参数的方法。

前面已讲过用 Connection 的方法 createStatement 创建的 Statement 对象，为了执行 Statement 对象，被发送到数据库的SQL语句将被作为参数提供给Statement的方法，下面重点讲述Statement 对 SQL 语句的处理过程。

2. 使用 Statement 对象执行语句

Statement 接口提供了 3 种执行 SQL 语句的方法：executeQuery、executeUpdate 和 execute。使用哪一个方法由 SQL 语句所产生的内容决定。

- executeQuery 方法，用于产生单个结果集的语句，例如 SELECT 语句。
- executeUpdate 方法，用于执行 INSERT、UPDATE 或 DELETE 语句以及 SQL DDL（数据定义语言）语句，例如 CREATE TABLE 和 DROP TABLE。INSERT、UPDATE 或 DELETE 语句的效果是修改表中零行或多行中的一列或多列。executeUpdate 的返回值是一个整数，指示受影响的行数（即更新计数）。对于 CREATE TABLE 或 DROP TABLE 等不操作行的语句，executeUpdate 的返回值为零。
- execute 方法，用于执行返回多个结果集、多个更新计数或二者组合的语句。由于这一功能比较复杂，一般应用的程序不使用它。

执行语句的所有方法都将关闭所调用的 Statement 对象的当前打开的结果集（如果存在）。这意味着在重新执行 Statement 对象之前，需要完成对当前 ResultSet 对象的处理。

3. 语句完成

当连接处于自动提交模式时，其中所执行的语句在完成时将自动提交或还原。语句在已执行且所有结果返回时，即认为已完成。对于返回一个结果集的 executeQuery 方法，在检索完 ResultSet 对象的所有行时该语句完成。对于方法 executeUpdate，当它执行时语句即完成。但在少数调用方法 execute 的情况中，在检索所有结果集或它生成的更新计数之后语句才完成。

有些 DBMS 将已存储过程中的每条语句视为独立的语句；而另外一些则将整个过程视为一个复合语句。在启用自动提交时，这种差别就变得非常重要，因为它影响什么时候调用 commit 方法。在前一种情况中，每条语句单独提交；在后一种情况中，所有语句同时提交。

4. 关闭 Statement 对象

Statement 对象将由 Java 垃圾收集程序自动关闭。而作为一种好的编程风格，应在不需要 Statement 对象时显式地关闭它们。这将立即释放数据库系统资源，有助于避免潜在的内存问题。

15.6.2 ResultSet

1. 概述

执行 SQL 查询的结果是以实现 ResultSet 接口、包括 SQL 查询产生的表的对象的形式返回的。ResultSet 包含符合 SQL 语句中条件的所有行，并且它通过一套 get 方法（这些 get 方法可以访问当前行中的不同列）提供了对这些行中数据的访问。ResultSet 对象包含光标（cursor），用于指示结果集的某一行。初始时它指向结果集首行之前的前面的位置。调用 ResultSet.next()方法移动到 ResultSet 中的下一行，使下一行成为当前行。结果集一般是一个表，其中有查询所返回的列标题及相应的值。

例如，如果查询为 SELECT a,b,c FROM Table1，则结果集将具有如下形式：

```
a         b          c
--------  ---------  --------
12345     Cupertino  CA
83472     Redmond    WA
83492     Boston     MA
```

下面是执行 SQL 语句的示例代码。该 SQL 语句将返回行集合，其中字段 a 为 int，字段 b 为 String，而字段 c 则为字节数组：

```java
java.sql.Statement stmt = conn.createStatement();
ResultSet r = stmt.executeQuery("SELECT a, b, c FROM Table1");
while (r.next()) {
// 获取当前行的固定列的值。
   int i = r.getInt("a");
   String s = r.getString("b");
   float f = r.getFloat("c");
}
```

2. 结果集的定位

ResultSet 维护指向其当前数据行的光标。每调用一次 next 方法，光标向下移动一行。最初它位于第 1 行之前，因此第一次调用 next 将把光标置于第 1 行上，使它成为当前行。随着每次调用 next，光标便向下移动一行，按照从上至下的次序获取 ResultSet 行。在 ResultSet 对象或其父类 Statement 对象关闭之前，光标一直保持有效。

在 SQL 中，结果表的光标是有名字的。如果数据库允许定位更新或定位删除，则需要将光标的名字作为参数提供给更新或删除命令。可以通过调用方法 getCursorName()获得光标名。

方法 getXXX 提供了获取当前行中某列值的途径。在每一行内，可按任何次序获取列值。但为了保证可移植性，应该从左至右获取列值，并且一次性地读取列值。

列名或列号可用于标识要从中获取数据的列。例如，如果 ResultSet 对象 rs 的第 2 列名为

readerName，并将值存储为字符串，则下列任意一行代码将获取存储在该列中的值：

```
String s=rs.getString("readerName ");
String s=rs.getString(2);
```

注意：列是从左至右编号的，并且编号从 1 开始。同时，用于 getXXX 方法的列名不区分大小写。

提供使用列名这个选项的目的，是为了让在查询中指定列名的用户，可使用相同的名字作为 getXXX 方法的参数。另一方面，如果 select 语句未指定列名（例如在 select*from table1 中或列是导出的时），则应该使用列号。这些情况下，用户将无法确切知道列名。

有些情况，SQL 查询返回的结果集中可能有多个列具有相同的名字。如果列名用于 getXXX 方法的参数，则 getXXX 将返回第 1 个匹配列名的值。因而，如果多个列具有相同的名字，则需要使用列索引来确保检索了正确的列值。这时，使用列号效率要稍微高一些。

关于 ResultSet 中列的信息，可通过调用方法 ResultSet.getMetaData()得到。返回的 ResultSetMetaData 对象将给出其 ResultSet 对象各列的编号、类型和属性。

如果列名已知，但不知其索引，则可用方法 findColumn 得到其列号。

3. NULL 结果值

要确定给定结果值是否是 JDBC NULL，必须先读取该列，然后使用 ResultSet.wasNull()方法检查该次读取是否返回 JDBC NULL。

当使用 ResultSet.getXXX 方法读取 JDBC NULL 时，方法 wasNull()将返回下列值之一：

- Java null 值，对于返回 Java 对象的 getXXX 方法（例如 getString、getBytes、getDate、getTime、getTimestamp、getAsciiStream、getUnicodeStream、getBinaryStream、getObject 等）。
- 零值，对于 getByte、getShort、getInt、getLong、getFloat 和 getDouble。
- false 值，对于 getBoolean。

15.6.3 PreparedStatement

1. PreparedStatement 概述

PreparedStatement 接口继承 Statement 类，是 Statement 的子类。与 Statement 相比 PreparedStatement 增加了在执行 SQL 调用之前，将输入参数绑定到 SQL 调用中的功能。所谓绑定参数，意思是指它允许将有关参数转换为 Java 数据类型。

（1）PreparedStatement 实例包含已编译的 SQL 语句。

（2）包含于 PreparedStatement 对象中的 SQL 语句可具有一个或多个 IN 参数。IN 参数的值在 SQL 语句创建时未被指定。相反，该语句为每个 IN 参数保留一个问号作为占位符。每个问号的值必须在该语句执行之前，通过适当的 setXXX 方法来提供。

由于 PreparedStatement 对象已预编译过，所以其执行速度要快于 Statement 对象。因此，多次执行的 SQL 语句经常创建为 PreparedStatement 对象，以提高效率。

作为 Statement 的子类，PreparedStatement 继承了 Statement 的所有功能。另外它还添加了一整套方法，用于设置发送给数据库以取代 IN 参数占位符的值。同时，3 种方法 execute、executeQuery 和 executeUpdate 已被更改，使之不再需要参数。这些方法的 Statement 形式（接受 SQL 语句参数的形式）不应该用于 PreparedStatement 对象。

2. 创建 PreparedStatement 对象

以下的代码段（其中 con 是 Connection 对象）创建包含带两个 IN 参数占位符的 SQL 语句的 PreparedStatement 对象：

```
PreparedStatement pstmt = con.prepareStatement(
  "UPDATE table4 SET m = ? WHERE x = ?");
```

pstmt 对象包含语句 UPDATE table4 SET m = ? WHERE x = ?，它已被发送给数据库，并为执行做好了准备。

在执行 PreparedStatement 对象之前，必须设置每个“?”参数的值。这可通过调用 setXXX 方法来完成，其中 XXX 是与该参数相应的类型。例如，如果参数是 long 类型，则使用的方法就是 setLong。setXXX 方法的第 1 个参数是要设置的参数的序数位置，第 2 个参数是设置给该参数的值。

例如，以下代码将第 1 个参数设为 123456789，第 2 个参数设为 100000000：

```
pstmt.setLong(1, 123456789);
pstmt.setLong(2, 100000000);
```

一旦设置了给定语句的参数值，就可用它多次执行该语句，直到调用 clearParameters 方法清除它为止。在连接的默认模式下（启用自动提交），当语句完成时将自动提交或还原该语句。

如果基本数据库和驱动程序在语句提交之后仍保持这些语句的打开状态，则同一个 PreparedStatement 可执行多次。如果这一点不成立，那么试图通过使用 PreparedStatement 对象代替 Statement 对象来提高性能是没有意义的。

利用 pstmt（前面创建的 PreparedStatement 对象实例），以下代码例示了如何设置两个参数占位符的值并执行 10 次。如上所述，为做到这一点，不能关闭 pstmt。在该示例中，第 1 个参数被设置为 Hi 并保持为常数。

在 for 循环中，每次都将第 2 个参数设置为不同的值：从 0 开始，到 9 结束。

```
pstmt.setString(1, "Hi");
for (int i = 0; i < 10; i++) {
   pstmt.setInt(2, i);
   int rowCount = pstmt.executeUpdate();
}
```

如果想完成一个数据库的更新，使用 PreparedStatement 是一个很好的选择。例如：想更新 rederTable 表中的 readerTele 时，按照以上的做法，可以采用以下的循环：

```
Statement stm=con.createStatement();
Int I;
//reader 为一个对象数据组
for(i=0;i<reader.length;i++) {
   Stm.executeUpdate("UPDATE readerTable"+
       "SET readerTele="+reader[i].getTele()+
       "WHERE readerNumer="reader[i].getNO());

}
```

Statement 对象在每一次循环中，都创建一个相同的查询。为了使用不同的参数来调用 SQL，并且避免重复操作，可以使用 PreparedStatement，将代码改写如下：

```
PreparedStatement pstm=con.preparedStatement(
   UPDATE readerTable"+
       "SET readerTele=?"+
```

```
        "WHERE readerNumer=?");
    //reader 为一个对象数据组
    for(i=0;i<reader.legth;i++) {
        Pstm.setString(1,reader[i].getTele());
        Pstm.setInt(2,reader[i].getNo);
        Pstm.execute();
  }
```

采用 PreparedStatement，SQL 语句在获得一个 PreparedStatement 对象时就被送到了数据库。但此时 SQL 语句并未被执行，SQL 语句的执行在 for 循环内部，虽然每一次循环被重复执行，但查询计划却只生成过一次。

15.6.4 CallableStatement

1. 存储过程

与嵌入的 SQL 语句相比，存储过程有着以下优点：

1）由于在大多数据库系统中，存储过程都是在数据库中进行编译的，因此它比每次执行都需要进行解释的动态 SQL 的执行速度要快得多。

2）存储过程中的任何语法错误都能在编译时被发现。

3）Java 开发人员只需知道存储过程的名字，以及它的输入、输出数据，内部 SQL 语句的执行情况、表结构等信息是无需知道的。

一个存储过程通常都是带有一些参数的，这些参数在该过程被调用时便绑定到相应的列。

2. CallableStatement 概述

java.sql.CallableStatement 类提供类似于“黑箱”式的数据库访问方式，既通过存储过程来访问数据库。CallableStatement 类与 PreparedStatement 类十分相似。只是 Prepared Statement 使用 prepareStatement()方法，而 CallableStatement 使用 prepareCall()方法，它为所有的数据库提供了一种以标准形式调用已储存过程的方法。

已储存过程储存在数据库中。对已储存过程的调用是 CallableStatement 对象所含的内容。这种调用是用一种换码语法来写的，有两种形式：一种形式带结果参数，另一种形式不带结果参数。结果参数是一种输出（OUT）参数，是已储存过程的返回值。两种形式都可带有数量可变的输入（IN 参数）、输出（OUT 参数）或输入和输出（INOUT 参数）的参数。问号被用做参数的占位符。

在 JDBC 中调用已储存过程的语法如下。注意，方括号中的内容是可选项，方括号本身并不是语法的组成部分。

```
{call 过程名[(?, ?, ...)]}
```

返回结果参数的过程的语法为：

```
{? = call 过程名[(?, ?, ...)]}
```

不带参数的已储存过程的语法类似：

```
{call 过程名}
```

通常，创建 CallableStatement 对象时应当知道所用的数据库系统是否支持已储存过程，并且知道这些过程都是些什么。然而，如果需要检查，多种 DatabaseMetaData 方法都可以提供这样的信息。

例如，某数据库支持已储存过程的调用，则 supportsStoredProcedures 方法将返回 true，而

getProcedures 方法将返回对已储存过程的描述。

CallableStatement 继承 Statement 的方法（它们用于处理一般的 SQL 语句），还继承了 PreparedStatement 的方法（它们用于处理 IN 参数）。CallableStatement 中定义的所有方法都用于处理 OUT 参数或 INOUT 参数的输出部分：注册 OUT 参数的 JDBC 类型（一般 SQL 类型）、从这些参数中检索结果或者检查所返回的值是否为 JDBC NULL。

3. 创建 CallableStatement 对象

CallableStatement 对象是用 Connection 方法 prepareCall 创建的。

下例是创建 Callable Statement 的实例，其中含有对已储存过程 getTestData 的调用。该过程有两个变量，但不含结果参数：

```
CallableStatement cstmt = con.prepareCall(
  "{call getTestData(?, ?)}");
```

其中?占位符为 IN、OUT 还是 INOUT 参数，取决于已储存过程 getTestData。

将 IN 参数传给 CallableStatement 对象是通过 setXXX 方法完成的。该方法继承 PreparedStatement。所传入参数的类型决定了所用的 setXXX 方法（例如用 setFloat 来传入 float 值等）。

如果已储存过程返回 OUT 参数，则在执行 CallableStatement 对象以前，必须先注册每个 OUT 参数的 JDBC 类型（这是必需的，因为某些数据库要求 JDBC 类型）。注册 JDBC 类型是用 registerOutParameter 方法来完成的。语句执行完后，CallableStatement 的 getXXX 方法将取回参数值。正确的 getXXX 方法是为各参数所注册的 JDBC 类型所对应的 Java 类型。换句话说，registerOutParameter 使用的是 JDBC 类型（因此它与数据库返回的 JDBC 类型匹配），而 getXXX 将它转换为 Java 类型。

作为示例，下述代码先注册 OUT 参数，执行由 cstmt 所调用的已储存过程，然后检索在 OUT 参数中返回的值。方法 getByte 从第 1 个 OUT 参数中取出一个 Java 字节，而 getBigDecimal 从第 2 个 OUT 参数中取出一个 BigDecimal 对象（小数点后面带三位数）：

```
CallableStatement stm;
stm = con.prepareCall("{call getTestData(?, ?)}");
cstmt.registerOutParameter(1, java.sql.Types.TINYINT);
cstmt.registerOutParameter(2, java.sql.Types.DECIMAL, 3);
cstmt.executeQuery();
byte x = cstmt.getByte(1);
java.math.BigDecimal n = cstmt.getBigDecimal(2, 3);
```

15.7 事务管理

我们可以将一组语句构建成一个事务。当所有语句都顺利执行之后，事务可以被提交。否则，如果其中某个语句遇到错误，那么事务将被回滚，如同任何命令都未执行过。

将多个命令组合成事务的主要原因是为了确保数据库的完整性。例如，假设我们需要将钱从一个银行账号转存到其他账号。此时，首先我们需要将钱从一个账号取出，下一步将钱存入另一个账号。如果在将钱存入其他账号之前系统发生崩溃，那么我们必须撤销取款操作。

如果将更新语句组合成一个事务，那么事务要么成功地执行所有操作并被提交，要么在中间某个位置发生失败。在这种情况下，可以执行回滚操作，则数据库将自动撤销上次提交事务以来的所有更新操作产生的影响。

默认情况下，数据库连接处于自动提交模式。每个 SQL 命令一旦被执行便被提交给数据库。一旦命令被提交，就无法对它进行回滚操作。

如果要检查当前自动提交模式的设置，请调用 Connection 类中的 getAutoCommit 方法。

可以使用如下的命令关闭自动提交模式：

```
conn.setAutoCommit(false);
```

现在可以使用通常的方法创建一个语句对象：

```
Statement stat=conn.createStatement();
```

任意多次地调用 executeUpdate 方法：

```
stat.executeUpdate(command1);
stat.executeUpdate(command2);
stat.executeUpdate(command3);
……
```

执行了所有命令之后，调用 commit 方法：

```
conn.commit();
```

如果出现错误，请调用：

```
conn.rollback();
```

此时，程序将自动撤销自上次提交以来的所有命令。当事务被 SQLException 异常中断时，通常的办法是发起会滚操作。

15.7.1 保存点

使用保存点（save point），可以更好的控制会滚操作。保存点可以使后面的会滚操作返回这个点，而非实物的开头。例如：

```
Statement stat=conn.createStatement( );
stat.executeUpdate(command1);
Savepoint svpt=conn.setSavepoint( );
stat.executeUpdate(command2);
if(……)
  conn.rollback(svpt);
……
conn.commit();
```

这里使用了一个匿名的保存点。可一个为保存点添加名字，例如：

```
Savepoint svpt=conn.setSavePoint("spt1");
```

当使用一个保存点完成了所有操作之后，必须释放它：

```
conn.releaseSavepoint(svpt);
```

15.7.2 批量更新

假设有一个程序需要执行许多 Insert 语句，以便将数据填入数据库表中。在 JDBC2 中，可以使用批量更新的方法来提高程序性能。在使用批量更新时，一个命令序列作为一批操作同时被收集和提交。

处于同一批中的命令可以使 Insert、Update 和 Delete 等操作，也可以是数据库定义命令，如 Create Table 和 Drop Table。不过，不能在批量处理中使用 Select 命令，因为执行 Select 命令将会返回一个结果集。

为了执行批量处理，首先必须使用通常的办法创建一个 Statement 对象：

```
Statement stat=conn . createStatement( );
```

然后需要调用 addBatch 方法，而非 executeUpdate 方法：

```
String command="Create Table ...";
stat.addBatch(command);

while(...) {
   command = "Insert Into ... Values ("+ ... +") ";
   stat.addBatch(command);
}
```

最后，提交整个批量更新语句：

```
int[] counts = state.executeBatch( );
```

调用 executeBatch 方法将为所有已提交的命令返回一个影响到的记录数的数组。在上面的例子中，数组的第一个元素为 0，因为 Create Table 命令产生 0 行记录，而其他的元素为 1，即每个 Insert 操作均影响一条记录。

为了在批量模式下正确的处理错误，必须将批量执行的操作视为单个事务。一旦某条操作失败，那么必须会滚到批量操作开始之前的状态。

为此，首先需要关闭自动提交模式，然后收集批量操作，执行并提交该操作，最后恢复最初的自动提交模式：

```
Boolean autoCommit = conn.getAutoCommit();
conn.setAutoCommit(false);
Statement stat=conn.getStatement();
...
//keep calling stat.addBatch(……);
...
stat.executeBatch();
conn.commit();
conn.setAutoCommit(autoCommit);
...
```

15.8 高级连接管理

在企业环境下部署 JDBC 应用时，数据库连接管理与 JAVA 名字与目录接口（JNDI）是集成在一起的。遍布企业的数据源的属性可以被存储在同一个目录中。采用这种方式使得我们可以集中管理用户名、密码、数据库名和 JDBC URL。

在这样的环境下，可以使用下列代码创建数据库联接：

```
Context jndiContext=new InitialContext();
DataSource                    source              =                    (DataSource)
jndiContext.lookup("java:comp/env/jdbc/guidejava");
Connection conn=source.getConnection();
```

请注意，我们不再使用 DriveManager，而是使用 JNDI 服务来定位数据源。一个数据源就是一个能够提供简单的 JDBC 连接和更多高级服务的接口，比如执行涉及多个数据库的分布式事务。javax.sql 标准扩展包定义了 DataSource 接口。

当然，在此之前必须在某个地方设置数据源。如果你编写的数据库程序将在 servlet 容器中运行，比如 Apache Tomcat，或者在应用服务器中运行，比如 SUNONE，那么必须将数据库配置信息（包括 JDBC URL、用户名和密码）放置在配置文件中。

用户名管理和数据库登录只是众多需要特别关注的问题之一。另一个重要问题则涉及建立数据库联接所需的开销。

我们之前所写的简单的数据库程序都是在程序开头处建立单一的数据库连接，最后在程序结尾处关闭连接。然而在许多编程情况下，这种方法并不奏效。在典型的 Web 应用中，Web 应用通常需要并行处理多个页面请求，而多个请求又可能需要同时访问数据库。对许多数据库来说，一个连接通常不能被多个线程共享。这样，每个线程就需要拥有属于自己的连接。一个非常简单的解决方法是为每个页面请求建立一个数据库连接并在操作结束时关闭该连接。然而，这种方法代价非常高。建立数据库连接是相当耗时的。连接应该为多个查询服务，而非完成一两个查询以后就关闭它。

解决上述问题的方法是建立数据库连接池。这意味着数据库连接在物理上并未被关闭，而是保留在一个队列中并被反复重用。连接池是一种非常重要的服务，JDBC 规范为实现者提供了用以实现连接池服务的手段。不过，Java SDK 本身并为实现这项服务，数据库供应商提供的 JDBC 驱动程序中通常也不包含这项服务。相反，应用服务器（如 BEA Weblogic 和 IBM WebSphere）的开发商，通常在它们的应用服务器包中实现了连接池服务。

连接池的使用对程序员来说是完全透明的。可以通过获取数据源并调用 getConnection 方法来获得连接池中的连接。使用完连接后，请调用 close 方法。该方法并不在物理上关闭连接，而只是告诉连接池已经使用完该连接。

对于 JDBC 的更多高级功能，请参阅 JDBC API 参考指南或者在以下地址查看 JDBC 技术规范：http://java.sun.com/products/jdbc。

第 16 章　servlet

近年来，Web 开发已经成为企业级应用的主题，本章将简单介绍使用 servlet 进行 Web 开发的过程，它也是 J2EE 开发的基础，需要牢牢地掌握。

16.1　servlet 综述

下面是一个案例：客户通过浏览器向 Web 服务器发送一个 HTTP 请求，服务器接收到客户请求之后根据客户提交的参数或者表单数据后执行相应的逻辑操作，生成一些对客户有用的信息并返回给客户。

这是一个典型的动态页面的执行过程，那么用什么技术实现它呢？

有很多种技术可以实现这样的需求，其中 servlet 无疑是最好的一种，那么什么是 servlet 呢？它有什么好处，它的优缺点是什么？本章将解答如下问题：

1）什么是 servlet。

2）servlet 和其他技术的比较。

3）servlet 的优缺点。

4）servlet 的应用范围。

通过对这些内容的了解，可以对 servlet 产生一个感性认识。

16.1.1　什么是 servlet

servlet 是普通服务器的扩展，是基于 Java 技术的 Web 组件。它主要的功能是用来生成动态的网页内容或者扩展 Web 服务器的功能。由于 servlet 是基于 Java 技术的，它能够被编译成不依赖于平台的 Java 字节码。这样可以使得 servlet 可以跨平台运行。servlet 是由 servlet 容器管理的，容器负责 servlet 生命期内的一切活动。而且 servlet 和客户端的交互就是通过 servlet 容器提供的相应请求和支持完成的。

servlet 容器是 Web 服务器或应用服务器的一部分，它分为：

- 独立的 servlet 容器，这种容器本身就是一个支持 servlet 的服务器。
- 附加的 servlet 容器，这种容器如同一个插件程序，可以附加到一个服务器中，用来增加服务器对 servlet 的支持。
- 可嵌入的 servlet 容器，这种容器一般是一个小型的 servlet 开发平台，它可以嵌入到其他的应用程序中，使得这个应用程序变成一个服务器。

servlet 容器负责提供给客户向服务器发送请求响应等网络服务。同时容器负责在 servlet 生命周期内管理 servlet，包括初始化 servlet 对象，回收 servlet 对象，给 servlet 对象执行的上下文增加安全限制等。所有的 servlet 容器必须支持 HTTP 作为请求响应协议，而且同时需要支持附加的 HTTPS 请求相应协议。容器可以和处在同一主机下的 Web 服务器运行在同一个进程中，也可以运行在不同的进程中，或者和处理请求的 Web 服务器不同的主机中。

通过 servlet 容器和 Web 服务器，servlet 可以和客户端交互，这样可以实现产生动态内容的需求。

从 servlet 技术角度来讲，本章前面的案例可以通过如下方案实施：

1）客户通过浏览器向 Web 服务器发送一个 HTTP 请求访问。

2）请求通过 Web 服务器接收并移交给 servlet 容器。

3）servlet 容器基于每个 servlet 的配置，决定由那个 servlet 来处理请求，并调用它处理这个请求

4）servlet 利用请求对象判断客户，可能通过作为这个请求的一部分发送的 HTTP POST 参数和其他相关数据。servlet 根据这些数据执行相关的逻辑，生成数据并通过相应对象发送给客户端。

5）一旦 servlet 完成对请求的处理，servlet 容器负责将控制返回给 Web 服务器。

16.1.2 servlet 的生命周期

servlet 的生命周期是 servlet 最吸引人的特性之一，这个生命周期是 CGI 和其他技术的生命周期的优势相结合的产物。要更加深入地了解 servlet，就要掌握 servlet 的生命周期。

servlet 生命周期是由 servlet 容器负责的，用它来处理 CGI 的性能和资源问题，以及其他一些诸如安全性等问题。Servelt 的生命周期非常灵活，容器所要唯一遵守的是 servlet 生命周期的约定：

1）生成并初始化 servlet。

2）处理客户端响应。

3）销毁 servlet 并进行垃圾收集。

servlet 的生命周期如同 applet 一样，可以定义 init()和 destroy()方法。服务器在构造 servlet 实例和处理任何请求之前都要调用 servlet 的 init()方法，而在该 servlet 不被使用和所有挂起的请求被执行完毕或者处理超时时调用 destroy()方法。根据服务器的不同，init()方法可能在以下时刻被调用：

1）当服务器启动时；

2）当该 servlet 被第 1 次调用时；

3）在服务器管理请求。

通过 init()方法，可以完成 servlet 的初始化：生成 servlet 处理请求时需要用到的对象，读入初始化参数，这些初始化参数是用来初始化 servlet 的，而不是用来处理某一个单一的请求，或者是用来给生成 servlet 时设定默认值。初始化参数在服务器的配置描述符（Web.xml）中设定。

例 16.1 在 Web.xml 中设定 servlet 的初始化参数。

```
<?xml version="1.0" encode="ISO-8859-1"?>
    <!DOCTYPE Web-app PUBLIC "-//Sun Microsystems, Inc. //DTD Web Application 
2.2//EN"
    "http://java.sun.com/j2ee/dtds/Web-app_2_2.dtd">
  <Web-app>
    <servlet>
    <servlet-name>
        yourservlet
    </servlet-name>
    <servlet-class>
        yourservletclass
    </servlet-class>
    <init-parm>
```

```
            <parm-name>
                initial
            </parm-name>
            <parm-value>
                100
            </parm-value>
            <description>
                your initial parm description
            </description>
        </init-parm>
        </servlet>
    </Web-app>
```

多个初始化条目可以放在<servlet>标签中，<description>标签是可选的。通过配置参数，可以给 servlet 传递必须的初始化参数，例如数据库连接字串等信息。

当不再需要使用 servlet，或者有异常破坏时，该 servlet 就需要释放它所要占有的存储资源，此时，服务器即调用 servlet 的 destroy()方法，这个方法也可以用来写入所有未保存的信息，或者保存信息以供下次初始化时读入。

16.1.3 servlet 与其他开发技术的比较

如前所述，开发 Web 应用程序现在有很多方法，下面将这些技术做一下比较：

1. ASP

ASP（Active Server Pages 动态服务器页面）是 Microsoft 公司开发的一种动态生成页面技术。通过在 HTML 页面中嵌入代码片断（通常是 Javascript 或 VBScript 脚本语言），可以执行一些逻辑操作。这种模型最适合于开发小型的动态内容，如果由较大的操作，则可以由 COM 组件协助完成。

Microsoft IIS3.0 以上的版本都支持 ASP,但是 ASP 一般只运行在 Microsoft 的 windows 平台，如果在其他平台上运行 ASP，将不可能完成一些复杂的任务，因为缺少 windows COM 库支持。为解决这个问题，Microsoft 公司已经开发出 ASP 的替代产品，基于.NET 平台下的 ASP.NET，这个产品已经是 Microsoft 公司的新的解决方案，这个产品已经成为新的与 servlet 竞争的产品。

关于 servlet 与 ASP.NET 的比较已经上升到 J2EE 平台与.NET 平台的比较，而 J2EE 平台与.NET 平台比较是具体应用实施时需考虑的因素。关于 ASP 和 ASP.NET 的其他详细信息参见微软公司的相关网站：http://www.microsoft. com/asp。

2. JSP

JSP（Java Server Pages，Java 服务器页面）是 sun 公司开发的一种动态生成页面技术。JSP 使用和 ASP 类似的语法，但是使用的脚本语言为 Java。JSP 是为了弥补 servlet 在动态生成网页方面的不足，所以它和 servlet 的关系非常紧密。

实际上，JSP 页面在执行时是由容器将它转化为一个 servlet 来执行的。关于 JSP 的更加详细的信息请参考 sun 公司的关于 JSP 的官方网站 http://java.sun.com/products/jsp。

3. CGI

CGI（Common Gate way Interface，公共网关接口）是最早的关于开发动态页面生成技术。通过 CGI，服务器将客户端的请求交给相应的 CGI 程序来处理，然后程序生成符合客户端要求的内容返回给客户端。CGI 使得为网页生成各种各样的内容成为可能，所以，在开发动态页面初期，CGI 已经成为实际 Web 服务器实现的标准。CGI 差不多可以用任何语言来实现，但是 Perl 语言是主要的开发语言。Perl 语言具有开发文本处理能力和管理 CGI 接口的优势。用 Perl 语言生成的 CGI 脚本可以具有平台无关性。

用 CGI 开发动态页面的缺点是性能问题，因为每当服务器收到一个请求访问，它就会产生一个进程来运行 CGI 程序，并传递消息给它，通过它处理并输出。请求时间和服务器的资源决定了服务器能够请求的数量。而且 CGI 程序一旦运行就无法和服务器进行交互，这也是因为 CGI 程序是在一个独立的进程中运行的缘故。

4. 服务器端扩展程序

由一些公司为他们的服务器专门开发出专有的服务器扩展程序。利用这些程序可以增强服务器的功能，这些扩展程序能够充分的利用服务器的资源。但是，这并不是一个很好的方法，因为这种程序很难进行开发和维护，同时也有安全性和可靠性的问题。

和这些技术比较，servlet 具有如下优势：

（1）运行速度快，效率高

servlet 可以有同一进程中的不同线程处理，或者由多个后台服务器的不同进程中的线程来处理。这就意味这 servlet 是高效的，可伸缩的。而且一旦 servlet 被载入，它就可以作为单独的对象驻留在服务器的内存中，以后，服务器只需要调用简单的方法就可以激活 servlet 来处理请求。所以效率非常高，而且非常稳定。图 16-1 是 servlet 的请求模型。

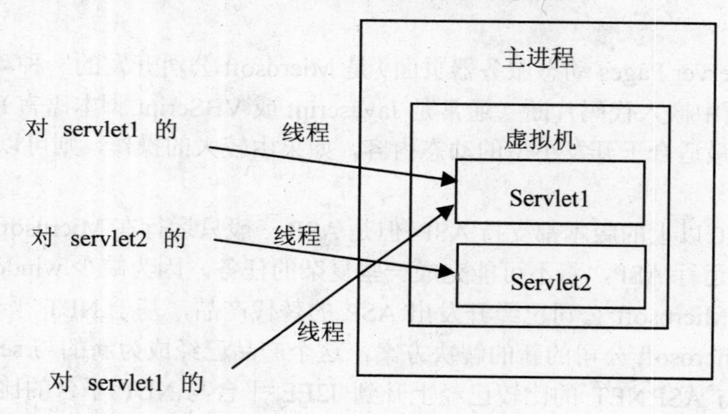

图 16-1 servlet 的请求模型

（2）可移植

因为 servlet 是用 Java 语言开发的，符合规范的定义和广泛接收的 API，所以它可以在各种服务器和操作系统上运行。这就意味着在运行着一个操作系统的服务器上开发出的 servlet，可以很容易地移植到运行着另一个操作系统的服务器上。也就真正实现了"一次编写，处处运行"的特点。

（3）可实现很多功能

servlet 可以应用 Java 强大的 API 资源，实现诸如 Web 和 URL 访问、多线程、图形处理、数据库连接以及远程方法调用等几乎所有的功能。而且 servlet 也可以利用 J2EE 平台的优点，包括多 EJB（企业 Java beans）、JTS（Java 事务处理）、JMS（Java 消息服务）和 jndi（目录查找）等许多标准 API，使得 servlet 的功能更进一步增强和开发 Web 应用程序更加容易可靠。

（4）安全

servlet 支持几个层次的安全等级，它继承了 Java 语言的强大的安全性，由于由垃圾处理机制去掉了指针，所以它没有内存管理等安全问题。基于 Java 的异常处理机制，使得 servlet 可以安全的处理错误，一旦在操作中出现非法操作，就可能抛出一个能被 servlet 捕捉和处理的异常。这样保证了服务的安全性。Servlet 还可以通过 Java 的安全管理和访问控制来进一步控制服务器，使得服务器可以在严格的访问控制下运行它的 servlet。

（5）扩展性

servlet API 很容易扩展，现在 API 只包括支持 HTTP servlet 特殊功能的类，将来它还将会被扩展成为其他类型的支持或者第三方的 servlet。而且对 HTTP servlet 的支持会进一步增强。

16.1.4 servlet 的应用范围

当 servlet 刚开始出现的时候，servlet 技术的强大的功能和灵活性，使得它作为服务器端开发应用程序而引起一阵热潮。但是 servlet 作为开发服务器端应用还是有缺陷的。首先，它必须要求用户在代码中嵌入所有的标示标签，如果开发复杂的网页，则需要在代码中大量应用 out.println()语句。这使对代码的维护很不方便，增加代码的复杂度。

随着 servlet 的应用逐步广泛，servlet 技术发展到现在，最主要的开发已经变成了 Web 层框架的开发和实施，现在有很多基于 servelt 技术的框架可以用于 Web 表示层开发。框架是为了解决一系列特殊问题的类与接口，一个框架具有如下特性：

1）框架是由许多类，接口或者组件组成，其中的每一个都提供一种特殊的概念抽象。

2）框架定义了怎样将这些抽象组合起来形成一个具体问题的解决方案。

3）框架的各个类和组件是可重用的。

利用这些框架，可以更快，更方便地针对具体问题开发出基于 servlet 的应用。下面是常见的框架技术。

（1）Struts

Struts 是最早的基于 servlet 的框架技术。是 Apache Jakarta 的开放源代码项目。Struts 是一个比较好的用 MVC 架构的框架技术，它采用的主要技术是 sevlet，jsp 和 custom tag library。在使用 Struts 开发时，其工作主要为：

- Model 部分。可以采用 Java Beans 或者 EJB，实现系统的业务逻辑。根据不同的请求从 Action 派生出具体的 Action 处理对象，用它来调用这些业务组件。
- Controller 部分。这部分由 Struts 提供具体类实施，只需要实行配置。
- View 部分。主要由 JSP 实现，使用自定义标记库来完成对显示的置标，可以实现定制页面的功能。

（2）JSF（Java Server Faces）

由自定义标记库和组件组成。它具有和 struts 相同的开发特点，同时它还支持更多的表示技术。

（3）WebMacro

WebMacro 通常被称做模板引擎，即在网页模板中执行文本替换操作的类名。WebMacro 框架是这样工作的，当 servlet 得到请求，它就处理请求包含的逻辑，并创建一个环境对象，这个对象包含着应该向客户端显示的结果，然后，该 servlet 选择一个模板文件，并使响应对象通过模板文件来给客户端生成内容。

Servlet 技术发展非常快，这里所列举的只是最普遍的几个，有更多的框架技术被很多组织和公司开发出来。

16.1.5 配置 servlet 的开发的环境

以上介绍了一些 servlet 的基本概念，下节就要介绍关于 servlet 的具体开发。本书中所有的有关 servlet 的例子都是在 Apache tomcat 服务器上实现的，Tomcat 是 Sun 公司的 servlet 和 JSP 技术参考实现，是由 Apache Jakarta 项目组开发的，是一个非常优秀的用于开发和调试 servlet 的服务器。下面介绍开发 servlet 开发需要的服务器配置和开发环境。

1. **安装 Java 软件开发工具包**

Tomcat（本书使用的是 Tomcat 最新版本 tomcat6.0.10）是一个纯 Java Web 服务器。当前版本支持 servlet2.4 和 jsp2.0，在使用之前，必须安装 Java 运行时环境，最好安装 Java2 SDK1.5。SDK 的安装非常方便。下载安装包之后，按照提示可以很容易地安装成功。安装完 SDK 之后，即需要设定 Java_HOME 环境变量，这个变量非常重要，tomcat（包括很多 Java 服务器）都需要设置这个环境变量。设置完 Java_HOME 环境变量之后，还需要设定 PATH 路径指向 Java Bin 目录。

2. **安装 tomcat 服务器**

Tomcat 可以以二进制的形式下载，也可以以源代码的形式下载，然后进行编译。当然也可以选择自己喜欢的方式进行下载。二进制版本可以从这个网址下载：http:// akarta.apache.org/downloads/binindex.html。有 3 种版本可供选择：release 版本是经过了广泛的测试和验证，符合各种规范的稳定版本；Milestone 版本是向 release 版本过渡的中间版本，包括一些未通过的完整测试；Nightly 版本通常是不稳定的，一般只是开发人员使用的版本。下载完二进制版本之后，将它解压到一个目录（本文假设读者解压到 D:\Tomcat6 目录中，如果解压到其他目录，只需替换相应的目录即可）。解压完成之后，会发现这个目录中包含如下子目录：

- Bin，包含启动 Tomcat 所使用的脚本程序
- Conf，Tomcat 的配置文件都可以在这里找到。
- Log，Tomcat 的日志文件包。
- Common，Tomcat 服务器需要的库文件包，还有几个子目录可以供不同的库文件使用。
- Server，Tomcat 服务器启动需要的编译文件包和管理 Tomcat 的程序。
- Webapps，所有应用程序的默认安装路径。

这些是相关的主要目录，还有 temp 临时目录和 work 工作目录。同时还需要设定 TOMAT_HOME 环境变量指向安装目录 D:\Tomcat6。

可以使用 bin 目录下的 tomcat6.exe 文件启动服务器。出现图 16-2 所示的信息说明 tomcat 已经启动。

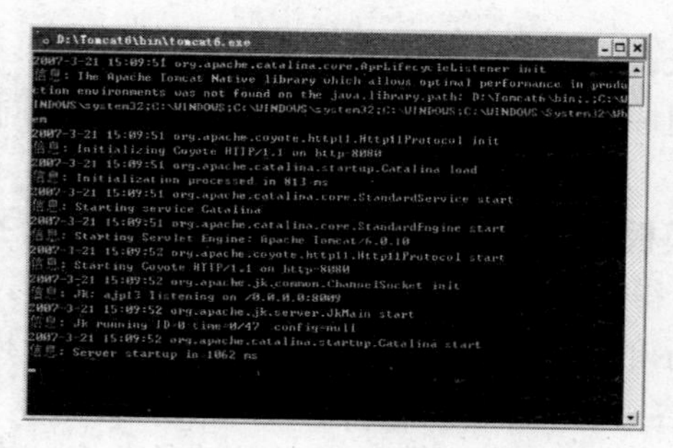

图 16-2 tomcat 的启动信息

可以通过输入 http://localhost:8080/来检测 Tomcat，Tomcat 的主页将出现在浏览器中，如图 16-3 所示。

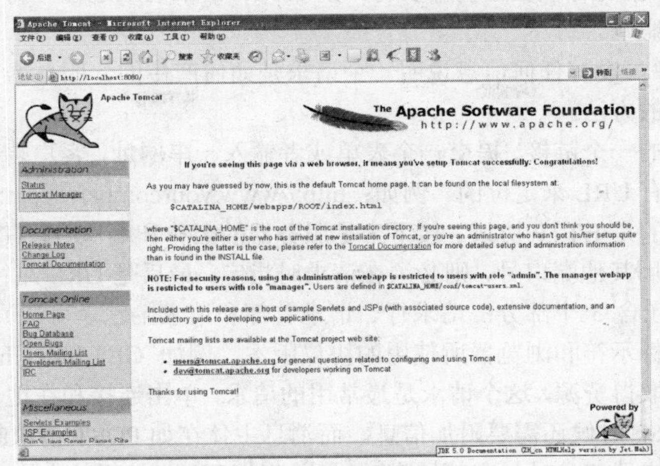

图 16-3 Tomcat 的主页

看到图 16-3 所示的页面，说明已经成功地安装了 Tomcat，便可以进行 servlet 相关的开发工作了。

16.2 servlet 编程

经过了解 16.1 节的内容，可能已经迫不及待地想要尝试 servlet 编程了，要进行 servlet 编程，还需要了解 servlet API 等其他知识。Servle API 是 Sun 公司制定的服务器端程序接口。本节主要解释如何用 servlet 进行服务器端编程。

本节主要介绍如下内容：

1）HTTP 协议介绍。

2）利用 servlet API 编写 servlet 简单程序。

3）servlet 编程中的会话跟踪问题。

4）servlet 的协作问题。

通过本节的学习，将了解到 servlet 的编程过程，进行实际实施。

16.2.1 HTTP 协议介绍

HTTP（超文本传输协议）规定了客户端与服务器端如何通信。这个协议是为了保证任何客户端程序能够和许多不同的服务器端应用程序进行通信，而且服务器端应用程序也必须能够同各种不同的客户端进行通信。HTTP 所定义的通信模型成为所有 Web 应用程序设计的基础。而且，无论使用什么样的服务器端技术，都必须对 HTTP 协议做一些了解，保证开发出的程序满足该协议的基本要求。

HTTP 是这样工作的：客户端浏览器为请求服务器资源而向服务器发送一个请求，服务器则返回一个与被请求的资源相应的响应。客户端可以请求一个简单的 HTML 文件，也可以是动态的交互程序。HTTP 协议有 3 个特点：

1）HTTP 是一个无状态协议，服务器在返回响应后，不保留任何客户端信息。

2）客户端和服务器的每一次互动都要有一次 HTTP 请求响应过程，对于复杂的表单请求，交互受到网络带宽的影响。

3）HTTP 协议中，没有任何信息说明一个请求是如何产生的。服务器无法辨别在客户端上产生各种请求所采用的方法。

通过单击网页上的一个链接、提交一个表单或者输入一串网址，客户端可以向服务器发出一个请求。请求信息是有 URL 来定位的。例如：http://www.yourcompany.com:8080/ index.html，第一部分说明请求所用的是 HTTP 协议。接下来是服务器的名称和端口号，HTTP 的默认的端口号是 80，如果服务器使用其他端口号，则必须在请求时指定。最后是 URL 路径，确定请求的资源。

HTTP 请求消息包含 3 个部分：请求行、请求首部和请求主题（可选）。请求行以请求方法名开始，后面是资源标示符和浏览器所使用的协议版本。例如 GET/index.html HTTP/1.0，GET 请求用于从服务器上取得资源，这个请求是最常用的请求，单击连接和在地址栏中输入地址用的都是 GET 请求。请求有时候还需要附加信息。而消息主体在如 POST 请求时出现。

当服务器收到客户端请求时，它就检查 URL 并根据配置信息确定如何处理这个请求。产生对客户端的应答，对客户端来讲，请求被怎样处理没什么区别。应答消息也包括 3 部分：状态行、应答首部和应答主体（可选）。

下面是一个简单的应答：

```
HTTP/1.0 200 OK
Last-Modified wed 18 Dec 2003 16:10:24 GMT
   Date: wed, 18 Dec 2003 16:20:43 GMT
Status: 200
Content-Type: text/html
Servlet-Engine: Tomcat Web Server/5.0
Content-Length: 230

Blah blah ……….
```

状态行以协议的名字开始，接着是状态码和结果描述。应答消息和请求消息的首部相似，可以根据名字推出相应首部的含义。消息和首部是用一个空行分隔开的。

除了 URL 和请求首部信息，请求消息还可以用参数的形式增加一些信息。参数可以以两种方式表示，用查询字符串的形式增加在 URL 的后面，或者作为请求主体的一部分发送。例如：http://www.yourcompany.com/action?value=yourvalue。查询字符串是由一个问号开始的，如果有多个查询字符串，则由符号&分隔开。

在对服务器的请求方式中，GET 是最常用的请求方法，用于从服务器上取得资源。另一个常用的方法是 POST 方法，用于请求服务器执行某一个过程。GET 和 POST 方法最大的区别是参数的传递方式不同。GET 方法一般用查询字符串的方式来发送请求参数，而 POST 方法则将参数作为请求主体发送请求。

除了 GET 和 POST 方法外，还有下列请求方法：

- OPTIONS，用于查询服务器或资源提供了什么选项。
- HEAD，这个方法得到一个由 GET 方法产生的，带有所有首部的响应，但是没有应答主体。
- PUT，这个方法用于将消息主体的内容作为一个资源保存在服务器上。资源名字由 URL 标识。

- DELETE，这个方法用于删除由 URL 标识的资源。
- TRACE，这个方法用来检查客户端和服务器之间的通讯。

16.2.2 简单程序 servlet

要进行 servlet 编程，就要了解 servlet API。Servlet 使用 java.servlet 和 java.servlet.http 两个包中的类和接口。Java.servlet 包中包含有支持通用的、不依赖协议的类和接口。而 java.servlet.http 则包含有增强的、适用于 HTTP 协议的类和接口。

Servlet 必须实现 Javax.servlet.Servlet 接口。一般的 servlet 只需要扩展 Javax.servlet.GenericServlet 或者 Javax.servlet.http.HttpServlet 这两个类中的一个来实现 Javax.servlet. Servlet 接口。如果是一个不包含协议的类，那么可以使用 GenericServlet，如果使用 HTTP 协议，则可以扩展使用 HttpServlet 来实现特定的功能。

一般的 servlet 需要调用 service() 方法来处理适合该 servlet 的请求。Service()方法需要两个请求，一个是请求对象，一个是响应对象。但是处理 HTTP 协议的 HttpServlet 不使用 service()方法，而是使用 doGet()和 doPost()方法来处理客户端的 GET 和 POST 请求，而 service()方法则是用来处理所有的 doXXX()请求。

例 16.2 是一个产生 HTML 网页的 HTTP servlet。这个程序在每次被客户访问时向客户浏览器显示 Hello World。Servlet 扩展了 HttpServlet 类并重写了 doGet()方法，每次服务器收到一个对这个 servlet 的请求时，服务器就调用 doGet()方法，并且传递给一个 HttpServletRequest 和 HttpServletResponse 对象。HttpServletRequest 对象封装了客户端的请求，Servlet 通过这个对象对客户端信息进行访问，HTTP 首部和请求一起被这个对象封装并被 servlet 处理。HttpServletResponse 对象封装了服务器的响应，Servlet 使用它向客户端返回数据。一般的数据类型应该被响应中的内容所确定，但是这种数据可以为任何类型的数据。

例 16.2 典型的 Hello World 程序。

```
Package cn.edu.buaa;
import java.io.IOException;
import java.io.PrintWriter;
import Javax.servlet.ServletException;
import Javax.servlet.http.HttpServlet;
import Javax.servlet.http.HttpServletRequest;
import Javax.servlet.http.HttpServletResponse;
/**
   * @author wint
   *   this class is the first servlet class
   *   the simple hello world class.just write to browse the hello world
   */
public class HelloWorld extends HttpServlet {
   protected void doGet(HttpServletRequest req,HttpServletResponse res)
                  throws ServletException,IOException {
        res.setContentType("text/html");
        PrintWriter out=res.getWriter();
        out.println("<HTML>");
        out.println("<HEAD><TITLE>Hello World</TITLE></HEAD><BODY>");
        out.println("<B>Hello World<B>");
        out.println("</BODY></HTML>");
   }
```

```
}
```

这个 servlet 首先使用响应对象的 setContentType()方法来设置 text/html 的响应内容的类型。然后再使用 getWriter()方法来得到 PrintWriter 对象。Servelt 使用这个对象将数据写到客户端。

如果要运行这个 servlet，首先需要使用 servlet API 的类文件来编译这个文件。使用前面所介绍的 Tomcat 容器，那么应该将编译后的 servlet 文件放在 tomcat_root/Webapps/yourdirectory/Web-INF/classes 中，如果在 Web.xml 文件中对该 servlet 进行映射，那么就可以通过映射路径进行访问了。

从 servlet 角度看，一个客户端就是一个访问线程，它通过调用服务器的方法来调用 servlet。除非 servlet 程序只接收请求，并不做出响应，并且只在本地变量中存放信息，那么就不必担心线程问题。但是一旦有信息保存在非本地变量的时候，因为每一个客户端线程都有访问 servelt 中非本地变量的能力，这就有可能出现数据错误和数据不一致。

例 16.3 是一个简单的计数器，这个 servlet 可能会做出错误的判断而使计数器增加并输出，即可能同一时刻有两个请求同时请求这个 servlet。

然而每个都会打印同样的一个数值，如果按下面的顺序执行：

```
count++
count++
out.println()
out.println()
```

因为当第 2 个线程增加了计数而第 1 个线程还没有打印出数值时，这两个线程都会打印出比原值多 2 的数值。为了防止这种情况发生，可以在代码中加入一些负责同步的代码段，同步代码段保证了它们中的任何内容在同一时刻只能被一个线程所访问。但是这种同步处理最好在必要的时候使用，因为这将增加系统开销。

例 16.3　记数器。

```
Package cn.edu.buaa;
import java.io.IOException;
import java.io.PrintWriter;
import Javax.servlet.ServletException;
import Javax.servlet.http.HttpServlet;
import Javax.servlet.http.HttpServletRequest;
import Javax.servlet.http.HttpServletResponse;
/**
   * @author wint
*
   * this class is a servlet for explain the thread issue
   * the count is the variable of all thread can access.
   * the countall is the variable of all class instance.
*/
public class Conter extends HttpServlet {
   private int count=0;
   protected void doGet(HttpServletRequest req,HttpServletResponse res)
                   throws ServletException,IOException {
      res.setContentType("text/html");
      PrintWriter out=res.getWriter();
      count++;
      out.println("<HTML>");
      out.println("<HEAD><TITLE>Hello World</TITLE></HEAD><BODY>");
      out.println("<B>");
```

```
        out.println("this servlet has been accessed "+count +" times");
        out.println("</B>");
        out.println("</BODY></HTML>");

    }
}
```

要创建一个 Web 程序，通常需要知道有关的环境信息。表 16-1 列出的是常用的得到服务器信息的方法。

表 16-1　常用的获取服务器信息的方法

HTTP SERVLET 方法	含义
req.getServerName()	得到服务器名
getServletContext().getServerInfo()	得到服务器上下文信息
req.getProtocol()	得到协议名称
req.getServerPort()	得到服务器端口
req.getMethod()	得到请求方法
req.getPathInfo()	得到路径信息
req.getServletPath()	得到服务器路径
req.getQueryString()	得到查询字串
req.getRemoteHost()	得到远程主机名
req.getRemoteAddr()	得到远程地址
req.getAuthType()	得到授权类型
req.getRemoteUser()	得到远程用户
req.getContentType()	得到内容类型
req.getContentLength()	得到内容长度
req.getHeader("Accept")	可接收得请求首部

例 16.4　输出 HTML 脚本。

```
package cn.edu.buaa;
import java.io.IOException;
import java.io.PrintWriter;
import java.util.Enumeration;
import Javax.servlet.ServletException;
import Javax.servlet.http.HttpServlet;
import Javax.servlet.http.HttpServletRequest;
import Javax.servlet.http.HttpServletResponse;

/**
  * @author wint
  *
  * To change the template for this generated type comment go to
  * Window - Preferences - Java - Code Generation - Code and Comments
  */
public class QueryStatus extends HttpServlet {

    protected void doGet(HttpServletRequest req,HttpServletResponse res)
                    throws ServletException,IOException {
```

```
            res.setContentType("text/html");
            PrintWriter out=res.getWriter();
            out.println("<HTML>");
            out.println("<HEAD><TITLE>QueryStatus</TITLE></HEAD><BODY>");
            out.println("Print Headers :");
            out.println("<P>");
            Enumeration heads=req.getHeaderNames();
            while(heads.hasMoreElements()) {
                String name=(String)heads.nextElement();
                Enumeration subHeads=req.getHeaders(name);
                if(subHeads!=null){
                    String value=(String)subHeads.nextElement();
                    out.println("<P>");
                    out.println(name +" : "+ value);
                }
            }
            out.println("</BODY></HTML>");
        }
    }
```

例 16.4 是一个用来请求首部信息的 servlet。通过使用 HttpServletRequest 对象的 getHeaderName()方法，获得一个关于服务器信息的集合，然后依次将每个信息打印出来。结果如下：

```
    Print Headers :
    host : localhost:8080
    user-agent:Mozilla/5.0 (Windows; U; Windows NT 5.1; en-US; rv:1.5) Gecko/20030624
Netscape/7.1 (ax)
    accept:
    text/xml,application/xml, application/xhtml+xml, text/html; q=0.9, text/plain;
q=0.8,video/x-mng,image/png,image/jpeg,image/gif;q=0.2,*/*;q=0.1
    accept-language : en-us,en;q=0.5
    accept-encoding : gzip,deflate
    accept-charset : ISO-8859-1,utf-8;q=0.7,*;q=0.7
    keep-alive : 300
    connection : keep-alive
    cache-control : max-age=0
```

servlet 技术获得服务器和客户端信息的能力非常强大，API 中有相当多的方法可以用来取得各种信息。而且同其他开发技术比较，具有相当大的优势。

16.2.3 会话跟踪

因为 HTTP 协议是一种无状态协议，它没有办法对客户端进行识别。这是 HTTP 协议的一个特性，但是对于 Web 应用来讲，由于一个应用通常不是无状态的，需要不停的与用户交流，获得用户信息。随着服务器端程序的发展，已经有一些方法用进行会话跟踪。

支持会话跟踪的一个方法是使用隐藏表单字段，即在表单提交时使用如下方法：

```
<form action="otherserlvet "method="POST">
  <input type="hidden" name="parm" value="parmvalue">
  …
</form>
```

通过这样的方法，可以认为在表单中定义了一个变量。在服务器端可以使用getParameterValue("parm")来读入信息。隐藏表单字段的优点在于普遍性和对匿名的支持，不需要服务器提供特别的服务。主要缺点是会话只存在于表单中，会话不能在静态文本等内容中存在。

URL 复写技术也可以支持会话跟踪。使用 URL 复写技术，可以动态地改变本地 URL，也可以包含附加信息。这个附加信息可能是附加的路径信息、附件的参数或者定制的服务器端指定的 URL 变换形式。例如，一个重写的 URL，发送会话 ID12345：http://server:port/ servlet/rewritten; jsessionid=123456。

URL 复写的优缺点和使用隐藏表单字段的优缺点相似，而且，如果有服务器的支持，还可以适用于静态文档。主要的缺点是使用 URL 复写比较烦杂。

使用 Cookie 是另一项技术。Cookie 是通过服务器发到客户端的信息，浏览器收到 Cookie 时，便将这个 Cookie 保存起来，当它每次访问这个服务器网页的时候，便将这个信息发送到服务器端。使用 Cookie 的值可以唯一确定一个客户端，所以 Cookie 可以用来进行会话跟踪。

Servlet API 提供了 Javax.servlet.http.Cookie 类来封装 Cookie。可以使用这个类的构造函数来生成一个 Cookie。使用响应对象的 addCookie(Cookie cookie)来向客户端写入一个 Cookie。浏览器对每个网站最多可以接收 20 个 Cookie，每一个用户最多可以有 300 个 Cookie，并且浏览器将每一个 Cookie 限制在 4096 字节之内。

可以通过下面的方式来设置 Cookie：

```
Cookie cookie=new Cookie("cookiename",cookievalue);
res.addCookie(cookie);
```

可以通过请求对象的 getCookies()方法来获得从客户端返回给服务器端的 Cookie 信息。

例 16.5 使用 Cookie。

```
package cn.edu.buaa;
import java.io.IOException;
import java.io.PrintWriter;
import Javax.servlet.http.Cookie;
import Javax.servlet.http.HttpServlet;
import Javax.servlet.http.HttpServletRequest;
import Javax.servlet.http.HttpServletResponse;

/**
   * @author wint
   *
   * To change the template for this generated type comment go to
   * Window - Preferences - Java - Code Generation - Code and Comments
   */
public class CookieDemo extends HttpServlet {
  public void doGet(HttpServletRequest req,HttpServletResponse res)
      throws IOException {
        res.setContentType("text/html");
        PrintWriter out=res.getWriter();
        Cookie[] cookies=req.getCookies();
        for (int i=0;i<cookies.length;i++){
            Cookie cookie=cookies[i];
            String name=cookie.getName();
            String value=cookie.getValue();
            out.println(name + "=" +value);
        }
```

```
        }
    }
```

例 16.5 是使用 Cookie 来进行会话跟踪的例子，通过使用请求对象的 getCookies()方法得到 Cookie 对象的一组实例，然后依次将这些 Cookie 信息打印出来。

使用 Cookie 的最大的问题是浏览器可以设置不接收 Cookie 信息，这是出于安全考虑。如果浏览器选择不支持 Cookie，那么就不能使用 Cookie 进行会话跟踪了。

使用会话跟踪 API 来进行会话跟踪。对于 servelt 技术，可以使用 servelt API 提供的一些方法和类来进行专门的会话跟踪。这个会话跟踪 API 是 servlet 中专门用来处理会话跟踪的，并被服务器支持。但是支持的类型由服务器决定，一般的服务器通过 Cookie 来支持这个会话跟踪，当 Cookie 不被浏览器支持时，会改变为使用 URL 复写技术来进行会话跟踪。

会话跟踪是使用 Javax.servlet.http.HttpSession 对象记录和检索每一个用户信息的。可以在这个对象中存储任意得到的 Java 对象。Servlet 使用请求对象的 getSession()方法来检索现有的 HttpSession 对象。这个方法可以返回与用户相关联的当前会话，如果用户没有可用的会话，那么这个方法就会自动生成一个会话，如果失败就返回空值。

可以使用 serAttribute()方法为 HttpSession 对象增加数据。例如：

```
public void HttpSession.setAttrribute(String name,Object value)
```

这个方法可以将一个对象绑定到一个名称上，对象被绑定到名称上之后，可以通过 getAttribute()方法检索会话对象，例如：

```
public object HttpSession.getAttributeNames()
```

这个方法返回一个绑定在一个指定名称上的对象，如果没有绑定则会返回空值。

如果需要移除绑定在名称上的对象，那么可以通过 removeAttrbute()方法从会话中删除相应的对象，例如：

```
Public void HttpSession.removeAttrbute(String name)
```

这个方法可以删除绑定在指定名称上的对象。如果会话无效，将产生一个异常。

例 16.6　跟踪 Session 记录。

```
package cn.edu.buaa;
import java.io.IOException;
import java.io.PrintWriter;
import Javax.servlet.http.HttpServlet;
import Javax.servlet.http.HttpServletRequest;
import Javax.servlet.http.HttpServletResponse;
import Javax.servlet.http.HttpSession;

/**
   * @author wint
   *
   * To change the template for this generated type comment go to
   * Window - Preferences - Java - Code Generation - Code and Comments
   */
public class Tracker extends HttpServlet {
   public void doGet(HttpServletRequest req,HttpServletResponse res)
        throws IOException {
        res.setContentType("text/html");
        PrintWriter out=res.getWriter();
        //get the session
```

```
        HttpSession session=req.getSession();
        Integer count=(Integer)session.getAttribute("count");
        if(count==null) {
            count=new Integer(1);
        }
        else {
            count=new Integer(count+1);
        }
        session.setAttribute("count",count);
        out.println("<HTML><HEAD><TITLE>tracker</TITLE></HEAD>");
        out.println("<BODY><H1>TRACKER</H1>");
        out.println("You have visited this page"+count+"time(s)");
        out.println("</p>Your session id is "+ session.getId());
        out.println("</BODY></HTML>");
    }
}
```

例 16.6 是一个使用会话跟踪 API 的例子。程序中首先得到和客户端相关的 HttpSession 对象，使用绑定在 count 上的一个 Integer 对象，如果没有绑定，则创建一个会话，然后使用这个对象进行操作。

会话跟踪的另一个问题是会话的生命周期，会话在非活动的固定时间后可以自动关闭，这样会话就会失效。当会话失效时，会话所包括的所有对象和数据都会丢失。如果想在会话失效时保存这些会话信息，必须将它们保存在外部位置，通过数据库等方式建立一个对用户会话的维护。

出于安全考虑，一般也会设置会话失效的时间，可以通过在 Web.xml 配置文件中设置会话的失效时间。这样可以通过手动的方式来设置会话。

16.2.4 Servlet 协作

对于 servlet 高级编程，将涉及到 servlet 协作问题。Servlet 协作主要有两种方式：共享信息和共享控制。共享信息包含两个或者多个共享状态或者资源；共享控制包括两个或者多个 Servlet 共享请求控制。

可以使用 getServletContext()方法获得一个 servlet 运行环境的上下文，这个上下文可以当作一个集合使用，通过它可以在 servlet 之间进行共享。通常使用下面几个方法：

```
public void ServletContext.setAttribute(String name,Object o)
public Object ServletContext.getAttribute(String name)
public Enumeration servletContext.getAttributeNames()
public void ServletContext.removeAttribute(String name)
```

setAttribute()方法用来将一个对象绑定到一个给定的名称，如果对此名称绑定过其他对象，那么这些对象将被替换。

getAttribute()方法通过绑定在给定的名称的对象进行检索，如果属性不存在则返回空值。getAttributeNames()方法返回一个包含所有绑定属性的名称的队列，如果没有绑定则会返回空值。removeAttribute()方法将给定的对象删除，如果这个对象不存在则不会做任何的操作。

Servelt 也可以进行共享请求控制。一个 servlet 可以发送一个完整的请求，可以把一些其他组件生成的内容包含在响应中，这样通过使用服务器端包含的概念，可以给 servlet 更多的灵活性，这样 servlet 能将它的响应构造成为由不同的 Web 服务器部分生成内容的一部分。

为了支持共享请求控制，servlet API 引入了 Javax.servlet.RequestDispatcher 接口，servlet 可

以使用请求对象的getRequestDispatcher()方法来获得一个RequestDispatcher实例，它和一个URL路径关联。RequestDispatcher有两个方法：forward()和include()方法。forward()方法将全部的请求委托，include()方法为调用servlet响应添加一个委托的输出。

例 16.7 页面搜索。

```
package cn.edu.buaa;
import java.io.IOException;
import Javax.servlet.RequestDispatcher;
import Javax.servlet.ServletException;
import Javax.servlet.http.HttpServlet;
import Javax.servlet.http.HttpServletRequest;
import Javax.servlet.http.HttpServletResponse;

/**
   * @author wint
   *
   * To change the template for this generated type comment go to
   * Window - Preferences - Java - Code Generation - Code and Comments
   */
public class Search extends HttpServlet {
  public void doGet(HttpServletRequest req,HttpServletResponse res)
      throws ServletException, IOException{
        String search=req.getParameter("search");
        String[]    result=new    String[]{"http://www.one.com","http://www.
two.com"};
        req.setAttribute("result",result);
        String disp="/search";
        RequestDispatcher dispatcher=req.getRequestDispatcher(disp);
        dispatcher.forward(req,res);

  }
}
```

例 16.7 是一个使用请求分配的例子，servlet 接收一个参数作为搜索参数，然后将结果作为请求的result属性，最后将请求发送到一个显示组件中。

第 17 章　Struts 与 Hibernate 入门

Struts 框架具有组件的模块化、灵活性和重用性的优点，同时简化了基于 MVC 的 Web 应用程序的开发，在 Web 开发中占有很重要的位置。Hibernate 是一个面向 Java 环境的对象/关系数据库映射工具，可以大幅度减少开发时人工使用 SQL 和 JDBC 处理数据的时间。

17.1　MVC 框架

17.1.1　MVC 模式

MVC（Model View Controller）可以将一个应用程序分解为 3 个部分：模型（Model）、视图（View）和控制器（Controller），最早在 Smalltalk 80 中用于创建用户界面，是一个可以很好地处理系统与用户交互的输入/输出模型。

模型通常代表了一个应用程序的数据、它所包含的访问和对数据进行操作的业务逻辑。应用程序中具有持久状态的数据都应该是模型中的对象。模型提供的服务应该对尽可能多的用户保持通用性。通过模型的公共方法，用户可以很好地理解如何控制模型的行为。

模型往往将一组相关数据和相关操作组织在了一起，这些数据和方法对客户而言非常重要，它们代表了和用户需求相关的一组特别数据和特别服务，同时这些操作封装和抽象了模型需要处理的具体业务流程，也就是说，模型提供的接口将访问和更改模型状态的复杂过程封装了起来。模型提供的服务可以由控制器调用，用来进行查询或者修改模型状态的操作。同时，模型在状态发生改变时通知视图。

视图用来表现模型的状态，关于显示的细节都被封装在了视图中，因此模型的数据可以提供给不同的用户使用。模型状态发生改变时通知视图，视图将修改自己。视图还可以将系统同用户的交互传递给控制器。

控制器负责将用户的输入转化成由模型执行的相应行为。同时，它还负责根据用户的不同输入选择界面来表现模型的操作结果。

三部分之间的关系如图 17-1 所示。

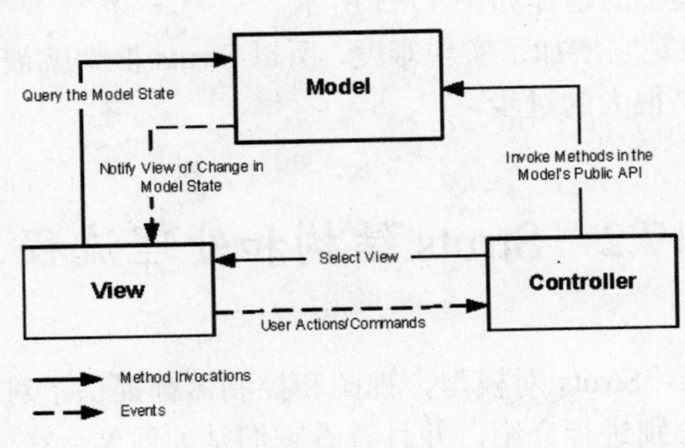

图 17-1　MVC 模式

17.1.2 基于 Web 应用的 MVC 模式

JSP 与 Servlet 技术大量应用于以 Web 为基础的应用程序，应用 MVC 模式已经很普及了。但是在早期的 JSP 规范中列举了两种 MVC 模式，即 Model1 和 Model2。

在 Model1 框架中，不难发现，JSP 肩负了多个责任：

1）直接处理浏览器发送的请求。

2）处理 JavaBean 的选择和应用，从一定程度上起到了控制器的作用。

3）将模型的操作结果反馈给客户端浏览器。

这样的框架编写比较简单。但是，由于 JSP 同时肩负视图维护和控制器的角色，可能导致代码混乱，不利于控制逻辑的体现。

该模型的运作如图 17-2 所示。

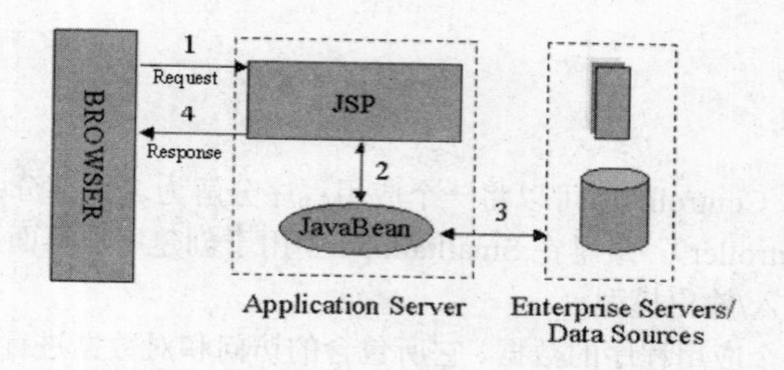

图 17-2　Model1 框架

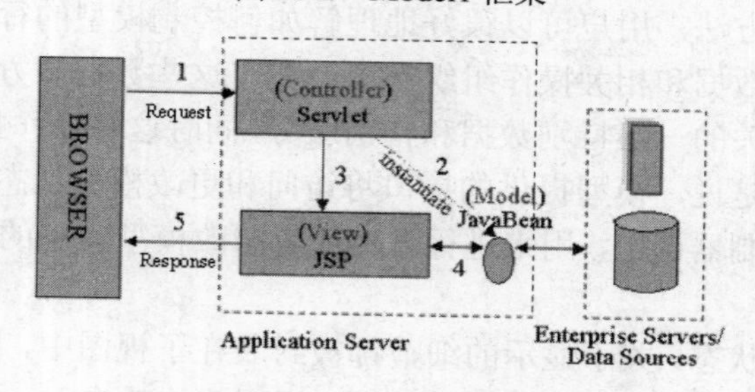

图 17-3　Model2 框架

在 Model2 框架中，添加了一个控制器角色。

在实际编程中，使用 Servlet 来实现控制器功能。这样，来自浏览器的请求都将被送到担任控制器角色的 Servlet，由它集中管理用户的输入、权限控制和本地化，并根据不同的用户选择不同的 JSP 视图页面，该模型的运作如图 17-3 所示。

这个模式框架很好，但是它增加了实现难度，所以 Struts 框架就被引入了进来，并在 Apache Jakarta 计划的指导下得到了很大的进步。

17.2　Struts 结构和处理流程

作为一个 MVC 的框架，Struts 对模型、视图和控制器都提供了对应的实现组件，本节对应图 17-4 所示的 UML 图，分别进行介绍，并且看看它们是如何结合在一起的。

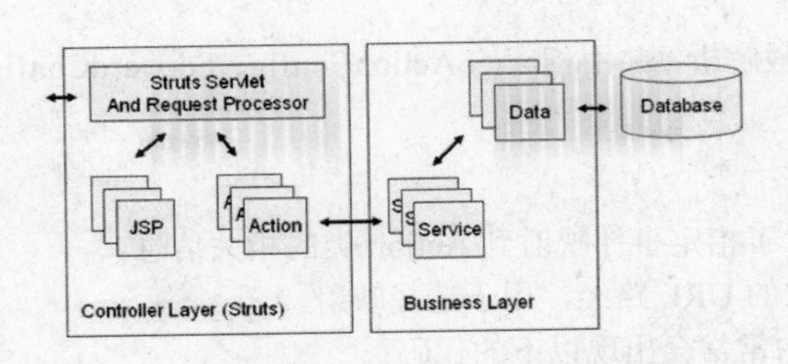

图 17-4　根据 Model 框架设计的 Struts 框架图

很显然，所有进入系统的用户请求都由 Struts 的 Servlet 控制器进行拦截。控制器会根据 struts-config.xml 文件确定下一步的路由，这个过程一般由下面两个过渡过程构成。

从视图到 Action，用户在一个浏览页面上输入并发出请求后，控制器接收到这个请求，并查找相应请求的映射，然后再转向一个 Action，之后 Action 会调用一个业务逻辑层的功能服务。

下面是 Struts 的处理流程。

1）User 链接到一个网页——发出页面请求。

2）Servlet 控制器接收到请求，在 struts-config.xml 文件中寻找相应的映射，并发送到 Action。

3）Action 调用一个模型中定义的业务服务。

4）Service 调用数据层，得到请求的数据。

5）Service 将调用服务的结果返回给 Action。

6）Action 转向一个视图资源（JSP 页面）。

7）Servlet 查找请求资源的映射，并转向合适的 JSP 页面。

8）JSP 被调用并将生成的 HTML 发送到浏览器。

9）User 从浏览器中看到 HTML 网页。

图 17-5 所示的是 UML 时间序列图，更好地展示了这个过程流。

Sequence diagram

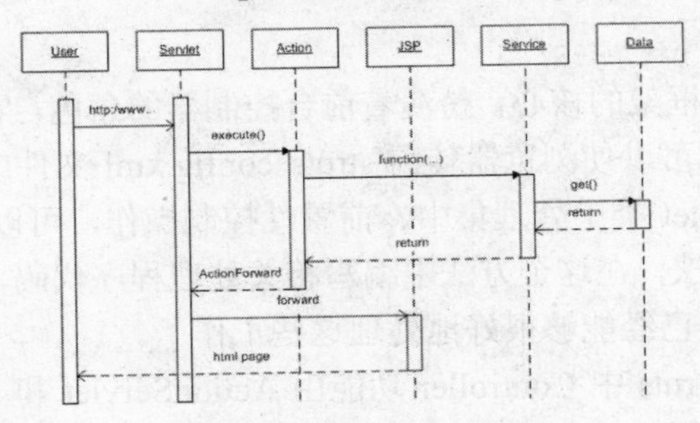

图 17-5　UML 时间顺序图

17.3　Struts 组件

17.3.1　Web 应用程序的配置

在 Struts 中使用 XML 格式的文件 struts-config.xml 存储应用程序的设置，应用程序的初始化，

struts-config.xml 文件都被解析，并由相应的 ActionConfig、ForwardConfig 和 FormBeanConfig 的对象实例进行处理。

1. **映射管理**

ActionConfig 类包含了指定事件映射到 Action 类的相关信息。

- path，一个请求的 URL 路径，用于选择映射。

例如，在 JSP 页面中常常会出现以下的代码：

```
<form name="myForm" method="post" action="/user.do">
```

- type，处理事件时所使用 Action 类的名称。
- name，是表单 bean 的名称，通常它们都是和 action 相关联的。
- scope，指定了表单 bean 创建使用的范围，通常是 application、session、request 和 page。

在 struts-config.xml 文件中常常这样定义：

```
<action path="/user" type="org.xxx.UserAction" name="userForm" scope=
"session">
```

ForwardConfig 封装了用户前往的页面，例如在 struts-config.xml 文件中：

```
<forward name="next" path="/forwardedPage.jsp" />
```

2. **ActionForm 管理**

FormBeanConfig 是 ActionForm Bean 的具体定义，它定义在 struts-config.xml 文件中：

```
<form-bean name = "userForm" type = "org.apache.struts.action.DynaActionForm"
/>
```

FormPropertConfig 是表示了 struts-config.xml 文件中的<form-property>元素的配置信息，例如下面的定义：

```
<form-property name="property1" type="java.lang.String"/>
```

17.3.2 控制器

ActionServlet 类是整个框架的核心，扮演着前台控制器的角色，它是一个 HttpServlet 类，能够从浏览器中接收请求，还可以使浏览器转向 struts-config.xml 文件中的预先配置好的文件或页面。如果需要在 ActionServlet 类中处理集中、前置性控制操作，可以继承 ActionServlet 并覆盖 ActionServlet 的 process()方法，在这个方法中编写相关处理程序代码，实践中，通常不需要这样做，原有的 ActionServlet 类已经能够很好地处理这些工作了。

总结上述两方面，在 Struts 中 Controller 功能由 ActionServlet 和 ActionMapping 对象构成：核心是一个 Servlet 类型的对象 ActionServlet，它用来接受客户端的请求。ActionServlet 包括一组基于配置的 ActionMapping 对象，每个 ActionMapping 对象实现了一个请求到一个具体的 Model 部分中 Action 处理器对象之间的映射。

控制器接收所有请求，它的主要功能是将一个请求的 URL 映射到相应的 action 类，并选择合适的应用程序模块，这是由 Struts 框架提供的。

所有用户的请求到中央控制器的映射由下面的部署脚本描述：

```
<servlet>
  <servlet-name>action</servlet-name>
  <servlet-class>org.apache.struts.action.ActionServlet</servlet-class>
</servlet>
```

所有的 URL 请求都通过下面的部署脚本映射到指定的 servlet：

```
<servlet-mapping>
   <servlet-name>action</servlet-name>
   <url-pattern>*.do</url-pattern>
</servlet-mapping>
```

所有符合上面定义的模式的 URL 请求相当于下面这种形式的 URL 请求：

```
http://ip/myWeb/actionName.do
```

17.3.3 struts-config.xml 文件

这个 XML 格式的文件在 Struts 框架中异常重要，在 Struts 中负责 Controller 类以及负责 View 的 JSP 文件都必须在组件文件中正确设置，运行时期仅仅需要修改 struts-config.xml 即可以轻易变换 Controller 类更改程序行为，或重定向到不同的显示页面的 View。这个文件应该放在应用程序的 Web-INF 目录中。

17.3.4 Action 类

开发人员主要的职责就是创建这些类，它们是用户所调用的 URL 资源和业务服务之间的桥梁。Action 类处理一个 URL 请求，并返回一个 ActionForward 对象，它能够识别下一个要调用的组件，它是控制层的一部分，而不属于模型层。Action 类封装了业务逻辑，为了使用 Action 类，需要继承并重写它的 execute()方法。execute()方法用于处理 HTTP 请求，并创建相应的 HTTP 响应。它返回一个 ActionForward 的实例，用于描述控制流。

在 struts-config.xml 文件中，使用<action>标记标识来定义配置信息：

```
<action-mappings>
   <action path="/editCustomerProfile"
       type="packageName.EditCustomerProfileAction"
       name="customerProfileForm"
       scope="request"/>
</action-mappings>
<form-bean name="customerProfileForm"
   type="packageName.customerProfileForm"/>
```

本书对 struts-config.xml 文件的配置在实例讲述时进行一些说明，但不做过多的讲述。

17.3.5 视图资源

视图资源通常由 JSP 页面、HTML 页面、JavaScript、样式表、资源包、JavaBean 和 Struts 的 JSP 标记构成。

17.3.6 ActionForm

ActionForm 可以大大简化处理来自浏览器的用户输入的过程，这些组件允许在处理 Action 之前进行用户输入验证。如果输入无效，可以及时地显示一个错误页面。

17.3.7 模型组件

Struts 框架对模型层没有内建的支持，因此，Struts 支持任何模型组件：JavaBeans、EJB、CORBA、JDO 等等。

17.4 Hibernate 简介

在今日的企业环境中，把面向对象的软件和关系数据库一起使用可能是相当麻烦、浪费时间的。Hibernate 是一个面向 Java 环境的对象/关系数据库映射工具。对象/关系数据库映射（object/relational mapping, ORM）术语表示一种技术，用来把对象模型表示的对象映射到基于 SQL 的关系模型数据结构中去。

本节为读者简单介绍了开发基于 Hibernate 的程序的各个步骤，设计了一个使用驻留内存式（in-memory）数据库的简单命令行程序，所使用的第三方库文件支持 JDK 1.4 和 5.0。关于 Hibernate 的更多高级知识，请参考 Hibernate 官方网站上的详细用户手册。

17.4.1 第一个 Hibernate 程序

在一开始先要创建一个简单的控制台（console-based）Hibernate 程序，它使用内置数据库（in-memory database）HSQL DB，所以不必安装任何数据库服务器。

第一步是建立开发目录，并把所有需要用到的 Java 库文件放进去。从 Hibernate 网站的下载页面下载 Hibernate 分发版本。解压缩包并把/lib 下面的所有库文件放到新的开发目录下面的/lib 目录下面，如下所示：

```
.
+lib
antlr.jar
cglib-full.jar
asm.jar
asm-attrs.jars
commons-collections.jar
commons-logging.jar
ehcache.jar
hibernate3.jar
jta.jar
dom4j.jar
log4j.jar
```

这个是 Hibernate 运行所需要的最小库文件集合（必须拷贝 Hibernate3.jar，它是一个最重要的库）。可以在 Hibernate 分发版本的 lib/目录下查看 readme.txt，以获取更多关于所需和可选的第三方库文件信息（事实上，Log4j 并不是必须的库文件，只是许多开发者都喜欢用它）。

接下来创建一个类，用来代表那些希望储存在数据库里面的事件（Event）。

第一个持久化类是一个简单的 JavaBean class，带有一些简单的属性。代码如下：

```
import java.util.Date;

public class Event {
```

```java
    private Long id;

    private String title;
    private Date date;

    Event() {}

    public Long getId() {
        return id;
    }

    private void setId(Long id) {
        this.id = id;
    }

    public Date getDate() {
        return date;
    }

    public void setDate(Date date) {
        this.date = date;
    }

    public String getTitle() {
        return title;
    }

    public void setTitle(String title) {
        this.title = title;
    }
}
```

可以看到这个 class 对属性的存取方法（getter and setter method）使用标准的 JavaBean 命名约定，同时把内部域隐藏起来。这个是个受推荐的设计方式，但并不是必须这样做。Hibernate 也可以直接访问这些字段，而使用访问方法的好处是，它提供了程序重构的时候健壮性。

id 属性为一个事件实例提供标识属性（identifier property）的值——如果希望使用 Hibernate 的所有特性，那么所有的持久性实体类（persistent entity class）（这里也包括一些次要依赖类）都需要一个标识属性。

事实上，大多数应用程序（特别是 web 应用程序）都需要识别特定的对象，所以应该考虑使用标识属性而不是把它当作一种限制。然而，通常不会直接操作一个对象的标识符，因此标识符的 setter 方法应该被声明为 private。这样当一个对象被保存的时候，只有 Hibernate 可以为它分配标识符。可以发现 Hibernate 可以直接访问被声明为 public，private 和 protected 等不同级别访问控制的方法和域。 所以选择哪种方式来访问属性是完全取决于程序员，可以使个人的选择与自己的程序设计相吻合。

所有的持久类都要求有无参的构造器（no-argument constructor）；因为 Hibernate 必须要使用 Java 反射机制来实例化对象。构造器的访问控制可以是私有的，然而当生成运行时代理（runtime proxy）的时候将要求使用至少是 package 级别的访问控制，这样在没有字节码编入（bytecode instrumentation）的情况下，从持久化类里获取数据会更有效率一些。

把这个 Java 源代码文件放到开发目录下面一个叫做 src 的目录里。这个目录现在应该看起来像这样：

```
.
+lib
  <Hibernate and third-party libraries>
+src
  Event.java
```

Hibernate 需要知道怎样去加载（load）和存储（store）持久化类的对象。这里正是 Hibernate 映射文件（mapping file）发挥作用的地方。映射文件告诉 Hibernate 它应该访问数据库里面的哪个表和应该使用表里面的哪些字段。

一个映射文件的基本结构看起来像这样：

```
<?xml version="1.0"?>
<!DOCTYPE hibernate-mapping PUBLIC
    "-//Hibernate/Hibernate Mapping DTD 3.0//EN"
    "http://hibernate.sourceforge.net/hibernate-mapping-3.0.dtd">
<hibernate-mapping>
 [...]
</hibernate-mapping>
```

请注意 Hibernate 的 DTD 是非常复杂的，可以在编辑器或者 IDE 里面使用它来自动提示并完成那些用来映射的 XML 元素（element）和属性（attribute）。也可以用文本编辑器打开 DTD 一这是最简单的方式来浏览所有元素和参数，查看它们的缺省值以及它们的注释，以得到一个整体的概观。

同时也要注意，Hibernate 不会从 web 上面获取 DTD 文件，虽然 XML 里面的 URL 也许会建议它这样做，但是 Hibernate 会首先查看程序的 classpath。DTD 文件被包括在 hibernate3.jar，同时也在 Hibernate 分发版的 src/路径下。

在以后的例子里面，将通过省略 DTD 的声明来缩短代码长度。但是显然，在实际的程序中，DTD 声明是必须的。

在两个 hibernate-mapping 标签（tag）中间,包含了一个 class 元素。所有的持久性实体类（再次声明，这里也包括那些依赖类，就是那些次要的实体）都需要一个这样的映射，来映射到 SQL database。

```
<hibernate-mapping>
  <class name="Event" table="EVENTS">
  </class>
</hibernate-mapping>
```

到现在为止做的一切是告诉Hibernate怎样从数据库表（table）EVENTS里持久化和加载Event类的对象，每个实例对应数据库里面的一行。现在将继续讨论有关唯一标识属性（unique identifier property）的映射。

另外，不希望去考虑怎样产生这个标识属性，可以通过配置 Hibernate 的标识符生成策略（identifier generation strategy）来产生代用主键。

```
<hibernate-mapping>
  <class name="Event" table="EVENTS">
      <id name="id" column="EVENT_ID">
          <generator class="increment"/>
      </id>
  </class>
```

```
</hibernate-mapping>
```

id 元素是标识属性的声明，name="id"声明了 Java 属性（property）的名字——Hibernate 将使用 getId()和 setId()来访问它。字段参数（column attribute）则告诉 Hibernate 使用 EVENTS 表的哪个字段作为主键。嵌套的 generator 元素指定了标识符的生成策略——在这里使用 increment，这个是非常简单的在内存中直接生成数字的方法，多数用于测试中。

Hibernate 同时也支持使用数据库生成（database generated），全局唯一性（globally unique）和应用程序指定（application assigned）（或者程序员为任何已有策略所写的扩展）这些方式来生成标识符。

最后还必须在映射文件里面包括需要持久化属性的声明。缺省的情况下，类里面的属性都被视为非持久化的：

```
<hibernate-mapping>
  <class name="Event" table="EVENTS">
      <id name="id" column="EVENT_ID">
          <generator class="increment"/>
      </id>
      <property name="date" type="timestamp" column="EVENT_DATE"/>
      <property name="title"/>
  </class>

</hibernate-mapping>
```

和 id 元素类似，property 元素的 name 参数告诉 Hibernate，可以使用哪个 getter 和 setter 方法。

为什么 date 属性的映射包括 column 参数，但是 title 却没有？当没有设定 column 参数的时候，Hibernate 缺省使用属性名作为字段（column）名。对于 title，这样工作得很好。然而，date 在多数的数据库里，是一个保留关键字，所以最好把它映射成另外一个名字。

下一件事情是 title 属性缺少一个 type 参数。声明并使用在映射文件里面的 type，并不像假想的那样，是 Java data type，同时也不是 SQL database type。这些类型被称作 Hibernate mapping types，它们把数据类型从 Java 转换到 SQL data types。如果映射的参数没有设置的话，Hibernate 也将尝试去确定正确的类型转换和它的映射类型。

在某些情况下，这个自动检测（在 Java class 上使用反射机制）不会产生所期待或者需要的缺省值。这里有个例子是关于 date 属性。Hibernate 无法知道这个属性应该被映射成下面这些类型中的哪一个：SQL date，timestamp，time。通过声明属性映射 timestamp 来表示希望保存所有的关于日期和时间的信息。

这个映射文件（mapping file）应该被保存为 Event.hbm.xml，和 EventJava 源文件放在同一个目录下。映射文件的名字可以是任意的，然而 hbm.xml 已经成为 Hibernate 开发者社区的习惯性约定。现在目录应该看起来像这样：

```
.
+lib
  <Hibernate and third-party libraries>
+src
  Event.java
  Event.hbm.xml
```

下面讲述 Hibernate 的主要配置。

现在已经有了一个持久化类和它的映射文件，是时候配置 Hibernate 了。在做这个之前，需要建立一个数据库。HSQL DB，一个 java-based 内嵌式 SQL 数据库，可以从 HSQL DB 的网站上下载。实际上，仅仅需要下载/lib/目录中的 hsqldb.jar。把这个文件放在开发文件夹的 lib/目录里面。在开发目录下面创建一个叫做 data 的目录——这个是 HSQL DB 存储它的数据文件的地方。

Hibernate 是程序里连接数据库的那个应用层，所以它需要连接用的信息。连接（connection）是通过一个也由开发者配置的 JDBC 连接池获得的。Hibernate 的分发版里面包括了一些 open source 的连接池，但是这里使用的是内嵌式连接池。如果希望使用一个产品级的第三方连接池软件，必须拷贝所需的库文件去 classpath 并使用不同的连接池设置。

为了配置 Hibernate，可以使用一个简单的 hibernate.properties 文件，或者一个稍微复杂的 hibernate.cfg.xml，甚至可以完全使用程序来配置 Hibernate。多数用户喜欢使用 XML 配置文件：

```
<?xml version='1.0' encoding='utf-8'?>
<!DOCTYPE hibernate-configuration PUBLIC
    "-//Hibernate/Hibernate Configuration DTD 3.0//EN"
    "http://hibernate.sourceforge.net/hibernate-configuration-3.0.dtd">
<hibernate-configuration>
  <session-factory>
     <!-- Database connection settings -->
     <property name="connection.driver_class">org.hsqldb.jdbcDriver</property>
     <property name="connection.url">jdbc:hsqldb:data/tutorial</property>
     <property name="connection.username">sa</property>
     <property name="connection.password"></property>

     <!-- JDBC connection pool (use the built-in) -->
     <property name="connection.pool_size">1</property>

     <!-- SQL dialect -->
     <property name="dialect">org.hibernate.dialect.HSQLDialect</property>

     <!-- Echo all executed SQL to stdout -->
     <property name="show_sql">true</property>

     <!-- Drop and re-create the database schema on startup -->
     <property name="hbm2ddl.auto">create</property>
     <mapping resource="Event.hbm.xml"/>
  </session-factory>

</hibernate-configuration>
```

注意这个 XML 配置使用了一个不同的 DTD，配置 Hibernate 的 SessionFactory——一个关联于特定数据库全局性的工厂。如果要使用多个数据库，通常应该在多个配置文件中使用多个 <session-factory>进行配置（在更早的启动步骤中进行）。

最开始的 4 个 property 元素包含必要的 JDBC 连接信息。dialectproperty 表明 Hibernate 应该产生针对特定数据库语法的 SQL 语句。hbm2ddl.auto 选项将自动生成数据库表定义（schema）一直接插入数据库中。当然这个选项也可以被关闭（通过去除这个选项）或者通过 Ant 任务 SchemaExport 来把数据库表定义导入一个文件中进行优化。最后，为持久化类加入映射文件。

把这个文件拷贝到源代码目录下面，这样它就位于 classpath 的 root 路径上。Hibernate 在启动时会自动在它的根目录开始寻找名为 hibernate.cfg.xml 的配置文件。

下面将用 Ant 来编译程序，如果读者使用了某种集成开发环境如 Eclipse，其本身即具有编译功能，则可以跳过这一部分。必须先安装 Ant一可以从 http://ant.apache.org/ bindownload.cgi 下载它。怎样安装 Ant 不是这个教程的内容，请参考 http://ant.apache.org/ manual/index.html。当安装完了 Ant，就可以开始创建编译脚本，它的文件名是 build.xml，把它直接放在开发目录下面。

注意 Ant 的分发版通常功能都是不完整的（就像 Ant FAQ 里面说得那样），所以常常不得不需要自己动手来完善 Ant。例如：如果希望在 build 文件里面使用 JUnit 功能。为了让 JUnit 任务被激活，必须拷贝 junit.jar 到 ANT_HOME/lib 目录下或者删除 ANT_HOME/lib/ant-junit.jar 这个插件。

一个基本的 build 文件如下所示：

```
<project name="hibernate-tutorial" default="compile">
  <property name="sourcedir" value="${basedir}/src"/>
  <property name="targetdir" value="${basedir}/bin"/>
  <property name="librarydir" value="${basedir}/lib"/>
  <path id="libraries">
     <fileset dir="${librarydir}">
        <include name="*.jar"/>
     </fileset>
  </path>
  <target name="clean">
     <delete dir="${targetdir}"/>
     <mkdir dir="${targetdir}"/>
  </target>
  <target name="compile" depends="clean, copy-resources">
    <javac srcdir="${sourcedir}"
          destdir="${targetdir}"
          classpathref="libraries"/>
  </target>
  <target name="copy-resources">
     <copy todir="${targetdir}">
        <fileset dir="${sourcedir}">
           <exclude name="**/*.java"/>
        </fileset>
     </copy>
  </target>
</project>
```

这个将告诉 Ant，把所有 lib 目录下的以.jar 结尾的文件加入 classpath 中，用来进行编译。它也将把所有的非 Java 源代码文件，例如配置和 Hibernate 映射文件，复制到目标目录下。如果现在运行 Ant，将得到以下输出：

```
C:\hibernateTutorial\>ant
Buildfile: build.xml
copy-resources:
   [copy] Copying 2 files to C:\hibernateTutorial\bin
compile:
  [javac] Compiling 1 source file to C:\hibernateTutorial\bin
BUILD SUCCESSFUL
Total time: 1 second
```

该是时候来加载和储存一些 Event 对象了，但是首先不得不完成一些基础的代码。一开始必须启动 Hibernate，启动过程包括创建一个全局性的 SessoinFactory，并把它储存在一个应用程序容易访问的地方。SessionFactory 可以创建并打开新的 Session，而一个 Session 可以代表一个单线程的单元操作，SessionFactory 是一个线程安全的全局对象，只需要创建一次。

下面将创建一个 HibernateUtil 帮助类（helper class）来负责启动 Hibernate 并使操作 Session 变得容易。这个帮助类将使用被称为 ThreadLocal Session 的模式来保证当前的单元操作和当前线程相关联。它的实现如下所示：

```
import org.hibernate.*;
import org.hibernate.cfg.*;

public class HibernateUtil {
  public static final SessionFactory sessionFactory;
  static {
    try {
      // Create the SessionFactory from hibernate.cfg.xml
      sessionFactory = new Configuration().configure().buildSessionFactory();
    } catch (Throwable ex) {
    // Make sure you log the exception, as it might be swallowed
    System.err.println("Initial SessionFactory creation failed." + ex);
    throw new ExceptionInInitializerError(ex);
  }
}

public static final ThreadLocal session = new ThreadLocal();

public static Session currentSession() throws HibernateException {
  Session s = (Session) session.get();
  // Open a new Session, if this thread has none yet
  if (s == null) {
    s = sessionFactory.openSession();
    // Store it in the ThreadLocal variable
    session.set(s);
  }
  return s;
}

public static void closeSession() throws HibernateException {
  Session s = (Session) session.get();
  if (s != null)
     s.close();
  session.set(null);
  }
}
```

这个类不仅仅在它的静态初始化过程（仅当加载这个类的时候被 JVM 执行一次）中产生全局 SessionFactory，同时也有一个 ThreadLocal 变量来为当前线程保存 Session。不论何时调用 HibernateUtil.currentSession()，它总是返回同一个线程中的同一个 Hibernate 单元操作，而一个 HibernateUtil.closeSession()调用将终止当前线程相联系的那个单元操作。

在使用这个帮助类之前，首先需要明白 Java 关于本地线程变量（thread-local variable）的概念。一个功能更加强大的 HibernateUtil 帮助类可以在 CaveatEmptor http://caveatemptor.hibernate.org/找到。请注意，当把 Hibernate 部署在一个 J2EE 应用服务器上的时候，这个类不是必须的：一个 Session 会自动绑定到当前的 JTA 事物上，可以通过 JNDI 来查找 SessionFactory。如果使用 JBoss AS，Hibernate 可以被部署成一个受管理的系统服务并自动绑定 SessionFactory 到

JNDI 上。

把 HibernateUtil.java 放在开发目录的源代码路径下面，与 Event.java 放在一起：

```
.
+lib
<Hibernate and third-party libraries>
+src
Event.java
Event.hbm.xml
HibernateUtil.java
hibernate.cfg.xml
+data
build.xml
```

再次编译这个程序不应该有问题。最后需要配置一个日志系统——Hibernate 使用通用日志接口，这允许在 Log4j 和 JDK 1.4 logging 之间进行选择。多数开发者喜欢 Log4j：从 Hibernate 的分发版（它在 etc/目录下）复制 log4j.properties 到 src 目录，与 hibernate.cfg.xml.放在一起。如果希望看到更多的输出信息，可以修改配置。缺省情况下，只有 Hibernate 的启动信息会显示在标准输出上。

可以使用 Hibernate 来加载和存储对象了。此处编写一个带有 main()方法的 EventManager 类：

```
import org.hibernate.Transaction;
import org.hibernate.Session;
import java.util.Date;

public class EventManager {
  public static void main(String[] args) {
      EventManager mgr = new EventManager();

      if (args[0].equals("store")) {
          mgr.createAndStoreEvent("My Event", new Date());
      }

      HibernateUtil.sessionFactory.close();
  }
}
```

从命令行读入一些参数，如果第一个参数是 store，将创建并储存一个新的 Event：

```
private void createAndStoreEvent(String title, Date theDate) {
  Session session = HibernateUtil.currentSession();
  Transaction tx = session.beginTransaction();
  Event theEvent = new Event();
  theEvent.setTitle(title);
  theEvent.setDate(theDate);
  session.save(theEvent);
  tx.commit();
  HibernateUtil.closeSession();
}
```

创建一个新的 Event 对象并把它传递给 Hibernate。Hibernate 现在负责创建 SQL 并把 INSERT 命令传给数据库。在运行它之前，需要花一点时间在 Session 和 Transaction 的处理代码上。

每个 Session 是一个独立的单元操作。另外一个重要 API：Transaction 使一个单元操作可以拥有比一个单独的数据库事务更长的生命周期——想像在 web 应用程序中，一个单元操作跨越多个 Http request/response 循环（例如一个创建对话框）。根据“应用程序用户眼中的单元操作”来切割事务是 Hibernate 的基本设计思想之一。

调用一个长生命期的单元操作 Application Transaction 时，通常包装几个更生命期较短的数据库事务。为了简化问题，在本节使用 Session 和 Transaction 之间是 1 对 1 关系的粒度（one-to-one granularity）。

Transaction.begin()和 commit()都做些什么啦？rollback()在何种情况下会产生错误？实际上，Hibernate 的 Transaction API 是可选的，但是通常会为了便利性和可移植性而使用它。如果宁可自己处理数据库事务（例如，调用 session.connection.commit()），通过直接和无管理的 JDBC，这样将把代码绑定到一个特定的部署环境中去。通过在 Hibernate 配置中设置 Transaction 工厂，可以把持久化层部署在任何地方。在这个例子中也忽略任何异常处理和事务回滚。

为了第一次运行前面编写的应用程序，必须增加一个可以调用的 target 到 Ant 的 build 文件中。

```
<target name="run" depends="compile">
   <java fork="true" classname="EventManager" classpathref="libraries">
      <classpath path="${targetdir}"/>
      <arg value="${action}"/>
  </java>
</target>
```

action 参数的值是在通过命令行调用这个 target 的时候设置的：

```
C:\hibernateTutorial\>ant run -Daction=store
```

编译结束以后，Hibernate 根据配置启动，并产生一大堆的输出日志。在日志最后会看到下面这行内容：

```
[java] Hibernate: insert into EVENTS (EVENT_DATE, title, EVENT_ID) values (?, ?, ?)
```

这是 Hibernate 执行的 INSERT 命令，问号代表 JDBC 的待绑定参数。如果想要看到绑定参数的值或者减少日志的长度，需要检查在 log4j.properties 文件里的设置。

现在要列出所有已经被存储的 event，所以增加一个条件分支选项到 main 方法中去。

```
if (args[0].equals("store")) {
  mgr.createAndStoreEvent("My Event", new Date());
}
else if (args[0].equals("list")) {
  List events = mgr.listEvents();
  for (int i = 0; i < events.size(); i++) {
      Event theEvent = (Event) events.get(i);
      System.out.println("Event: " + theEvent.getTitle() +
                         " Time: " + theEvent.getDate());
  }
}
```

这里也增加一个新的 `listEvents()` 方法：

```
private List listEvents() {
  Session session = HibernateUtil.currentSession();
  Transaction tx = session.beginTransaction();
  List result = session.createQuery("from Event").list();
  tx.commit();
  session.close();
  return result;
}
```

这里是用一个 HQL（Hibernate Query Language－Hibernate 查询语言）查询语句来从数据库中 加载所有存在的 Event。Hibernate 会生成正确的 SQL，发送到数据库并使用查询到的数据来生成 Event 对象。当然也可以使用 HQL 来创建更加复杂的查询。

如果现在使用命令行参数-Daction=list 来运行 Ant，会看到那些储存的 Event，但是会发现结果永远为空。原因是 hbm2ddl.auto 打开了一个 Hibernate 的配置选项：这使得 Hibernate 会在每次运行的时候重新创建数据库。通过从配置里删除这个选项来禁止它。运行了几次 store 之后，再运行 list，会看到结果出现在列表里。另外，自动生成数据库表并导出在单元测试中是非常有用的。

17.4.2 关联映射

前面已经映射了一个持久化实体类到一个表上。接下来在这个基础上增加一些类之间的关联性。首先往程序里面增加人（people）的概念，并存储他们所参与的一个 Event 列表。

1. 映射 Person 类

最初的 Person 类是简单的：

```
public class Person {
  private Long id;
  private int age;
  private String firstname;
  private String lastname;
  Person() {}
  // Accessor methods for all properties, private setter for 'id'
}
```

创建一个名为 Person.hbm.xml 的新映射文件：

```
<hibernate-mapping>
  <class name="Person" table="PERSON">
    <id name="id" column="PERSON_ID">
      <generator class="increment"/>
    </id>
    <property name="age"/>
    <property name="firstname"/>
    <property name="lastname"/>
  </class>
</hibernate-mapping>
```

最后，将新的映射添加到 Hibernate 配置中：

```
<mapping resource="Event.hbm.xml"/>
<mapping resource="Person.hbm.xml"/>
```

现在将在这两个实体类之间创建一个关联。显然，person 可以参与一系列 Event，而 Event 也有不同的参加者（person）。设计上面需要考虑的问题是关联的方向（directionality），阶数（multiplicity）和集合（collection）的行为。

2. 一个单向的 Set-based 关联

向 Person 类增加一组 Event。这样便可以轻松的通过调用 aPerson.getEvents() 得到一个 Person 所参与的 Event 列表，而不必执行一个显式的查询。这里使用一个 Java 的集合类：一个 Set，因为 Set 不允许包括重复的元素而且可以自动排序。

目前为止设计了一个单向的，在一端有许多值与之对应的关联，通过 Set 来实现。现在为这个在 Java 类里编码并映射这个关联：

```
public class Person {
  private Set events = new HashSet();
  public Set getEvents() {
      return events;
  }

  public void setEvents(Set events) {
      this.events = events;
  }
}
```

在映射这个关联之前，先考虑这个关联另外一端。很显然的，可以保持这个关联是单向的。如果希望这个关联是双向的，可以在 Event 里创建另外一个集合，例如 anEvent.getParticipants()。

这是一个设计选项，但是从这个讨论中可以很清楚的了解什么是关联的阶数（multiplicity）：在这个关联的两端都是多，这种情况被称为：多对多（many-to-many）关联。因此，这里使用 Hibernate 的 many-to-many 映射：

```
<class name="Person" table="PERSON">
  <id name="id" column="PERSON_ID">
      <generator class="increment"/>
  </id>

  <property name="age"/>
  <property name="firstname"/>
  <property name="lastname"/>

  <set name="events" table="PERSON_EVENT">
      <key column="PERSON_ID"/>
      <many-to-many column="EVENT_ID" class="Event"/>
  </set>
</class>
```

Hibernate 支持所有种类的集合映射，<set>是最普遍被使用的。对于多对多关联（或者叫 *n:m* 实体关系），需要一个用来储存关联的表（association table）。表里面的每一行代表从一个 person 到一个 event 的一个关联。表名是由 set 元素的 table 属性值配置的。关联里面的标识字段名 person 的一端，是由<key>元素定义，event 一端的字段名是由<many-to-many>元素的 column 属性定义的，也必须告诉 Hibernate 集合中对象的类（也就是位于这个集合所代表的关联另外一端的类）。

这个映射的数据库表定义如下：

```
    _____________        __________________
   |             |      |                  |
   |   EVENTS    |      |   PERSON_EVENT   |       _____________
   |_____________|      |                  |      |             |
   |             |      |                  |      |   PERSON    |
   |             |      |                  |      |_____________|
   | *EVENT_ID   | <--> | *EVENT_ID        |      |             |
   |  EVENT_DATE |      | *PERSON_ID       | <--> | *PERSON_ID  |
   |  TITLE      |      |__________________|      |  AGE        |
   |_____________|                                |  FIRSTNAME  |
                                                  |  LASTNAME   |
                                                  |_____________|
```

3. 使关联生效

下面把一些 people 和 event 放到 EventManager 的一个新方法中：

```
private void addPersonToEvent(Long personId, Long eventId) {
  Session session = HibernateUtil.currentSession();
  Transaction tx = session.beginTransaction();
  Person aPerson = (Person) session.load(Person.class, personId);
  Event anEvent = (Event) session.load(Event.class, eventId);
  aPerson.getEvents().add(anEvent);
  tx.commit();
  HibernateUtil.closeSession();
}
```

在加载一个 Person 和一个 Event 之后，简单的使用普通的方法修改集合。

显而易见，没有显式的 update()或者 save(), Hibernate 自动检测到集合已经被修改并需要保存。这个叫做 automatic dirty checking，也可以尝试修改任何对象的 name 或者 date 的参数。

只要他们处于 persistent 状态，也就是被绑定在某个 Hibernate Session 上（例如：他们刚刚在一个单元操作从被加载或者保存），Hibernate 监视任何改变并在后台隐式执行 SQL。同步内存状态和数据库的过程，通常只在一个单元操作结束的时候发生，这个过程被叫做 flushing。

当然也可以在不同的单元操作里面加载 person 和 event。或者在一个 Session 以外修改一个不是处在持久化（persistent）状态下的对象（如果该对象以前曾经被持久化，称这个状态为脱管（detached）。在程序里，看起来像下面这样：

```
private void addPersonToEvent(Long personId, Long eventId) {
  Session session = HibernateUtil.currentSession();
  Transaction tx = session.beginTransaction();
  Person aPerson = (Person) session.load(Person.class, personId);
  Event anEvent = (Event) session.load(Event.class, eventId);
  tx.commit();
  HibernateUtil.closeSession();
  aPerson.getEvents().add(anEvent); // aPerson is detached
  Session session2 = HibernateUtil.currentSession();
  Transaction tx2 = session.beginTransaction();
  session2.update(aPerson); // Reattachment of aPerson
  tx2.commit();
  HibernateUtil.closeSession();
}
```

对 update 的调用使一个脱管对象（detached object）重新持久化，可以说它被绑定到一个新的单元操作上，所以任何对它在脱管状态下所做的修改都会被保存到数据库里。

这个对当前的情形不是很有用，但是它是非常重要的概念，读者可以把它设计进自己的程序中。现在，加进一个新的 选项到 EventManager 的 main 方法中，并从命令行运行它来完成这个练习。

上面是一个关于两个同等地位的类间关联的例子，这是在两个实体之间。像前面所提到的那样，也存在其他的特别的类和类型，这些类和类型通常是“次要的”。

其中一些已经看到过，好像 int 或者 String。称这些类为值类型（value type），它们的实例依赖（depend）在某个特定的实体上。这些类型的实例没有自己的身份（identity），也不能在实体间共享（比如两个 person 不能引用同一个 firstname 对象，即使他们有相同的名字）。

当然，值类型并不仅仅在 JDK 中存在（事实上，在一个 Hibernate 程序中，所有的 JDK 类都被视为值类型），也可以写自己的依赖类，例如 Address，MonetaryAmount。也可以设计一个值类型的集合（collection of value types），这个在概念上与实体的集合有很大的不同，但是在 Java 里面看起来几乎是一样的。

4. 值类型的集合

把一个值类型对象的集合加入 Person，并希望保存 email 地址，所以此处使用 String，而这次的集合类型又是 Set：

```
private Set emailAddresses = new HashSet();

public Set getEmailAddresses() {
  return emailAddresses;
}

public void setEmailAddresses(Set emailAddresses) {
  this.emailAddresses = emailAddresses;
}
```

Set 的映射：

```
<set name="emailAddresses" table="PERSON_EMAIL_ADDR">
  <key column="PERSON_ID"/>
  <element type="string" column="EMAIL_ADDR"/>
</set>
```

比较这次和较早先的映射，差别主要在 element 部分这次并没有包括对其他实体类型的引用，而是使用一个元素类型是 String 的集合（这里使用小写的名字是表明它是一个 Hibernate 的映射类型或者类型转换器）。

和以前一样，set 的 table 参数决定用于集合的数据库表名。key 元素定义了在集合表中使用的外键。element 元素的 column 参数定义实际保存 String 值的字段名。

修改后的数据库表定义如下所示：

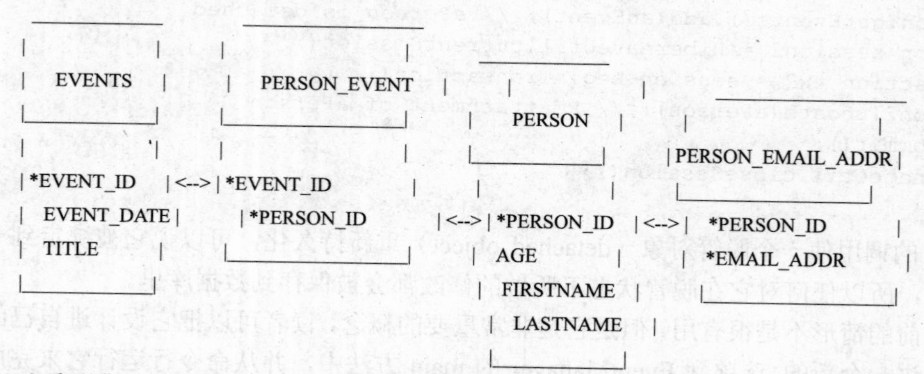

可以看到集合表（collection table）的主键实际上是个复合主键，同时使用了两个字段。这也暗示了对于同一个 person 不能有重复的 email 地址，这正是 Java 里面使用 Set 时候所需要的语义（Set 里元素不能重复）。

现在可以试着把元素加入这个集合，就像在之前关联 person 和 event 的那样。Java 里面的代码是相同的。

5. 双向关联

下面将映射一个双向关联（bi-directional association）——在 Java 里面让 person 和 event 可

以从关联的任何一端访问另一端。当然，数据库表定义没有改变，仍然需要多对多的阶数。一个关系型数据库要比网络编程语言更加灵活，所以它并不需要任何像导航方向（navigation direction）的东西——数据可以用任何可能的方式进行查看和获取。

首先，把一个参与者（person）的集合加入 Event 类中：

```
private Set participants = new HashSet();
public Set getParticipants() {
  return participants;
}

public void setParticipants(Set participants) {
  this.participants = participants;
}
```

在 Event.hbm.xml 里面也映射这个关联。

```
<set name="participants" table="PERSON_EVENT" inverse="true">
  <key column="EVENT_ID"/>
  <many-to-many column="PERSON_ID" class="Person"/>
</set>
```

显而易见，两个映射文件里都有通常的 set 映射。注意 key 和 many-to-many 里面的字段名在两个映射文件中是交换的。这里最重要的不同是 Event 映射文件里 set 元素的 inverse="true"参数。

这个表示 Hibernate 需要在两个实体间查找关联信息的时候，应该使用关联的另外一端—Person 类。这非常有助于理解双向关联是如何在两个实体间创建的。

6. 使双向关联生效

Hibernate 并不影响通常的 Java 语义。如果要让关联可以双向工作，需要在另外一端做同样的事情——把 Person 加到一个 Event 类内的 Person 集合中。“在关联的两端设置联系”是绝对必要的而且永远不应该忘记。

许多开发者通过创建管理关联的方法来保证正确的设置关联的两端，如 Person 里：

```
protected Set getEvents() {
  return events;
}

protected void setEvents(Set events) {
  this.events = events;
}

public void addToEvent(Event event) {
  this.getEvents().add(event);
  event.getParticipants().add(this);
}

public void removeFromEvent(Event event) {
  this.getEvents().remove(event);
  event.getParticipants().remove(this);
}
```

注意：现在对于集合的 get 和 set 方法的访问控制级别是 protected，避免了集合的内容出现混乱。同时应该尽可能的在集合所对应的另外一端也这样做。

inverse 映射参数究竟表示什么呢？一个双向关联仅仅是在两端简单的设置引用，然而仅仅这样 Hibernate 并没有足够的信息去正确的产生 INSERT 和 UPDATE 语句（以避免违反数据库约束），所以 Hibernate 需要一些帮助来正确的处理双向关联。

把关联的一端设置为 inverse 将告诉 Hibernate 忽略关联的这一端，把这端看成是另外一端的一个镜子（mirror）。这就是 Hibernate 所需的信息，Hibernate 用它来处理如何把把一个数据导航模型映射到关系数据库表定义。

开发者仅仅需要记住下面这个直观的规则：所有的双向关联需要有一端被设置为 inverse。在一个一对多（one-to-many）关联中，它必须是代表多（many）的那端。而在多对多关联中，可以任意选取一端，两端之间并没有差别。

本节介绍了开发一个简单的 Hibernate 应用程序的几个基础方面。如果读者对 Hibernate 感兴趣，可以去 Hibernate 的网站查看更多有针对性的介绍。

第 18 章　J2EE 基础

J2EE（Java 2 Platform Enterprise Edition）是开发分布式企业应用的模型。这个模型基于可以取得成熟平台服务优势的已定义的组件，能够根据标准开发，并可以组合应用来开发各种各样的服务器端产品。J2EE 的目的就是使得开发分布式企业应用标准化和简单化。

18.1　J2EE 综述

18.1.1　J2EE 的主要特征

J2EE 平台是为了给开发分布式多层应用提供服务器端和客户端支持。这种应用中比较典型的是配置客户层作为用户接口，它能够提供客户服务和业务逻辑的一个或者多个中间层，并又可以支持数据管理的后端企业信息系统。它的主要特征为：

1）多层。J2EE 平台提供多层的分布式应用模型，这意味着应用不同的部分可以运行在不同的设备上。J2EE 体系结构定义了客户端层，中间层（由一个或者多个子层组成）和后端支持层。

2）基于容器的组件管理。J2EE 基于组件管理模型的中心是容器的概念。容器是可以提供给组件特殊服务的标准运行环境。

3）客户组件的支持。J2EE 客户端层提供对各种客户类型的支持，无论在企业防火墙内或者外面。

4）J2EE 标准的支持。J2EE 标准通过一系列的规范来支持。这些规范的核心是 J2EE 规范、EJB 规范、Servlet 规范和 JSP 规范。还提供兼容性等各种标准。

J2EE 平台的优点是：

1）可以简化体系和开发。

2）可以自由的在服务器、工具和组件上选择。

3）可以和已存在的系统集成。

4）满足需求的可扩展性。

5）灵活的安全模型。

从开发者的观点出发，一个 J2EE 应用可以支持许多类型的客户端。可以运行在笔记本、桌面机、掌上电脑和手持设备上。它们都可以通过企业内部网或者互联网，有线或无线的连接到应用。从用户的观点出发，客户端层是一个应用。它必须是可使用的、实用的和立即反映的。因为用户处在客户的高期望值的位置，所以必须谨慎地选择客户端层战略，考虑到技术能力和非技术能力。

一个 J2EE 的中间层一般包括 Web 层和业务逻辑层。Web 层使得应用的业务逻辑可以在互联网上使用 Web 层处理 J2EE 应用和 Web 客户的联系，按照客户请求来激活业务逻辑和传送数据并响应给客户。在一个 J2EE 应用中，Web 层主要管理 Web 客户端和应用逻辑的交互。

业务逻辑层（EJB 层）主要是处理应用特殊的业务逻辑，并提供系统级的服务以及并行控制和安全。EJB 技术提供分布式组件模型使得开发者关注于业务问题，并依赖于 J2EE 平台来处理复杂的系统级问题。这使得关注点分离，可以快速地开发出兼容的、健壮的和高安全性的应用。在 J2EE 模型中，EJB 组件是 Web 层和业务关键数据，是企业信息系统的基本连接。

后端支持层主要是为了应用和已存在的企业信息系统的集成。企业信息系统向企业的业务处理提供关键的信息基础结构。典型的企业信息系统包括关系数据库、企业资源管理规划系统（ERP）和一些遗留系统。

和企业信息系统的集成问题是非常重要的，因为企业需要在已经存在的系统、资源、开发新技术和体系中做出权衡，现在的企业应用开发更多的是集成，而不是重新开发一个新的企业应用。

企业无法忍受抛弃原先的已经投入相当大的人力、物力和财力的旧系统。基于 Web 的体系和 Web 服务使得更多的企业已有系统和应用集成成为可能。

18.1.2 J2EE 的架构

J2EE 平台是用来为服务器端和客户端编写分布式多层应用而设计的。其典型的应用是使用客户端作为用户界面，一个或者多个中间层作为客户端服务和业务逻辑，还有用集成企业信息系统提供数据管理。一个整体的 J2EE 体系结构如图 18-1 表示。

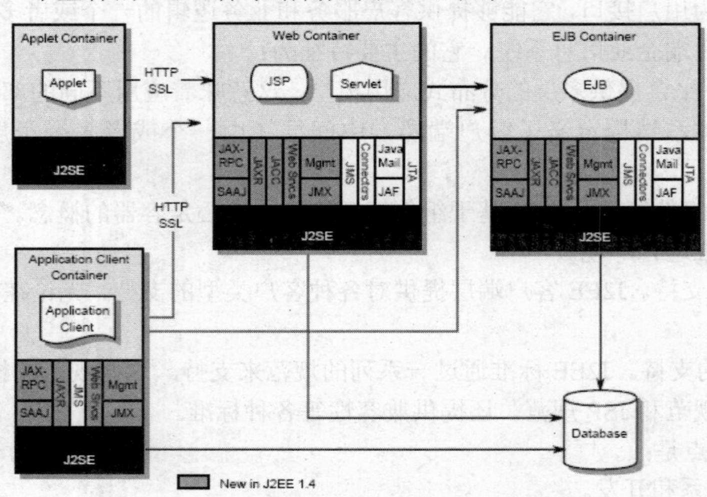

图 18-1 J2EE 体系结构

从架构方面分析，J2EE 平台有如下特点：

（1）分层结构

J2EE 架构的层状的结构。对于企业计算来讲，为了将复杂的应用简化，设计层次的体系结构是非常有利的。可以根据自己的应用特点，采用一层或者多层技术来构造系统。这样可以开发出适合需求的应用。

（2）容器管理

J2EE 基于组件开发模型的中心是容器的概念。容器是能够对组件提供特殊服务的标准运行环境。组件可以使用任何平台提供商所提供的容器服务，例如所有的 EJB 容器都自动的提供事务管理和 EJB 组件的生命期管理等，而且容器也提供在组装和部署时选择应用行为的选择机制。通过部署描述符，组件可以在部署时配置特殊的容器环境，而不是在组件代码中设置。

J2EE 规范定义了平台实施的组件容器必须支持的部分，它没有对容器的配置进行规定和限制。因此，不同的组件类型可以运行在同一个平台上，Web 容器可以和 EJB 容器运行在不同的平台上，或者J2EE平台可以由多个容器或多个平台组成。

（3）基于组件

组件是一个应用级软件单元。J2EE平台中的组件有下面的类型：JavaBeans组件，Applets组件、应用客户端组件、EJB组件、Web组件和资源适配器组件。Applets组件和应用客户端组件运行在客户端平台上，而其他组件运行在服务器平台之上。组件是通过容器进行管理的。

18.1.3 J2EE应用场景描述

1. 场景1

J2EE用于多层的，分布式的应用是J2EE的典型应用，也是J2EE应用中最复杂的结构。这个应用使用了全部的J2EE相关技术。客户端层可以是基于Web的浏览器，也可以是Java Swing程序，或者无线设备。

Web层主要是JSP和servlet技术，中间层主要是EJB技术，使用JDO或者DAO对企业信息系统资源进行访问。企业信息系统包含了一些数据，为整个应用提供数据支持。

图18-2是这个应用的示意图。

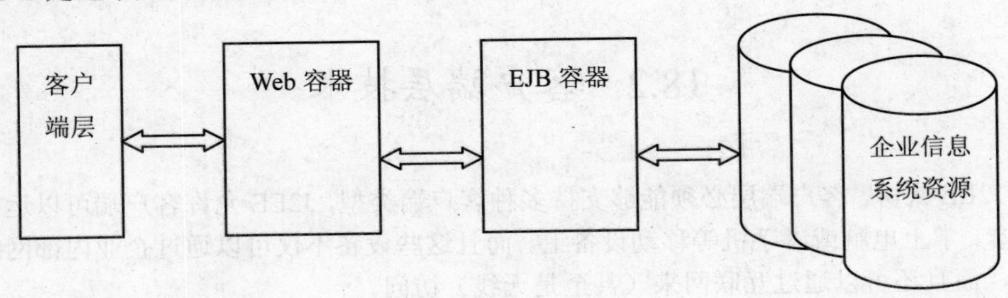

图18-2 J2EE分布式体系结构

2. 场景2

J2EE是层状的体系结构，这个结构的优点是，可以通过各个层的组合，形成一个新的应用。

通过去掉中间层部分，可以形成一个以Web为中心的应用，这个应用集中于Web层技术，通过使用DAO，可以将Web层和企业信息系统资源组合起来。这种应用实施起来比较简单，适合于非分布式的，对事务等要求不高的应用。

图18-3表示了这种结构的示意图。

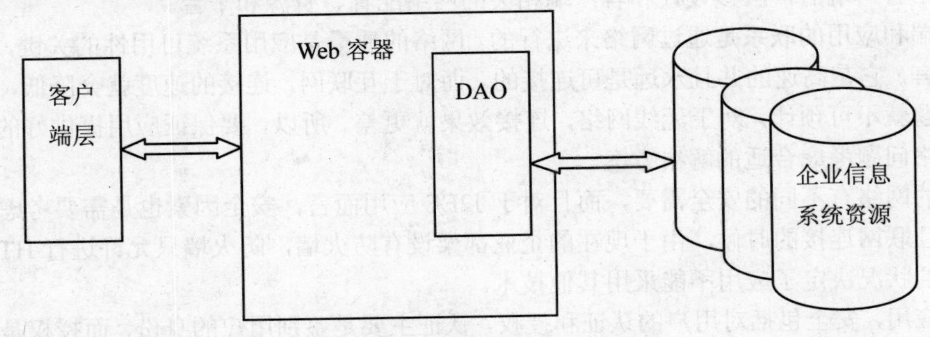

图18-3 J2EE层状体系结构

（3）场景3

通过去掉场景 1 中的 Web 层，可以形成另一种形式的应用。这种应用是以 EJB 组件技术为核心的。EJB 可以通过 DAO 或者 JDO 来与企业信息系统联系，可以通过实体 EJB 来自己与企业信息系统进行通讯。客户端层可以通过对 EJB 的调用来应用系统，对于非 Web 应用可以采用这种方式。

图 18-4 表示了这种结构的示意图。

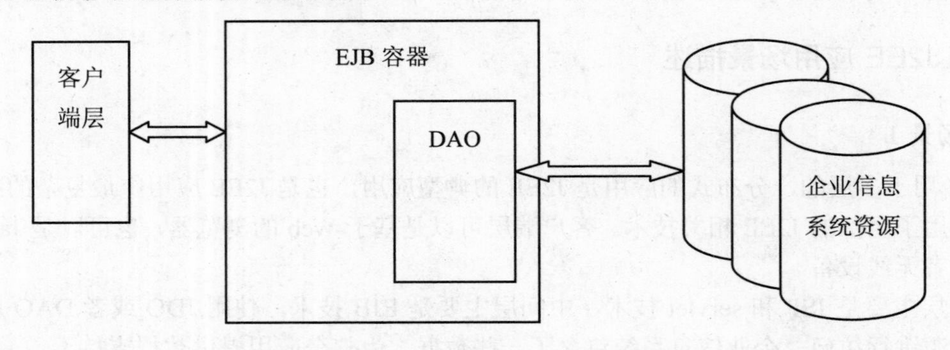

图 18-4　J2EE 以 EJB 为核心的体系结构

18.2　客户端层技术

对于 J2EE 来讲，客户端层必须能够支持多种客户端类型，J2EE 允许客户端可以运行在台式机、笔记本、掌上电脑或者手机等移动设备上。而且这些设备不仅可以通过企业内部网络来访问应用系统，而且还可以通过互联网来（甚至是无线）访问。

由于客户端是面向用户访问的，所以客户端还必须能够方便客户使用。无论发生什么以外情况，都要尽可能的对用户透明，使用户方便地使用应用系统。

18.2.1　客户端层的问题

每一个应用都有它合适的客户端，客户端的选择决定了这个应用的使用方式，而选择怎样的客户端是用户的需求定义的。例如对于电子商务等应用来讲，使用浏览器作为客户端可以提供友好而且用户熟悉的界面。而对于实时应用来讲，使用无线设备客户端可以方便用户使用应用系统。当确定一个客户端后，应该设计和客户端相关的网络配置、资源和平台。

客户端和应用的联系是通过网络来进行的。网络的质量是应用系统可用性的关键，对于企业内部网而言，它是高速的并且永远是可连接的，而对于互联网，连接的速度就会降低，而且网络的连接问题就不可预计，对于无线网络，连接效果就更差。所以，要保证应用提供好的服务，必须针对网络问题考虑合适的解决方案。

不同的网络有不同的安全需要，而且对于 J2EE 应用而言，安全因素也是需要考虑之一。当客户通过互联网连接的时候，由于现在的企业都架设有防火墙，防火墙只允许进行 HTTP 访问，所以这样的状况决定了应用不能采用其他技术。

对于应用，安全包括对用户的认证和授权，认证主要是鉴别用户的身份，而授权是决定用户是否有权限访问他要访问的资源。J2EE 中 Web 层认证一般有基本认证、基于表单认证和混合认证，而在 EJB 层，主要用 CSIv2 验证对 EJB 的访问。安全问题在 J2EE 中是一个复杂的问题，在

J2EE 中有很多内容相关到安全问题。

平台的能力也影响到应用的设计。不同的客户端平台提供不同的客户端能力。对于台式机，可以有很大的界面环境，而且有很多输入方式可供选择，这样的客户端系统可以处理大量的数据。然而，对于掌上电脑或者手机，输入方式只有一些简单的按钮，而且显示界面非常小，这就决定了它不能处理大量的数据。

J2EE 的客户端需要处理如下任务：

（1）向用户提供显示接口

向用户显示应用程序的表现，而且包括向用户显示界面的逻辑。浏览器从服务器端下载文档和数据，这些文档和数据一起组成了向用户的表现。这个文档通常是包含动态内容的页面。在 J2EE 中，这些文档主要是通过 servlet 或者 JSP 技术实现的。

（2）验证用户输入

对于复杂的用户身份验证和逻辑转移到业务层处理，但是，对于简单的数据限制和输入验证一般还是应该在客户端操作。当用户使用浏览器作为客户端，对于简单的验证，可以通过脚本的形式进行验证一些输入是否为空或者字段长度的验证。

（3）与服务器通讯

当用户向服务器发出请求时，客户端必须将请求转换成服务器可以理解的形式，用服务器可以理解的协议和服务器进行通讯。当客户端通过 Web 方式访问 J2EE 应用时，一般采取的是 HTTP 协议作为传送协议。通过 HTTP 协议，用户输入地址，单击连接或者提交表单等方式将数据提交到服务器。同时通过服务器响应，将数据返回给客户端。

（4）管理会话状态

对于 J2EE 应用系统，通常都需要得到客户端的状态，维护客户端的状态是客户端的任务之一。但是对于常用的 HTTP 协议，这个协议只是简单的请求——响应协议，它不保留客户端的状态，所以，需要一种状态管理机制来进行状态的管理。

状态管理机制在 J2EE 应用系统中是会话的概念，一个会话是一个用户通过客户端访问服务器的一个短期的持续服务请求。会话状态是指在请求之间的信息维持。现在有几种技术可以维持客户端的会话状态。

- Cookie，保存在客户端的一些信息，每一次客户向服务器发送信息时，Cookie 都将自动发送到服务器端进行信息验证，这样可以进行会话状态维持。
- URL 复写，通过在 URL 中使用编码会话技术，可以在 URL 中将会话信息发送到服务器端，这样每次都能得到客户端发送的同一个请求字段，可以识别客户端。

18.2.2 客户端层的解决方案

对于很多普通的 J2EE 应用中的客户端而言，大多数类型的客户端类型是浏览器。浏览器使用 HTTP 协议向服务器发送请求，服务器向浏览器发送文档，这些文档是使用 servlet 和 JSP 技术实现的。使用 HTML 标记语言，来提供数据表示。也可以有一些 HTML 的替代形式，这主要是用于对于移动设备的使用，包括无线标记语言（Wireless Markup Language，WML），压缩型 HTML（CHTML）和扩展 HTML（XHTML）和声音标记语言（Voice Markup Language，VoiceML）。

浏览器作为企业应用的客户端是非常有利的，首先，它能提供给用户熟悉的操作环境。浏览器现在已经广泛的被使用，基本上每一个台式机都有安装和部署，对于每个人都非常熟悉浏览器的使用，没有使用性方面的问题。为处理使用浏览器作为客户端只能使用简单的标记语言，而标记语言对于界面的渲染能力是不够的，为了提高标记语言在丰富界面上的要求，可以使用脚本或者其他样式文件来对于浏览器渲染。

J2EE 应用中的客户端主要分为 3 个种类：Java 应用，Applet 和 MIDlets。这 3 个类型都是使用 Java 编程，但是他们部署的方式不同。

1. Java 应用客户端

应用客户端在 Java 2 运行环境中运行，它们和标准的运行在桌面环境中的独立应用相似，所以它们比使用浏览器作为客户端对服务器的依赖要小一些。应用客户端可以打包到一个 jar 文件中，也可以通过 Java Web Start 技术来进行显式地安装。使用 Java Web Start 技术要求将发布的 jar 程序包使用 Java 网络发布协议（Java Network Launching Protocol，JNLP）部署。当用户通过运行 Java Web Start 程序请求一个 JNLP 文件时，Java Web Start 将自动地将所有的文件安装到客户机上。

2. Applet 客户端

Applet 客户端是典型的运行在用户浏览器上的用户界面组件。当然，Applet 也可以运行在任何支持 Applet 程序模型的应用程序上或者设备上。Applet 程序比 Java 应用客户端对服务器的依赖要强，但是相对于浏览器而言，它对服务器的依赖性要小一些。

和应用客户端相同，Applet 客户端也是打包成 jar 文件，但是与应用程序不同的是，Applet 程序是使用 Java Plug－In 技术执行的。这个技术允许 Applet 程序可以运行在 Java2 运行环境中。

3. MIDlet 客户端

MIDlet 客户端是面向移动信息设备的小应用程序。这种客户端运行在 Java 2 Micro Ecition（J2ME）上，有一系列的 Java API 和有限制连接的设备配置（CLDC）可以支持包括手机、掌上设备和传呼机设备的运行环境。

一个 MIDP 应用可以打包到一个 jar 文件中，这个文件包含应用类文件和资源文件。这个 jar 文件可以预安装到移动设备上或者下载到这些设备上。和这些 jar 文件一起的还有 Java Application Description（JAD）文件，这个文件描述应用和可配置的应用属性。

18.3 Web 层技术

J2EE 的 Web 层主要的作用是生成通过 Web 浏览器访问的业务逻辑。Web 层处理与 Web 浏览器相关的所有通讯，对一个请求调用业务逻辑和传送数据。本节主要对 Web 层的一些方法和设计做一些介绍。

18.3.1 Web 层的目的

Web 层的主要目的是处理从浏览器传递到服务器端的 HTTP 请求。Web 层通常是管理 Web 层和应用系统业务逻辑之间的交互。Web 层一般产生 html 或者 xml 内容。这些为客户表示的内容类型。Web 层主要在 J2EE 应用中完成如下的内容：

- Web 层的业务逻辑，主要是客户浏览器和应用相关的应用系统业务逻辑，这些由 Web 层管理。
- 产生动态内容，在 Web 层组件中产生动态的内容。这些内容包括 html、xml、图像和声音等其他数据类型。

■ 表示数据和搜集输入，Web 层将从通过 http 协议传送的数据传递给业务逻辑组件来对这些数据进行处理。

■ 控制显示流，对于应用系统来讲，对于用户的输入或者输出都不是能够通过一次就完成的。这些步骤之间需要进行控制。

■ 维持状态，因为应用程序经常需要得到客户端的信息，而对于使用的 http 协议来讲，它不能够得到客户端的信息。所以，在 Web 层需要一个维持客户端状态的机制。

■ 支持多样的和将来的客户端类型：对于客户端新的类型需要具有广泛的支持度。

传统的 Web 层技术是通过 CGI 编程来达到生成动态内容的结果。但是 CGI 程序是重量级的进程，而且用 CGI 技术的程序非常难以维护，如果简化 CGI 的程序，可以减轻维护的工作量，但是却降低了程序的可移植性。

另外，还有 ASP 模型，也能用来产生动态内容。使用 ASP 技术，对于简单的动态程序是非常适合的，但是由于它是一种将表示和内容结合的技术，表示代码和内容处理代码是写在一起的，这样随着程序的增加，相应的程序的可维护性就大大地降低了。

而在 J2EE 的 Web 层中，Web 层技术提供了一个标准的、安全的和独立的组件。Web 应用在 J2EE 中是一个 Web 层组件、内容和配置信息的集合。整个集合是作为一个独立的功能单元来处理的。在 Web 集合中，一个 war 文件包括所有的类文件和资源文件。而配置文件是通过 XML 描述的，使用它来对应用程序的配置。

J2EE 平台规范定义了 Web 容器和 Web 组件之间的交互规则、组件的生命期、组件必须实施的行为和服务器必须向组件提供的服务。J2EE 平台规范了两种 Web 组件技术，这两种技术是 servlet 技术和 JSP 技术，servlet 是一个 J2EE 服务器的扩展 Java 类，用来产生对于服务器请求的动态内容。

服务器通过标准接口向 servlet 传递请求参数，这个接口是每个 servlet 必须实施的。JSP 是具有特殊标记的 HTML 页面，这个页面可以在运行时产生动态的内容。一个 JSP 页面在部署之后是被翻译成为一个 servlet 来执行的。JSP 提供一个以文档为中心，而不是以编程为中心的产生动态内容的方式。

J2EE Web 应用是运行在 J2EE 服务器的 Web 容器中的，Web 容器管理每一个组件的生命周期，向应用程序分配服务请求，并且提供标准的接口上下文数据，例如会话状态和当前请求的信息。

Web 容器也提供它主导的组件的持续信息，这样 Web 组件就可以在应用服务器之间移植。并且，由于打包和部署 J2EE 应用程序是标准的，一个 Web 应用程序可以不需要重新编译或者重新构建应用程序包就可以部署到不同的 J2EE 应用服务器中。

18.3.2 Web 层的解决方案

在 J2EE 的 Web 层主要有两种技术方案：servlet 技术和 JSP 技术。

1. servlet

一个 Java Servlet 是 J2EE Web 服务的 Java 类扩展。每一个 servlet 产生一个对于一个或者多个 URL 的请求的动态内容。

Servlet 提供比早期的产生动态页面的 Web 层编程具有更好的特点，对于服务器端编程它能提供更多的支持。

servlet 是一个经过编译的 Java 类，所以它比 CGI 程序和服务器端脚本程序运行得更快。而且 servlet 也比其他 CGI 程序更加安全，因为它运行在容器中，如果一个 servlet 发生崩溃的话，服务器还能正常运作，而且服务器会试图恢复这个 servlet。Servlet 可以从代码级和编译后的程序级别上移植。

除了能够产生动态内容，servelt 还有几个支持应用结构的特性，通过实施 servlet 监听器接口，servlet 能够对 servlet 生命周期内的事件做出响应。可以通过这个监听器接口来初始化 servlet 数据结构。

一个 servlet 也可以扩展一个或者更多的过滤器，过滤器是一个对于 servlet 服务方法的中心封装，对请求和响应做出转换，这个类是可重用的。Servlet 过滤器也可以连接成一个链来共同对 servlet 的请求和响应做封装和转换。

分布式的 servlet 比非分布式的 servlet 更具有可扩展性。Web 容器能通过将用户会话在一个集簇的节点中转移，来提供负载平衡和故障恢复。

在 Web 应用的部署描述符中，标记 servlet 是否要用做分布式处理。而这种能够用做分布式的 servlet 是要比一般的 servlet 有更多的限制的。这些附加的限制能够保证 servlet 在一个集簇的服务器节点中进行会话移植。

Servlet 最有效的使用是在于实施 Web 层的逻辑。Servlet 通常不是一个可视化的组件，servlet 可以提供任何的服务器可能提供的服务：模板化、安全、表现、应用控制和选择表示组件。一个 servlet 可以被想象成为一个服务，而一个 servlet 过滤器可以被想象成为一个 servlet 提供个性化或者扩展服务。

在 J2EE 中，servlet 在大多数情况下扮演着一个 Web 层控制器的角色。这个控制器决定怎样处理请求，并且将请求交给哪个组件表示。Servlet 激活应用操作并做出决策，在应用程序中，这个角色非常适合于 servlet。当需要生成二进制内容的时候，也只能使用 servlet，如图 18-5 所示的示意图。

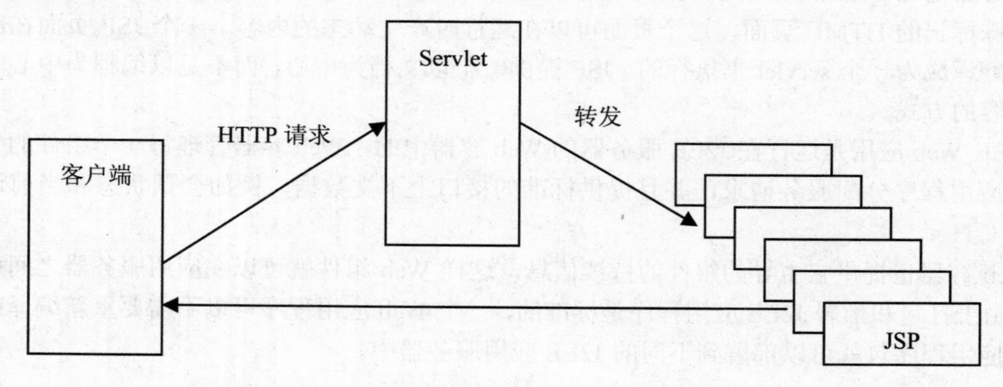

图 18-5　Servlet 的作用

servlet 可以通过 println()语句生成静态的文本，但是最好不要使用 servlet 来打印这样的内容，这种内容最好由 JSP 来生成，在 servlet 中写入大量的标记代码会影响系统的维护性，而且在 servlet 中写入大量的标记，也会将数据加工和数据表现混合起来，加大实现的难度。

2. JSP

在 J2EE 的 Web 层构建中，有相当大的部分是用来产生动态内容的，使用 servlet 可以产生动态的 HTML 页面，但是需要在 servlet 代码中嵌入大部分标记语言，这样对于系统的维护性产生不好的影响。这样就需要 JSP 技术，JSP 技术适合主要向用户表示数据值的显示，而客户端使用浏览器来进行操作。

一个 JSP 页面是包含有固定模板文本，对文本的标记语言和一些可执行的逻辑。固定的模板文本总是在服务器向客户响应时出现在网页上，这和传统的 HTML 页面是一样的。特殊的标记可以采用 3 种形式：指示、脚本元素和自定义标签。指示是用来对 JSP 页面编译时控制 JSP 行为的指令。

脚本元素是使用<%%>包含的嵌入在 JSP 页面之内的 Java 代码。自定义标签是有程序员定义的为了创建动态内容而制造的标记。当页面执行时，这种标签被动态内容代替。JSP 规范定义了一系列的标准标签，这一系列的标准标签在所有的平台实施上可用。JSP 是通过脚本语言和自定义标签来生成动态内容的。

JSP 也可以将动态内容生成其他形式，但是这些形式一般都是用来创建结构化内容的，例如 HTML，XML，XHTML 等。由于 JSP 可以像文档一样被编辑，所以，它在编写时比 servlet 更容易一些。对于页面编辑工程师来讲，它更为友好。当它被编写完成之后，在编译时，它就会被服务器编译成为一个 servlet。对于 servlet，主要是进行以编程为中心的产生动态内容的行为，而对于 JSP，主要是以文档为中心的产生动态内容的行为。

JSP 最主要的应用是用它产生出结构化的文本内容。它还可以产生 XML 文档，使用标准格式生成 XML 消息。也可以生成非结构化的文档，作为模板使用。

JSP 中需要避免大量地使用逻辑标签，标准的标签库通常提供一些逻辑标签，避免 JSP 中使用逻辑标签，因为这样做违背了 JSP 作为数据表示而不作为逻辑处理的约定。同时也要避免在 JSP 中加入大量的脚本代码，通常的做法是使用可重用的标签来代替这些脚本代码。

在 Web 层编程模型中，普遍使用的编程模型是“模型－视图－控制器”（MVC）。模型是应用程序的主体部分。模型表示业务数据或者业务逻辑。视图是应用程序中与用户界面相关的部分，是用户看到并与之交互的界面。控制器的工作就是根据用户的输入，控制用户界面数据的显示和更新 model 对象状态。MVC 式的出现不仅实现了功能模块和显示模块的分离，同时它还提高了应用系统的可维护性、可扩展性、可移植性和组件的可复用性。图 18-6 是“模型－视图－控制器”模型的结构图。

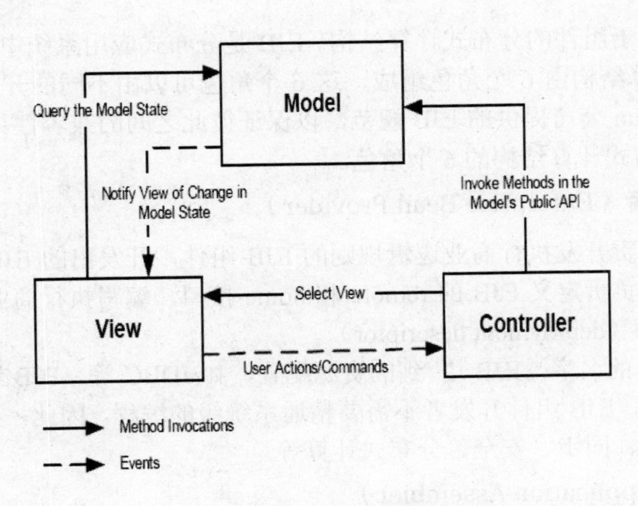

图 18-6　MVC 结构图

为了使得 Web 层可以适用于多客户端，可以从架构上设计出一个适合于多客户端的应用，

图 18-7 显示了使用前端控制器模式设计的一个适用于多客户端的应用系统。对于同一个应用系统，使用不同前端控制器控制显示，对于每个客户端的访问，通过一个路由来负责将各种协议分发到不同的控制器，这样可以支持不同客户端的访问。

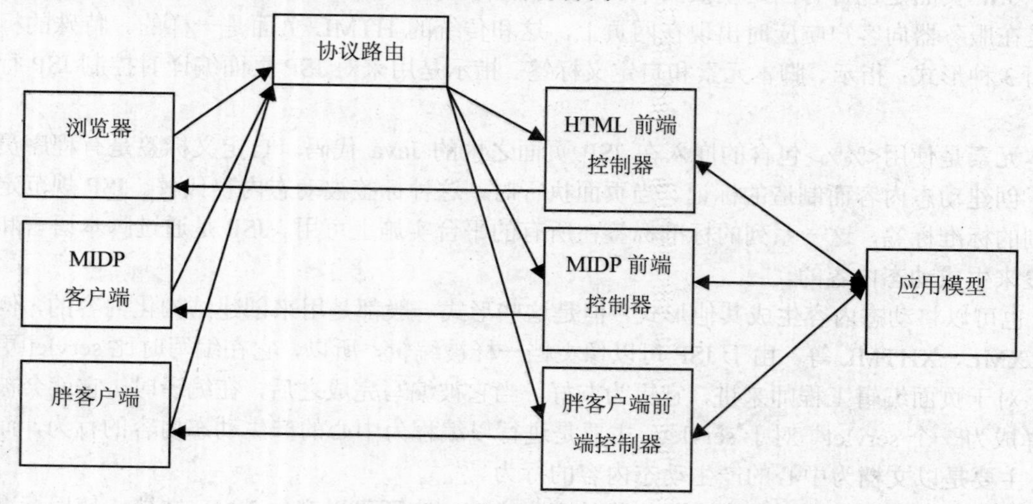

图 18-7 适用于多客户端的应用系统

18.4 EJB 层技术

EJB 是由 Sun 公司提出的基于 Java 的面向对象的组件标准，和原来的 JavaBean 不同，EJB 组件包含一定的业务规则，运行在服务器端。在目前的企业计算环境中，EJB 和 com、CORBA 并列为大组件标准。在 EJB 规范中，详细定义了基于 EJB 组件的企业级分布式应用的 6 个角色。

18.4.1 EJB 组件结构

EJB 组件结构是基于组件的分布式计算结构。EJB 是分布式应用系统中的组件。一个完整的基于 EJB 的分布式计算结构由 6 个角色组成，这 6 个角色可以由不同的开发商提供，每个角色所做的工作必须遵循 Sun 公司提供的 EJB 规范，以保证彼此之间的兼容性。

下面介绍 EJB 分布式计算结构的 6 个角色。

1. EJB 组件开发者（Enterprise Bean Provider）

EJB 组件开发者负责开发执行商业逻辑规则的 EJB 组件，开发出的 EJB 组件打包成 ejb-jar 文件。EJB 组件开发者负责定义 EJB 的 remote 和 home 接口，编写执行商业逻辑的 EJB 类，提供部署 EJB 的部署文件（deployment descriptor）。

部署文件包含 EJB 的名字，EJB 用 到的资源配置，如 JDBC 等。EJB 组件开发者是典型的商业应用开发领域专家。EJB 组件开发者不需要精通系统级的编程，因此，不需要知道一些系统级的处理细节，如事务、同步、安全、分布式计算等。

2. 应用组合者（Application Assembler）

应用组合者负责利用各种 EJB 组合一个完整的应用系统。应用组合者有时需要提供一些相关的程序，如在一个电子商务系统里，应用组合者需要提供 JSP 程序。应用组合者必须掌握所用的 EJB 的 home 和 remote 接口，但不需要知道这些接口的实现。

3. **部署者**（Deployer）

部署者负责将 ejb-jar 文件部署到用户的系统环境中。系统环境包含某种 EJB 服务和 EJB 容器。部署者必须保证所有由 EJB 组件开发者在部署文件中声明的资源可用，例如，部署者必须配置好 EJB 所需的数据库资源。

部署过程分两步：部署者首先利用 EJB 容器提供的工具生成一些类和接口，使 EJB 容器能够利用这些类和接口在运行状态管理 EJB。部署者安装 EJB 组件和其他在上一步生成的类到 EJB 容器中。部署者是某个 EJB 运行环境的专家。某些情况下，部署者在部署时还需要了解 EJB 包含的业务方法，以便在部署完成后，写一些简单的程序测试。

4. **EJB 服务器提供者**（EJB Server Provider）

EJB 服务器提供者是系统领域的专家，精通分布式交易管理，分布式对象管理及其他系统级的服务。EJB 服务器提供者一般由操作系统开发商、中间件开发商或数据库开发商提供。

在目前的 EJB 规范中，假定 EJB 服务器提供者和 EJB 容器提供者来自同一个开发商，所以没有定义 EJB 服务器提供者和 EJB 容器提供者之间的接口标准。

5. **EJB 容器提供者**（EJB Container Provider）

EJB 容器提供者提供这些功能：提供 EJB 部署工具为部署好的 EJB 组件提供运行环境，EJB 容器负责为 EJB 提供交易管理、安全管理等服务。EJB 容器提供者必须是系统级的编程专家，还要具备一些应用领域的经验。

EJB 容器提供者的工作主要集中在开发一个可伸缩的、具有交易管理功能的、集成在 EJB 服务器中的容器。EJB 容器提供者为 EJB 组件开发者提供了一组标准的、易用的 API 访问 EJB 容器，使 EJB 组件开发者不需要了解 EJB 服务器中的各种技术细节。

EJB 容器提供者负责提供系统监测工具用来实时监测 EJB 容器和运行在容器中的 EJB 组件状态。

6. **系统管理员**（System Administrator）

系统管理员负责为 EJB 服务器和 EJB 容器提供一个企业级的计算和网络环境。系统管理员负责利用 EJB 服务器和 EJB 容器提供的监测管理工具监测 EJB 组件的运行情况。

EJB 模型的体系结构如图 18-8 所示。

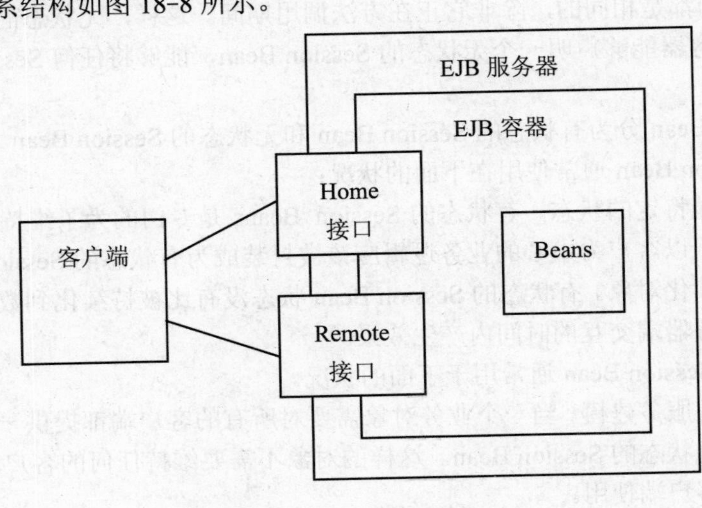

图 18-8　EJB 模型体系结构

18.4.2 EJB 层的目的

在多层 J2EE 应用中，EJB 主要用于处理应用特定的业务逻辑并提供应用级的服务，例如事务管理、进发控制和安全等问题。

EJB 能够使得开发者专注于业务领域而把一些普通存在于企业应用中的问题交给服务器管理。这样可以简化开发过程。针对 EJB 的业务逻辑和业务对象，以下的情况需要解决：

- 维持状态。一个业务对象经常需要在方法调用之间维持状态。维持的形式或者在会话间维持，或者在进行持续化维持。会话间维持是只需要在客户端和应用之间交互时维持状态，而持续化维持是要将状态写到数据库或者别的存储介质中。
- 共享数据操作。业务对象经常需要操作共享的数据。这种情况下，必须采取进发控制和合适级别的隔离来访问数据。
- 事务处理。一个事务可以描述成一个必须被作为一个整体单元处理的一系列任务。如果这些任务中有一个任务处理失败，那么这个整体单元中的所有的任务都要退回到原来的状态。如果这个整体单元的所有任务都被处理，那么整个事务可以提交。
- 提供数据的远程访问。客户端应该能够远程地访问到业务对象的数据服务。这意味着业务对象应该能够通过网络支持架构服务。
- 访问控制。业务对象提供的服务经常需要对客户端的认证和授权。这样可以保证具有一个机制来满足对访问的控制。

18.4.3 EJB 层的解决方案

Session Bean 典型地声明了与用户的互操作或者会话。也就是说，Session Bean 在客户会话期间，通过方法的调用掌握用户的信息。一个具有状态的 Session Bean 称为有状态的 Session Bean。当用户终止与 Session Bean 互操作的时候，会话终止了，而且 bean 也不再拥有状态值。Session Bean 也可能是一个无状态的 Session Bean，无状态的 Session Bean 并不掌握它的客户信息或者状态。

用户能够调用 bean 的方法来完成一些操作。但是，bean 只是在方法调用的时候才知道用户的参数变量。当方法调用完成以后，beans 并不继续保持这些参数变量。这样，所有的无状态的 Session Bean 的实例都是相同的，除非它正在方法调用期间。这样，无状态的 Session Bean 就能够支持多个用户。容器能够声明一个无状态的 Session Bean，能够将任何 Session Bean 指定给任何用户。

所以，Session Bean 分为有状态的 Session Bean 和无状态的 Session Bean。

有状态的 Session Bean 通常使用在下面的状况：

- 维护客户端特定的状态。有状态的 Session Beans 是专门的为了维持会话状态设计的。因此，对于以客户为中心的业务逻辑应该被封装成为有状态的 Session Bean。
- 表现非持续化对象。有状态的 Session Bean 状态没有比被持续化到数据库中，只是在客户端和服务器端交互的时间内产生效果。
- 无状态的 Session Bean 通常用于下面的状况。
- 对可重用的服务建模。当一个业务对象需要对所有的客户端都提供一般性服务时，适合被建模成无状态的 Session Bean。这样的对象不需要维持任何的客户端状态，而且可以为任何的客户端使用。

■ 提供高性能。无状态的 Session Bean 只需要少量的系统资源就能够提供有效的服务。所以在有限的资源环境下，使用无状态的 Session Bean 可以提高性能。

消息驱动 Bean 是从 EJB2.0 中新出现的类型。消息驱动 Bean 允许 J2EE 应用接收同步的或者异步的消息。消息驱动 Bean 可以从 JMS 提供者那里获得消息。而 Bean 主要的工作是处理这些消息。在应用中，如果出现如下的情况可以考虑使用消息驱动 Bean 来实现该系统在这方面的需求。

在应用中，需要一个同步的消息。

1）需要一个消息的自动传送机制。

2）需要将两个系统松散的集成到一起的时候，但是需要可靠的方式。

3）需要通过系统的消息的发送者驱动事件响应的时候。

4）需要创建一个消息的选择器的时候。

Entity Bean 对数据库中的数据提供了一种对象的视图。例如，一个 Entity Bean 能够模拟数据库表中一行相关的数据。多个客户端能够共享访问同一个 Entity Bean，多个客户端也能够同时的访问同一个 Entity Bean，Entity Bean 通过事务的上下文来访问或更新下层的数据。这样，数据的完整性就能够被保证。Entity Bean 能存活相对较长的时间，并且状态是持续的。

只要数据库中的数据存在，Entity Bean 就一直存活，而不是按照应用程序或者服务进程来说的。即使 EJB 容器崩溃了，Entity Bean 也是存活的。Entity Bean 生命周期能够被容器或者 Bean 自己管理。如果由容器控制着保证 Entity Bean 持续的 issus。如果由 Bean 自己管理，就必须写 Entity Beans 的代码，包括访问数据库的调用。

Entity Bean 是由主键（primary key，一种唯一的对象标识符）标识的。通常，主键与标识数据库中的一块数据（例如一个表中的一行）的主键是相同的。主键是客户端能够定位特定的数据块。

实体 Bean 一般在下面的情况下使用：

1）表示具有清晰识别的对象。

2）提供对多个客户的迸发访问。

3）提供健壮的、长时间的持续数据管理。

4）用可移植的方式持续化数据。

5）简化事务处理。

如果在应用中具有以上的情况，那么可以考虑使用实体 Bean 来实现该系统在这方面的需求。

在 EJB 层设计中，更多的设计一般采取 Session Facade 模式，如图 18-9 所示的示意图。

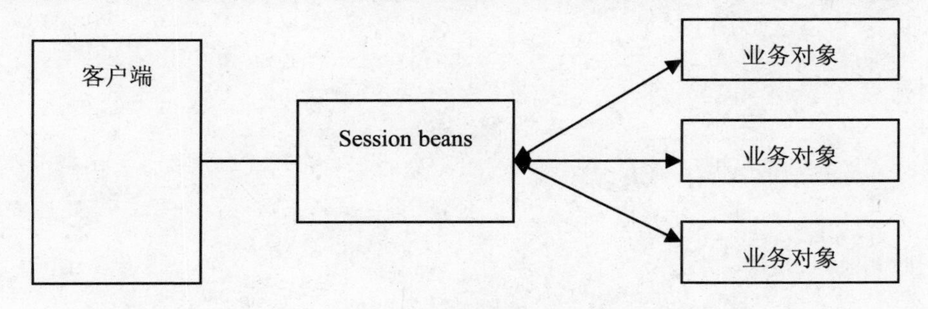

图 18-8 session facade 模式

使用 Session Facade 模式具有以下的优点：

■ 严格分离了业务逻辑和表示层，降低系统的耦合度，提高可管理性。Session Facade 作为客户端和业务对象之间的控制器，实现客户端和业务对象之间的交互。Session Facade 模式将业务逻辑完全封装在 Session Bean 中。客户端作为表示层，无须关心业务逻辑层的事情，这就严格地将业务逻辑从表示逻辑分离。从而可以减少紧密耦合，以及客户端对业务组件的依赖性。

- 提供简单的统一接口。客户端和业务对象之间的交互是非常复杂的。Session Facade 抽象了该复杂性，并向客户端提供了一个容易理解和使用简单的统一接口。Session Facade 可以向不同类型的客户端提供统一的粗粒度访问接口。
- 降低网络开销，提高系统性能。由于 Session Facade 提供了粗粒度的访问，因此，客户端可以只调用一次 Session Facade 的远程方法，即只需要一次网络调用；在服务器端，Session Facade 和业务对象通过本地接口来调用，从而不需要任何网络开销，即使 Session Facade 和业务对象通过远程接口来调用，大多数应用服务器也将优化它们之间的通信。
- 安全集成管理。由于 Session Facade 是客户端访问服务器的接口，这样应用程序的安全策略就可以在 Session Facade 层进行管理。同时由于 Session Facade 只需要管理相对较少的粗粒度方法，所以安全策略变得更加容易使用和实现。
- 事务集成控制。Session Facade 提供了管理和定义事务的集中点。在 Session Facade 上实施事务控制比在所参与的每一个业务对象上实施事务控制关注的对象要少，粒度更大，更容易管理和控制。

第 19 章 J2ME 概述

Java 编程语言作为开发平台建立独立的应用程序已经获得了广泛的关注，因为这些程序可以只需要编写一次，就可以在各种平台系统上运行，这种跨平台的能力引起了商业终端用户的关注，并可以作为节省开支的一种方法。

为满足需要，Sun 公司对 Java 平台进行了扩展，将 Java2 平台分开成 3 个不同的种类，这 3 个种类是 J2EE、J2SE 和 J2ME，后来又推出了 Java Card 技术。

J2SE 是 Java 的核心功能，是支持任意 Java 环境的最低要求，J2EE 是为了将 Java 作为企业级应用及应用服务器环境相应的需求而制定的，同时也增加了一些新技术，如 Servlet，JSP，EJB 等。

为了满足 Java 为小型设备甚至智能卡服务的要求，Sun 公司制定了几种功能缩减的 Java 平台。每一种功能缩减都满足对资源问题的一种特定的解决方案，因此制定了 J2ME 平台规范。

19.1 J2ME 综述

J2ME 使用配置和简表来定制 Java 运行时环境，配置决定使用什么样的虚拟机（JVM），而简表通过添加特定域的类来定义应用程序。图 19-1 描述了不同的虚拟机、配置和简表之间的关系。同时将 J2SE API 和它的 Java 虚拟机进行了比较。

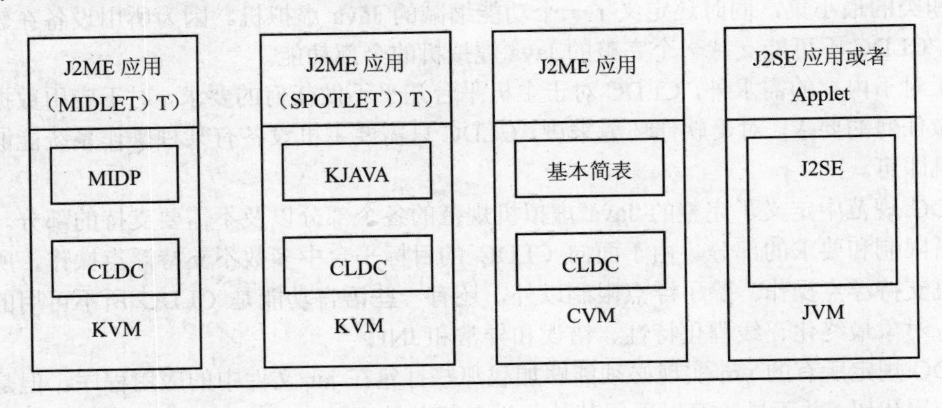

图 19-1 虚拟机、配置与简表之间的关系

配置可以为一组设备定义软件环境，而这些设备是配置规范所依赖的一组特性定义的。同时定义一组核心类。配置通常包括如下的特征：

1）可用的内存类型与大小。

2）处理器的类型与速度。

3）设备可以使用的网路类型。

J2ME 目前定义了两种配置：

■ CLDC（Connected Limited Device Configuration，有限连接设备配置），CLDC 面向低端

消费类电子产品。典型的CLDC平台包括移动电话或者大约512千字节（KB）内存的PDA。它的标准是轻便、覆盖区域最小的Java构建块、适合小型的和有限资源的设备。因此，CLDC更贴近与无线Java，可以允许移动电话用户为其设备购买和下载MIDLET这种小型无线Java应用。目前已经有很多厂商和Sun公司签订协议申请这种技术以及共同开发。

■ CDC（Connected Device Configuration 连接设备配置），CDC面向的设备介于CLDC面向的设备和J2SE的完全桌面系统之间。这些设备比移动设备有更多的内存空间和更强的处理能力。它是定义在CLDC类的Java2标准版（J2SE）的简化版。因此，为CLDC设备开发的应用程序也可以运行在CDC设备上。

因为配置还包括一组核心的Java语言类，为配置定义的核心类库必须基于Java2平台的类库，这就使得开发J2ME的程序与J2SE所编写的程序之间的兼容性得到提高，更容易上手。

简表通过添加额外的类来对配置加以补充。这些类提供了适用于某一个特定类型的设备或者某一个特定的功能。简表中最知名的是MIDP（Mobile Information Device Profile，移动信息设备简表），MIDP适合移动电话和寻呼机等移动设备。它建立在CLDC上，并且提供一个运行时环境，允许在终端用户设备上动态部署新的应用程序和服务。

19.2 CLDC介绍

CLDC是面向移动电话，传呼机和低端PDA等小型设备的基本构建模块。CLDC定义的是Java包和类的最小集，同时还定义了一个功能缩减的Java虚拟机。因为所用设备在软硬件上的局限性，CLDC不可能支持一个完整的Java虚拟机的全部功能。

除了对于内存的需求外，CLDC对于主机平台几乎不做任何的要求，对于应用数据的本地存储也不做任何的要求。对于软件环境来讲，CLDC只需要主机设备有某种操作系统能够执行和管理虚拟机即可。

CLDC规范中定义了完整的Java虚拟机规范的各个部分以及不需要支持的部分。还描述了需要有所限制和要求的部分。由于面向CLDC的目标平台中多数不支持浮点操作，所以也不要求虚拟机支持浮点操作。除了浮点限制以外，还有一些语言功能是CLDC所不可用的：反射、弱引用、对象最终化、线程化特性、错误和异常和JNI。

CLDC规定所有的vm实现必须能够加载那些打包在jar文件中的应用程序。但是要表示或者访问应用代码，并不排除可以采用其他与设备相关的方法，而且也没有规定特定的方法以使得设备找到获取已经打包的代码。CLDC vm可以用于不允许用户安装代码的设备上，这样对于安全功能的要求相当低。通过类加载控制，访问本地方面和类校验方面的控制来解决CLDC的安全问题。

为了使用KVM来编译和运行应用，需要下载和安装下面的软件：

1）Java 2 SDK或者一个带有Java命令行编译器的开发环境。

2）Sun公司的CLDC参考实现。

参考实现是以适合于目标平台的压缩形式提供的，将其解包到一个方便的目录中，设置Java_home变量和cldc_home变量的路径，就可以编写文件并进行编译了。在kvm使用类文件之前，必须用CLDC参考实现中的preverify命令对于类文件进行预校验。最后即可以使用kvm命令运行文件。

19.2.1 CLDC 类库介绍

因为 CLDC 面向的平台没有充足的内存资源可以支持 J2SE 中所有的类和包。它所指定的包和类必须只有相当小的内存需求。这就决定了它除了自己专用的 Javax.microedition. io 包外，只有 J2SE 的部分包，这些包有：java.lang、java.io 和 java.util。

CLDC 中 java.lang 包中的没有 J2SE 中相应的包中的类丰富，主要有以下内容：

- Class，显示运行时的 Java 应用程序中的类和接口。
- Object，是所有 Java 对象的基本类。
- Runtime，为应用程序提供一种与运行时环境进行交互的类。
- System，提供一些帮助方法。
- Thread，定义一个执行线程。
- Throwable，错误和异常的超级类。

另外，还包括核心数据类型类 Boolean、Byte、Character、Integer、Long 和 Short，以及一些帮助类 Math、String、StringBuffer 和 StringBuilder。

java.io 是 CLDC 中包含 J2SE 中共同使用的输入类，主要有：

- ByteArrayInputStream，一个输出流，从这个输出流中数据被写入字节数组。
- DataOutput，提供原始 Java 数据类型以供写入二进制输出流。
- DataOutputStream，允许应用程序以一种方便的方式编写原始的 Java 数据类型。
- OutputStream，一个抽象类，它是所有代表字节输出流的类的超级类。
- OutputStreamReader，按照制定的字符编码将给定的字符转换为字节。
- PrintStream，提供一种方便的方法来打印数据值的文本表现形式。
- Writer，编写字符流的一个抽象类。

java.util 包中包含 J2SE 中最常用的类、日期时间等实用程序类。

- Enumeration，一个接口，通过项目集对程序进行重复调用。
- Hashtable，实现了 hashtable，映射一个值到一个键。
- Stack，实现一个堆栈。
- Vector，代表一个可调整大小的对象数组。
- Calendar，实现一个设置日期的类。

这个包中还有 Date，Random，TimeZone 等辅助类。

javax.microedition.io 包包含一个通用的连接框架的接口集合，这个框架可以有 CLDC 的简表使用，从而提供一种通用的机制来访问网路或者其他资源，这些资源可以根据名字寻址，也可以通过输入/输出流来接收和发送数据。

- Connection，定义最基本的连接类型。
- ContentConnection，定义了一个可以通过内容的流连接。
- Datagram，定义一个类属数据包接口。
- DatagramConnection，定义了类属数据包连接和它必须支持的性能。
- InputConnection，定义了一个类属输入流连接和它必须支持的性能。
- OutputConnetion，定义了一个类属输出流连接和它必须支持的性能。
- StreamConnection，定义了一个类属流连接和它必须支持的性能。

■ StreamConnectionNotifier，定义了一个流连接的通告程序和它必须支持的性能。

19.2.2 MIDLET 介绍

MIDP 是基于 CLCD 和 KVM 的一个 Java 平台版本，它面向小容量设备。实现 MIDP 的软件运行在由 CLDC 提供的 KVM 中，并且为使用 MIDP API 而编写的应用代码提供额外的服务。

MIDP 的应用叫做 MIDLET，MIDP 包括许多不属于核心 Java 平台的软件，因此所要求的内存要比最小的 CLDC 环境所要求的多。MIDP 设备的一个特征是它只有很小的显示屏，规范要求屏幕应当至少有 96 像素宽、54 像素高，而且每个大小均为方格。

同时，一个 MIDP 平台上也可能会有多种不同类型的输入设备，而对于移动电话上的键盘则更为普通和基本。输入设备的缩减要在处理用户界面的 API 中有所反应。而且对于 MIDLET 所在设备，要处理来自于该键盘的事件，就需要更加注意。

移动信息拥有某种网路访问设施，这可以是移动电话内置的无线连接，也可以是一个单独的 MODEM。MIDP 没有假设网路直接支持 TCP/IP。但是它要求设备厂商至少要提供一点，即设备要支持 HTTP1.1，或者直接使用 Internet 协议栈来实现，或者通过 WAP 网关与 Internet 连接的一个无线连接桥。这样它们在所有得到支持的平台上都能很好的工作。

对于 MIDP 参考实现所基于的软件，其功能存在如下假设：

1）操作系统必须提供一个保护的执行环境，在其中可以运行 JVM。

2）需要某种形式的网路连接支持。

3）软件系统对系统的键盘或者小键盘以及定点设备提供访问。

4）必须能够访问设备的屏幕。

5）平台必须提供某种形式的持久存储。

运行在 MIDP 设备上的 Java 应用叫做 MIDLET。一个 MIDLET 包括至少一个 Java 类，此类必须由抽象类 Javax.microedition.MIDlet 继承。MIDlet 运行于 Java VM 的一个执行环境，此环境提供了一个定义完备的生命期，生命期由每个 MIDlet 必须实现的 MIDLET 类中的方法进行控制。

由于所有的 MIDlet 都由一个抽象类继承，而且包括 MIDP 平台为控制 MIDlet 生命期所调用的方法，还有 MIDlet 本身用来请求改变其状态的方法。MIDlet 必须有一个公共默认的构造函数。如果需要完成一些初始化的工作，或者如果没有显式的构造函数，Java 编译器就会插入一个空的默认的构造函数。

下面的例子是一个 MIDlet 的骨架：

```
  public class MyMIDlet extends MIDlet {
     MyMIDlet( ) {
     }
     protected void startApp( ) throws MIDletStateChangedException {
     }
     protected void pauseApp( ) {
     }
     protected   void   destroyApp   (Boolean   uncodition)   throws   MIDletState
ChangedException {
     }
  }
```

任一时刻，MIDlet 可能处于以下的 3 种状态之一：暂停、活动或销毁。加载 MIDlet 时，最初是处于暂停，然后完成的类和实例的初始化。在 MIDlet 实例创建时，所有实例的初始化程序都将被调用，然后再调用其公共的无参数构造函数。如果没有其他异常，则 MIDlet 的状态有暂停改为活动，而且调用其 startApp()方法。

这个方法为一个抽象方法，必须在子类中实现。如果这个方法没有遇到错误而被停止，则 MIDlet 一直处于活动状态。可以继续运行直到被暂停或者被销毁为止。可以通过 pauseApp()方法将一个 MIDlet 的状态置为暂停状态。

当主机平台要终止一个 MIDlet 时，可以调用 MIDlet 的 destroyApp()方法。在这个方法中，MIDlet 需要释放它所分配的所有资源，终止所有的后台线程，并停止任何活动的定时器。MIDlet 还可以调用另外的两个方法来影响其生命期，notifyPaused( )和 resumeRequst( )，notifyPaused( )方法通知平台希望转为暂停状态。而 resumeRequst( )方法则相反，它通知平台将一个处于暂停状态的 MIDlet 返回到活动状态。

MIDP 规范创建了 MIDlet 的概念，并定义了它的生命期和执行环境，还指定了它在所有得到支持的设备上需要提供的编程接口。不过对于 MIDlet 的发送和安装没有说明。AMS（Application Management Software）实施可以用来描述完成这个工作。使得 MIDlet 可以由两个不同的来源进行安装：一是通过一个专用的连接从本地机上进行安装，二是通过网路进行安装。

使用 OTA provisioning，MIDlet 的提供者可以将 MIDlet 放在 Web 服务器上并提供超级连接，用户可以通过 Web 下载 MIDlet。MIDlet 的更新和安装一样，用户返回服务器，请求软件，完成更新 MIDlet。同时 AMS 为用户提供了一种选择 MIDlet 运行方法，但是，具体的实现方法要依赖于设备。MIDlet 的删除也需要 AMS 来负责。

为了完成 MIDlet 的远程安装，需要以下的步骤：

1）在 Web 服务器上安装 MIDlet 的 jar 文件。

2）编辑 jad 文件，同时设定属性指向 jar 文件。将这个 jad 文件放在 Web 服务器上。

3）创建一个 Web 页面，包含对应 jad 文件的连接。

4）对 Web 服务器进行配置，使得返回的 jad 文件的 MIME 类型为 text/vnd.sun.j2me.app-descriptor。而 jar 文件为 application/Java-archive。

19.2.3 MIDlet 界面

为了实现在各种设备之间的可移植性，MIDlet 在建立一组合适的用户界面的实现方面是非常困难的，因为这些设备的输入功能和显示功能不相同，资源的限制使得 J2SE 中的 swing 或者 awt 这样复杂的组件不适合开发 MIDlet 界面。

于是，MIDlet 包含两种用户界面，低级和高级的用户界面。高级的 API 相对简单，但是在控制上面要差一些，编程接口没有包含允许定制颜色、字体甚至组件布局等功能。而低级 API 可以全权控制屏幕，并可以访问键盘以及所有可用的指示设备，这意味着要编写代码来绘制所有出现在用户屏幕上的内容，并且，要对每一个事件做出相应的代码。

使用高级 API 编写的 MIDlet 通常包含一个或者多个屏幕，它是利用 Form、List 或者 TextBox 建立的，而且，还包含 Command 来完成用户的操作。所有这些，使得我们可以轻松地建立用户界面，而且，不需要做任何的修改就可以运行在多种设备上。但是，只能选择使用在 Javax.microedition.lcdui 中的组件，不能控制自己的 MIDlet 外观。

使用低级 API 可以在像素级访问屏幕，可以控制颜色和字体，而且，可以直接对用户的按键和指针做出响应。使用低级的 API，所有的界面都是从 Display 这个类继承而来，但是还由一个 Displayable 类，这个类可以作为构建用户界面的基础。Displayable 有两个直接的子类分别对应于 Javax.microedition.lcdui 包所支持的两种风格的用户界面编程。图 19-2 是低级 API 的类图。

Canvas 类是低级 GUI API 的基石，相当于一个空白的用户屏幕。为了使用低级 API 建立一个用户界面，需要建立 Canvas 子类并实现 paint()方法从而在屏幕上直接绘制。还可以通过覆盖某些特定的方法对用户的输入做出响应。这些方法是在按键或者指针移动时候调用的。

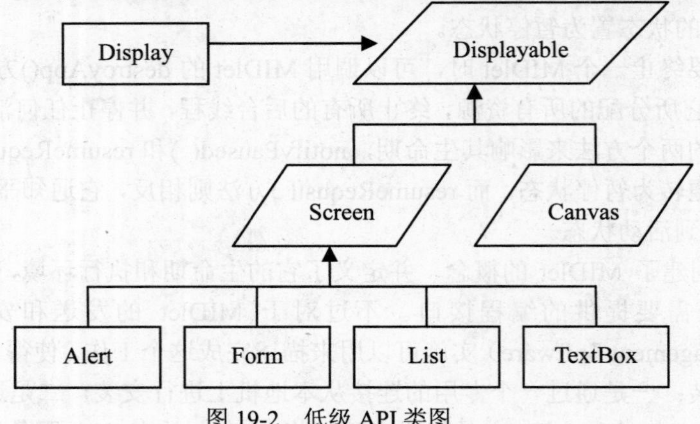

图 19-2　低级 API 类图

Screen 类也是一个基类，开发人员不需要建立子类来实现一个用户界面，Screen 类为 Displayable 类增加了相关的功能，包括一个可选的标题字符和一个可选的 ticker。Screen 类最常用的子类是 Form。可以向它增加标准组件来建立用户界面。

低级和高级 API 可以同时使用，用来建立一个 MIDlet 应用。可以使用高级 API 建立一个标准输入类型，然后通过低级 API 做出相应的处理。但是不能在同一个屏幕中同时使用低级 API 和高级 API。

19.3　CDC 概述

CDC 的目标设备是最少具有 2MB 内存可供使用的设备。而且这些设备通常也有一个 32 位的处理器和一个网路连接。通常是直接与 Internet 连接或者是基于 TCP/IP 的内部网路进行连接。

由于 CDC 设备功能比较强大，所以它们可以完全支持 JVM。Sun 公司提供了一个 CDC 的参考实现，这个参考实现是基于 CVM 的，CVM 是一种虚拟机，它可以支持完整的 J2SE VM 中的全部功能，而且其操作所占用的内存较小，另外，还有一个专为那些有限资源的设备而设计的垃圾回收器。

CDC 规范中有一个核心的 Java 类的最小子集，这个子集提供了各个 CDC 平台所需要的一些通用的功能。而与 CLDC 不同的是，CDC 中的类完全与对应的 J2SE 类是一样的，除非有不用的 API。

由于不用支持原有的 CDC 的应用代码，可以不必做到向后兼容。通常 CDC 或者 CDC 的简表在使用上类似于一个完整的 Java1.3 平台，所以，不需要另外了解 CDC 的使用方法。

目前，CDC 是有一个可以使用的简表，大多数的 CDC 简表都是基于基础简表的，基础简表为 CDC 核心库的最小功能做了扩充。

对于在 CDC 中所支持的包中的许多空白，同时还增加了一些在 J2SE 中没有的包。而在基础简表中所舍弃的最重要的类是用户界面类，因为它的所有的目标设备都不需要用户界面类。而是用个人基本简表或者个人简表取代。

第 20 章　Java 跨平台特性

Java 是一种良好的平台无关性的编程语言，可移植性好正是 Java 的基本特性之一。首先，这是由于 Java 程序是经编译成字节码（.class 文件）后，在 Java 虚拟机上解释执行的。当然，Java 的平台无关性并非只有如此简单。下面就对其进行一番探讨。

20.1　可移植性

20.1.1　源代码可移植性

作为一种编程语言，Java 提供了一种最简单同时也是人们最熟悉的可移植性——源代码移植。这意味着任意一个 Java 程序，不论它运行在何种 CPU、操作系统或 Java 编译器上，都将产生同样的结果。这并不是一个新的概念。

人们使用 C/C++也可以产生同样的效果。但是使用 C/C++编程可以有太多的选择，在许多细节上它都没有严格定义，例如，未初始化变量的值、对已释放的内存的存取、浮点运算的尾数值等。所以除非一开始就严格按照系统无关的概念来进行设计，否则这种可移植性只能是一种理论上的设想而不能形成实践。

总之，尽管 C/C++有严密的语法定义，它们的语意定义还不是标准的。这种语意上的不统一使得同一段程序在不同的系统环境下会产生不同的结果。有时即使系统情况完全相同而仅仅由于编译器的设置不同，也会产生令人意想不到的结果。而 Java 就不同了。它定义了严密的语意结构，而使编译器不承担这方面的工作。

另外，Java 对程序的行为的定义也比 C/C++严格。例如：它提供了内存自动回收功能（Garbage Collection），使程序不能访问越界内存；它对未初始化的变量提供确定值等。它的这些特性能够减小在不同平台上运行的 Java 程序之间的差异，也使得 Java 具有即使没有 Java 虚拟机存在的情况下比 C/C++更好的平台无关性。

然而，这些特点也有它不利的一面。Java 设想运行于具有 32 位字节长度且每字节为 8 位的计算机上，这就使得那些 8 位字长的计算机和一些巨型机不能有效地运行 Java 程序。在这样的平台上就只能运行那些可移植的 C/C++程序了。

20.1.2　CPU 可移植性

大多数编译器产生的目标代码只能运行在一种 CPU 上（比如 Intel 的 x86 系列），即使那些能支持多种 CPU 的编译器也不能同时产生适合多种 CPU 的目标代码。如果需要在 3 种 CPU（比如 x86、SPARC 和 MIPS）上运行同一程序,就必须编译 3 次。

但 Java 编译器就不同了。Java 编译器产生的目标代码（J-Code）是针对一种并不存在的 CPU——Java 虚拟机（Java Virtual Machine），而不是某一实际的 CPU。Java 虚拟机能掩盖不同 CPU 之间的差别，使 J-Code 能运行于任何具有 Java 虚拟机的机器上。

虚拟机的概念并不是 Java 所特有的：加州大学几年前就提出了 Pascal 虚拟机的概念；广泛用于 Unix 服务器的 Perl 脚本，也是产生与机器无关的中间代码用于执行。但针对 Internet 应用而设计的 Java 虚拟机的特别之处，在于它能产生安全的不受病毒威胁的目标代码。正是由于 Internet 对安全特性的特别要求才使得 JVM 能够迅速被人们接受。当今主流的操作系统如 OS/2、MacOS、Windows95/NT 都已经或很快提供对 J-Code 的支持。

作为一种虚拟的 CPU，Java 虚拟机对于源代码（Source Code）来说是独立的。用户不仅可以用 Java 语言来生成 J-Code，也可以用 Ada95 来生成。事实上，已经有了针对若干种源代码的 J-Code 编译器，包括 Basic、Lisp 和 Forth。源代码一经转换成 J-Code 以后，Java 虚拟机就能够执行而不区分它是由哪种源代码生成的。这样做的结果就是 CPU 可移植性。

将源程序编译为 J-Code 的好处在于可运行于各种机器上，而缺点是它不如本机代码运行的速度快。

20.1.3 操作系统可移植性

即使经过重新编译，大多数的用 C/C++编写的 Windows 程序也不能在 Unix 或 Macintosh 系统上运行。这是因为程序员在编写 Windows 程序时使用了大量的 Windows API 和中断调用，而 Windows 程序对系统功能的调用与 Unix 和 Macintosh 程序有很大的差别，所以除非将全套 Windows API 移植到其他操作系统上，否则重编译的程序仍不能运行。

Java 采用了提供一套与平台无关的库函数（包括 AWT、util、lang 等）的方法来解决这个问题。就像 JVM 提供了一个虚拟的 CPU 一样，Java 库函数提供了一个虚拟的 GUI 环境。Java 程序仅对 Java 库函数提出调用，而库函数对操作系统功能的调用由各不同的虚拟机来完成。

Java 也在它的 OS/GUI 库中使用了一种“罕见名称符”（Least-Commom- Denominator）来提供对某种特定操作系统的功能调用，即此功能只在特定环境下生效而在其他操作系统下则被忽略。这样做的好处在于可以针对某操作系统生成拥有人们熟悉的界面的应用程序，而同时此程序又能在其他系统下运行。

缺点则是系统中的某些功能调用有很强的依赖性，因而在 Java 的虚拟 OS/API 中难以实现。遇到这种情况，程序员就只能写不可移植的程序了。

总之，Java 在可移植性方面的特点使它在 Internet 上具有广泛的应用前景。同时它本身具有的防病毒的能力也使它在需要高可靠性的应用中占有一席之地。

20.2 解决国际化问题

如果应用系统是面向多种语言的，编程时就不得不设法解决国际化问题，包括操作界面的风格问题、提示和帮助语言的版本问题、界面定制个性化问题等。

由于 Java 语言具有平台无关、可移植性好等优点，并且提供了强大的类库，所以 Java 语言可以辅助我们解决上述问题。Java 语言本身采用双字节字符编码，采用大汉字字符集，这就为解决国际化问题提供了很多方便。

从设计角度来说，只要把程序中与语言和文化有关的部分分离出来，加上特殊处理，就可以部分解决国际化问题。在界面风格的定制方面，把可以参数化的元素，例如字体、颜色等，存储在数据库里，以便为用户提供友好的界面。如果某些部分包含无法参数化的元素，那么可能不得不分别设计，通过有针对性的编码来解决具体问题。

在开始具体介绍之前，需要先介绍几个术语：

- i18n 就是 internationalization（国际化），由于首字母"i"和末尾字母"n"间有 18 个字符，所以简称 i18n。internationalization 指为了使应用程序能适应不同的语言和地区间的变化而不作系统性的变化所采取的设计措施。
- l10n 就是 localization（本地化），由于首字母"l"和末尾字母"n"间有 10 个字母，所以简称 l10n。localization 指为了使应用软件能够在某一特定语言环境或地区使用而加入本地特殊化部件和翻译后文本的过程。
- locale 就是指语言和区域进行特殊组合的一个标志。

20.2.1 Java 类包

在用 Java 解决国际化问题的过程中，可能利用到的主要的类都是由 java.util 包提供的。该类包中相关的类有 Locale、ResourceBundle、ListResourceBundle、PropertyResourceBundle 等，其继承关系如图 20-1 所示。

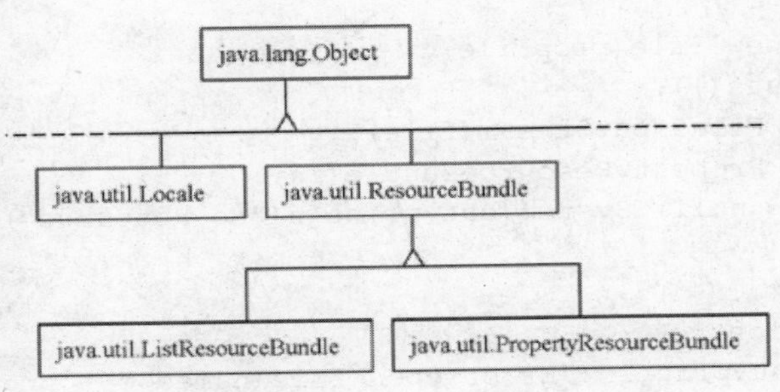

图 20-1　util 包继承关系

其中各类提供的主要功能如下：

- Locale。该类包含对主要地理区域的地域化特征的封装。其特定对象表示某一特定的地理、政治或文化区域。通过设定 Locale，可以为特定的国家或地区提供符合当地文化习惯的字体、符号、图标和表达格式。例如，可以通过获得特定 Locale 下的 Calendar 类的实例，显示符合特定表达格式的日期。
- ResourceBundle。该类是一个抽象类，需要通过静态方法 ResourceBundle.getBundle()指定具体实现类或属性文件的基本名称。基本名称会协同指定的或默认的 Locale 类，决定具体调用的类或属性文件的唯一名称。例如：指定基本类或属性文件名称为 TestBundle，而指定的 Locale 是 CHINESE，那么最适合匹配的类名称为 TestBundle_zh_CN.class，而最佳匹配属性文件名称为 TestBundle_zh_CN. properties。按照 Java 文档和相关文档的要求，如果该类或属性文件没有找到，系统会查找近似匹配（主文件名依次为 TestBundle_zh 和 TestBundle 的类或属性文件）。该类提供的 getKeys()方法用于获得所有成员的键名，并提供 handleGetObject 方法获得指定键的对应元素。
- ListResourceBundle。该类继承 ResourceBundle 类，主要是增加了一些便于操作的成分，但还是抽象类。如果希望使用类的方式实现具体的 ResourceBundle，一般情况下最好继承这个类。
- PropertyResourceBundle。该类也继承 ResourceBundle 类，可以实例化。该类的行为特

征如同 java.util.properties 类，可以从输入流中获得具体属性。

如果涉及日期和时间显示等问题时，可以利用 java.text 包以及 java.util 包中的 TimeZone、SimpleTimeZone 和 Calendar 等类进行辅助处理。

20.2.2 参数化解决方法

在具体应用时，可以把具体国家或地区特征中可以参数化的部分放在经过特殊命名的属性文件中，在确定具体的 Locale 后，通过 PropertyResourceBundle 类读取相应的属性文件，实现国际化特征。

使用 PropertyResourceBundle 类获得当地版本的国际化信息，部分代码如下：

```
...
public static final String BASE_PROP_FILE = "DISP";
public static final String SUFFIX = ".properties";
locale = Locale.getDefault();
String propFile = BASE_PROP_FILE + "_" + locale.toString()+ SUFFIX;
ResourceBundle rb;
try {
   File file = new File(propFile);
   if (file.exists()) {
        is = new FileInputStream(file);
        rb = new PropertyResourceBundle(is);
        if (rb == null) System.out.println("No Resource");
   }
}
catch (IOException ioe) {
        System.out.println("Error open file named " + propFile);
}
Enumeration e = rb.getKeys();
while (e.hasMoreElements()) {
  key = (String)e.nextElement();
  value = (String)rb.handleGetObject(key);
  System.out.println("KEY: " + key + "\t\t Value: " + value);
}
...
```

DISP_zh_TW.properties 文件的具体内容如下：

```
Key1=\u53ef\u4ee5
Key2=\u64a4\u9500
```

等号后面是利用 native2ascii 程序转化后的繁体汉字，如果不进行转化，系统可能显示乱码。

20.2.3 处理提示和帮助

对于提示语言和帮助文件部分，可以把语言映射放在属性文件或者 ListResourceBundle 类的子类中。

下面的程序是一个 Servlet，它通过接受客户端的选择，把特定语言和字符版本的信息返回到客户端。

```
...
public class ProcessServlet extends HttpServlet {
```

```
//默认语言为中文
public static final String DEFAULT_LANGUAGE = "zh";

//默认字符集为简体中文
public static final String DEFAULT_COUNTRY = "CN";
public void service(HttpServletRequest req, HttpServletResponse res)
    throws IOException, ServletException  {
  HttpSession session = req.getSession(true);

// 从客户端收到的指定语言和字符的参数应当与 Sun 公司相关规定一致
  String lang = req.getParameter("language");
  String country = req.getParameter("country");
  if (lang == null) {
    //如果没有收到参数，就试图从 Session 里获得
    lang = (String) session.getAttribute("language");
    country = (String) session.getAttribute("country")
  } else {
  session.setAttribute("language", lang);
  session.setAttribute("country", country);
  }

  if (lang == null) {
    //如果无法从上述手段得到语言和字符信息，就使用默认值
    lang = DEFAULT_LANGUAGE;
    country = DEFAULT_COUNTRY
    session.setAttribute("language", lang);
    session.setAttribute("country", country);
  }

  Locale locale = null;
  ResourceBundle bundle = null;
  try {
    locale = new Locale(lang, country);
  }
  catch (Exception e)  {
    System.out.println("No locale with" + country + "_" + lang);
    locale = Locale.getDefault();
  }

  try {
    bundle = ResourceBundle.getBundle("DisplayList", locale);
  }
    catch( MissingResourceException e)  {
    System.out.println( "No resources available for locale " + locale);
    bundle = ResourceBundle.getBundle("DisplayList", Locale.US);
  }

  res.setContentType("text/html");
  PrintWriter out = res.getWriter();
  out.println("<html>");
  out.println("<head>");
  String title = bundle.getString("title");
  String welcome =bundle.getString("welcome");
```

```
        String notice = bundle.getString("notice");
        out.println("<title>"+ title + "</title>");
        out.println("</head>");
        out.println("<body bgcolor=\"white\">");
        out.println("<h3>" + welcome + "</h3>");
        out.println("<br>");
        out.println("<b>" + notice + "</b>");
        out.println("</body>");
        out.println("</html>");
    }
}
```

上述 Servlet 使用的属性文件（DisplayList_zh_CN.properties）内容如下：

```
title=中文版
welcome=这是简体中文版面
notice=简体中文测试成功
```

注意： 该文件直接采用了中文，而不是经过转化的 Unicode 编码，这是由于大多数 Web 服务器不需要上述转化。

在实际使用中，如果 Web 服务器支持 Servlet 2.3 规范（如 jakarta-tomcat 6.0），那么上面提到的 Servlet 应当稍加改变，以作为其他 Servlet 的处理器使用。另外，如果把 ResourceBundle 的特定版本存放在无状态会话 Bean 中，就可以在一定程度上提高程序效率。

20.3 编写跨平台 Java 程序的注意事项

使用 Java 语言编写应用程序最大的优点在于“一次编译，处处运行”，然而这并不是说所有的 Java 程序都具有跨平台的特性。

事实上，相当一部分的 Java 程序是不能在别的操作系统上正确运行的，那么如何才能编写一个真正的跨平台的 Java 程序呢？下面是在编写跨平台的 Java 程序时需要注意的一些事情。

1）编写 Java 跨平台应用程序时，可以选择 JDK1.0~1.5 或支持它们的 GUI 开发工具，比如 Jbuilder、Visual Age for Java 等。但是必须注意 Java 程序只能使用 Java 核心 API 包，如果要使用第三方的类库包，则该类库包也要由 Java 核心包开发完成，否则在发布的程序的时候还要将支持该 Java 类库包的 JVM 发布出去。

也就是说，程序需要是 100%纯 Java 的。例如，Visual J++就不是纯 Java 的，由 Visual J++编写的程序也就不具有平台无关性。

2）无论你使用的是 JDK 或其他开发工具，在编译时都要打开所有的警告选项，这样编译器可以尽可能多的发现平台相关的语句，并给出警告。虽然不能保证没有编译时警告错误的程序一定是跨平台的，但含有警告错误的程序却很有可能是非平台无关的。

3）在程序中使用任何一个方法的时候，要详细查看文档，确保使用的方法不是在文档中已经申明为过时的方法（Deprecated Method）,也不是文档中未标明的隐含方法（Undocumented Method）。

4）退出 Java 程序时尽量不要使用 java.lang.System 的 exit()方法。Exit()方法可以终止 JVM，从而终止程序，但如果同时运行了另一个 Java 程序，使用 exit()方法就会让该程序也关闭，这显然不是我们希望看到的情况。

事实上，要退出 Java 程序，可以使用 destory()方法退出一个独立运行的过程。对于多线程程序，必须要关闭各个非守护线程。只有在程序非正常退出时，才使用 exit()方法退出程序。

5）避免使用本地方法和本地代码，尽可能自己编写具有相应功能的 Java 类，改写该方法。如果一定要使用该本地方法，可以编写一个服务器程序调用该方法，然后将现在要编写的程序作为该服务器程序的客户程序，或者考虑 CORBA（公共对象请求代理）程序结构。

6）Java 中有一个类似于 Delphi 中的 winexec 的方法，java.lang.runtime 类的 exec()方法，作为该方法本身是具有平台无关性的，但是给方法所调用的命令及命令参数却是与平台相关的，因此，在编写程序时要避免使用，如果一定要调用其他的程序，必须要让用户自己来设置该命令及其参数。例如，在 windows 中可以调用 notepad.exe 程序，在 linux 中就要调用 vi 程序了。

7）程序设计中的所有的信息都要使用 ASCII 码字符集，因为并不是所有的操作系统都支持 Unicode 字符集，这对于跨平台的 Java 中文软件程序不能不说是一大噩耗。

8）在程序中不要硬性编码与平台相关的任何常量，例如行分隔符，文件分隔符，路径分隔符等，这些常量在不同的平台上是不同的，例如文件分隔符在 UNIX 和 MAC 中是/，在 windows 中是\，如果要使用这些常量，需要使用 jdava.util.Properties 类的 getProperty 方法，例如 java.util.Properties.getProperty("file.separator")可以获得文件分隔符，getProperty ("line.separator")返回行分隔符，getProperty("path.separator")返回路径分隔符。

9）在编写跨平台的网络程序时，不要使用 java.net.InetAddress 类的 getHostName()方法得到主机名，因为不同的平台的主机名格式是不同的，最好使用 getAddress()方法得到格式相同的 IP 地址，另外，程序中所有的主机名都要换成 IP 地址，例如 www.263.net 就要换成相应的 IP 地址。

10）涉及文件操作的程序需要注意：不要在程序中硬性编码文件路径，理由和（8）中一样，只是这一点特别重要，因此单独提出。而且，不同平台对于文件名使用的字符及最大文件名长度的要求不同，编写程序的时候要使用一般的 ASCII 码字符作为文件的名字，而且不能与平台中已存在的程序同名，否则会造成冲突。

11）如果编写的程序是 GUI 程序，在使用 AWT 组件时不能硬性设置组件的大小和位置而应该使用 Java 的布局管理器（Layout Manager）来设置和管理可视组件的大小和位置，否则有可能造成布局混乱。

12）由于不同的操作系统，不同的机器，系统支持的颜色、屏幕的大小和分辨率都不同，如何获得这些属性呢？使用 java.awt.Systemcolor 类可以获得需要的颜色，例如该类的 inactiveCaption 就是窗口边框中活动标题的背景颜色，menu 则是菜单的背景颜色。

使用 java.awt.Toolkit 的 getScreenResolution 可以以“像素每英寸”为单位显示屏幕的分辨率。该类的 getScreenSize()方法可以得到屏幕大小（英寸），loadSystemColors()可以列出所有的系统颜色。

第 21 章　Java 泛型程序设计

从 Java 程序设计语言 1.0 版发布以来，变化最大的部分就是泛型。致使 JDK5.0 中增加泛型机制的主要原因是为了满足于 1999 年制定的 Java 规范需求（JSR14）。专家组花费了 5 年左右的时间来定义规范和测试实现。

使用泛型机制编写的程序代码要比那些杂乱的使用 Object 变量，然后再进行强制类型转换的代码具有更好的安全性和可读性。泛型对于集合类来说尤其有用。

21.1　简单泛型类的定义

一个泛型类（generic class）就是具有一个或多个类型变量的类。在这一章里，使用一个简单的 Pair 类作为例子。对于这个类此处只关注泛型，而不会为数据存储的细节而罗嗦。

下面是 Pair 类的代码：

```
public class Pair<T> {
   public Pair(){ first=null; second=null;}
   public Pair(T first,T second){ this.first=first; this.second=second;}

   public T getFirst(){ return first;}
   public T getSecond(){ return second;}

   public void setFirst(T newValue){ first=newValue;}
   public void setSecond(T newValue){ second=newValue;}

   private T first;
   private T second;
}
```

Pair 类引入了一个类型变量 T，用尖括号(<>)括起，并放在类名的后面。泛型类可以有多个类型变量。例如，可以定义 Pair 类，其中第一个域和第二域使用不同的类型：

```
public class Pair<T,U>{……}
```

类定义中的类型变量指定方法的返回类型以及域和局部变量的类型。例如：

```
private T first;//uses type variable
```

用具体的类型替换类型变量就可以实例化泛型类型，例如：

```
Pair<String>
```

可以将结果想象成带有构造器的普通类，例如：

```
Pair<String>()
Pair<String>(String,String)
```

和方法：

```
String getFirst()
String getSecond()
void setFirst(String)
```

```
void setSecond(String)
```

换句话说，泛型类可以看作普通类的工厂。

下面的例程序使用了Pair类。静态的minmax方法遍历了数组并同时计算出最小值和最大值。它用一个 Pair 对象返回了两个结果。使用 compareTo 方法比较两个字符串，如果字符串相同则返回 0；如果按照字典顺序，第一个字符串比前两个字符串靠前，就返回负整数值，否则返回正整数值。

例 21.1　PairTest.java

```
public class PairTest1 {
  public static void main(String[] args) {
    String[] words = { "Mary", "had", "a", "little", "lamb" };
    Pair<String> mm = ArrayAlg.minmax(words);
    System.out.println("min = " + mm.getFirst());
    System.out.println("max = " + mm.getSecond());
  }
}

class ArrayAlg {
  /**
    Gets the minimum and maximum of an array of strings.
    @param a an array of strings
    @return a pair with the min and max value, or null if a is
    null or empty
  */
  public static Pair<String> minmax(String[] a)  {
    if (a == null || a.length == 0) return null;
    String min = a[0];
    String max = a[0];
    for (int i = 1; i < a.length; i++)  {
      if (min.compareTo(a[i]) > 0) min = a[i];
      if (max.compareTo(a[i]) < 0) max = a[i];
    }
    return new Pair<String>(min, max);
  }
}
```

21.2　泛型方法

前面已经介绍了如何定义一个泛型类。实际上，还可以定义一个带有类型参数的简单的方法。

```
class ArrayAlg {
  public static <T> T getMiddle(T[] a) {
  return a[a.length/2];
  }
}
```

这个方法是在普通类中定义的，而不是在泛型类中定义的。然而，这是一个泛型方法，可以从尖括号和类型变量看出这一点。注意，类型变量放在修饰符（这里是 public static）的后面，返回类型的前面。

定义泛型方法可以在普通类中，也可以在泛型类中。

当调用一个泛型方法时，在方法名前的尖括号中放入具体的类型：

```
String[] names={"John","Q","Public"};
String middle=ArrayAlg.<String>getMiddle(names);
```

在这种情况下（实际也是大多数情况）下，方法调用中可以省略<String>类型参数。编译器有足够的信息推断出所要的方法。它用 names 的类型（即 String[]）与泛型类型 T[]进行匹配并推断出 T 一定是 String。也就是说，可以调用：

```
String middle=ArrayAlg.getMiddle(names);
```

21.3　类型变量的限定

有时，类或方法需要对类型变量加以约束。下面试一个典型的例子，程序要计算数组中的最小元素：

```
class ArrayAlg {
    public static <T> T min(T[] a)
    {
        if(a==null || a.length==0) return null;
        T smallest=a[0];
        for(int i=1;i<a.length;i++)
            if(smallest.compareTo(a[i])>0) smallest=a[i];
        return smallest;
    }
}
```

但是，这里有一个问题。在 min 方法的代码内部，变量 smallest 类型为 T，这意味着它可以是任何一个类的对象。怎么才能确信 T 所属的类有 compareTo 方法呢？

解决这个问题的方案是将 T 限制为实现了 Comparable 接口（简单方法 compareTo 的标准接口）的类。可以通过对类型变量 T 设置限定（bound）来做到这一点：

```
public static<T extends Comparable> T min(T[] a)
```

实际上，Comparable 接口本身就是一个泛型类型。目前，我们忽略其复杂性。

现在，泛型的 min 方法只能被实现了 Comparable 接口的类（比如 String，Date 等）的数组调用。因为 Rectangle 类没有实现 Comparable 接口，所以调用 min 将会产生一个编译错误。

之所以在此使用关键字 extends 而不是 implements，是因为<T extends *BoundingType*>表示 T 应该是绑定类型的子类型（subtype）。T 和绑定类型可以是类，也可以是接口。选择关键字 extends 是因为它更接近子类的概念，并且 Java 的设计者也不打算在语言中再添加一个新的关键字（例如 Sub）。

一个类型变量或通配符可以有多个限定，例如：

```
T extends Comparable & Serializable
```

限定类型用&分割，这是因为逗号用来分隔类型变量。

在 Java 的继承中，可以根据需要拥有多个接口超类型，但界限中至多有一个类。如果用一个类作为界限，它必须是界限列表中的第一个。

在例 21.2 中，minmax 是一个泛型方法。这个方法计算泛型数组的最大值和最小值，并返回

Pair<T>。

例 21.2 PairTest2.java

```
import java.util.*;

public class PairTest2 {
  public static void main(String[] args)  {
     GregorianCalendar[] birthdays =  {
          new GregorianCalendar(1906, Calendar.DECEMBER, 9), // G. Hopper
          new GregorianCalendar(1815, Calendar.DECEMBER, 10), // A. Lovelace
          new GregorianCalendar(1903, Calendar.DECEMBER, 3), // J. von Neumann
          new GregorianCalendar(1910, Calendar.JUNE, 22), // K. Zuse
       };
     Pair<GregorianCalendar> mm = ArrayAlg.minmax(birthdays);
     System.out.println("min = " + mm.getFirst().getTime());
     System.out.println("max = " + mm.getSecond().getTime());
  }
}

class ArrayAlg {
  /**
     Gets the minimum and maximum of an array of objects of type T.
     @param a an array of objects of type T
     @return a pair with the min and max value, or null if a is
     null or empty
  */

  public static <T extends Comparable> Pair<T> minmax(T[] a)  {
     if (a == null || a.length == 0) return null;
     T min = a[0];
     T max = a[0];
     for (int i = 1; i < a.length; i++)  {
        if (min.compareTo(a[i]) > 0)
           min = a[i];
        if (max.compareTo(a[i]) < 0)
           max = a[i];
     }
     return new Pair<T>(min, max);
  }
}
```

21.4 泛型代码和虚拟机

虚拟机没有泛型类型对象——所有对象都属于普通类。在泛型实现的一个早期版本中，甚至能够将使用泛型的程序编译为在 1.0 虚拟机上运行的类文件。这个向后兼容性在 Java 泛型开发的后期被放弃了。如果使用 Sun 的编译器来编译使用 Java 泛型的代码，结果类文件将不能再 5.0 之前的虚拟机上运行。

无论何时定义一个泛型类型，相应得原始类型（raw type）都会被自动地提供。原始类型的名字就是删去了类型参数的泛型类型的名字。类型变量被擦除（erased），并用其限定类型（无限定的变量勇 Object）替换。

例如，Pair<T>的原始类型如下所示：

```
public class Pair {
   public Pair(Object first,Object second) {
   this.first=first;
   this.second=second;
 }

   public Object getFirst(){ return first; }
   public Object getSecond(){ return second; }

   public void setFirst(Object newValue){ first=newValue; }
   public void setSecond(Object newValue){ second=newValue; }

   private Object first;
   private Object second;
 }
```

因为 T 是一个无限定的类型变量，所以简单的使用 Object 替换。

其结果是一个普通的类，如同泛型加入 Java 编程语言中之前已经实现的那样。

在程序中可以包含不同类型的 Pair，如 Pair<String>或 Pair<GregorianCalendar>，但是，擦除类型后它们就成为原始的 Pair 类型了。

原始类型用第一个边界的类型变量来替换，如果没有给定限定则用 Object 替换。例如，类 Pair<T>中的类型变量没有显式的限定，因此，原始类型用 Object 替换 T。假定声明了一个有些不同的类型。

```
 public class Interval<T extends Comparable & Serializable> implements
Serializable {
   public Interval(T first,T second) {
   if(first.compareTo(second)<=0){lower=first;upper=second;}
   else{lower=second;upper=first;}
 }

 ...
 private T lower;
 private T upper;
 }
```

原始类型 Interval 如下所示：

```
public class Interval implements Serializable {
  public Interval(Comparable first,Comparable second){...}

 ...
   private Comparable lower;
   private Comparable upper;
 }
```

21.4.1 翻译泛型表达式

当程序调用泛型方法时，如果返回类型被擦除，编译器插入强制类型转换。例如，下面这个语句序列

```
Pair<Employee> buddies= ...;
Employee buddy=buddies.getFirst();
```

getFirst 的擦除将返回 Object 类型。编译器会自动插入 Employee 的强制类型转换。也就是说，编译器把这个方法调用翻译为两条虚拟机指令：

- 对原始方法 Pair.getFirst 的调用。
- 将返回的 Object 类型强制转换为 Employee 类型。

当存取一个泛型域时也要插入强制类型转换。假设 Pair 类的 first 域都是公有的。也许这不是一种好的编程风格，但在 Java 中是合法的。那么，表达式：

```
Employee buddy=buddies.first;
```

也要在结果字节码中插入强制类型转换。

21.4.2 翻译泛型方法

类型擦除也会出现在泛型方法中。程序员通常认为下述的泛型方法

```
public static <T extends Comparable> T min(T[] a)
```

是一个完整的方法族，而擦除类型之后，只剩下一个方法：

```
public static Comparable min(Comparable[] a)
```

类型参数 T 已经被擦除了，只留下了限定类型 Comparable。方法的擦除带来了两个复杂的问题。考虑下面的例子：

```
class DateInterval extends Pair<Date> {
    public void setSecond(Date second)  {
        if(second.compareTo(getFirst())>=0)
            super.setSecond(second);
    }
    ...
}
```

一个日期区间是一对 Date 对象表示，并且我们要想覆盖这个方法以确保第二个值永远不小于第一个值。类型擦除后变为

```
class DateInterval extends Pair {
    public void setSecond(Date second){...}
    ...
}
```

令人感到奇怪的是，存在另一个从 Pair 继承的 setSecond 方法，即

```
public void setSecond(Object second)
```

这显然是一个不同的方法，因为它有一个不同的类型——Object，而不是 Date。然而这是不应该的。考虑下面的语句序列：

```
DateInterval interval=new DateInterval(...);
Pair<Date> pair=interval;
pair.setSecond(aDate);
```

我们希望对 setSecond 的调用是多态的，并调用最合适的那个方法。因为 pair 引用 DateInterval 对象，所以应该调用 DateInterval.setSecond。问题在于类型擦除与多态发生冲突。要解决这个问题，就需要编译器在 DateInterval 类中生成一个桥方法（Bridge method）：

```
public void setSecond(Object second){setSecond((Date) second);}
```

要想了解它的工作过程，请仔细地跟踪下列语句的执行：

```
pair.setSecond(aDate)
```

变量 pair 已经声明为类型 Pair<Date>,并且该类型只有一个简单的方法叫做 setSecond，即 setSecond（Object）。虚拟机用 pair 引用的对象调用这个方法。该对象是 DateInterval 类型的。因此，将会调用 DateInterval.setSecond(Object) 方法。该方法是合成的桥方法，它调用 DateInterval.setSecond(Date)，这正是我们想要做的。

桥方法可能会变得很奇怪。假设 DateInterval 方法也覆盖了 getSecond 方法：

```
class DateInterval extends Pair<Date> {
    public Date getSecond() { return (Date) super.getSecond().clone(); }
    ...
}
```

在被擦除的类型中，有两个 getSecond 方法：

```
Date getSecond()
Object getSecond()
```

不能这样编写 Java 代码，它们都没有参数。但是在虚拟机中，用参数类型和返回类型确定一个方法。因此，编译器可能产生两个方法的字节码，区别仅在于它们的返回类型，虚拟机会正确的处理这一情况。

21.4.3 遗留代码调用

许多 Java 代码写于 JDK5.0 之前。如果泛型类不能与这些代码互操作，就不能被广泛的应用。幸运的是，可以直接把泛型类与遗留的 API 中原始的对应物放在一起使用。

比如在设置一个 JSlider 标签的例子中，可以使用方法：

```
void setLableTalbe(Dictionary table)
```

具体代码如下：

```
Dictionary<Integer,Component> labelTable = new Hashtable<Integer, Component>();
labelTable.put(0,new JLabel(new ImageIcon("ic1.gif")));
labelTable.put(20,new JLabel(new ImageIcon("ic2.gif")));
...
slider.setLabelTable(labelTable);
```

在 JDK5.0 中，Dictionary 和 Hashtable 类被转换成为泛型类，可以用 Dictionary<Integer, Component>取代原始的 Dictionary。但是，将 Dictionary<Integer, Component>传递给 setLabelTable 时，编译器会发出一个警告。

```
Dictionary<Integer,Component> labelTable=...
slider.setLabelTable(labelTable);
```

毕竟，编译器无法确定 setLabelTable 可能会对 Dictionary 对象作什么操作。该方法可能会用字符串替换所有的关键字。这打破了关键字类型为整型（Integer）的承诺，未来的操作有可能会产生强制类型转换的异常。

这个警告对操作不会有什么影响，最多考虑一下 JSlider 有可能用 Dictionary 对象做什么就可以了。在这里十分清楚，JSlider 只阅读这个信息，因此可以忽略这个警告。

现在看一个相反的情形，由一个遗留的类得到一个原始类型的对象。可以将它赋给一个参数化的类型变量，当然，这样做会看到一个警告。例如：

```
Dictionary<Integer,Components> labelTable=slider.getLabelTable();
```

确保标签标已经包含了 Integer 和 Component 对象。尽管可能有人会恶意在滑块中设置不同的 Dictionary，但是这种情况总比 JDK5.0 出现之前的情况要好，最早的情况就是程序抛出一个异常。

21.5 约束与限定

在下面的几节中，将阐述使用 Java 泛型时需要考虑的一些限制。大多数限制都是由类型擦除引起的。

21.5.1 基本类型

不能用类型参数替换基本类型。因此，没有 Pair<double>，只有 Pair<Double>。当然，其原因是类型擦除。删除之后，Pair 类具有 Object 类型的域，而 Ojbect 不能存储 double 值。

这的确令人烦恼，但这样做与 Java 语言中基本类型的独立相一致。这并不是一个致命的缺陷——只有 8 个基本类型，当包装器类型（wrapper type）不能接受替换时，完全可以使用独立的类和方法处理它们。

21.5.2 运行时类型查询

虚拟机中的对象总有一个特定的非泛型类型。因此，所有的类型查询只产生原始类型。例如，if(a instanceof Pair<String>)实际上仅仅测试 a 是否是任意类型的一个 Pair。下面的测试同样为真：if(a instanceof Pair<String>)或强制类型转换：Pair<String> p=(Pair<String>) a;

要记住这一风险，无论何时使用 instanceof 或涉及泛型类型的强制类型转换表达式都会看到一个编译器警告。

同样的道理，getClass 方法总是返回原始类型。例如：

```
Pair<String> stringPair = ...;
Pair<Employee> employeePair = ...;
if (stringPair.getClass() == employeePair.getClass())
  // they are equal
```

这个比较的结果是 true，因为两个对 getClass 的调用都返回 Pair.class。

21.5.3 异常

不能抛出也不能捕获泛型类的对象。事实上，泛型类扩展 Throwable 都不合法。例如，下面的定义将不会通过编译：

```
public class Problem<T> extends Exception{/*...*/}
```

不能在 catch 子句中使用类型变量。例如，下面的方法将不能编译：

```
public static <T extends Throwable> void doWork(Class<T> t) {
 Try {
    do work
 }
 catch (T e) {  // ERROR--can't catch type variable
```

```
      Logger.global.info(...)
    }
  }
```

但是，在异常声明中可以使用类型变量。下面这个方法是合法的：

```
public static <T extends Throwable> void doWork(T t)
    throws T {
  Try  {
    do work
  }

  catch (Throwable realCause)  {
    t.initCause(realCause);
    throw t;
  }
}
```

21.5.4 数组

不能声明参数化类型的数组，如：

```
Pair<String>[] table = new Pair<String>(10);
```

这样做有什么问题呢？擦除之后，table 的类型为 Pair[]。这里可以将其转换为 Object[]:

```
Object[] objarray=table;
```

由于数组能够记住它的元素类型，如果试图存入一个错误类型的元素，就会抛出一个 ArrayStoreException 异常：

```
objarray[0]= "hello";
```

但是，对于泛型而言，擦除将会降低这一机制的效率。objarray[0]=new Pair<Employee>()可以通过数组存储的监测，但仍然会导致类型错误。因此，禁止使用参数化类型的数组。

21.5.5 泛型类型的实例化

不能实例化泛型类型。例如，下面的 Pair<T>构造器是非法的：

```
public Pair(){
  first = new T();
  second=new T();
}
```

类型擦除将 T 改变成 Object，而且，本意肯定不希望调用 new Object()。

类似的，不能建立一个泛型数组：

```
public <T> T[] minMax(T[] a){
  T[] mm=new T[2];
  ...
}
```

类型擦除会让这个方法总是构造一个 Object[2]数组。

但是，通过调用 Class.newInstance 和 Array.newInstance 方法，可以利用反射构造泛型对象和数组。

21.5.6 静态上下文

不能在静态域或方法中引用类型变量。例如，下面的好想法是无法付诸实施的：

```
public class Singleton<T> {
  public static T getSingleInstance() {  // Error
    if (singleInstance == null) construct new instance of T
    return singleInstance;
  }
  private static T singleInstance; // Error
}
```

如果这个程序能够运行，那么这个程序就可以声明一个 Singleton<Random>来共享随机数生成器和一个 Singleton<JFileChooser>来共享文件选择器的话。但是，这却无法实现。类型擦除之后，只有一个包含 singleInstance 域的 Singleton 类。因此，禁止使用带有类型变量的静态域和方法。

21.5.7 擦除后的冲突

当泛型类型被擦除时，创建条件不能产生冲突。下面的例子中，假设在 Pair 类中添加下面的 equals 方法：

```
public class Pair<T> {
  public boolean equals(T value) {
    return first.equals(value) && second.equals(value);
  }
  ...
}
```

考虑一个 Pair<String>。从概念上讲，它有两个 equals 方法：

```
boolean equals(String) // defined in Pair<T>
boolean equals(Object) // inherited from Object
```

但是，直觉会使我们误入歧途。方法擦除 boolean equals(T)是 Boolean equals(Object)，它与 Object.equals 方法冲突。

可以同重新命名引发错误的方法来解决这个问题。

泛型规范说明提及另一个原则：要支持擦除的转换，需要强行限制一个类或类型变量不能同时成为两个接口类型的子类，而这两个接口是同一接口的不同参数化。例如下面的程序是非法的：

```
class Calendar implements Comparable<Calendar> {...}
class GregorianCalendar extends Calendar implements Comparable<GregorianCalendar> {... }
```

后者会实现 Comparable<Calendar>和 Comparable<GregorianCalendar>，这是同一接口的不同参数化实现。这一限制与类型擦除的关系并不明确。下面的非泛型版本是合法的：

```
class Employee implements Comparable{...}
class Manager extends Employee implements Comparable{...}
```

21.6 泛型类型的继承规则

在使用泛型类时，需要了解一些有关继承和子类型的准则。下面先从许多程序员感觉不太直观的情况开始。考虑一个类和一个子类，如 Employee 和 Manager，Pair<Manager>是 Pair<Employee>的一个子类吗？答案是 No。

这并不是什么值得惊奇的事情，比如下面的代码就不会编译通过：

```
Manager[] topHonchos = …;
Pair<Employee> = ArrayAlg.minmax(topHonchos); // Error
```

minmax 方法返回 Pair<Manager>，而不是 Pair<Employee>，这样的赋值是不合法的。

通常情况下，对于 Pair<S>和 Pair<T>而言，无论 S 和 T 之间有什么样的联系，Pair<S>和 Pair<T>都没有必然的关系，如图 21-1 所示。

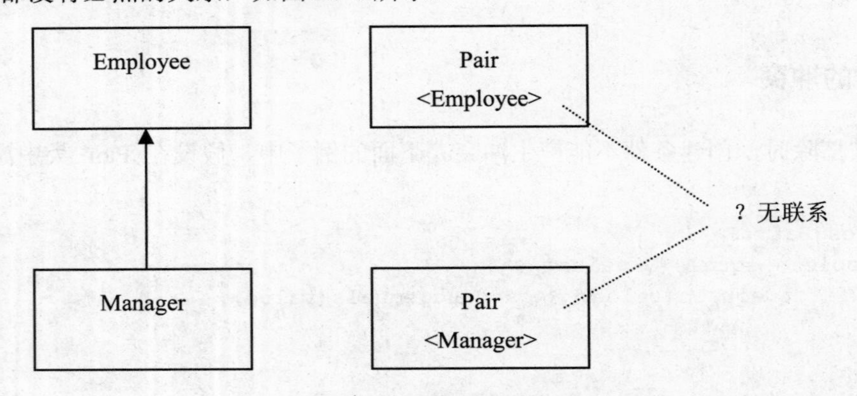

图 21-1 Pair 类之间没有继承关系

这一限制看起来过于严格了，但对于类型安全来说是特别必要的。假设允许将 Pair<Manager>转换位 Pair<Employee>。看下面的代码：

```
Pair<Manager> managerBuddies = new Pair<Manager>(ceo, cfo);
Pair<Employee> employeeBuddies = managerBuddies;
//illegal, suppose it wasn't employeeBuddies.setFirst(lowlyEmployee);
```

显然，最后一句才是合法的。但是 employeeBuddies 和 managerBuddies 引用了同样的对象。现在将 CFO 和一个普通员工组成一对，这对于 Pair<Manager>来说应该是不可能的。

相反，总可以将参数化类型转换为一个原始类型。例如，Pair<Employee>是原始类型 Pair 的一个字类型。在同遗留代码衔接的时候，这个转换非常必要。

转换成原始类型之后会产生一个类型错误吗？确实会！看下面的例子：

```
Pair<Manager> managerBuddies = new Pair<Manager>(ceo, cfo);
Pair rawBuddies = managerBuddies; // OK
rawBuddies.setFirst(new File("...")); // only a compile-time warning
```

当然，这种状况总要好过旧版 Java 的情况。虚拟机的安全性还没有到致命的程度。当使用 getFirst 来得到外来的对象并赋值给 Manager 变量时，一般会抛出 ClassCast-Exception 异常，所失去的只是泛型程序设计提供的附加安全性。

最后，泛型类可以扩展或实现其他的泛型类。这一点与普通的类是相同的。比如 ArrayList<T>类实现 List<T>接口。这就意味着一个 ArrayList<Manager>可以被转换为一个

List<Manager>，但一个 ArrayList<Manager>不是一个 ArrayList<Employee>或 List<Employee>。

21.7 通配符类型

针对固定的泛型类型系统本身的限制与不足，Java 的设计者发明了一种巧妙且安全的解决方案：通配符类型。

形如 Pair<? extends Employee>的通配符类型表示任何泛型 Pair 类型，它的类型参数是 Employee 的子类，如 Pair<Manager>，但绝不可能是 Pair<String>。

下边的这个例子用于打印出雇员对：

```
public static void printBuddies(Pair<Employee> p) {
 Employee first = p.getFirst();
 Employee second = p.getSecond();
 System.out.println(first.getName() + " and " + second.getName() + " are buddies.";
}
```

正如前面所讲，不能够将 Pair<Manager>传递给那个方法，这是被限定死的。使用通配符类型则可以很简单的解决这个问题：

```
public static void printBuddies(Pair<? extends Employee> p)
```

类型 Pair<Manager>是 Pair<? extends Employee>的子类型。使用通配符会不会通过 Pair<? extends Employee>的引用破坏 Pair<Manager>呢？实际上是不会的。请看下面的代码：

```
Pair<Manager> managerBuddies = new Pair<Manager>(ceo, cfo);
Pair<? extends Employee> wildcardBuddies = managerBuddies; // OK
wildcardBuddies.setFirst(lowlyEmployee); // compile-time error
```

对 setFirst 的调用有一个类型错误，要想知道其中的原因，请仔细看一下类型 Pair<? extends Employee>的具体方法如下：

```
? extends Employee getFirst()
void setFirst(? extends Employee)
```

这样将不可能调用 setFirst 方法。编译器只知道它需要某个 Employee 的子类型，但不知道具体是什么类型。它拒绝传递任何特定的类型——毕竟?不能用来匹配。

使用 getFirst 就不存在这个问题，将 getFirst 的返回值赋给一个 Employee 引用是完全合法的。这就使引入有限定的通配符的关键之处，现在已经有了办法来区分安全的访问器方法和不安全的更改器方法了。

21.7.1 通配符的超类型限定

通配符限定与类型变量限定十分类似，但是它还有一个额外的能力，即可以指定一个超类型限定，如下所示：

```
? super Manager
```

这个通配符限制为 Manager 的所有超类型。为什么要这样呢？带有超类型限定的通配符的行为与前面介绍的相反，可以向方法提供参数，但不能使用返回值。例如，Pair<? super Manager>有如下方法：

```
void set(? super Manager)
```

```
? super Manager get()
```

编译器不知道set方法的确切类型，但是可以用任意Manager对象调用它，而不能用Employee对象调用。但是如果调用get，返回的对象类型不会得到保证，只能把它赋给一个Object。

下面是一个典型的例子。有一个经理的数组，并且想把奖金最高和最低的经理放入一个Pair对象。Pair的类型在这里用Pair<Employee>是合理的，Pair<Object>也是合理的。

下面的方法将可以接受任何适当的Pair：

```
public static void minMaxBonus(Manager[] a, Pair<? super Manager> result){
  if (a == null || a.length == 0) return;
  Manager min = a[0];
  Manager max = a[0];
  for (int i = 1; i < a.length; i++)  {
    if (min.getBonus() > a[i].getBonus()) min = a[i];
    if (max.getBonus() < a[i].getBonus()) max = a[i];
  }
  result.setFirst(min);
  result.setSecond(max);
}
```

直观地讲，带有超类型限定的通配符可以向泛型对象写入，带有子类型限定的通配符可以从泛型对象读取。

下面是超类型限定的另一种应用。Comparable接口本身就是一个泛型类型。它被声明如下：

```
public interface Comparable<T> {
  public int compareTo(T other);
}
```

在此，类型变量指示了other参数的类型。例如，String类实现Comparable<String>，它的compareTo方法被声明为public int compareTo(String other)。

显式的参数有一个正确的类型，这很好。在JDK5.0以前，other是一个Object，并且该方法的实现需要强制类型转换。

因为Comparable是一个泛型类型，也许可以把ArrayAlg类的min方法作的更好一些。可以向下面这样声明：

```
public static <T extends Comparable<T>> T min(T[] a)…
```

看起来这样只使用T extends Comparable更彻底，并且对许多类来讲会工作的更好。

例如，若要计算一个String数组的最小值，T就是String类型的，而String是Comparable<String>的子类型。但是当处理一个GregorianCalendar对象的数组时，就会出现问题。GregorianCalendar是Calendar的子类，并且Calendar实现了Comparable<Calendar>。因此GregorianCalendar实现的是Comparable<Calendar>，而不是Comparable<Gregorian Calendar>。

出现这种情况的时候，超类型可以帮上大忙：

```
public static <T extends Comparable<? super T>> T min(T[] a)…
```

现在compareTo方法形如：

```
int compareTo（? super T）
```

有可能它被声明为使用类型T的对象，也有可能使用T的超类型。无论如何，传递一个T类型的对象给compareTo方法都是安全的。

对于初学者来说，一个形如<T extends Comparable<? super T>>这样的声明似乎有点吓人。不幸的是，这一声明的意图在于帮助程序员排出哆用参数上的一些不必要的限制。如果对泛型不感兴趣，那么很容易就可以将这些声明掩盖掉，默认库程序员作的都是正确的。如果是一名库程序员，一定要习惯于用通配符，否则一定会受到用户的谴责，还要在代码中添加强制类型转换直到代码编译通过为止。

21.7.2 无限定通配符

还可以使用无限定的通配符，如Pair<?>。乍一看，这好像与原始的Pair类型一样，实际上，它们之间有着很大的不同。类型Pair<?>有如下方法：

```
? getFirst()
void setFirst(?)
```

getFirst的返回值只能赋给一个Object。setFirst方法不能被调用，甚至不能用Object调用。Pair<?>和Pair的本质区别在于：可以用任意的Object对象调用原始的Pair类的setObject方法。

之所以使用这么脆弱的类型的原因在于它对于很多简单的操作非常有用。例如下面这个方法将用来测试一个Pair是否包含了指定的对象，它不需要实际的类型。

```
public static boolean hasNulls(Pair<?> p) {
  return p.getFirst() == null || p.getSecond() == null;
}
```

通过将contains转换成泛型方法，可以避免使用通配符类型：

```
public static <T> boolean hasNulls(Pair<T> p)
```

但是终归带有通配符类型的版本可读性更强。

21.7.3 通配符抓取

编写一个交换一个Pair元素的方法：

```
public static void swap(Pair<?> p)
```

通配符不是类型变量，因此，不能再编写代码中使用？作为一种类型。也就是说，下述代码是非法的：

```
? t = p.getFirst(); // ERROR
p.setFirst(p.getSecond());
p.setSecond(t);
```

这确实是一个问题，因为在交换的时候必须临时保存第一个元素。幸运的是，这个问题有一个有趣的解决方案，我们可以写一个辅助方法swapHelper，如下所示：

```
public static <T> void swapHelper(Pair<T> p) {
  T t = p.getFirst();
  p.setFirst(p.getSecond());
  p.setSecond(t);
}
```

注意：该方法是一个泛型方法，而swap不是，它具有固定的Pair<?>类型的参数。

现在可以由swap调用swapHelper：

```
public static void swap(Pair<?> p){swapHelper(p);}
```

在这种情况下，swapHelper方法的参数T抓取通配符。它并不知道是哪种类型的通配符，但是，这是一个明确的类型，并且<T>swapHelper的定义只有在T指出类型时，才有明确的含义。

当然，在这种情况下，并不是一定要使用通配符，使用类型参数也没有什么不可以，比如在swapHelper方法中那样。下面看一个通配符类型出现在计算中的例子：

```
public static void maxMinBonus(Manager[] a, Pair<? super Manager> result){
  minMaxBonus(a, result);
  PairAlg.swapHelper(result); // OK--swapHelper captures wildcard type
}
```

在这里，通配符抓取机制是不可避免的。

通配符抓取只有在有许多限制的情况下才是合法的。编译器必须能够确信通配符表达的是单个、确定的类型。例如，ArrayList<Pair<T>>中的 T 永远不能抓取 ArrayList<Pair<?>>中的通配符。数组列表可以保存两个 Pair<?>，分别针对'?'的不同类型。

例 21.3 中的测试程序将前几节讨论的各种方法收集在一起，读者从中可以看到它们彼此的关联。

例 21.3 PairTest3.java

```
import java.util.*;

public class PairTest3 {
 public static void main(String[] args)  {
    Manager ceo = new Manager("Gus Greedy", 800000, 2003, 12, 15);
    Manager cfo = new Manager("Sid Sneaky", 600000, 2003, 12, 15);
    Pair<Manager> buddies = new Pair<Manager>(ceo, cfo);
    printBuddies(buddies);

    ceo.setBonus(1000000);
    cfo.setBonus(500000);
    Manager[] managers = { ceo, cfo };

    Pair<Employee> result = new Pair<Employee>();
    minMaxBonus(managers, result);
    System.out.println("first: " + result.getFirst().getName()
       + ", second: " + result.getSecond().getName());
    maxMinBonus(managers, result);
    System.out.println("first: " + result.getFirst().getName()
       + ", second: " + result.getSecond().getName());
 }

 public static void printBuddies(Pair<? extends Employee> p)   {
    Employee first = p.getFirst();
    Employee second = p.getSecond();
    System.out.println(first.getName() + " and " + second.getName() + " are
buddies.");
 }

public static void minMaxBonus(Manager[] a, Pair<? super Manager> result){
    if (a == null || a.length == 0) return;
    Manager min = a[0];
    Manager max = a[0];
    for (int i = 1; i < a.length; i++)  {
       if (min.getBonus() > a[i].getBonus()) min = a[i];
       if (max.getBonus() < a[i].getBonus()) max = a[i];
    }
```

```
      result.setFirst(min);
      result.setSecond(max);
   }

   public static void maxMinBonus(Manager[] a, Pair<? super Manager> result){
      minMaxBonus(a, result);
      PairAlg.swapHelper(result); // OK--swapHelper captures wildcard type
   }
}

class PairAlg {
   public static boolean hasNulls(Pair<?> p) {
      return p.getFirst() == null || p.getSecond() == null;
   }

   public static void swap(Pair<?> p) {
      swapHelper(p);
   }

   public static <T> void swapHelper(Pair<T> p) {
      T t = p.getFirst();
      p.setFirst(p.getSecond());
      p.setSecond(t);
   }
}

class Employee {
   public Employee(String n, double s, int year, int month, int day) {
      name = n;
      salary = s;
      GregorianCalendar calendar = new GregorianCalendar(year, month - 1, day);
      hireDay = calendar.getTime();
   }

   public String getName() {
      return name;
   }

   public double getSalary() {
      return salary;
   }

   public Date getHireDay() {
      return hireDay;
   }

   public void raiseSalary(double byPercent) {
      double raise = salary * byPercent / 100;
      salary += raise;
   }

   private String name;
   private double salary;
```

```
    private Date hireDay;
  }

  class Manager extends Employee {
   /**
      @param n the employee's name
      @param s the salary
      @param year the hire year
      @param month the hire month
      @param day the hire day
   */
   public Manager(String n, double s, int year, int month, int day)  {
      super(n, s, year, month, day);
      bonus = 0;
   }

   public double getSalary()  {
      double baseSalary = super.getSalary();
      return baseSalary + bonus;
   }

   public void setBonus(double b)  {
      bonus = b;
   }

   public double getBonus()  {
      return bonus;
   }
   private double bonus;
  }
```

21.8 反射和泛型

Class 类现在是泛型的。例如，String.class 实际上是一个 Class<String>类的对象（事实上，是唯一的对象）。类型参数十分有用，因为它允许 Class<T>方法的返回类型更加具有针对性。

下面的 Class<T>的方法利用了类型参数：

```
T newInstance()
T cast(Object obj)
T[] getEnumConstants()
Class<? super T> getSuperclass()
Constructor<T> getConstructor(Class... parameterTypes)
Constructor<T> getDeclaredConstructor(Class... parameterTypes)
```

newInstance 方法返回该类的一个实例，这是从默认的构造器获得的。它的返回类型可以被声明为 T，其类型与 Class<T>描述的类相同，省去了一个强制类型转换。

如果给定的类型确实是 T 的一个子类型，则 Cast 方法返回现在声明为类型 T 的给定对象，否则抛出一个 BadCastException 异常。

如果这个类不是一个 enum 类或一个类型 T 的枚举值的数组，getEnumConstants 方法将返回 Null。

最后，getConstructor 和 getdeclaredConstructor 方法返回一个 Constructor<T>对象。Constructor 类也成为泛型的，以便 newInstance 方法有一个正确的返回类型。

21.8.1 使用 Class<T>参数进行类型匹配

有时，匹配泛型方法中的 Class<T>参数的类型变量是很有实用价值的。下面是一个很权威的例子：

```
public static <T> Pair<T> makePair(Class<T> c)
    throws InstantiationException, IllegalAccessException {
  return new Pair<T>(c.newInstance(), c.newInstance());
}
```

如果调用 makePair(Employee.class)，那么 Employee.class 是类型 Class<Employee>的一个对象。makePair 方法的类型参数 T 同 Employee 匹配，并且编译器可以推断出这个方法返回一个 Pair<Employee>。

21.8.2 虚拟机中的泛型类型信息

Java 泛型的卓越特性之一是在虚拟机中泛型类型的擦除。令人感到奇怪的是，擦除的类仍然保留一些它们的泛型先驱的微弱记忆。例如，原始的 Pair 类知道它源于泛型类 Pair<T>,即使一个 Pair 类型的对象无法区分是由 Pair<String>构造的还是由 Pair<Employee>构造的。

类似的，考虑方法 public static Comparable min(Comparable[] a)，这是一个泛型方法的擦除：

```
public static <T extends Comparable<? super T>> T min(T[] a)
```

可以使用 JDK5.0 增加的反射 API 来确定：

- 该泛型方法有一个叫做 T 的类型参数；
- 该类型参数有一个子类型限定，其自身又是一个泛型类型；
- 该限定类型有一个通配符参数；
- 该通配符参数有一个超类型限定；
- 该泛型方法有一个泛型数组参数。

换句话说，要重新构造关于泛型类以及它们的实现者声明的方法的每一样东西。但是，不知道对于特定的对象或方法调用，类型参数被如何解释。

为了表达泛型类型声明，JDK5.0 在 Java.lang.reflect 包中提供了一个新的接口 Type。该接口有如下子类型：

- Class 类，描述具体类型；
- TypeVariable 接口，描述类型变量；
- WildcardType 接口，描述通配符；
- ParameterizedType 接口，描述泛型类或接口类型；
- GenericArrayType 接口，描述泛型数组（如 T[]）。

例 21.4 使用泛型反射 API 打印出给定类的有关内容。如果用 Pair 类运行它，将会得到如下报告：

```
class Pair<T extends java.lang.Object> extends java.lang.Object
public T extends java.lang.Object getSecond()
public void setFirst(T extends java.lang.Object)
public void setSecond(T extends java.lang.Object)
```

```
public T extends java.lang.Object getFirst()
```

例 21.4 GenericReflectionTest.java

```
import java.lang.reflect.*;
import java.util.*;

public class GenericReflectionTest {
 public static void main(String[] args)  {
   // read class name from command line args or user input
   String name;
   if (args.length > 0)
     name = args[0];
   else  {
     Scanner in = new Scanner(System.in);
     System.out.println("Enter class name (e.g. java.util.Date): ");
     name = in.next();
   }

   try  {
     // print generic info for class and public methods
     Class cl = Class.forName(name);
     printClass(cl);
     for (Method m : cl.getDeclaredMethods())
       printMethod(m);
   }
   catch (ClassNotFoundException e)  {
     e.printStackTrace();
   }
 }

 public static void printClass(Class cl)  {
   System.out.print(cl);
   printTypes(cl.getTypeParameters(), "<", ", ", ">");
   Type sc = cl.getGenericSuperclass();
   if (sc != null)  {
     System.out.print(" extends ");
     printType(sc);
   }
   printTypes(cl.getGenericInterfaces(), " implements ", ", ", "");
   System.out.println();
 }

 public static void printMethod(Method m) {
   String name = m.getName();
   System.out.print(Modifier.toString(m.getModifiers()));
   System.out.print(" ");
   printTypes(m.getTypeParameters(), "<", ", ", "> ");

   printType(m.getGenericReturnType());
   System.out.print(" ");
   System.out.print(name);
   System.out.print("(");
   printTypes(m.getGenericParameterTypes(), "", ", ", "");
```

```java
      System.out.println(")");
   }

   public static void printTypes(Type[] types, String pre,
      String sep, String suf)  {
      if (types.length > 0) System.out.print(pre);
      for (int i = 0; i < types.length; i++)   {
         if (i > 0) System.out.print(sep);
            printType(types[i]);
      }
      if (types.length > 0)
         System.out.print(suf);
   }

   public static void printType(Type type)  {
      if (type instanceof Class)   {
         Class t = (Class) type;
         System.out.print(t.getName());
      }
      else if (type instanceof TypeVariable)  {
         TypeVariable t = (TypeVariable) type;
         System.out.print(t.getName());
         printTypes(t.getBounds(), " extends ", " & ", "");
      }
      else if (type instanceof WildcardType)  {
         WildcardType t = (WildcardType) type;
         System.out.print("?");
         printTypes(t.getLowerBounds(), " extends ", " & ", "");
         printTypes(t.getUpperBounds(), " super ", " & ", "");
      }
      else if (type instanceof ParameterizedType)  {
         ParameterizedType t = (ParameterizedType) type;
         Type owner = t.getOwnerType();
         if (owner != null) { printType(owner); System.out.print("."); }
         printType(t.getRawType());
         printTypes(t.getActualTypeArguments(), "<", ", ", ">");
      }
      else if (type instanceof GenericArrayType)  {
         GenericArrayType t = (GenericArrayType) type;
         System.out.print("");
         printType(t.getGenericComponentType());
         System.out.print("[]");
      }

   }
}
```

第 22 章　Java 编码规范

本章的目的在于提出一些编写强壮 Java 代码的标准和约定。

22.1　概　述

编码规范对于软件的整个生命周期尤为重要，有以下几个原因：

1）软件的生命周期中，有 80%的花费在于维护。

2）几乎没有任何一个软件，在其整个生命周期中，都是由最初的开发人员来维护。

3）编码规范可以增加软件的可读性，可以让程序员尽快而彻底地理解新的代码。

这些标准和约定都源自长久以来程序员们在软件工程领域中积累的丰富经验，使代码更易于理解、易于维护、易于今后的扩展，基于这些，良好的代码编写规范将有助于保持开发团队成员之间的一致性，加强沟通能力，进而提高团队的开发效率。

试想一下，在开发了一个项目很久之后，这个项目可能需要维护、升级，此时接手这个工作的可能是其他开发团队。暂且不提其他开发团队，自己在完成这个项目很长一段时间后，对这个项目的编码还能记得多少呢？倘若开发阶段文档不全、编码不规范，对自己而言，进行系统的维护、升级都已经变得非常困难，更何况其他团队。反之，完整的开发文档、规范的编码却可以尽快上手，提高工作效率。

实践中，各个开发团队都会基于一定的编码规范延伸出自己的合理规范，并要求团队成员的编码都能够符合规范。

22.2　基本原则

22.2.1　取个好名字

相信每个人都有这样的经历，一个好名字很容易记住，这对 Java 编码过程中变量、方法、类和接口等的命名同样适用。

1）使用完整的英语描述符可以精确的描述变量、方法和类等的含义。比如，使用 firstName，lastName 之类的命名就比使用 x1、x2 之类没有任何意义的命名要好。

2）使用系统所处领域的专业词汇，这将有助于客户的使用。例如，对计算机领域而言，一般使用 Client 来表示客户，而真正的商业领域则是用 Customer，这些东西一般在建立概念模型的时候就要注意。

3）使用大小写方式来区分单词，增强命名的可读性。

4）尽量减少使用缩写词，一定要用的话，将缩写词和它的完整拼写记录在案，以备查用。

5）避免使用过长的命名（通常少于 15 个字符是最好的）。

6）记住一些常用的缩写形式，例如 SQL、PC 等。

22.2.2　三种 Java 注释

下面简单介绍一下 Java 的 3 种注释这 3 种注释的使用有助于代码的阅读理解和代码的使用。

（1）多行注释：/*…….*/

这种注释源自 C 语言，它可以将代码成段地注释掉，以防将来还要使用这段代码。在编码过程中，常常会越过整段代码进行测试，使用这种注释方式就大大方便了程序的调试。

（2）单行注释：//

单行注释，通常用来记录方法中的业务逻辑，注释掉零散的代码段或者是临时变量的声明。

（3）Javadoc 注释：/** …… */

Documentation 注释，一般用于类、接口、方法和变量声明的前面，使用 JDK 自带的工具 Javadoc 可以处理它，并为每一个类生成外部 html 文档。使用指定的标记，可以在代码中作出具有一定含义的注释。表 22-1 列出了现有 Javadoc 标记的简单描述。

表 22-1　Javadoc 注释

标记	意义	可标记类型
@author name	指定代码的编写者	包、类、接口
@version *version-number*	指定代码的版本	包、类、接口
@param *parameter-name description*	指定构造器、成员方法的参数	构造器、成员方法
@return *description*	返回值描述	成员方法
@deprecated *deprecated-text*	指出这个 API 并不建议使用	包、类、接口、成员变量、构造器、成员方法
@exception *class-name description*	说明构造器、成员方法可能抛出的异常	构造器、方法
@see *class-name*	生成到某个类的超链接	包、类、接口、成员变量、构造器、成员方法
@see class-name#member function-name	生成到某个类成员方法的超链接	包、类、接口、成员变量、构造器、成员方法
@since *since-text*	项目的存在时间	包、类、接口、成员变量、构造器、成员方法

22.3　成员方法

22.3.1　方法命名

为了使程序更容易进行维护和功能增强，使代码清晰、易于理解很关键。

一般，成员方法的命名也要求符合“好名字”的原则，但要注意的是：成员方法名的第 1

个字母使用小写，尽量使用动词作为第 1 个单词。

例如：

```
compareTo()
compareToIngoreCase()
```

基于这样的命名方式，通过方法名就可以了解方法的功能。不过，方法的名字会变得很长，但它却换来了代码的易读性，还是值得的。

下面是两种常见的方法命名方式：

（1）getXXX()

以这种方式命名的成员方法名，通常表明这个方法返回类中某个成员变量的值。例如：

```
getName() //获取类中 Name 变量的值
getAge() //获取类中 Age 变量的值
```

通常，对于返回值是 boolean 型的方法，使用 isXXX()的方式。例如：

```
isEmpty()
isAtEnd()
```

（2）setXXX()

以这种方式命名的成员方法名，通常表明这个方法可以设置修改类中某个成员变量的值。例如：

```
setName(String)
setAge(int)
setBirthdaty(Vector)
setEmpty(boolean)
```

JavaBean 中也采用了 getXXX()和 setXXX()的命名方式，它们往往是针对类的某一属性的两个方法。

22.3.2 注释

1. 方法头注释

通常在规范的 Java 代码中，成员方法的声明或者定义前，都会有类似于下面的注释：

```
/**…………
/*…………
/*…………
/*…………
*/
```

它使其他的程序员不再需要一行行的去读代码，就可以立刻了解到成员方法的相关信息，例如：

1）说明成员方法的功能、约束以及具体使用环境。其他代码编写者通过这部分信息可以很容易的了解到方法的基本信息，并确定是否重用此方法，在何种环境下使用此方法。

2）说明传递给成员方法的参数。说明参数的含义、功用，这是必须说明的，只有这样其他的程序才能知道如何调用这个 API。Javadoc 中的@param 标记，就可以说明参数的名称和实际意义。

3）说明成员方法的返回值。程序员通过这个信息就可以了解到方法的返回值所代表的实际意义。在 Javadoc 中使用@param 标记实现。

4）说明成员方法可能抛出的异常。程序员通过这个信息，就可以决定在使用此方法的时候，应该要捕捉哪些异常。Javadoc 中使用@exception 标记实现。

2. 方法内部注释

除了在方法前使用文档注释说明方法的相关信息，方法内部为了说明方法的具体功能以利于以后的升级、扩展也需要进行良好的注释。

根据大部分程序员的经验，往往使用单行注释对业务逻辑进行注释，使用多行注释来注释掉无用的或是暂时无用的成段代码。

1）对控制结构进行注释：说明每一个控制结构的作用，例如它是比较还是循环，并使用一两句注释来说明问题，而不是读完了所有代码才能够了解整个结构。

2）说明代码的业务逻辑。例如，在一个对个人所得税进行统一计算的方法中，就需要对涉及到所得税计算的公式进行说明，这样才能增强代码的可读性。

3）说明方法中局部变量的作用，一般使用单行注释。

22.3.3 编写清晰、易懂的代码

可以按照下面的原则编写清晰、易懂的代码。

1）良好的注释。

2）对代码进行合理的分段、缩进。对代码进行分段，或是按照代码段的等级进行相应的缩进编排。

3）对于特别长（可能需要好几行）的代码行按语义单元进行分行。例如：

```
BankAccount newPersonalAccount = AccountFactory
    createBankAccountFor( currentCustomer, startDate,
    initialDeposit, branch);
```

在分隔符处将其分行。

(4) 在不同的功能部分之间使用空格或是空行。合理使用空行，可以将方法的流程和业务逻辑表示的清晰、易懂。例如，在变量的定义和方法的具体执行代码之间用多个空行隔开，阅读代码时，就不容易混淆了。

22.3.4 小技巧

在 Java 程序中常常会使用如下的判断形式：

```
if(x==1) {
   ...
}
```

如果在编码的过程中，将==误打成了=，这样的错误在分析代码时是很难发现的，因为有些编译器并不能发现这个问题。使用下面的形式，就可以很好的避免这种错误：

```
if(1==x) {
   ...
}
```

因为常量是不能被赋值的。

22.4 成员变量

22.4.1 普通变量的命名

变量的名称也尽量使用完整的英语描述符,利于了解变量的作用、代表的含义。如果变量属于聚集类型，例如数组或是向量，就要用复数形式表示变量拥有多个值。例如：

```
unitPrice
sqlDatabase
```

对于 sql 这样的缩写词，具有固定含义，使用 sqlDatabase 的形式，而不是 sQLDatabase 的形式。

22.4.2 窗口组件的命名

名称形式是：完整的英语描述符＋组件类型（按钮、列表)。这种形式易于区别不同的组件。例如：

```
okButton
clientList
sexCheckbox
```

22.4.3 常量的命名

常量的值不再改变，在 Java 中通过类的静态 final 变量来实现。按照习惯，使用全部大写的描述符来表示常量，而且在单词之间使用下划线进行分隔。例如：

```
MIN_CONNECTION
PORT
```

22.4.4 注释

1）注释说明成员变量、常量的含义以及如何使用

2）注释说明某些有具体使用限制的变量。有些变量值在一定范围内才有意义，例如，如年龄在 0~150 之间，月份值在 1~12 之间，说明了重要的业务逻辑，同时也增强了代码的可读性。

3）如果变量对应的业务逻辑比较复杂，需要在注释中使用例子来说明。

22.5 类和接口

22.5.1 类和接口的命名

对类和接口的命名也应该尽量使用完整的英语描述符，利于了解类或接口，但是不同于变量和方法命名，它要求第 1 个字母大写。例如：

```
String
InputStream
File
```

22.5.2 注释

对于类和接口中的注释，应当遵循：

1）注释说明类或接口的使用目的。一般使用文档注释，其他程序员可以很快了解到类的基本信息，判断类是否符合他们的需要。

2）注释说明类或接口的使用限制。

22.6 Java 源文件范例

下面的例子展示了如何合理布局一个包含单一公共类的Java源程序，接口的布局与它相似。

```
/*
 * @(#)Blah.Java       1.82 99/03/18
 *
 * Copyright (c) 1994-1999 Sun Microsystems, Inc.
 * 901 San Antonio Road, Palo Alto, California, 94303, U.S.A.
 * All rights reserved.
 *
 * This software is the confidential and proprietary information of Sun
 * Microsystems, Inc. ("Confidential Information").  You shall not
 * disclose such Confidential Information and shall use it only in
 * accordance with the terms of the license agreement you entered into
 * with Sun.
 */

package java.blah;

import java.blah.blahdy.BlahBlah;

/**
 * Class description goes here.
 *
 * @version    1.82 18 Mar 1999
 * @author    Firstname Lastname
 */
public class Blah extends SomeClass {
  /* A class implementation comment can go here. */

  /** classVar1 documentation comment */
  public static int classVar1;

  /**
   * classVar2 documentation comment that happens to be
   * more than one line long
   */
```

```
    private static Object classVar2;

    /** instanceVar1 documentation comment */
    public Object instanceVar1;

    /** instanceVar2 documentation comment */
    protected int instanceVar2;

    /** instanceVar3 documentation comment */
    private Object[] instanceVar3;

    /**
     * ...constructor Blah documentation comment...
     */
    public Blah() {
       // ...implementation goes here...
    }

    /**
     * ...method doSomething documentation comment...
     */
    public void doSomething() {
       // ...implementation goes here...
    }

    /**
     * ...method doSomethingElse documentation comment...
     * @param someParam description
     */
    public void doSomethingElse(Object someParam) {
       // ...implementation goes here...
    }
}
```

第 23 章　使用 Eclipse 进行 Java 程序开发

在使用 Eclipse 进行开发之前，必须新建一个项目。Eclipse 可透过外挂插件支持多种项目（如 EJB 或 C/C++），默认支持下列 3 种项目：

- Java Project，Java 开发环境。
- Plug-in Project，自行开发 plug-in 的环境。
- Sample Project，提供操作文件的一般环境。

新建项目对话框如图 23-1 所示。

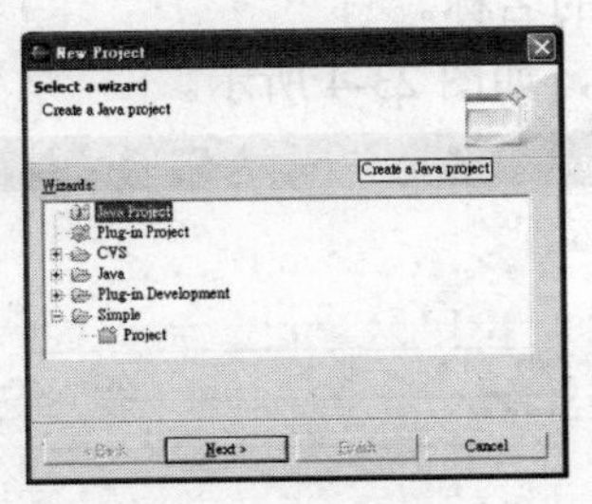

图 23-1　新建项目对话框

23.1　建立 Java 项目

新建 Java 项目的步骤如下：

1）选择[File]→[New]→[Project]；或在[Package Explorer]窗口上按鼠标右键，选择[New]→[Project]选单选项；或是按工具列上 New Java Project 的按钮 。

2）在 New Project 对话框（图 23-1），选 Java Project，或展开 Java 的数据夹，选 Java Project，如图 23-2 所示。

3）在 New Java Project 的窗口中输入 Project 的名称，如图 23-3 所示。

4）在 Project Layout 中可以选择编译好的档案是否要和原始档放在同一个目录下，如图 23-3 所示。

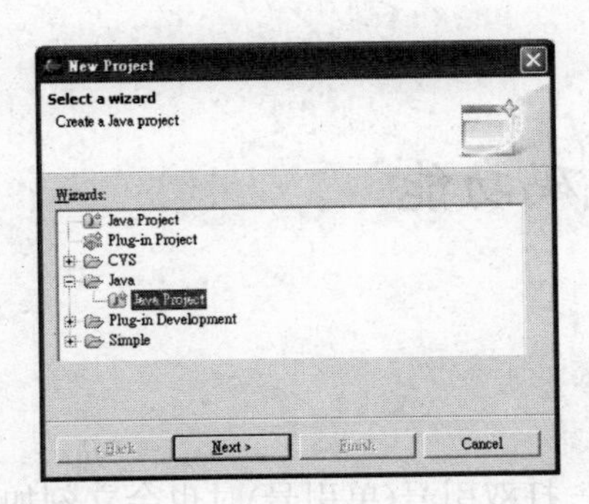

图 23-2　新建 Java 项目

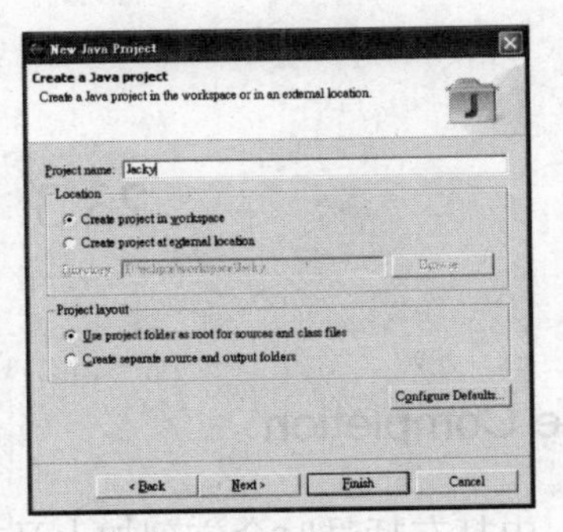

图 23-3　命令项目名 Jacky

（5）按下 Finish。

23.2　建立 Java 类别

新建 Java 类别的步骤如下：

1）选择[File]→[New]→[Class]；或者在[Package Explorer]窗口上按鼠标右键，选择[New]→[Class]选单选项；或者按工具列上 New Java Class 的按钮 。

2）在 New Java Class 窗口中，Source Folder 字段默认值是项目的数据夹，不需要更改。

3）Package 字段输入程序套件的名称。

4）Name 字段输入 Class Name，如图 23-4 所示。

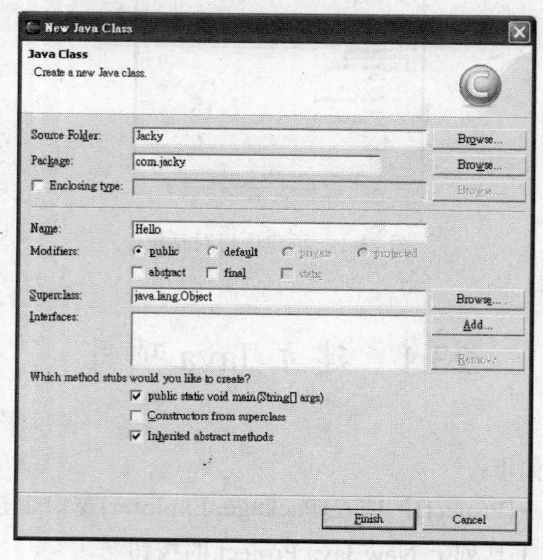

图 23-4　完成新项目创建

5）在 Which method would you like te creat 的部份，有勾选 public static void main(String[] args) 的话，会 generate main method。

6）按 Finish，会依套件新增适当的目录结构及 Java 原始文件。

在 Package Explorer 的视图中可以看到程序的结构，在 Navigator 的视图中可以看到套件的目录架构。

23.3　代码功能

23.3.1　Code Completion

在 Eclipse 中打左括号时会立刻加上又括号；打双引号(单引号)时也会立刻加上双引号（单引号）。

23.3.2 Code Assist

在输入程序代码时，例如要打 System.out.println 时，打完类别名称后暂停一会儿，Eclipse 会显示一串建议清单，列出此类别可用的方法和属性，并附上其 Javadoc 批注。可以直接卷动选出然后按 Enter，如图 23-5 所示。

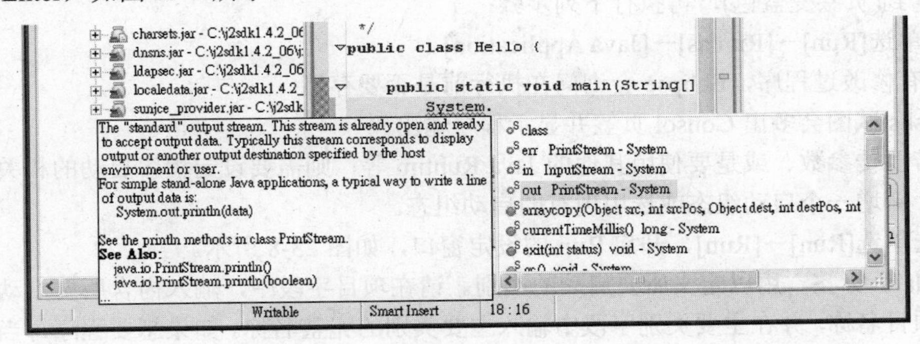

图 23-5 智能提示

也可以只打类别开头的字母，然后按 Alt - /，一样会显示一串建议清单，如图 23-6 所示。

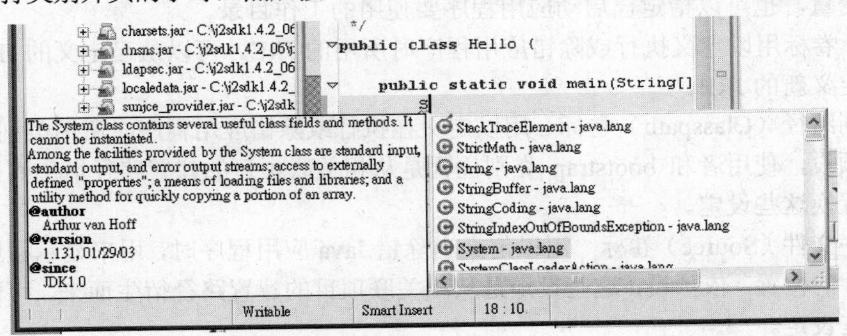

图 23-6 快速选择输入

Alt - /这个组合键不仅可以可以显示类别的清单，还可以一并显示已建立的模板程序代码，例如要显示数组的信息，只要先打 for，在按 Alt - /这个组合键，就会显示模板的请单，如图 23-7 所示。

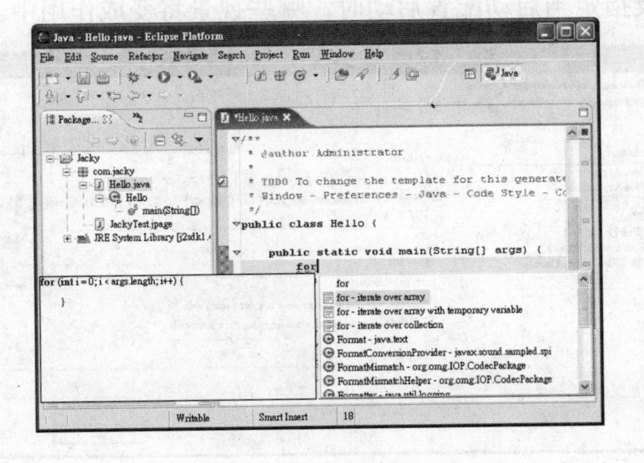

图 23-7 for 循环智能提示

23.4　执行 Java 程序

大多数的程序不需特定的启动组态(Launch Configuration)，首先确定要执行的程序代码在编辑器中有选到(页签变蓝色)，再执行下列步骤：

1）选单选[Run]→[Run as]→[Java Application]。

2）若有修改过程序，Eclipse 会询问在执行前是否要存档。

3）Tasks 试图会多出 Consol 页签并显示程序输出。

程序若要传参数、或是要使用其他的 Java Runtim 等，则需要设定程序启动的相关选项，执行程序前，新增一个启动组态或选用现有的启动组态。

1）选单选[Run]→[Run]，开启 Run 的设定窗口，如图 23-8 所示。

- Main 标签　用以定义所要启动的类别。请在项目字段中，输入内含所要启动之类别的项目名称，并在主要类别字段中输入主要类别的完整名称。如果想要程序每当在除错模式中启动时，在 main 方法中停止，请勾选 Stop in main 勾选框。
- 自变量（Arguments）标签　用以定义要传递给应用程序与虚拟机器（如果有的话）的自变量。也可以指定已启动应用程序要使用的工作目录。
- JRE 卷标用以定义执行或除错应用程序时所用的 JRE。可以从已定义的 JRE 选取 JRE，或定义新的 JRE。
- 类别路径（Classpath）卷标　用以定义在执行或除错应用程序时所用类别文件的位置。依预设，使用者和 bootstrap 类别位置是从相关联项目的建置路径衍生而来。可以在这里置换这些设定。
- 程序文件（Source）卷标　用以定义当除错 Java 应用程序时，用来显示程序文件之程序文件的位置。依预设，这些设定是从相关联项目的建置路径衍生而来。可以在这里置换这些设定。
- 环境（Environment）标签　会定义在执行 Java 应用程序或者对它进行除错时，所要使用的环境变量值。依预设，这个环境是继承自 Eclipse 执行时期。可以置换或附加至继承的环境。
- 共享（Common）卷标　定义有关启动配置的一般信息。可以选择将启动配置储存在特定档案，以及指定当启动配置启动时，哪些视景将变成作用中。

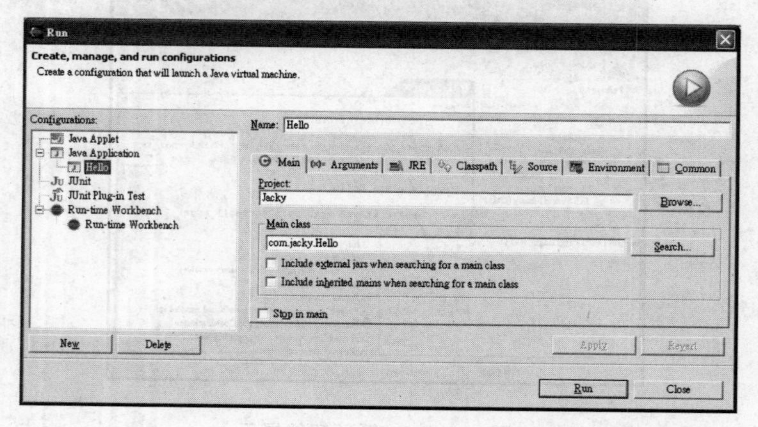

图 23-8　Run 设置窗口

2）在 Arguments 的页签中输入要传入的值，若是多值的话，用空格键隔开，如图 23-9 所示。运行程序结果如图 23-10 所示。

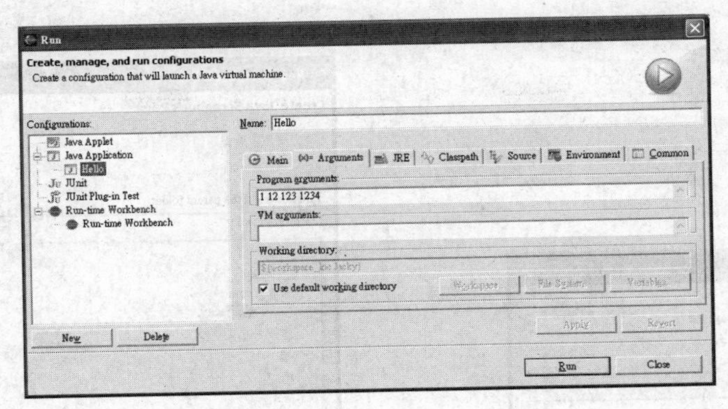

图 23-9　参数设定

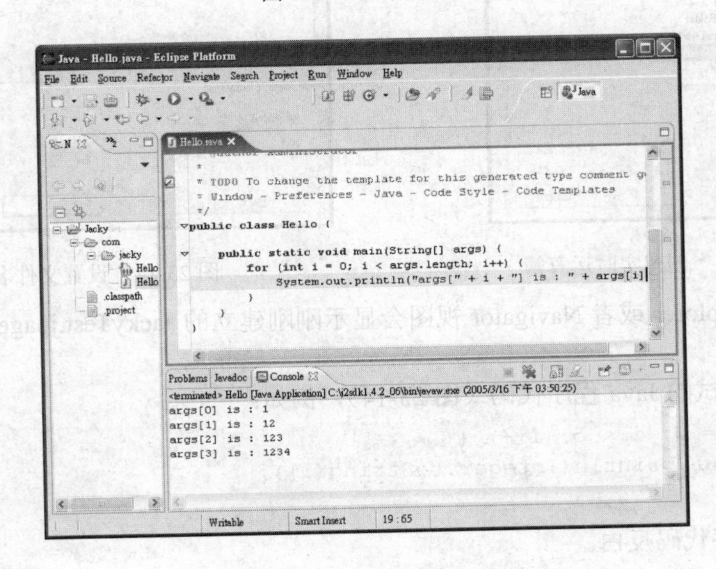

图 23-10　运行程序结果

23.5　Java 实时运算簿页面（Java Scrapbook Page）

写程序时可能会有一些其他的想法，但不知是否可行：多数情况是直接写到程序再来 debug，或是另外写各小程序。

Eclipse 提供了一种轻巧的替代方式，Java 实时运算簿页面(Java Scrapbook Page)，借由渐进式编译器，可以在实时运算簿写入任意的 Java 程序代码并执行，不需另写在类别或方法中。创建的实时运算簿如图 23-11 所示。

1）切换至 Java 视景。

2）[File]→[New]→[Other...]→[Java]→[Scrapbook Page] 或通过右键 [New]→[Other...]→[Java]→[Scrapbook Page]。打开的 New Scrapbook Page 对话框如图 23-12 所示。

3）选择要存放的地方。

4）输入档名。

5）按下 Finish。

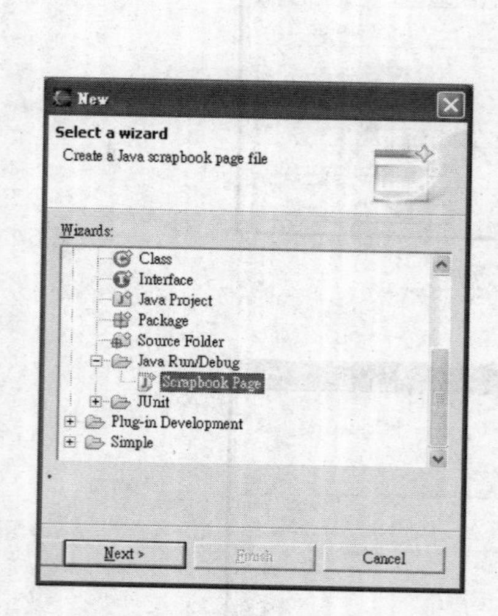

图 23-11　创建实时运算簿

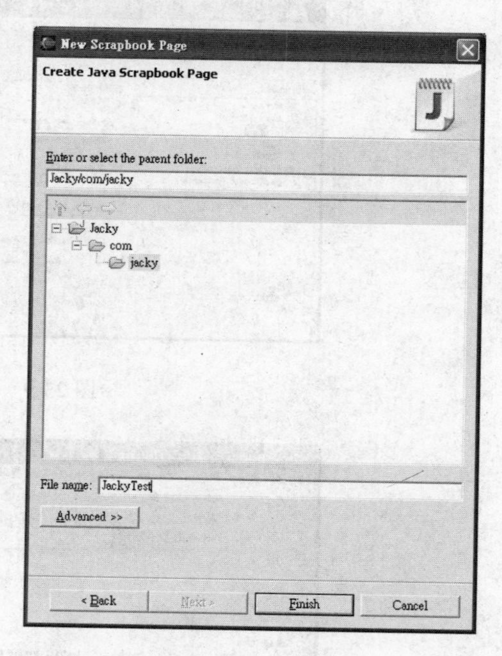

图 23-12　设置文件名

在 Package Explorer 或者 Navigator 视图会显示刚刚建立的 JackyTest.jpage 档案，如图 23-13 所示。

可以输入要测试的 Java 程序代码（图 23-14），例如：

```
for (int i = 0; i < 5; i++) {
   System.out.println(Integer.toString(i));
}
```

1）将这段程序代码反白。

2）在这段程序上按右键，选择 Execute。

3）Consol 视图会显示执行的结果。

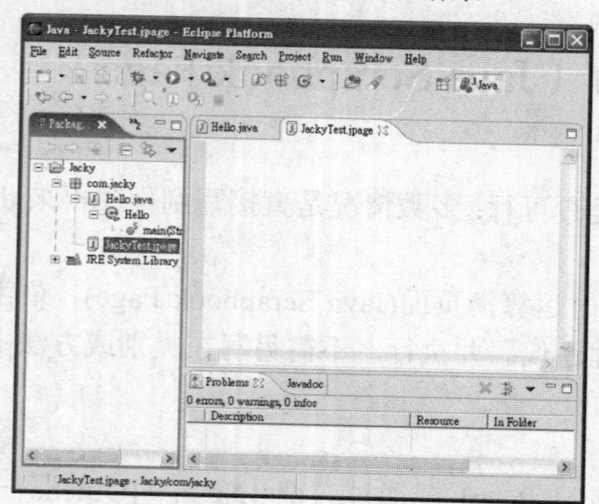

图 23-13　新建页面

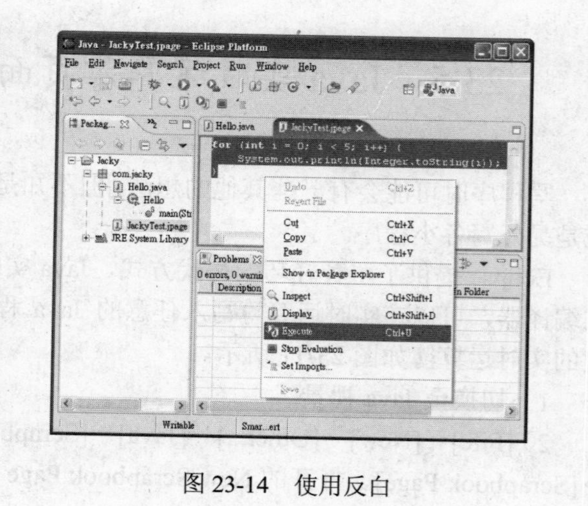

图 23-14　使用反白

若需要导入现有类则按如下步骤进行操作：

1）在编辑器窗口内按右键，选 Set Import...（图 23-15 所示）。

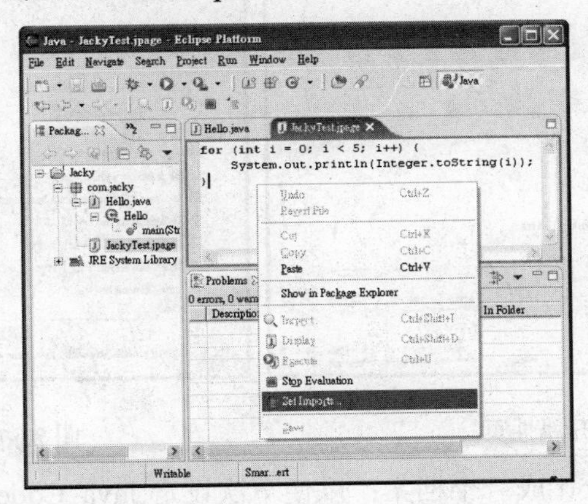

图 23-15　导入设定

2）在 Java Snippet Imports 窗口中，按 Add Packages 的按钮，如图 23-16 所示。

3）在 Add Packages as Imports 的窗口中，挑选要 import 的 package，如图 23-17 所示。

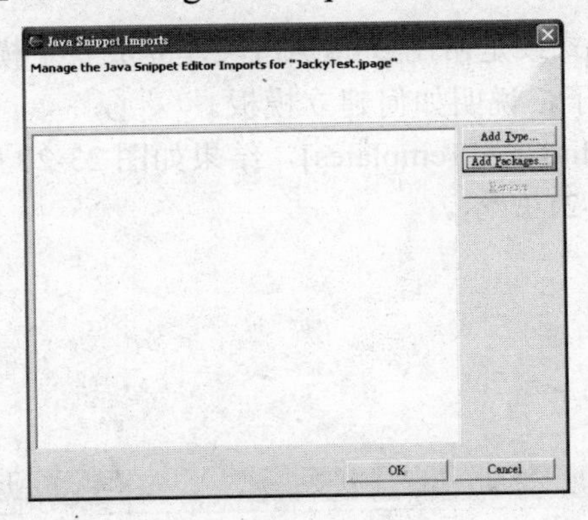

图 23-16　新增导入页

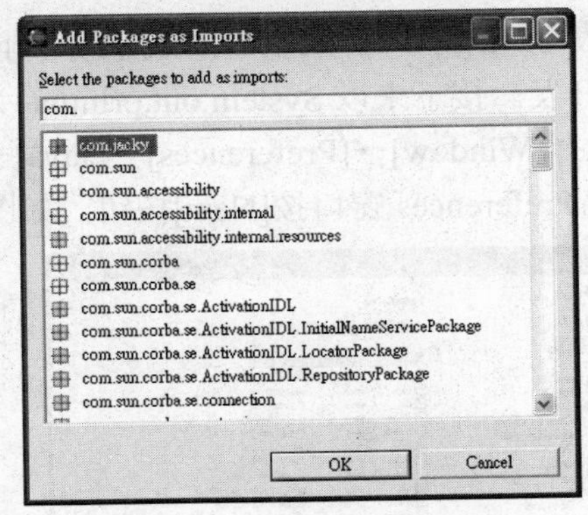

图 23-17　使运算页作为导入

4）按 OK 按钮确认。

23.6　自定义开发环境

23.6.1　程序代码格式

1）选择[Window]→[Preferences]→[Java]→[Code Style]→[Code Formatter]，结果如图 23-18 所示。

2）按[Show]按钮，出现 Show Profile 的窗口，里面的各个页签，可以设定 Java Code Style，如图 23-19 所示。

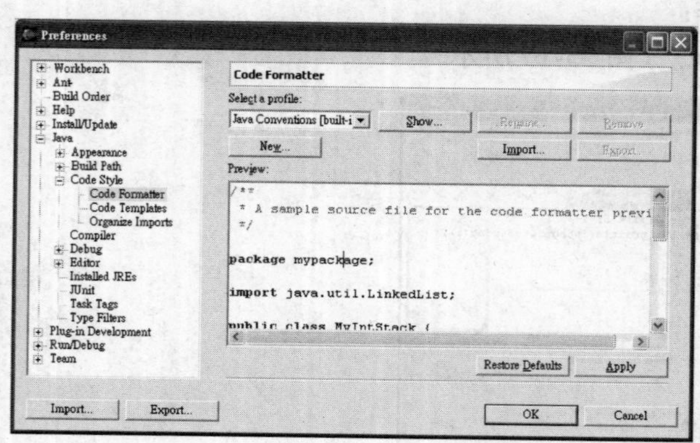

图 23-18　打开属性页

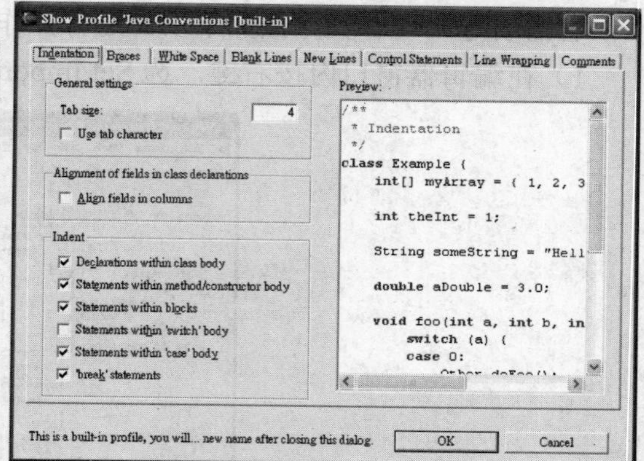

图 23-19　设置代码样式

设定完成后，可以 Export 成一个档案；以便下次设定 Java Code Style 时，可以利用 Import 方式产生一致的程序风格。

23.6.2　程序代码产生模板

在开发 Java 时，可以把常用的流程控制建构式或是常用到的 API，建立成一个模板，可以加速程序开发。接下来以 System.out.println()为例子，说明如何建立模板。

1）选择[Window]→[Preferences]→[Java]→[Editor]→[Templates]，结果如图 23-20 所示。

2）在 Preferences 窗口按[New]按钮，如图 23-21 所示。

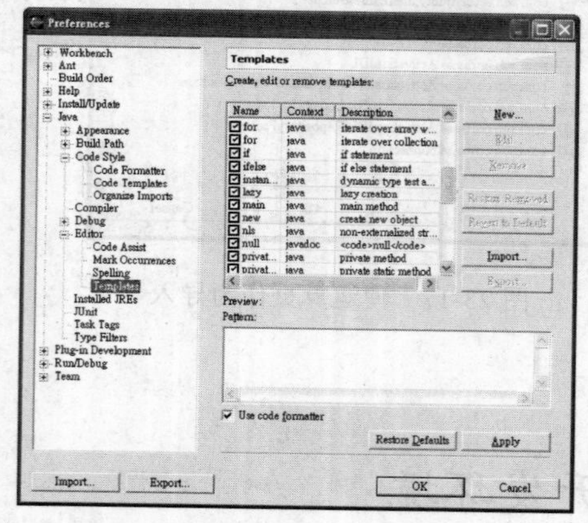

图 23-20　编辑环境设置

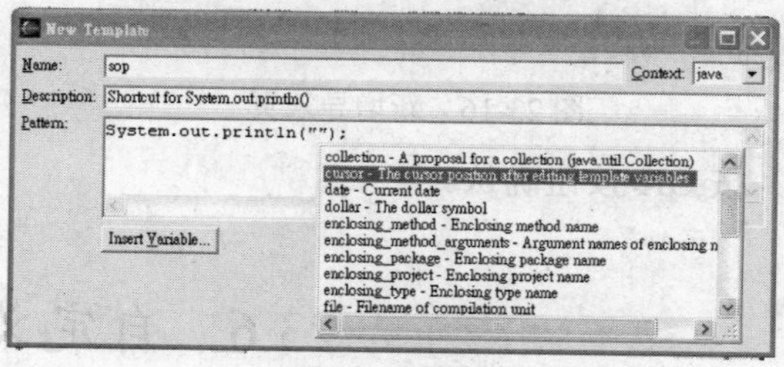

图 23-21　设置模板

3）在 Name 的字段输入自己想要的名称，Context 选 java。

4）在 Description 的字段输入简短的说明。

5）在 Pattern 的字段输入 System.out.println("")后，把光标移到两个双引号的中间，再按下面 Insert Variable 的按钮，选择 cursor。

6）再按两次 OK。这里的${cursor}变量代表插入模板的程序代码后，光标所在的位置。使用此新模板，打 s(或是 sop)再按 Alt - /，从清单中选 sop，再按 Enter 即可，如图 23-22 所示。

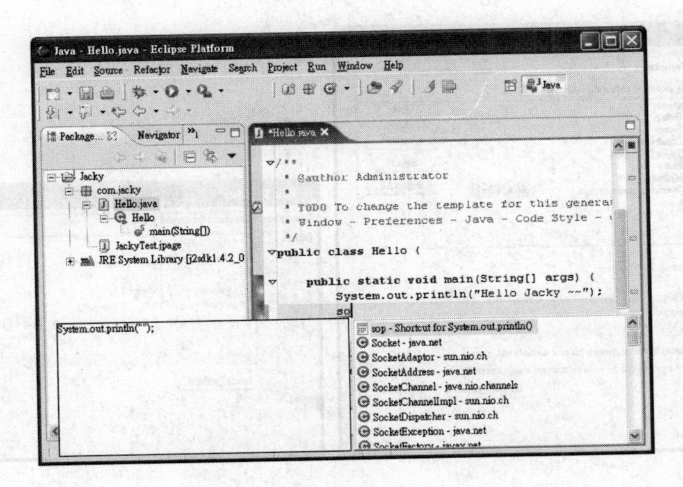

图 23-22　使用智能提示

23.6.3　Javadoc 批注

编辑新增类别后出现的文字。移除 To change the template for this generated...这段前置文字，并自行扩充 Javadoc 批注。

操作过程如下：

1）选择[Window]→[Preferences]→[Java]→[Code Style]→[Code Templates]。

2）选右边画面的[Code]→[New Java files]，按 Edit 按钮，如图 23-23 所示。

3）修改成需要的格式，如图 23-24 所示。

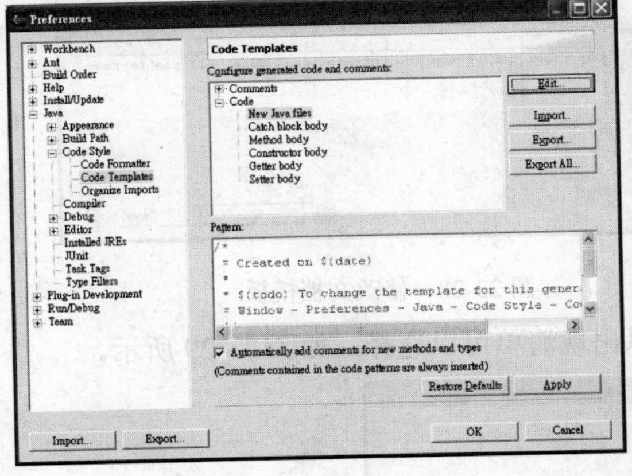

图 23-23　使用代码样式

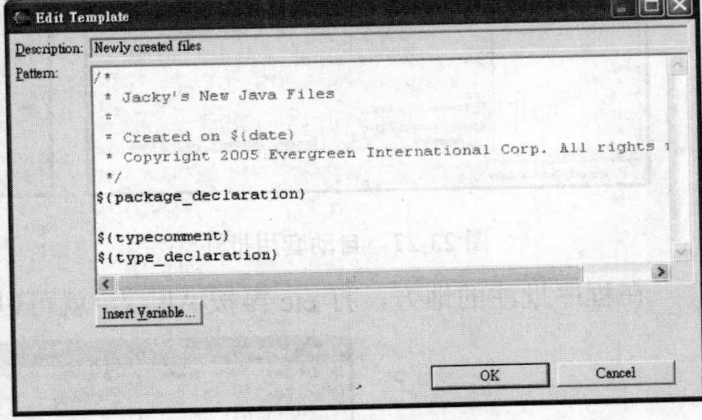

图 23-24　修改样式

4）按 OK 按钮确认。

除了 New Java file 的模板外，还需要修改另一个模版-类型批注(Typecomment)。

操作过程如下：

1）选择[Window]→[Preferences]→[Java]→[Code Style]→[Code Templates]。

2）选右边画面的[Comments]→[Types]，按 Edit 按钮，如图 23-25 所示。

3）修改成需要的格式，如图 23-26 所示。

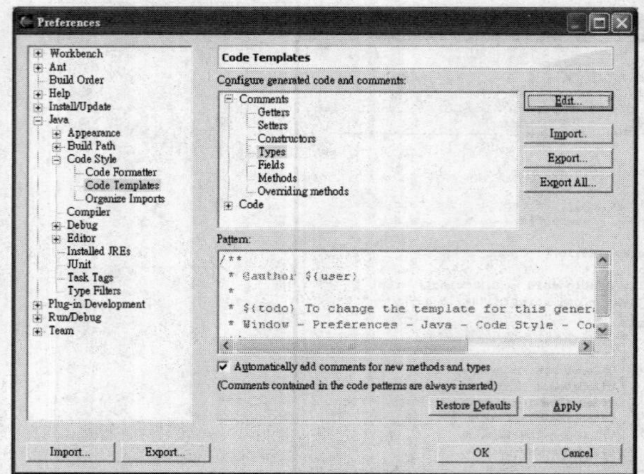

图 23-25　设置代码模板

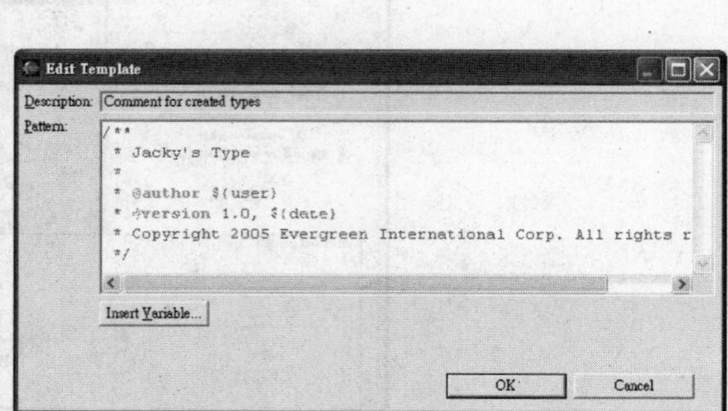

图 23-26　修改模板

4）按 OK 按钮确认。

往后新增的类别档案中，就会套用现在批注，如图 23-27 所示。

Javadoc 也可以产生模板，如图 23-28 所示，做法跟 22.6.2 程序代码产生模板类似，差别在于 Context 改选 javadoc。

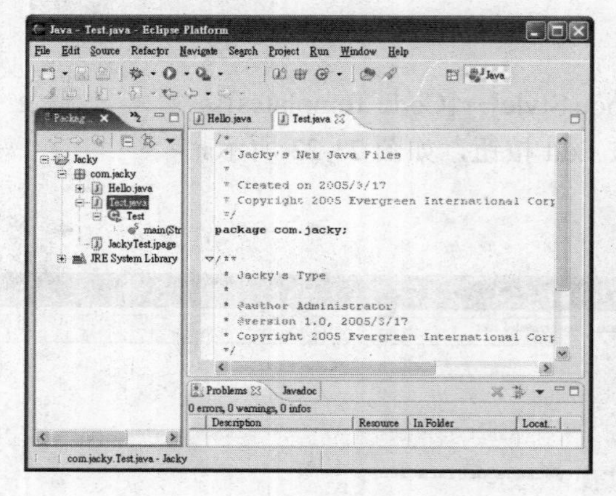

图 23-27　自动套用批注

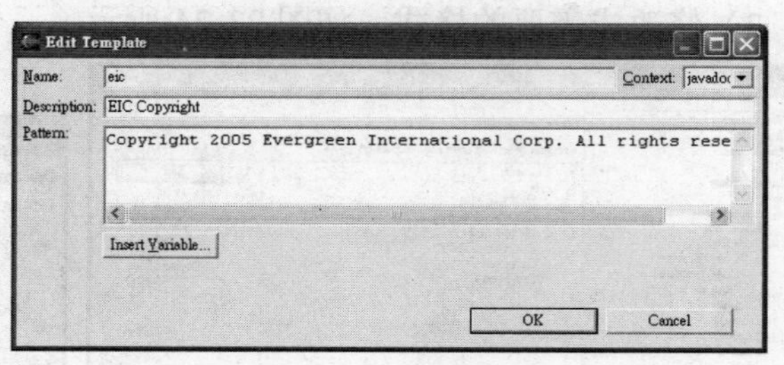

图 23-28　修改文档模板

在程序批注的地方，打 eic 再按 Alt - /，就可以出现清单可以选择，如图 23-29 所示。

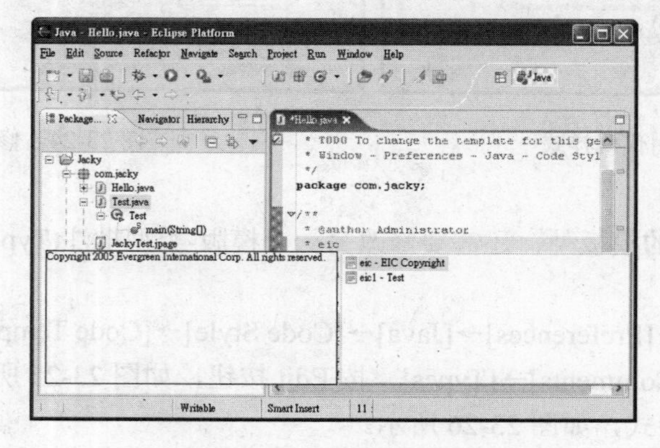

图 23-29　应用文档模板

附录A　Java关键字

关键字	含　义
abstract	抽象类和方法
assert	用来定位内部的程序错误
boolean	布尔类型
break	跳出 switch 或循环语句
byte	8 位整型
case	switch 判断分支
catch	捕获异常
char	Unicode 字符类型
class	定义类型
const	未使用
continue	结束本次循环而继续执行下一次循环
default	switch 语句的默认分支
do	do/while 循环的开始
double	双精度浮点数类型
else	if 语句的 else 分支
extends	定义一个类的父类
final	常量、不能继承的类或不能覆盖的方法
finally	try 语句块必须执行的部分
float	单精度浮点数类型
for	循环语句类型
goto	未使用
if	条件语句
implements	定义类所实现的接口
import	包导入语句
instanceof	检测某个对象是否是一个类的实例
int	32 位整型数
interface	接口
long	64 位长整型
Native	一种由主机系统实现的方法
new	在堆中创建一个新的对象
null	空引用
package	包含类的包
Private	仅能由本类的方法访问的特性

（续表）

关键字	含 义
protected	仅能由本类的方法、子类以及本包中的其他类访问的特性
public	可以被所有类的方法访问的特性
return	从方法中返回
short	16 位整型
static	静态标识符
strictfp	浮点计算采用严格的规则
super	超类对象或构造器
switch	选择表达式
synchronized	线程类的原始方法或代码块
this	方法的隐式参数或本类的构造器
throw	抛出异常
throws	可能抛出的异常
transient	标记数据不能够持久化
try	捕获异常的代码块
void	标明方法不返回值
volatile	确保一个域可以被多个线程访问
while	一种循环语句

附录 B　Java 站点资源

（1）http://java.sun.com/（英文）

Sun 的 Java 网站。

（2）http://www-900.ibm.com/developerWorks/cn/

IBM 的 developerWorks 网站。它不但是一个极好的面向对象的分析设计网站，也是关于 Web Services、Java 和 Linux 的网站。

（3）http://www.Javaworld.com/（英文）

关于 Java 很多新技术的讨论和新闻。

（4）http://dev2dev.bea.com.cn/index.jsp

BEA 的开发者园地，BEA 作为最重要的 App Server 厂商，有很多独到的技术，在 Weblogic 上做开发的朋友不容错过。

（5）http://www.huihoo.com/

灰狐动力网站，一个专业的中间网站，虽然不是专业的 Java 网站，但是在 J2EE 企业应用技术方面有深厚的造诣。

（6）http://www.theserverside.com/home/（英文）

这是一个著名的专门面向 Java Server 端应用的网站。

（7）http://www.Javaresearch.org/

Java 研究组织，有很多 Java 方面的优秀文章和教程，特别是 JDO 方面的内容比较丰富。

（8）http://www.cnjsp.org/

JSP 技术网站，有相当多的 Java 方面的文章和资源。

（9）http://www.jdon.com/

Jdon 论坛，是一个个人性质的中文 J2EE 专业技术论坛，在众多的 Java 的中文论坛中，这是一个是技术含量非常高，帖子质量非常好的论坛。

（10）http://sourceforge.net/

SourgeForge 是一个开放源代码软件的大本营，其中也有非常丰富的 Java 的开放源代码的著名软件。